高等学校应用型特色系列教材

微机原理与接口技术

编　著　欧青立　曾照福

参　编　陈　君　刘　琼　宋　芳
　　　　沈洪远　张　剑　詹　杰
　　　　朱红萍　周明辉

電子工業出版社

Publishing House of Electronics Industry

北京・BEIJING

内 容 简 介

本书以 Intel 8086 微处理器和 IBM PC 系列微机为主体，系统地阐述了微型计算机的基本原理、汇编语言和接口技术等内容。全书共 14 章，包括微型计算机及接口技术概述、8086 微处理器结构与功能、8086 CPU 指令系统、8086 CPU 汇编语言程序设计、微机总线、微机接口技术基础、并行接口技术、定时/计数器 8253、微机中断技术、DMA 接口技术、存储系统及存储器接口技术、串行通信与串行接口、模拟量输入/输出接口技术、人机接口技术。

本书内容丰富，全面系统，通俗易懂，实用性强，并附有习题。本书适合作为高等学校理工类各专业微机原理与接口技术的教学用书，也可作为微机应用系统设计和开发人员的参考用书或培训教材。

图书在版编目（CIP）数据

微机原理与接口技术 / 欧青立，曾照福编著. —北京：电子工业出版社，2016.6

ISBN 978-7-121-27954-6

Ⅰ. ①微… Ⅱ. ①欧… ②曾… Ⅲ. ①微型计算机－理论－高等学校－教材②微型计算机－接口技术－高等学校－教材 Ⅳ. ①TP36

中国版本图书馆 CIP 数据核字（2015）第 317916 号

策划编辑：戴晨辰
责任编辑：郝黎明
印　　刷：北京七彩京通数码快印有限公司
装　　订：北京七彩京通数码快印有限公司
出版发行：电子工业出版社
　　　　　北京市海淀区万寿路 173 信箱　邮编　100036
开　　本：787×1 092　1/16　印张：17.75　字数：460.8 千字
版　　次：2016 年 6 月第 1 版
印　　次：2023 年 2 月第 10 次印刷
定　　价：39.00 元

凡所购买电子工业出版社图书有缺损问题，请向购买书店调换。若书店售缺，请与本社发行部联系，联系及邮购电话：（010）88254888，88258888。

质量投诉请发邮件至 zlts@phei.com.cn，盗版侵权举报请发邮件至 dbqq@phei.com.cn。

本书咨询联系方式：192910558（qq 群）。

前　言

在信息化社会中，计算机是信息技术的核心技术，计算机是最有潜力的生产和生活工具。近年来，随着计算机技术的迅猛发展，计算机在军事、工业、农业、商业、交通、文化、教育、科研等领域及日常生活、娱乐方面都显示了日益旺盛的生命力。无论是从事电气工程及其自动化、自动化、电子信息工程、通信工程、机电一体化、计算机应用等领域的理论研究还是从事工程实践，都离不开计算机技术。掌握微机原理及其接口技术十分重要。

“微机原理与接口技术”是电气工程及其自动化、自动化、电子信息工程、通信工程、机器人工程、计算机科学与技术等专业的核心课程，也是电子信息科学与技术、光电信息科学与技术、应用电子技术等专业的核心课程。通过本课程的学习，可使学生从理论与实践上掌握微型计算机的组成与工作原理，掌握汇编语言程序设计和微机常用接口技术，掌握接口电路的设计与编程方法，建立微机系统整体概念，了解微型计算机的新技术和新理论，使学生具有微机系统（包括嵌入式系统）软硬件开发的初步能力。

全书共 14 章，主要内容如下。

第 1 章：微型计算机及接口技术概述，主要阐述微机的发展、微机的基本构成与工作原理。

第 2 章：8086 微处理器结构与功能，阐述 8086 微处理器的功能结构、寄存器结构、存储器和 I/O 组织。

第 3 章：8086 CPU 指令系统，阐述 8086 CPU 的寻址方式和指令系统。

第 4 章：8086 CPU 汇编语言程序设计，阐述汇编语言程序的基本格式、流程结构、BIOS 和 DOS 功能调用方法及程序实例。

第 5 章：微机总线，阐述总线的基本概念、总线操作与控制、总线标准，以及 ISA、PCI、AGP、USB 总线。

第 6 章：微机接口技术基础，阐述微机接口的基本功能与结构、I/O 端口及其编址方式、I/O 端口的地址译码技术、I/O 接口的数据传输控制方式。

第 7 章：并行接口技术，阐述并行接口的基本概念、可编程并行接口 8255A 的功能与应用。

第 8 章：定时/计数器 8253，阐述可编程定时器/计数器 8253 的基本结构、功能与应用。

第 9 章：微机中断技术，阐述中断的基本概念，中断控制器 8259A 的结构、功能与应用。

第 10 章：DMA 接口技术，阐述 DMA 接口基本技术，DMA 控制器 8237A 的结构、工作方式与应用。

第 11 章：存储系统及存储器接口技术，阐述存储系统的层次结构、半导体存储器结构与原理、高速缓冲存储器的基本原理、虚拟存储器的基本原理。

第 12 章：串行通信与串行接口，阐述串行通信的基本概念与方式、串行通信的接口标准、可编程异步通信接口 INS8250 的结构与编程。

第 13 章：模拟量输入/输出接口技术，阐述数/模转换器和模/数转换器的原理与结构、数/模转换器 DAC0832 的基本特性与应用、模/数转换器 ADC0809 的基本特性与应用。

第 14 章：人机接口技术，阐述键盘、鼠标器、显示器、打印机、扫描仪、数码照相机、触摸屏、人机交互技术与系统的发展。

本书提供了丰富的应用实例，每章之后均附有习题，帮助读者复习及检查学习效果。为便于教师组织教学与学生自学，本书配有电子教案，读者可以登录华信教育资源网（http://www.hxedu.com.cn）注册后免费下载。

本书由欧青立、曾照福主编，负责总体设计和统稿；陈君、刘琼、宋芳、沈洪远、张剑、詹杰、朱红萍、周明辉等参编，采用集体讨论、分工编写、交叉修改的方式进行。

在编写过程中，周少武、吴亮红、席在芳、赵延明等老师对本书的编写提出了宝贵建议，李涛、徐光远等老师参与了初稿的编写工作，研究生李文、邱昭亮、吴兴中、徐兰霞、赵平荣、杨国伟、李娅、郭子叶、邓鹏、张磊等同学参与了部分图表的绘制和文字工作，在此向他们表示诚挚的谢意。感谢本书所列参考文献的作者、网络资源的佚名作者，同时还要感谢电子工业出版社的编辑和发行同志，他们为本书的出版和发行倾注了大量的心血和热情。

本书由编者总结几十年的教学实践经验并参考国内外大量文献资料编写而成，内容丰富、全面系统、通俗易懂、实用性强、适用面广。本书适合作为高等学校理工类各专业微机原理与接口技术的教学用书，也可作为微机应用系统设计和开发人员的参考用书或培训教材。

由于编者水平有限，加之时间仓促，书中难免存在不足和错误之处，敬请广大读者批评指正。

编　者

目　录

第 1 章　微型计算机及接口技术概述

1.1　微型计算机的发展简述

1.1.1　计算机的发展简况

电子计算机的诞生、发展和应用普及，是 20 世纪科学技术的卓越成就，计算机技术对其他科学技术发展的推动作用，以及对整个人类生活的影响是前所未有的。在当今的信息化、网络化时代，计算机已成为人们工作和生活中不可或缺的基本工具。计算机在军事、工业、农业、商业、交通、文化、教育、科学技术等领域及日常生活、娱乐方面都显示了日益旺盛的生命力。计算机的普及极大地改变着人们的工作方式和生活方式，并成为推动社会发展的巨大生产力。

1946 年，世界上第一台电子计算机 ENIAC 由美国宾夕法尼亚大学研制成功。这台计算机重达 30t，占地 $170m^2$，耗电 140kW・h，用了 18800 多个电子管，每秒仅能做 5000 次加法。这台计算机有五个基本部件：输入器、输出器、运算器、存储器和控制器，奠定了当代电子数字计算机体系结构的基础。

从第一台电子计算机问世以来，计算机科学和技术一直在飞速发展，一般把计算机的发展划分为四个时代，即电子管时代（1947 年～1957 年）、晶体管时代（1958 年～1964 年）、中小规模集成电路时代（1964 年～1972 年）和大规模集成电路时代（1972 年～1981 年）。目前的计算机从器件上讲是超大规模超高速集成电路时代，从运行原理上仍属于冯・诺依曼结构计算机。

从器件原理角度来说，将可能出现新型超导计算机，更可能出现非电子计算机，如神经网络计算机、生物细胞计算机、光子计算机等。

超导计算机是使用超导体元器件的高速计算机。所谓超导，是指有些物质在接近绝对零度（绝对零度指开尔文温标定义的零点。0K 约等于摄氏温标的零下 273.15 摄氏度）时，电流流动是无阻力的。1962 年，英国物理学家约瑟夫逊提出了超导隧道效应原理，获得诺贝尔奖。用约瑟夫逊器件制成的电子计算机，称为约瑟夫逊计算机，也就是超导计算机，又称超导电脑。这种计算机的耗电量仅为用半导体器件制造的计算机所耗电量的几千分之一，它执行一个指令只需十亿分之一秒，比半导体元器件快 10 倍。日本电气技术研究所研制成功了世界上第一台完善的超导计算机。

神经网络计算机是建立在人工神经网络研究的基础上，以人工神经网络来模拟人脑的神经系统。用简单的数据处理单元模拟人脑的神经元，并利用神经元结点的分布式存储和相互关联来模拟人脑的活动。

光子计算机又称光计算机。光计算机是利用光作为载体进行信息处理的计算机。光计算机用光子代替电子，用光互连代替导线互连，用光硬件代替电子硬件，用光运算代替电子运算。光子计算机利用光作为信息的传播介质，依靠进入反射镜和透镜组成阵列中的激光束对信息进行处理，正如电子计算机利用电荷作为信息的传播介质，电路对信息进行处理一样。1990 年，美国贝尔实验室推出了一台由激光器、透镜、反射镜等组成的计算机，这就是光计算机的雏形。随后，英、法、比、德、意等国的 70 多名科学家研制成功了一台光计算机，其运算速度比普通的电子计算机快 1000 倍。光子同电子相比具有许多独特的特点：它的速度永远等于光速，具有电子所不具备的频率及偏振等特征，从而使承载信息的能力比电子大得多。光信号根本不需要导线，即使在光线交叉时也不会互相影响，并且在不满足干涉的条件下也互不干扰。光束的这种互不干扰的特性，使得光脑能够在极小的空间内开辟很多平行的信息通道，密度大得惊人。一块截面为 5 分硬币大小的棱镜，其通过能力是全球现有全部电话电缆的许多倍。光计算机的智能水平也远远超过电子计算机的智能水平，是人们梦寐以求的一种很理想的新型计算机。

目前，科学家正在将传统的电子转换器和光子结合起来做实验，以便研制一种光、电"杂交"过渡的计算机。光计算机的许多关键技术，如光的存储技术、光存储器及其他光电子集成电路等都已经取得重大突破。

目前，采用超大规模集成电路的计算机中的晶体管类线路元器件已经细微到仅有人头发的 1%那么小，尽管最先进的现代高级表层处理技术还能够将现在元器件的体积再缩小 1%左右，但是集成电路的功能正在迅速接近其极限，因此，为了缩小计算机的体积，必须朝着量子计算机的方向发展。

所谓量子计算机，是一类遵循量子力学规律进行高速数学和逻辑运算、存储及处理量子信息的物理装置。原子的能态只能做阶跃式的存在，能量状态的变化只能由一个能阶跳入另一个能阶，而不能连续升或降。原子的这种特异状态被用来记录信息，每个原子就是一个点，一串原子可用来记录一串信息。这里以氢原子为例来说明量子计算机存储信息的基本原理。每一个氢原子就是一个点。E0 能态的氢原子代表一个 0 点，E1 能态的氢原子代表一个 1 点，一串氢原子可以用来记录一串信息。

量子计算机写入功能实现原理：对于一个氢原子，写一个 0 就是不做任何输入，仍维持在 E0 的状态，如果要写入一个 1，就是将氢原子的能态提升到 E1 的能阶。为了实现这种操作，需要用激光来照射这个氢原子，而且激光光子的能量必须等于 E1-E0；反之，如果一个能态为 E1 的氢原子，较同样的激光照射之后，由于谐振的关系，就会放出光子，而降回到基态 E0，即将 1 改写为 0。

量子计算机读出功能实现原理与写入功能实现原理相似，但稍有不同。由于读了一个点之后，这个点仍保留在记忆里，不会读后马上消失。如果氢原子原来处于 E1 能态，用具有另外一种能量 E2-E1 的激光照射在氢原子上，则它会吸收一个光子而上升到 E2 能态。然而，E2 能态是一个极不稳定的能态，它会立即跌回到 E1 状态，与此同时，它还会放射出一个光子。当量子计算机读到这个新的光子时，也就读到了 1 的信号。如果氢原子原来处于 E0 基态时，激光不能将氢原子从 E0 基态升至 El，则氢原子没有任何反应，故量子计算机只会读到 0 的信号，也不会改变这个氢原子此时的能态。

量子计算机的输入可用一个具有有限能级的量子系统来描述，如二能级系统。量子计算机的变换也就是量子计算所有可能的幺正变换，因此，量子计算机的特点如下：量子计算机的输入态和输出态为一般的叠加态，其相互之间通常不正交；量子计算机中的变换为所有可能的幺正变换，得出输出态之后，量子计算机对输出态进行一定的测量，得出计算结果。其优势主要表现如下：速度快、存储容量大、搜索能力强、安全性高。其主要的障碍是确保量子位保持为叠加状态。

量子计算机的概念最早是在1982年由美国Feynman提出的，他指出，量子计算机比经典计算机更能有效地模拟量子系统。同时，他建立了一个能显示如何利用量子系统执行计算的抽象模型。1985年，牛津大学的Deutsch提出了任何物理过程原则上都能很好地被量子计算机模拟的方案，这种方案被普遍认为是量子计算机的第一个蓝图，他的工作在量子计算机发展中具有里程碑的意义。1996年，Lloyds证明了Feynman的猜想，指出模拟量子系统的演化将成为量子计算机的一个重要用途，量子计算机可以建立在量子图灵机的基础上。Bennett在《自然》杂志新闻与评论栏中声称，量子计算机将进入工程时代。2000年，美国科学家在《自然》杂志中宣布，他们已成功地实现了4量子位逻辑门。2001年，IBM公司的科学家已建构了7位核磁共振量子计算机。2004年，日本电信电话株式会社物性科学研究所试制出了最有希望成为量子计算机基本组件的超导磁束量子位0。在通过微波照射大幅度提高比特控制自由度的同时，组件的工作频率也成功地提高到了原来的10～100倍。与其他基本单元相比，超导磁束量子位具有量子状态容易持续保持、量子集成等优势。这样，有望实现利用多个组件同时处理多项信息的量子纠缠，进而实现构成与、或等基本电路的控制门。2005年，美国俄亥俄州的州立大学研究人员说，他们成功地使相干激光在玻璃芯片上构成了一个个“原子陷阱”，理论上每个“原子陷阱”能捕捉一个气态铷原子。研究人员说，这一进展向将来设计建造量子计算机前进了一大步。迄今为止，世界上还没有真正意义上的量子计算机，但世界各地的许多实验室正在以巨大的热情追寻着这个梦想。

生物计算机主要是以生物电子元器件构建的计算机。科学家发现，蛋白质有开关特性，用蛋白质分子作为元器件制成集成电路，称为生物芯片。使用生物芯片的计算机称为蛋白质计算机，或称为生物计算机。用蛋白质制造的计算机芯片，存储量可以达到普通计算机的10亿倍。生物计算机元器件的密度比大脑神经元的密度高100万倍，传递信息的速度也比人脑思维的速度快100万倍。生物芯片传递信息时阻抗小，耗能低，且具有生物的特点，具有自我组织、自我修复的功能。例如，能发挥生物本身的调节机能，自动修复芯片上发生的故障，模仿人脑机制等。因此，它将成为未来计算机发展的大趋势。

DNA（脱氧核糖核酸）是一种用于执行计算的完美材料。科学家研究发现，DNA有一种特性，即能够携带生物体的大量基因物质。数学家、生物学家、化学家及计算机专家从中得到启迪，正在合作研究制造未来的液体DNA计算机。这种计算机的工作原理是以瞬间发生的化学反应为基础，通过和酶的相互作用，发生过程中进行分子编码，把二进制数翻译成遗传密码的片段，每一个片段就是著名的双螺旋的一个链，然后对问题以新的DNA编码形式加以解答。与电子计算机相比，DNA计算机的优点有体积小、存储容量大、运算速度快、能耗低等。

1.1.2 微型计算机的发展

微型计算机诞生于20世纪70年代，是计算机向微型化、通用化发展的重要分支，由于微处理器是微型计算机的核心部件，它在很大程度上决定了微型计算机及其系统的主要性能指标，因此，微型计算机的发展是以微处理器的发展为主要标志的。微处理器（Micro Processing Unit，MPU）是微型计算机的核心芯片，又称中央处理器（Central Processing Unit，

CPU），它在一个硅片上集成了计算机的运算器和控制器。自 1971 年美国 Intel 公司生产出第一个微处理器 4004 后，微处理器和微型计算机得到了飞速的发展。

微处理器的发展主要从处理信息字长（位数）、主频率、制造工艺、架构、指令集、多模核心方面来阐述。从微处理器的处理信息字长来看，微处理器历经了 4 位、8 位、16 位、32 位，到目前的 64 位等时代。微处理器的时钟频率从 kHz 级、MHz 级到 GHz 级，如 Intel 4004 之 108kHz、Intel 8088 之 4.77MHz、Intel Pentium 之 66MHz、Intel Pentium IV 之 2.4GHz、Intel Core 之 3.70GHz。制造工艺向密集度更高的方向发展。芯片制造工艺在 1995 年以后，从 0.5μm、0.35μm、0.25μm、0.18μm、0.15μm、0.13μm、90nm、65 nm、45 nm、32 nm、22 nm，一直发展到目前最新的 14nm。从多核心方面来看微型计算机，从单核发展到双核、多核，如 4 核、8 核、16 核、32 核、80 核，甚至更多。总体来说，处理器的运算速度和处理能力等性能不断提高，并保持高速发展态势。

第一代微处理器是以 Intel 公司 1971 年推出的 4004、4040 为代表的四位微处理器。第二代微处理器（1973 年～1977 年）是八位处理器，典型代表有：Intel 公司的 8080、8085，Motorola 公司的 M6800，以及 Zilog 公司的 Z80。第三代（1978 年～1982 年）是 16 位微处理器时代，主要产品有 Intel 8086/8088、Z8000、MC68000 和 Intel 80286 等，这些微处理器的时钟频率为 4～10MHz，主要微型计算机有 IBM PC、IBM PC/XT 等，应用范围已涉及实时控制、数据管理和组建局域网等方面。第四代（1983 年～1993 年）是 32 位微处理器时代，主要产品是 Intel 80386、Intel 80486、MC68020、MC68040。第五代（1993 年至今）主要为 64 位高档微处理器时代。1993 年，Intel 公司的 Pentium（奔腾）微处理器面世，开创了第五代全新高性能微处理器时代。其芯片采用了新的体系结构，其性能大大高于 Intel 系列的其他微处理器，为微处理器体系结构和微型计算机的性能引入了全新的概念。自 1981 年美国 IBM 公司推出第一代微型计算机 IBM PC 以来，微型机以其执行结果精确、处理速度快捷、性价比高、轻便小巧等特点迅速进入社会各个领域，且技术不断更新、产品快速换代，从单纯的计算工具发展成为能够处理数字、符号、文字、语言、图形、图像、音频、视频等多种信息的强大多媒体工具。

从微型计算机总的发展情况来看，一方面迅速提高了微处理器的性能，另一方面，在系统设计上追求综合性能的提高。当前微处理器获得高性能的主要方法如下：提高集成度，全面地采用大中型计算机体系结构设计技术。诸如流水线技术、高速缓冲存储器技术、虚拟存储管理技术、并行处理技术及精简指令系统等技术。为了提高整个计算机系统的性能，采用多处理机并行处理技术。用微处理器组成的多微处理机系统和阵列处理机系统将多个微处理机组合起来进行“并行处理”，大大提高了处理速度，在提高系统可靠性、充分利用资源及进行分布处理等方面也具有重要意义。

1.1.3　微型计算机的应用

微型计算机按其复杂程度的不同，可适用于各种行业，从仪器仪表和家电的智能化，到科学计算、自动控制、数据和事务处理、辅助设计、办公自动化、生产自动化、数据库应用、网络应用、人工智能、计算机辅助教育等各个领域均得到了广泛的应用。微机的应用范围很广，在此仅对微机的主要应用领域做简要介绍。

1. 科学计算

科学计算也称为数值计算，指用计算机来解决科学研究和工程技术中所提出的复杂的数学及数值计算问题。

2. 信息处理

信息处理也称为数据处理，指人们利用计算机对所获取的信息（即各种形式的数据资料）进行采集、记录、整理、加工、存储和传输，并进行综合分析等。例如，办公自动化、信息管理系统等。

3. 工业控制

工业控制指用传感器在现场采集受控对象的数据，通过比较器求出与设定数据的偏差，由计算机按控制模型进行计算，产生相应的控制信号，驱动伺服装置对受控对象进行控制和调整。

4. 计算机辅助技术与系统

计算机辅助技术与系统指采用计算机进行各种辅助功能的系统。例如，计算机辅助设计（Computer Aided Design，CAD）、计算机辅助制造（Computer Aided Manufacturing，CAM）、计算机辅助翻译（Computer Aided Translation，CAT）和计算机辅助教学（Computer Aided Instruction，CAI）等。

计算机辅助设计是指利用计算机来帮助设计人员进行工程设计，以提高设计工作的自动化程度，节省人力和物力。目前，此技术已经在电路、机械、土木建筑、服装等设计中得到了广泛的应用。

计算机辅助制造是指利用计算机进行生产设备的管理、控制与操作，从而提高产品质量、降低生产成本、缩短生产周期，也大大改善了制造人员的工作条件。

计算机辅助翻译能够帮助翻译者优质、高效、轻松地完成翻译工作。

计算机辅助教学是在计算机辅助下进行的各种教学活动，以对话方式与学生讨论教学内容、安排教学进程、进行教学训练的方法与技术。CAI 为学生提供了一个良好的个人化学习环境，综合应用多媒体、超文本、人工智能和知识库等计算机技术，克服了传统教学方式上单一、片面的缺点。它的使用能有效地缩短学习时间、提高教学质量和教学效率，实现最优化的教学目标。

5. 人工智能

人工智能是用计算机执行某些与人的智能活动有关的复杂功能，模拟人类的某些智力活动，如图形和声音的识别，推理和学习的过程。人工智能研究方向中最具有代表性的两个领域是专家系统和机器人。

6. 网络与通信

计算机网络就是利用通信设备和线路等与不同的计算机系统互连起来，并在网络软件支持下实现资源共享和传递信息。

1.2 微机系统的一般概念

1.2.1 微机系统的基本构成

微型计算机系统是由硬件和软件两大部分组成的。所谓硬件系统，是指构成微型计算机系统的物理实体或物理装置，硬件是计算机运行的物质基础。本书主要讨论微型计算机的硬件构成及其运行原理。微型计算机系统整体构成如图 1.2.1 所示。

微型计算机的硬件系统包括微处理器、存储器、接口电路和外部设备，还包括机器的电源系统及机械构件等支持部件。外部设备用来进行计算机数据的输入/输出，常用的外部设备包括键盘、显示器、磁盘驱动器、打印机和鼠标等。

软件系统指微型机所使用的各种程序的集合。软件系统可分为系统软件和应用软件。系统软件是指管理、监控和维护计算机资源（包括硬件和软件）的软件。它主要包括操作系统、各种语言处理程序、数据库管理系统及各种工具软件等。其中，操作系统是系统软件的核心，用户只有通过操作系统才能完成对计算机的各种操作。应用软件是为某种应用目的而编制的计算机程序，如文字处理软件、图形图像处理软件、网络通信软件、财务管理软件、CAD 软件、各种程序包等。系统软件还包括高级语言的翻译程序，有编译和解释两种翻译程序。常用的高级语言有 FORTRAN、Pascal、Cobol、C、C++、BASIC、Java、C#等。机器语言是计算机可直接解读的指令集体系。采用与机器语言一一对应的指令助记符的符号语言称为汇编语言。面向机器的程序设计语言是机器语言和汇编语言。

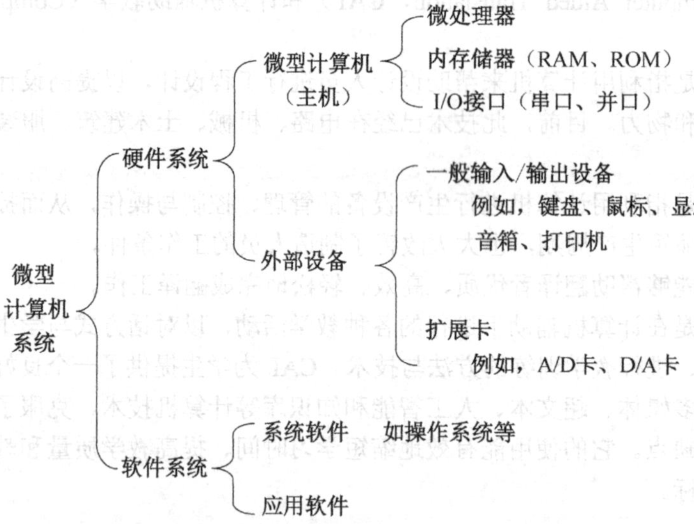

图 1.2.1　微型计算机系统整体构成

1.2.2　微机中的名词术语

1. 位、字节、字

（1）位（bit）。“位”指一个二进制位。它是计算机中信息存储与处理的最小单位。

（2）字节（Byte）。“字节”由八个二进制位组成。

（3）字（Word）和字长。“字”是计算机内部进行数据传递处理的基本单位。它通常与计算机内部的寄存器、运算装置、数据总线宽度相一致。“字长”常用于表征计算机一次处理数据的能力。在 8086 微机系统中，一个“字”由两个字节构成，即 16 个二进制位。计算机中还有“双字”、“八字节数”、“十字节数”的概念，分别表示 32 位、64 位和 80 位二进制位的数。

2. 计算机中的数

1）进位计数制的概念

按进位的原则进行计数称为进位计数制，简称“数制”。在日常生活中，除了采用十进制计数外，有时也采用其他进制来计数，如十二进制、六十进制等。

在进位计数制中，每个数位所用的不同的数字的个数称为“基数”，十进制由 0，1，2，3，4，…，9 等十个不同的数字组成，也就是说，十进制的基数是 10。

十进制计数的特点是“逢十进一”。在一个十进制数中，需要用到十个数字符号（0～9），即十进制数中的每一位是这十个数字符号之一。

一个十进制数可以用位权表示。通常称某个固定位置上的计数单位为位权。在十进制计数中，十位数位置上的位权为 10^1，小数点后第一位上的位权为 10^{-1}。

2）常用的计数制

十进制数：含有 0、1、2、3、4、5、6、7、8、9 十个基本数字，进位是“逢十进一”。通常，十进制数的表示形式为 $(2015)_{10}$ 或 2015D。

二进制数：二进制数只含有 0、1 两个基本数字。通常，二进制数的表示形式为 $(11001011)_2$ 或 11001011B。

八进制数：八进制数含有 0、1、2、3、4、5、6、7 八个基本数字。通常，八进制数的表示形式为 $(3737)_8$ 或 3737O。

十六进制数：十六进制数含有 0～9、A、B、C、D、E、F 十六个基本数字。通常，十六进制数的表示形式为 $(7DF)_{16}$ 或 7DFH。

3）数制转换

十进制到 N 进制的转换：整数部分不断地除以 N（基数）取余，直到被除数（商数）为 0 为止；小数部分不断地乘以 N（基数）取整，直到被乘数为 0 或满足精度要求为止。无论是整数部分还是小数部分，最先取到的数码总是离小数点最近的数码。在许多时候，小数部分的转换会发生循环，这时可选取一定的精度，但这样会产生转换误差。

N 进制到十进制的转换：按权展开求和。

例如：$(1011.01)_2 = (1\times2^3+0\times2^2+1\times2^1+1\times2^0+0\times2^{-1}+1\times2^{-2})_{10}$

$= (8+0+2+1+0+0.25)_{10}$

$= (11.25)_{10}$

二进制与十六进制间的互相转换比较重要，也比较常用。两者有一个简单的对应关系，其互相转换很简单。二进制转十六进制：从小数点位置开始，整数部分向左，小数部分向右，每四位二进制数为一组，用一位十六进制的数字来表示，不足四位的用 0 补足，完成后就是一个相应十六进制数的表示。

例如：00100110.00010100B=26.14H。

4）计算机中数值的表示

（1）机器数与真值。真值是指符合人们使用习惯的数的原始表示形式。机器数是指数据在机器中的实际表示形式。

（2）定点数与浮点数。所谓定点数是指小数点的位置默认并固定的机器数；浮点数是指小数点位置可以浮动，也称为浮点表示法。若小数点的位置被固定在机器数的最右侧，则该数据为定点整数；若小数点的位置被固定在机器数的最左侧，则该数据为定点小数。机器中长短不等的各类整数均采用前一种方法来表示。定点整数按数的表示范围又可分为无符号定点整数（简称无符号数）和有符号定点整数（简称有符号数）两类。无符号定点整数的表示范围为正数和 0，如 8 位无符号数的表示范围为 0～255。有符号数的最高有效位用来表示数的正负，一般用 0 表示正数，用 1 表示负数，这一位被称为符号位。例如，8 位有符号数的表示范围为-128～+127。有符号数一般采用原码、补码、反码、移码来表示。

（3）原码、补码、反码、移码。对于正数，原码和反码、补码都是一样的，都是正数本身。对于负数，原码的符号位为 1，数值部分取其绝对值的二进制。反码的符号位为 1，其他位是将原码取反。补码的符号位为 1，其他位是将原码取反，末位加 1，也就是说，负数的补码是其反码末位加 1。移码就是将符号位取反的补码。

（4）BCD 码，也称二进码十进数或二-十进制代码，即二进制编码的十进制数。BCD 码用 4 位二进制数来表示 1 位十进制数中的 0～9，是一种二进制的数字编码形式，是用二进制编码的十进制代码。

3．计算机中的码

编码是用来将信息从一种形式转变为另一种形式的符号系统，通常选用少量最简单的基本符号和一定的组合规则，以表示大量复杂多样的信息。

信息的数字化编码：指用“0”或“1”这种量最少、最简单的二进制数码，并选用一定的组合规则，来表示数据、文字、声音、图形和图像等各种复杂的信息。

计算机中常用的文字编码包括一般字符信息编码和汉字信息编码两大类。

1）字符信息编码

字符又称符号数据，包括字母和符号。目前世界上用 ASCII （American Standard Code for Information Interchange）码来表示。ASCII 码有 7 位 ASCII 码和 8 位 ASCII 码两种，7 位 ASCII 码称为标准 ASCII 码，8 位 ASCII 码称为扩充 ASCII 码。26 个英文字母区分大、小写，大写字母 A～Z 的 ASCII 码值是 1000001～1011010b（41H～5AH），是连续的；小写字母 a～z 的 ASCII 码值是 1100001～1111010b（61H～7AH），也是连续的。

小写字母 ASCII 码值等于大写字母 ASCII 码值加上 0100000b（20H）。

2）汉字信息编码

计算机要对汉字信息进行处理，要求计算机能够输入、处理和输出汉字。显然，汉字在计算机中也只能用若干位的二进制编码来表示。必须将汉字转换成计算机可以接收的编码输入计算机，称为汉字输入码。输入码进入计算机必须转换成汉字内码才能进行信息处理。为了最终显示、打印汉字，内码必须转换成汉字字形码（字模）。为了使不同的汉字处理系统之间能够交换信息，还必须设置汉字交换码。

（1）汉字输入码：计算机是西方国家发明的，而西文只要用很少的键就可以输入所有的信息。要用西文键盘输入汉字，首先必须解决汉字输入问题，这就是汉字输入码要解决的问题。汉字的输入方法很多，常用的主要有以下几种：数字编码（如国际区位码）、字音编码（如拼音码）、字形编码（如五笔字型输入码）、形音编码。除了上述通过西文键盘的输入法外，还有手写输入法、语音输入法。

（2）汉字交换码：这是在两个汉字处理系统之间进行汉字交换时使用的编码，也称国标码。同一个汉字在不同的计算机系统中可以采用不同的表示方法。但在不同系统之间要交换信息时，必须采用统一标准规范，否则难以进行交换。为此，我国已制定并颁布了国家标准 GB 2312—1980《信息交换用汉字编码字符集——基本集》，简称国标码。该字符集规定了常用汉字 6763 个和其他字符（俄文字母、日语假名、拉丁字母、希腊字母、汉语拼音和一般图形字符）682 个。6763 个汉字分两级，第一级汉字 3755 个，第二级汉字 3008 个。

交换码中的每个字符用两个字节进行编码，每个字节的低 7 位表示信息，最高位为零。

国标码与区位码有简单的对应关系：国标码=区位码+2020H。加 2020H 的目的是使两个字符都避免与码的控制字符冲突。

（3）汉字机内码：这是汉字信息处理系统在计算机内部存储和处理汉字信息时使用的编码。

不同计算机系统可以使用不同的机内码，但同一计算机系统中汉字机内码应该相同，而且不同计算机之间在交换汉字信息时都必须将汉字机内码转换成标准的交换码，即使用 GB 2312—1980。

汉字系统中机内码在编码时必须考虑到既能与 ASCII 码严格区分，又能与国标码有简单的对应关系，因此，机内码的编码方案应能在国标码的基础上方便地得到。常用的方案是把国标码的每一个字节的最高位的 0 变成 1，其他各位的信息保持不变。

汉字机内码与国标码、区位码之间的关系：机内码=国标码+8080H=区位码+A0A0H。

（4）汉字的字形码：计算机中的汉字内码是不能直接在屏幕上显示和打印的，必须把它转换成对应的汉字字形码。汉字字形码通常有两种表示方式：点阵和矢量表示方法。用点阵表示字形时，一般通过点阵图的形式产生，用 1 表示黑点，0 表示白点，这种用点阵形式存储的汉字字形信息的集合称为汉字的点阵字模库。根据输出汉字的要求不同，点阵的多少也不同。简易型汉字为 16×16 点阵，提高型汉字为 24×24 点阵、32×32 点阵、48×48 点阵等。矢量表示方式存储的是描述汉字字形的轮廓特征，当要输出汉字时，通过计算机的计算，由汉字字形描述生成所需大小和形状的汉字点阵。汉字字形码主要用于显示与打印，称为汉字输出码。

1.2.3 微机性能评价

微机性能主要通过以下几个方面来评价。

1．字长

字长是指计算机运算与处理部件一次能处理的二进制数据的位数。字长越长，计算机的处理能力越强。微型计算机的字长都是 8 的整数倍，主要有 8bit、16bit、32bit、64bit。微机字长主要决定于 CPU。

2．速度

微机速度通常从主频和每秒百万条指令数（Million Instruction Per Second，MIPS）两方面来描述。

CPU 的频率也称主频或时钟频率，其计量单位是 Hz（赫兹）。CPU 的频率在一定程度上代表了 CPU 的实际运算速度，一般来说，CPU 的频率越高，其运算速度就越快。微机主频从 8086 的 4.77MHz 发展到目前 Intel Core 的 3.70GHz。

每秒百万条指令数即每秒所能执行的指令条数，用百万条指令/秒来描述，反映了微机的平均运算速度。

3．存储容量

存储容量包括内存储器的容量和外存储器的容量两个方面。

内存储器也称主存，是 CPU 可以直接访问的存储器。计算机需要执行的程序与需要处理的数据就是存放在内存中的。内存储器容量的大小反映了计算机即时存储信息的能力。内存容量越大，系统功能越强大，能处理的数据量就越庞大。

外存储器容量通常是指硬盘容量（包括内置硬盘和移动硬盘）。外存储器容量越大，可存储的信息就越多，可安装的应用软件就越丰富。

4．外部设备的配置及扩展能力

这主要指计算机系统连接各种外部设备的可能性、灵活性和适应性。

5．软件配置

软件是计算机系统必不可少的重要组成部分，其配置是否齐全，直接关系到计算机性能的好坏和效率的高低。

1.3 微机的硬件构成与工作原理

1.3.1 微机的硬件构成及其特点

微型计算机的硬件由微处理器、存储器、输入/输出接口电路及输入/输出设备等三大部分组成。微型计算机系统的体系结构特点之一是采用总线结构。由于系统总线是开放的，因而也可以说，微机硬件是由四大部分组成的，即上述三部分加上系统总线。从计算机结构原理来看，微型计算机也是由运算器、控制器、存储器、输入设备和输出设备等五大部分组成的。总线结构微型计算机的硬件构成如图 1.3.1 所示。

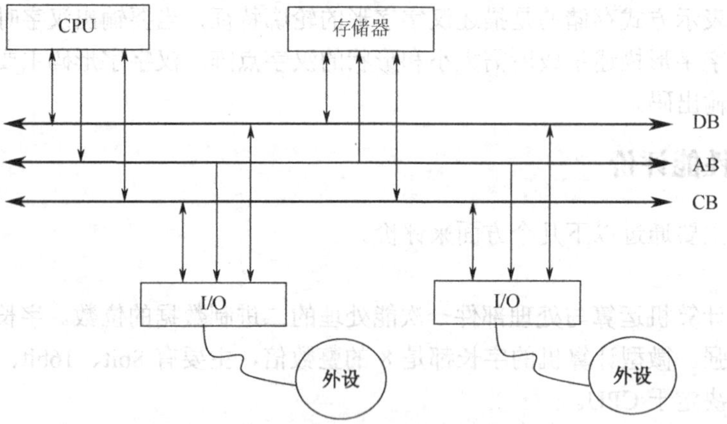

图 1.3.1 总线结构微型计算机的硬件构成

1．微处理器

在微型计算机中，微处理器完成对信息的控制和处理，是计算机的核心。微处理器是一个大规模集成电路器件，一般具备下列基本功能。

① 可进行算术和逻辑运算。

② 具有接收或发送数据的能力。

③ 可暂存少量的数据。

④ 能对指令进行译码并执行指令所规定的操作。

⑤ 提供整个系统所需的定时和控制信号。

⑥ 可响应其他部件发出的中断请求。

微处理器中包含内部寄存器组、算术逻辑运算部件和逻辑控制电路。有些微处理器还包括时钟电路，为元器件工作提供定时信号。大多数微处理器在内部结构的形式上采用了总线方式，内部各功能单元均挂在一组内部数据总线上，这种方式不仅可以减少内部连线所占的面积以提高集成度，也可大大地提高生产过程中产品的合格率和产品的可靠性。此外，微处理的内部和外部之间也使用了三组不同作用的总线进行联系。

2．存储器

微型计算机的存储器用于存放程序和数据。为了满足存储容量和存取速度的需要，微型计算机多用分级存储的方式：用速度较高的半导体存储器作为内存储器；用容量大、速度相对慢的存储器（如磁带、磁盘、光盘等）作为辅助存储器（外存储器）。根据半导体存储器的特性，又可划分为半导体随机存储器（Random Access Memory，RAM）和半导体只读存储器（Read Only Memory，ROM）。在微型计算机中，RAM 用于存放用户程序和系统程序；ROM 则用于存放监控程序、操作系统的引导程序及底层模块。辅助存储器往往以外部设备的方式接入微型计算机。

3．输入/输出接口及输入/输出设备

输入/输出接口是微型计算机与外部输入/输出设备连接的逻辑控制部件。一个微型计算机的处理能力不仅取决于微处理器的能力，还与它所带的外部设备密切相关。因此，接口的设置及功能将因整个微型计算机的需要而异，并影响着整机的性能。

微型计算机常用的输入/输出设备有各种键盘、鼠标器、显示器、触摸屏、各类打印机、扫描仪、绘图仪、磁盘驱动器、光盘驱动器、声音识别及语音输出装置、光笔、光电文字（符号）阅读机、模/数（Analog/Digital，A/D）和数/模（Digital/Analog，D/A）转换器等。其中，使用最广泛的是键盘和显示器，几乎任何一台微型计算机都少不了它们。

4．系统总线

所谓总线，就是连接部件和传送信息的公共线。通常，微型计算机中都设有系统总线（System Bus），通过系统总线将各部件连接成一个有机的整体。尽管各类微型计算机在总线的类型上有不同的标准，但它们大致由三组不同功能的总线汇集而成，即数据总线（Data Bus，DB）、地址总线（Address Bus，AB）和控制总线（Control Bus，CB）。

数据总线用于传送数据信息。一般情况下，数据总线具有双向传送功能，它既可供微处理器送出数据，也可供其他部件将数据送至微处理器内部。数据总线上数据线的多少通常是与微处理器的字长相一致的。例如，8 位微型计算机的数据总线就由 8 根线组成；16 位微型计算机的数据总线则包括 16 根线。在计算机中，“数据”有比较广泛的含义，在具体工作过程中，数据总线上所传送的并不一定都是真正的数据，它可以是指令代码、某些状态信息或有关的控制信息。

地址总线是传送地址信息的一组线，其总线宽度（位数）将决定微处理器当前可寻址的内存储器容量范围。一般由地址总线传送微处理器送出的访问存储器或外部设备的地址选择信号。

控制总线是系统中控制信号的传输线，其中有微处理器送往存储器和外部设备的控制信号，如读、写、访问请求信号等；也有外部反馈给微处理器的信号，如中断信号、总线请求信号及等待信号等。此外，控制总线也是用户了解微处理器内部工作情况的总线。

总之，设置系统总线是微型计算机外部结构上的一个特点。采用这种总线结构方式，不仅可以使微型计算机在系统结构上具有简单、规整和易于扩展的特点，还使整个系统中各组成部件之间的相互关系变为面向总线的单一关系。为了应用开发的需要，微型计算机使用两类总线标准：一类是并行总线标准，另一类是串行总线标准。

综上所述，所谓微型计算机，就是由系统总线将微处理器、内存储器、输入/输出接口电路以及其他支持逻辑电路有机地连接起来，能自动完成信息处理功能的机器。

1.3.2 微机的工作原理

目前，微型计算机的工作原理基本上采用冯·诺依曼原理，即微机按“程序存储、程序控制”方式进行工作。程序（人们为完成特定任务而编制的指令序列）和运算数据存放在存储器中，计算机的控制器按程序中的指令序列从存储器中取出指令、分析指令、执行指令的操作重复进行，直到完成程序中的全部指令操作为止。

在计算机的运行过程中，控制器是整个计算机的控制中心，存储器则是程序工作的“舞台”。存储器进行信息的存取、运算器进行各种运算及信息的输入/输出等都是在控制器的统一指挥下自动完成的。

1.4 微机接口技术

微型计算机的CPU与内存通常称为主机。主机是微机进行内部信息处理的控制核心和工作场所。但微机处理的信息对象却在主机之外，因此主机还必须与外部设备进行信息交换。计算机外部设备种类繁多、功能及特性各异，微机主机与外部设备进行信息交换时，通常必须采用输入/输出（Input/Output，I/O）接口。所谓I/O接口就是微型计算机与外部设备之间的连接部件，是微机主机与外部设备进行信息交换的桥梁与界面。也就是说，主机操作的直接对象是I/O接口，而非外设本身。为了正确实现外设与主机之间的信息交换，接口一般应具备以下功能。

（1）选择外设，通过设置设备地址译码器，选择所需的外设进行输入/输出操作。

（2）对外设进行控制及监测。

（3）数据的寄存与缓冲，匹配主机与外设之间的速度差异。

（4）数据格式的转换，如串/并转换、数据字长转换等。

（5）信号电平转换，主要是完成信号电气性能的转换。

（6）中断控制，为外部设备提供以中断方式向微型计算机交换信息的功能。

接口除了硬件电路外，还应配备相应的接口软件，用于控制硬件电路实现接口功能。

接口技术就是研究如何有效地设计接口硬件及软件，以便高效、可靠地实现微型计算机与外部设备之间的信息交换。常用的接口技术有五类，这些接口技术是微型计算机最典型的接口技术，也是实际应用最多的技术，在本书以后章节中将简要介绍。

（1）基本输入/输出与通信接口技术，包括并行通信接口技术、串行通信接口技术。

（2）接口控制技术，包括中断控制接口技术、DMA（Directional Memory Access）控制接口技术。

（3）定时/计数接口技术。

（4）模拟通道接口技术，包括A/D转换接口技术、D/A转换接口技术。

（5）人机交互接口技术，包括键盘接口技术、鼠标器接口技术、显示器接口技术、打印机接口技术等。

习 题

1.1 微处理器、微机与微机系统三者之间有什么异同？

1.2 简述微型计算机系统的硬件组成及各部分的作用。

1.3 微型计算机总线的基本概念是什么？微机总线有哪几类？总线结构的特点是什么？

1.4 计算机中常用的数制有哪些？如何进行数制之间的转换？将下列十进制数分别转换成二进制数和十六进制数：128，512，1023，1024，65535。

1.5 每个汉字的机内编码由几个字节组成？计算机中如何区分ASCII码和汉字内码？

1.6 微机可以配备哪些常用外部设备？

1.7 简述微型机的运算速度与CPU工作频率的关系。

1.8 列举10个微型计算机应用的实例。

1.9 列举10个内含处理器CPU（嵌入式系统）的应用实例。

第 2 章　8086 微处理器结构与功能

2.1　8086 微处理器的外部结构

2.1.1　8086 微处理器的外部结构概述

微处理器通过引脚与外部的逻辑部件连接，完成信息的交换。CPU 的这些引脚信号称为微处理器级的总线，它应该能够完成下列功能。

（1）与存储器之间交换信息（指令及数据）。

（2）与 I/O 设备之间交换信息。

（3）能输入和输出必要的信号。

8086 CPU 芯片采用 40 条引脚的双列直插式封装形式。这些总线按功能可以分为四种，即数据总线、地址总线、控制总线、电源线。

（1）数据总线，用来传送信息（指令或数据）的总线。

（2）地址总线，指示正在传送的信息的来源或目的地址的总线。

（3）控制总线，管理和控制总线上活动的总线。

（4）电源引脚，包括 VCC 和地线。电源 VCC 为 4.5V～5.5V。

其中，部分引脚采用分时复用技术。8086 CPU 的引脚排列图如图 2.1.1 所示。

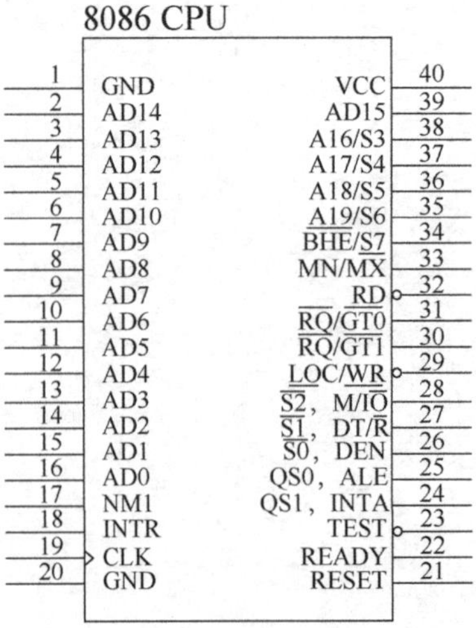

图 2.1.1　8086 CPU 引脚排列图

2.1.2 地址总线和数据总线

1. 概述

数据总线用来传送 CPU 与内存储器或 I/O 设备的交换信息，该总线为双向三态总线。微处理器数据总线的条数决定了 CPU 和存储器或 I/O 设备一次能交换数据的位数，是区分微处理器是多少位的重要依据。

地址总线上的地址通常是 CPU 输出的，CPU 通过地址总线输出地址码来选择某一存储单元或某一称为 I/O 端口的寄存器，该总线为单向（输出）三态总线。地址码的位数决定了地址空间的大小。8088/8086 CPU 有 20 条地址线，访问存储器时用 20 条地址线，可寻址 1MB 内存单元；访问外部设备时用 16 条地址，可寻址 64K 个 I/O 端口

在 8086 CPU 中，数据/地址总线采用了分时复用引脚。

2. AD15～AD0 地址/数据总线

这 16 条线为分时复用的双重总线，在每个总线周期开始（*T*1）时用做地址总线的低 16 位（A15～A0），给出内存和 I/O 端口的地址。其余时间中数据总线用来传输数据。在传送数据时，用 BHE#信号区分字或字节传送。

8088 CPU 数据总线共 8 位，即 AD7～AD0，一次传送一个字节，但其内部结构是 16 位的，与 8086 CPU 相同。

3. A19～A16/S6～S3 地址/状态总线

这 4 条线也是分时复用的双重总线，在每个总线周期开始（*T*1）时用做地址总线的高 4 位（A19～A16），在存储器操作时为有效的高 4 位地址，在 I/O 操作中，这 4 条线为低电平。在总线周期的其余时间，这 4 条线指示 CPU 的状态信息，其中 S6 恒为低电平，S5 反映了标志寄存器中可屏蔽中断允许标志，而 S4、S3 表示正在使用哪个段寄存器，其编码如表 2.1.1 所示。

表 2.1.1 S4、S3 编码表

S4	S3	正在使用的段寄存器
0	0	附加段寄存器 ES
0	1	堆栈段寄存器 SS
1	0	访问存储器时用代码段寄存器 CS 或访问 I/O，不用段寄存器 或读中断向量，不用段寄存器
1	1	数据段寄存器 DS

2.1.3 控制总线

控制总线管理总线上的活动，用来传送从 CPU 发出的控制信息或外设送到 CPU 的状态信息，大部分是单向的，有一些是双向的。控制总线中的输出信号线，用来传输 CPU 送到其他部件的控制命令（如读写命令、中断响应等）；输入信号线，由外部向 CPU 输入控制及请求信号（复位、中断请求等）。

8086 CPU 的控制总线中有一条 MN/MX#线（引脚 33），称为最小/最大方式控制线，

用来控制 8086 CPU 的工作方式。当 MN/MX#接+5V 时，8086 CPU 工作于最小方式，由 8086 CPU 提供全部控制信号，用来构成一个小型的单处理器系统。当 MN/MX#接地时，8086 CPU 工作于最大方式，系统总线的部分控制信号由专门的总线控制器 8288 提供，8086 CPU 指示当前操作的状态信号（S2#、S1#、S0#）并送入 8288，8288 据此产生相应的系统控制信号。最大方式用于多处理器和协处理器结构。

在 8086 的控制总线中，有一部分控制线的功能与工作方式无关，而另一部分控制线的功能随工作方式不同而不同，现分述如下。下面主要介绍最大工作方式的引脚功能。

1．受 MN/MX#影响的控制总线

1）S2#、S1#、S0#——总线周期状态信号（三态、输出）

它们表示 CPU 外部总线周期的操作类型，由 CPU 送到系统中的总线控制器 8288，8288 根据这三个状态信号，产生存储器或 I/O 端口的读/写命令和中断响应信号，S2#、S1#、S0# 的状态译码如表 2.1.2 所示。

表 2.1.2　S2#、S1#、S0#状态译码表

S2#	S1#	S0#	操作类型
0	0	0	中断响应
0	0	1	读 I/O 端口
0	1	0	写 I/O 端口
0	1	1	暂停
1	0	0	取指
1	0	1	读存储器（数据）
1	1	0	写存储器
1	1	1	无效（无总线周期）

在总线周期的 *T*4 时钟周期期间，S2#、S1#和 S0#的任何变化，指示一个总线周期的开始，而在 *T*3 期间（或 *T*w，即等待周期期间）返回无效状态，表示一个总线周期的结束。在 DMA（直接存储器存取）方式下，S2#、S1#、S0#处于高阻状态。

在最小方式中，8086 CPU 与 S2#、S1#、S0#三个引脚相对应的信号分别为 M/IO#（存储器 I/O 控制）、DT/R#（数据发送/接收）和 DEN#（数据允许）。

2）RQ#/GT1#、RQ#/GT0#——请求/允许总线访问控制信号（双向）

这两条信息线是为多处理机应用而设计的，用于对总线控制权进行请求和应答，其特点是请求和允许功能是由一条线来实现的。

总线访问的请求/允许时序分为三个阶段：请求、允许和释放。首先，协处理器向 CPU 输入 RQ 信号请求使用总线；然后，在 CPU 的 *T*4 或下一个 *T*1 期间，CPU 输出一个宽度为一个时钟周期的脉冲 GT#给请求总线的协处理器，作为总线响应信号，从下一个时钟周期开始，CPU 释放总线。当协处理器使用总线结束时，再给出一个宽度为一个时钟周期的脉冲 RQ#给 CPU，表示总线请求结束，从下一时钟周期开始 CPU 又可以控制总线。

两条控制线可以同时接两个协处理器，RQ#/GT0#的优先级高。

在最小方式中，RQ#/GT1#、RQ#/GT0#引脚分别为总线请求信号 HOLD 和总线响应信号 HLDA。

3）QS1、QS0——指令队列状态信号（输出）

它们提供 CPU 内部指令队列的状态，以便外部协处理器进行跟踪。

在最小方式中，QS1、QS0 引脚分别为 INTA#（中断响应）和 ALE（地址锁存允许）。

4）LOCK#——总线优先封锁信号（输出、三态）

该信号用来封锁外部处理器的总线请求，当 LOCK#输出低电平时，外部处理器不能控制总线，LOCK#信号是由指令在程序中设置的，若一条指令前加前缀 LOCK，则 CPU 执行这条指令时，LOCK#线输出低电平，并保持到指令执行结束，以防止在这条指令执行过程中被外部处理器的总线请求打断。

在保持响应期间，LOCK#线为高阻态。

在最小方式中，LOCK#引脚为 WR#（写控制）信号。

2．不受 MN/MX#影响的控制总线

1）RD#——读控制信号（三态、输出）

RD#有效时，表示 CPU 执行读操作，DMA 方式下，RD#处于高阻态。

2）READY——等待状态信号，准备就绪信号（输入）

当被访问的部件无法在 CPU 规定的时间内完成数据传送时，应由该部件向 CPU 发出请求信号，使 READY 变为低电平，使 CPU 处于等待状态，插入一个或几个等待周期 Tw；当被访问的部件可以完成数据传输时，它使 READY 变为高电平，CPU 继续运行。

3）INTR——中断请求信号（输入）

此引脚可屏蔽中断请求，电平触发信号，可由软件复位内部的中断允许位加以屏蔽，CPU 在每一指令周期的最后一个时钟周期 T 内采样 INTR 信号。

4）NMI——非屏蔽中断请求信号（输入）

NMI 为上升沿触发信号，不能用软件加以屏蔽。

5）TEST#——等待测试控制信号（输入）

在 WAIT（等待）指令期间，CPU 每隔 5 个时钟周期对 TEST#进行采样，若 TEST#变为高电平，则 CPU 重复执行 WAIT 指令，并对 TEST#进行测试，循环于等待状态。若 TEST#为低电平，则 CPU 脱离等待状态，继续执行程序中的指令。

6）RESET——复位信号（输入）

当 RESET 为高电平时，CPU 停止正在运行的操作，把内部的标志寄存器（Program Status Word，PSW）、段寄存器（Segment Register，SR）、指令指针寄存器（Instruction Pointer，IP）及指令队列复位为初始状态。

7）CLK——时钟信号（输入）

该信号为处理器和总线控制器提供基本的定时脉冲，其占空比为 1/3 以提供最佳的内部定时。

2.2 8086 微处理器的内部功能结构

8086 CPU 在内部采用了并行流水线结构，可以提高 CPU 的利用率和处理速度。从功能上讲，8086 CPU 由两个独立的逻辑单元组成：一个是总线接口单元（Bus Interface Unit BIU），另一个为执行单元（Execution Unit，EU）。其功能框图如图 2.2.1 所示。

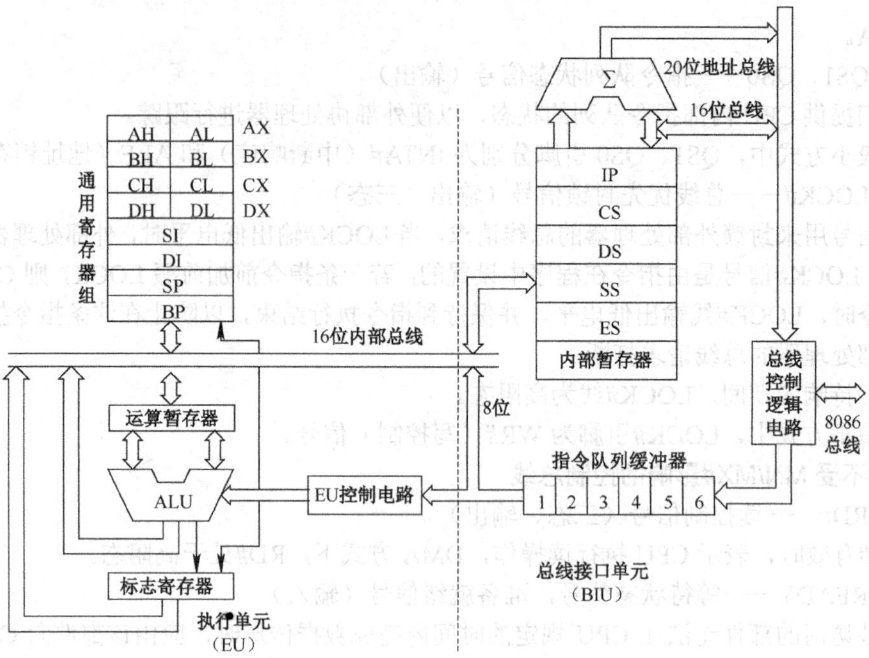

图 2.2.1　8086 CPU 的基本结构及功能框图

1．总线接口单元

总线接口单元负责 CPU 通过总线与存储器、I/O 设备之间的信息传送：取指令时，从存储器指定的地址取出程序指令送入指令队列供执行单元执行；执行指令时，根据执行单元命令对指定存储单元或 I/O 端口存取数据。

总线接口单元包括 4 个段寄存器（CS、DS、ES、SS）、指令寄存器（IP）、指令队列寄存器、物理地址加法器、总线控制逻辑等。

（1）4 个 16 位段地址寄存器，即代码段寄存器（CS），数据段寄存器（DS），附加段寄存器（ES）和堆栈段寄存器（SS），它们分别用于存放当前代码段、数据段、附加段和堆栈段的段基址。

（2）1 个 16 位的指令寄存器，即 IP。IP 用于存放下一条要执行指令的有效地址，即偏移地址（Effective Address，EA），IP 的内容由 BIU 自动修改，通常是进行加 1 修改。当执行转移指令、调用指令时，BIU 装入 IP 中的是转移目的地址。

（3）1 个 20 位物理地址加法器，将 16 位逻辑地址变换为存储器读/写所需要的 20 位物理地址。

（4）1 个 6 字节的指令队列缓冲器，预存 6 个字节的指令代码。

（5）总线控制逻辑，提供总线控制信号。

2．执行单元

执行单元主要负责从指令队列寄存器中获取指令，并对指令加以执行，完成指令所规定的操作。同时，它也负责算术/逻辑运算及进行内存有效地址的计算等。

执行单元由算术逻辑运算单元（Arithmetic Logic Unit，ALU）、暂存寄存器、状态标志寄存器（PSW）、通用寄存器组和执行控制单元等构成。执行单元包含以下几个部分。

（1）1 个 16 位算术逻辑运算单元，完成 8 位或 16 位的二进制运算。ALU 的核心是二进制加法器，其功能有二：一是进行 8 位或 16 位的二进制运算；二是按指令的寻址方式计算出寻址单元的 16 位偏移地址，并将此偏移地址送到 BIU 中形成一个 20 位的实际地址。

（2）1 个 16 位的数据暂存器，协助 ALU 完成运算并可暂存参与运算的操作数。

（3）1 个标志寄存器，存放 ALU 运算结果特征或存放控制标志。

（4）4 个通用 16 位寄存器：AX、BX、CX、DX。

（5）4 个专用 16 位寄存器：SI、DI、SP、BP。

（6）1 个 EU 控制器，取指令控制和时序控制。

3. 8086 CPU 的指令执行过程

CPU 的总线接口单元和执行单元相互独立，分别完成各自的操作，且按并行方式重叠操作，即可同时进行存取操作和执行指令的操作，实现了指令取指和执行的流水线操作技术，提高了 CPU 的利用率。8086 CPU 的指令执行过程如图 2.2.2 所示。

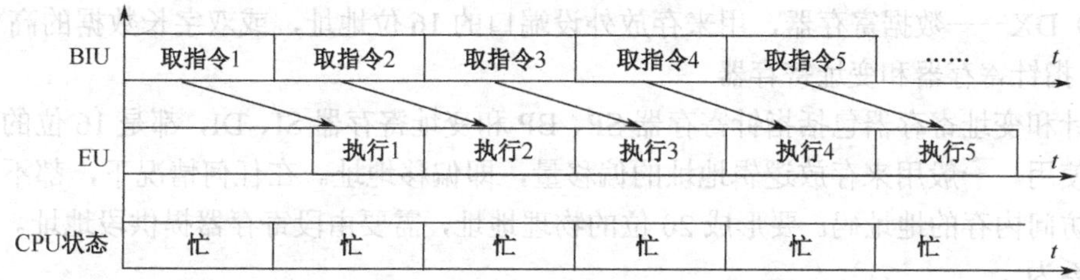

图 2.2.2　8088/8086 CPU 的指令执行过程

2.3　8086 微处理器的寄存器结构

8086 CPU 中可供编程使用的有 14 个 16 位寄存器，按其用途可分为 3 类：通用寄存器、段寄存器和控制寄存器组。其中，通用寄存器分为数据寄存器与指针和变址寄存器两组。8086 微处理器的寄存器结构如图 2.3.1 所示。下面简要介绍这些寄存器的作用。

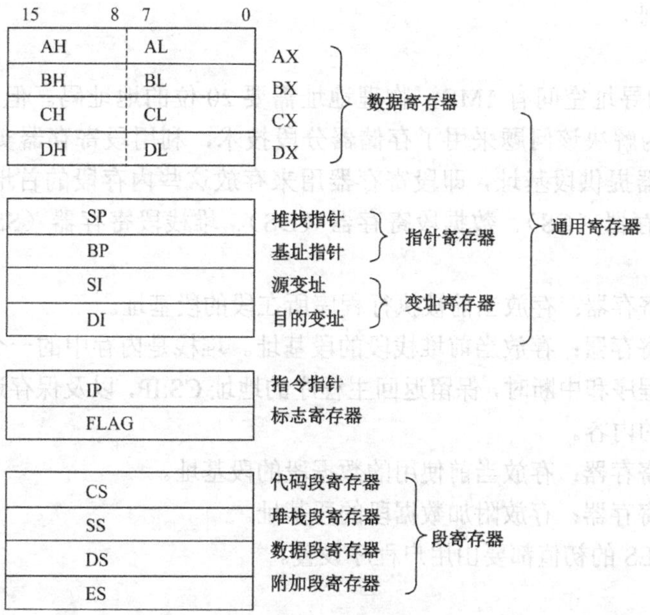

图 2.3.1　8086 CPU 的寄存器结构

1. 通用寄存器

1）数据寄存器

数据寄存器包括 4 个 16 位的寄存器 AX、BX、CX 和 DX，一般用来存放 16 位数据，其中每一个又可根据需要将高 8 位和低 8 位分成独立的两个 8 位寄存器来使用，即 AH、BH、CH、DH 和 AL、BL、CL、DL 两组，用于存放 8 位数据，它们均可独立寻址、独立使用。这样，4 个 16 位寄存器可看做 8 个 8 位寄存器来使用。

每个寄存器又有它们的专用目的。

（1）AX——16 位累加器，使用频度最高，用于算术、逻辑运算及与外设传送信息等；AL 为 8 位累加器。

（2）BX——基址寄存器，常用做基址指针，指向一批连续存放操作数的基地址。

（3）CX——计数器，作为循环和串操作等指令中的隐含计数器。

（4）DX——数据寄存器，用来存放外设端口的 16 位地址，或双字长数据的高 16 位。

2）指针寄存器和变址寄存器

指针和变址寄存器包括指针寄存器 SP、BP 和变址寄存器 SI、DI，都是 16 位的寄存器且整体使用，一般用来存放逻辑地址的偏移量，即偏移地址。在任何情况下，都不能独立地形成访问内存的地址码。要形成 20 位的物理地址，需要由段寄存器提供段地址。它们之间的关系为

$$物理地址=段地址\times16+偏移地址$$

（1）堆栈指针（SP）寄存器：用来指示栈顶的偏移地址。段地址由段寄存器 SS 提供。

（2）基址指针（BP）寄存器：在通过堆栈传递数据和地址时，基址指针寄存器用于存放要传递的数据和地址的偏移地址，也可以作为通用寄存器使用。

（3）源变址（SI）寄存器：用于变址操作。一般与 DS 联用，用来确定源操作数的存储单元地址。

（4）目的变址（DI）寄存器：用于变址操作。一般与 DS 联用，用来确定目的操作数的存储单元地址。

2. 段寄存器

8086 CPU 的寻址空间有 1MB，物理地址需要 20 位的地址码。但 CPU 中的寄存器都是 16 位的。为解决该问题采用了存储器分段技术，利用段寄存器实现存储空间的分段结构。段寄存器提供段基址，即段寄存器用来存放这些内存段的首地址。段寄存器有 4 个：代码段寄存器（CS）、数据段寄存器（DS）、堆栈段寄存器（SS）和附加段寄存器（ES）。

（1）代码段寄存器：存放当前被执行程序所在段的段基址。

（2）堆栈段寄存器：存放当前堆栈段的段基址。堆栈是内存中的一个特别存储区，主要用于在调用子程序和中断时，保留返回主程序的地址 CS:IP，以及保存进入子程序将要改变其值的寄存器的内容。

（3）数据段寄存器：存放当前使用的数据段的段基址。

（4）附加段寄存器：存放附加数据段的段基址。

其中，DS、ES 的初值都要由用户程序设置。

3. 控制寄存器

8086 CPU 有两个控制寄存器：一是指令指针寄存器，二是处理器标志寄存器。

1）指令指针寄存器

8086 CPU 中设置了一个 16 位指令指针寄存器，用来存放将要取出的下一条指令在代码段中的偏移地址。在程序运行过程中，BIU 可修改 IP 中的内容，使它始终指向将要取出的下一条指令。指令在内存中的段地址由 CS 寄存器提供，下一条要取出的指令的内存地址由 IP 与 CS 联用构成，即 CS:IP 表示代码段中要处理的指令的逻辑地址，IP 和 CS 由系统执行，用户一般不能使用或修改。

2）处理器标志寄存器

8086 CPU 中设立了一个两字节的标志寄存器，标志由条件码标志和控制标志构成，其中，条件码标志反映了上次指令执行的结果状态信息，可用于条件转移指令的转移控制条件。8086 CPU 标志寄存器有 9 个有效标志位：6 个状态标志位，表示程序运行结果的状态信息，许多指令的执行都将自动地改变它，包括 CF、PF、AF、ZF、SF 和 OF；3 个控制标志位，可由用户根据需要用指令进行设置，用于控制处理器的具体工作方式，包括 IF、DF 和 TF。标志寄存器各标志位如图 2.3.2 所示。

D15	D14	D13	D12	D11	D10	D9	D8	D7	D6	D5	D4	D3	D2	D1	D0
				OF	DF	IF	TF	SF	ZF		AF		PF		CF

图 2.3.2　8086 CPU 的标志寄存器

现将各标志位的定义说明如下。

（1）进位标志位（Carry Flag，CF）。如果做加法时最高位（字节操作是 D7 位，字操作是 D15 位）产生进位或做减法时最高位产生借位，则 CF=1，否则 CF=0。

（2）奇偶标志位（Parity Flag，PF）。如果操作结果的低 8 位中含有偶数个 1，则 PF=1，否则 PF=0。

（3）辅助进位标志位（Auxiliary Carry Flag，AF）。如果做加法时 D3 位有进位或做减法时 D3 位有借位，则 AF=1，否则 AF=0。

（4）零标志位（Zero Flag，ZF）。如果运算结果各位都为零，则 ZF=1，否则 ZF=0。

（5）符号标志位（Sign Flag，SF）。如果运算结果的最高位（字节操作是 D7，字操作是 D15）为 1，则 SF=1，否则 SF=0。

（6）溢出标志位（Overflow Flag，OF）。在加或减运算中结果超出 8 位或 16 位有符号数所能表示的数值范围时，产生溢出，OF=1，否则 OF=0。

（7）中断标志位（Interrupt Flag，IF）。当 IF=1 时，CPU 可响应可屏蔽中断请求；当 IF=0 时，CPU 不响应可屏蔽中断请求。可用指令设置：CLI 指令复位中断标志是 IF＝0；STI 指令置位中断标志是 IF＝1。

（8）单步标志位（Trap Flag，TF）。假如 TF=1，则 CPU 处于单步工作方式。在这种工作方式下，CPU 每执行完一条指令就会自动产生一次内部中断。在调试程序 DEBUG 中，T 命令就利用了这种中断。

（9）方向标志位（Direction Flag，DF）。在串处理指令中，若 DF=0，则表示串处理指令地址指针自动增量，即串操作由低地址向高地址进行；若 DF=1，则表示地址指针自动减量，即串操作由高地址向低地址进行。DF 标志位可通过指令预置。

2.4 8086 微处理器的存储器组织

8086 CPU 地址总线有 20 条，可寻址 1MB，其物理地址为 00000H～FFFFFH，即微型计算机存储器寻址需 20 位地址码，但 CPU 内部寄存器和算术逻辑运算单元都是 16 位的，可寻址范围为 64KB。因此，如何扩大寻址范围成为一个必须解决的问题。

8088/8086 巧妙地采用了地址分段方法，将 1MB 的存储空间划分为若干个逻辑段，每段最多为 64KB 存储单元，段内任一个存储单元的地址可用相对于段起始地址的偏移量来表示，这个偏移量称为段内偏移地址（16 位）。同时，规定每个段的起始地址的低 4 位必须为 0，即逻辑段的起始地址的低 4 位二进制码必须是 0，这样段起始地址有效位只有 16 位，段的起始地址的高 16 位被称为该段的段地址，把它存放在相应的段寄存器中，而段内的相对地址可用系统中的 16 位通用寄存器来存放，被称为偏移地址。这种由段地址和偏移地址两部分共同表示的地址，称为逻辑地址，其格式为段地址:偏移地址。用户编程时采用逻辑地址。

在 8086 系统中，把整个存储空间分成许多逻辑段，每个逻辑段的容量≤64KB，允许它们在整个存储空间中浮动，各个逻辑段之间可以紧密相连，也可以相互重叠（完全重叠或部分重叠）。

一个存储单元可以拥有多个逻辑地址，但只可能拥有一个唯一的物理地址（00000H～FFFFFH），该 20 位地址在指令执行时由 CPU 内部总线接口单元的地址加法器形成，并进行硬件寻址。地址加法器的具体做法：段地址左移 4 位，然后加上偏移地址即可得到 20 位物理地址。物理地址形成示意图如图 2.4.1 所示。

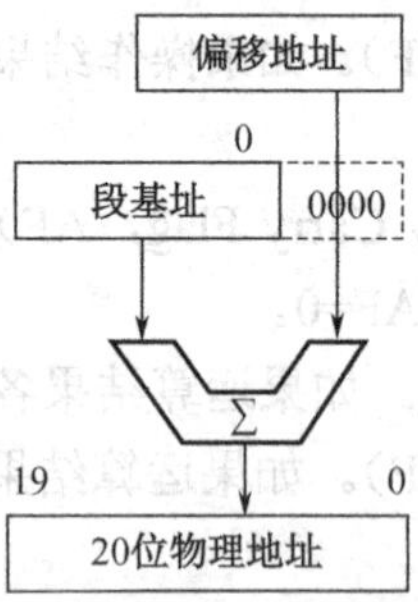

图 2.4.1　存储器物理地址的形成

在访问存储器时，段地址总是由段寄存器提供的。8086/8088 微处理器中有 4 个段寄存器（CS、DS、SS、ES），所以 CPU 可以通过这 4 个段寄存器来访问 4 个不同的段。用程序对段寄存器的内容进行修改，可访问所有的段。用户使用 8086/8088 汇编语言编写程序时，要把程序中的不同信息安排在不同的段，也就是说，用户源程序汇编后在存储器中存放时按照不同的信息放在不同的逻辑段中。而程序中的信息包括：程序（代码）信息、数据信息、堆栈信息。8086 CPU 存储器空间按信息特征分为程序区、数据区和堆栈区。

程序区：程序区是程序代码存放的区域，CS 存放正在运行程序的代码段首地址，CS:IP 指向代码段内要取出的指令。

数据区：数据区是数据存放的区域，DS 和 ES 分别存放正在运行程序的数据段和附加数据段的首地址。

堆栈区：堆栈区存放正在运行的程序的堆栈段首地址，SS:SP 指向堆栈栈顶。

任一程序只要规定好 CS、DS、SS 和 ES 的值，便可分配到内存相应的地方，并开始运行。这种分段可由程序员或操作系统完成。

2.5 8086 微处理器的 I/O 组织

I/O 设备包括与外界通信和存储大容量信息用的各种外部设备。由于这些外部设备的复杂性和多样性，特别是速度比 CPU 低得多，因此 I/O 设备不能直接和总线相连接，必须通过 I/O 接口芯片进行相互联系。I/O 接口是保证信息和数据在 CPU 和 I/O 设备之间正常传送的电路。I/O 接口与 CPU 之间的通信是利用称为 I/O 端口的寄存器来完成的，一个 I/O 端口有一个唯一的 I/O 地址与之对应。

微机 I/O 端口的编址方式有两种：存储器映射方式和独立 I/O 编址方式。存储器映射方式就是 I/O 端口与存储器统一编址，它们共享一个地址空间。存储器映射方式不需要专门的 I/O 指令，I/O 数据存取与存储器数据存取一样灵活，I/O 端口要占用部分存储器地址空间。独立 I/O 编址方式就是 I/O 端口单独编址，I/O 地址空间独立于存储地址空间。独立 I/O 编址方式采用专门的 I/O 指令实现对 I/O 端口的操作。

8086 CPU 采用独立 I/O 编址方式。8086 CPU 利用 16 根地址线 A15～A0 来给 I/O 编址，所以能寻址 64KB 的 I/O 空间，其 I/O 地址为 0000H～FFFFH。I/O 端口的寻址不用分段，故而不用段寄存器，端口地址仍为 20 位，系统地址总线上的高 4 位总是 0。IBM-PC 系统只使用 A9～A0 等 10 根地址线为 I/O 端口编址。

习 题

2.1 CPU 在内部结构上由哪几部分组成？

2.2 CPU 的总线接口部件有哪些功能？CPU 的执行部件有什么功能？

2.3 8086/8088 微处理器中有哪些寄存器？通用寄存器中哪些可以作为地址指针使用？

2.4 简述 8086 CPU 标志寄存器各位的含义与作用。

2.5 8086 CPU 对存储器的管理为什么采用分段的办法？8086 CPU 的 20 位物理地址是怎样形成的？当（CS）=8000H，（IP）=0100H 时，其指向的物理地址等于多少？

第 3 章　8086 CPU 指令系统

3.1　汇编语言指令格式

计算机中要执行的各种操作命令称为指令。能够完成一定的操作或实现一定的目的，如加减乘除，或者把数据传送到某一个地方等。所能执行的全部指令的集合即为该计算机的指令系统。指令通常包含两部分内容，即操作码字段和操作数字段，如图 3.1.1 所示。前者规定具体的执行动作，后者指定参与操作的数本身或者所在的地址。

操作码	操作数	操作数

图 3.1.1　指令的一般格式

（1）操作码字段：操作码表示计算机要执行的某种指令功能，由它来规定指令的操作类型，说明计算机要执行的具体操作，如传送、运算、移位、跳转等操作。

（2）操作数字段：操作数表示计算机在操作中所需要的数据，或者所需数据的存放位置（也称地址码），还可以是指向操作数的地址指针或其他有关操作数据的信息。

操作数包括源操作数和目的操作数。源操作数就是指令要操作的数。目的操作数就是对源操作数进行操作之后（如加减操作等）的结果。

计算机指令以二进制编码的形式存放在存储器中，用二进制编码形式表示的指令称为机器指令，CPU 可以直接识别机器指令。人们采用一些助记符——通常是指令功能的英文单词的缩写，如数据传送指令用助记符 MOV（MOVE 的缩写）表示，这样表示的指令称为符号指令，也称汇编指令。汇编指令具有直观、易理解、好记忆的特点。

8086 CPU 的指令的长度是 1～6 个字节，其中，操作码字段为 1～2 个字节，操作数字段为 0～4 个字节，每条具体指令的长度将根据指令的操作功能和操作数的形式而定。

按照指令功能区分，8086 CPU 指令包括数据传送类指令、算术运算类指令、位操作类指令、串操作类指令、控制转移类指令、处理机控制类指令。依据操作数的个数划分，指令有双操作数指令、单操作数指令和无操作数指令。

3.2　8086 CPU 的寻址方式

3.2.1　寻址方式的基本概念

指令中操作数字段规定了操作数本身或操作数存放的地址。如果操作数紧跟在指令操作码之后，则称为立即数。操作数也可以存放在 CPU 内部的寄存器中，称为寄存器操作数。绝大多数的操作数存放在内存储器中，称为存储器操作数。指令指定操作数的位置，即给出地址信息，在执行时需要根据这个地址信息找到需要的操作数。指令中寻找操作数的过程称为寻址，寻找操作数的方法称为寻址方式。寻址方式就是指令中说明操作数“来龙去脉”的方式，即说明源操作数的来源，以及目的操作数的去向。

寻址方式分为两大类：一类是数据寻址方式，另一类是转移地址寻址方式。与数据有关的寻址方式包括：立即数寻址、寄存器寻址、直接寻址、寄存器间接寻址、寄存器相对寻址、基址加变址寻址、相对基址加变址寻址、隐含寻址、端口寻址等。与转移地址有关的寻址方式则包括：段内直接寻址、段内间接寻址、段间直接寻址、段间间接寻址等4种方式。

本章如无特别指明，约定用符号“(X)”表示 X 的值，如（AX）表示寄存器 AX 的值。

3.2.2 与数据有关的寻址方式

8086 CPU 的指令有零个或多个操作数。某些操作数是显式规定的，有的是指令中隐含的。一般来说，微机中操作数有以下 4 种来源。

（1）操作数包含在指令中，即指令的操作数字段包含操作数本身。

（2）操作数包含在 CPU 的寄存器中，操作数字段利用了 CPU 的寄存器存放数据。

（3）操作数放在内存数据区中，即指令的操作数字段包含操作数存放在内存中的存储单元地址。

（4）操作数放在 I/O 端口中，即指令的操作数字段包含 I/O 端口地址。

存储器寻址方式的操作数都存放在存储器中，一般是数据段、附加段、堆栈段中的存储单元。指令中给出的是存储单元的地址或产生存储单元地址的表达式。在汇编语言源程序中，存储单元地址是采用逻辑地址的形式表示的，即段地址:段内偏移地址。段地址存放在某个段寄存器中，段内偏移地址是指存放操作数的存储单元与段起始地址之间的距离（字节数），又可称为有效地址，记为EA。EA 是由 3 个地址分量的某种组合求得的，这 3 个地址分量是位移量、基址、变址。这 3 个地址分量的不同组合，使形成 EA 的方法不同，相应的，有以下 5 种不同的存储器操作数寻址方式：直接寻址，寄存器间接寻址，寄存器相对寻址，基址变址寻址，相对基址加变址寻址。

1．立即数寻址

此寻址方式所提供的操作数直接包含在指令中，它紧跟在指令操作码后面，与操作码一起存放在存储器代码段中。这种操作数称为立即数，这种寻址方式也就称为立即数寻址方式。立即操作数可以是 8 位，也可以是 16 位。对 80386 CPU 及以上处理器而言，操作数可以是 32 位或 64 位。

例如，指令 MOV　AX，1357H 是将立即数 1357H 传送到累加器 AX 中。源操作数（1357H）直接在指令中给出，源操作数的寻址方式为立即数寻址方式。

立即数寻址方式用来表示常数，它常用于给寄存器赋初值。需要强调的是，立即数寻址只能用于源操作数，不能用于目的操作数，即形式上立即数不能作为指令中的第二操作数，如 MOV 1357H，AX 是错误指令。

2. 寄存器寻址

寄存器寻址方式的操作数在指令指明的寄存器中。指令所要的源操作数已存储在某寄存器中，或把目的操作数存入寄存器。把在指令中指出所使用寄存器的寻址方式称为寄存器寻址。

（1）源和目的操作数都是寄存器寻址方式：如 MOV AX，BX 表示将寄存器 BX 中的内容传送到寄存器 AX 中。

由于指令所需的操作数已存储在寄存器中，操作的结果也是存入寄存器，因此，在指令执行过程中，会减少读/写存储器单元的次数，所以，使用寄存器寻址方式的指令具有较快的执行速度。

（2）源操作数是寄存器寻址方式：源操作数的寻址方式是寄存器寻址方式，如 MOV VAR，AX 表示将寄存器 AX 中的内容传送到内存单元 VAR 中（设 VAR 为已经定义的字形变量）。

（3）目的操作数是寄存器寻址方式：如 MOV AX，5678H 表示给寄存器 AX 赋值 5678H。对目的数而言，是寄存器寻址方式；对源操作数而言，是立即数寻址方式。

寄存器寻址既可用于源操作数，又可用于目的操作数，应用频率高。编写汇编语言程序时，应尽可能地使用寄存器寻址方式。

3. 直接寻址

直接寻址指操作数在内存中，指令中直接给出操作数所在内存单元的偏移地址。操作数的偏移地址 nn 是指令的一部分，它与操作码一起存放在代码段中。操作数一般在数据段中，因此，直接寻址方式时操作数在内存中的物理地址（Physical Address，PA）是段地址加偏移地址，即

PA=（DS）×16+[nn]

操作数默认约定在 DS 段中；也可加段超越前缀，使用其他段。

例如，MOV　AX，[2000H]是从偏移地址 2000H（默认段地址在 DS 段寄存器中）的存储单元中取一个 16 位的数据送给 CPU 中的寄存器 AX。若（DS）=3000H，则操作数的物理地址是 30000H+2000H=32000H。指令的源操作数是直接寻址方式。

直接寻址指令中，偏移地址可以如前例一样使用方括号内直接给出地址值，也可以使用变量名、变量名±常数（即表达式）表示。变量要在程序的数据段中加以定义。

又如，MOV AL，VAR1。此时 VAR1 代表一个地址，具体的数值另行决定，操作数的物理地址是（DS）:VAR1。

4. 寄存器间接寻址

操作数在内存中，指令的操作数部分用一个加方括号的寄存器来表示，实际是将寄存器的内容作为偏移地址，将地址单元的内容作为指令的操作数。这种以寄存器中的内容为内存偏移地址的方式称为寄存器间接寻址。只在寄存器 SI、DI、BX、BP 之一中存放 16 位偏移地址。若以 SI、DI、BX 间接寻址，则默认 DS 的内容作为段地址。若以 BP 间接寻址，则默认 SS 的内容作为段地址。由[DS:SI]或[DS:DI]或[DS:BX]或[SS:BP]形成数据的物理地址来得到操作数。

例如，MOV　AX，[BX]指令。

若（DS）＝2000H，（BX）＝1000H，则物理地址＝20000H＋1000H＝21000H。

指令执行前，（AX）＝2030H，（21000H）＝0A0H，（21001H）＝50H。

指令执行后，（AX）=50A0H，（21000H）=0A0H，（21001H）=50H。

指令执行情况如图 3.2.1 所示。

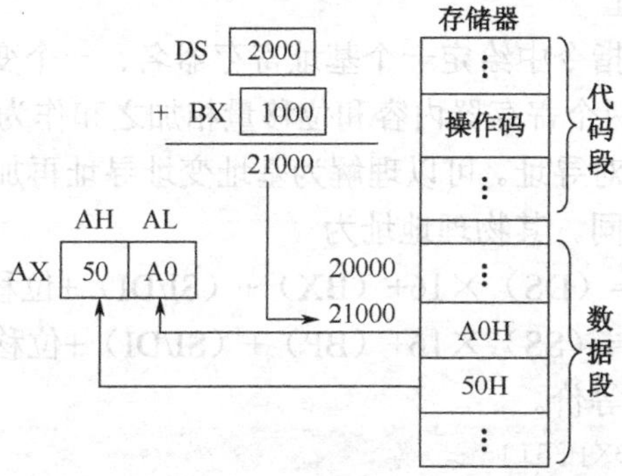

图 3.2.1　寄存器间接寻址方式的执行情况

5. 寄存器相对寻址

在这种方式中，操作数在内存中，在指令中给定一个基址寄存器（或变址寄存器）名称和一个 8 位或 16 位的相对位移量，两者之和作为操作数的偏移地址。这种以寄存器中的内容为偏移地址的基址，再加上一个相对位移量作为操作数的偏移地址的方式即为寄存器相对寻址，可以理解为寄存器间接寻址再加一个位移量。

操作数的偏移地址 EA=[基址或变址寄存器]+位移量。

基址寄存器为 BP、BX，BX 以 DS 作为默认段寄存器，BP 以 SS 作为默认段寄存器。变址寄存器为 SI、DI，以 DS 作为默认段寄存器。使用寄存器相对寻址方式时，操作数的物理地址计算方法如下两种情况。

PA=（DS）×16+（BX、SI、DI）+位移量

PA=（SS）×16+（BP）+位移量

这个位移量可以是一个立即数，也可以是一个符号，这个符号一般表示一个地址。书写指令时基址或变址寄存器名要放在方括号中，位移量或符号地址可不写在方括号中。

例如，指令 MOV　AX，[BX+3]与 MOV　AX，3[SI]等价。

又如，以下 3 条指令等价。

```
MOV  AX, COUNT[SI]
MOV  AX, [SI+COUNT]
MOV  AX, COUNT+[SI]
```

6. 基址变址寻址

操作数在内存中，在指令中给定一个基址寄存器名和一个变址寄存器名，将这两个寄存器内容的和作为操作数的偏移地址。这种寻址方式称为基址变址寻址。

基址寄存器为 BX 或 BP，变址寄存器为 SI 或 DI，但指令中不能同时出现两个基址寄存器或两个变址寄存器。如果基址寄存器为 BX，则段寄存器使用 DS；如果基址寄存器为 BP，则段寄存器使用 SS。所用的寄存器一共只有 4 种组合：BX+SI、BX+DI、BP+SI、BP+DI。其物理地址为

PA=（DS）×16+（BX）+（SI/DI）

PA=（SS）×16+（BP）+（SI/DI）

例如，指令 MOV AL，[BX+SI]　（或 MOV　AL，[BX][SI]）。

若指令执行前，（DS）＝2100H，（BX）＝0158H，（SI）＝10A5H，则指令执行后，EA＝（BX）＋（SI）＝11FDH，PA＝21000H＋11FDH＝221FDH。

7．基址变址相对寻址

操作数在内存中，在指令中给定一个基址寄存器名、一个变址寄存器名，再加一个8位或16位位移量，将这两个寄存器内容和位移量相加之和作为操作数的偏移地址。这种寻址方式称为基址变址相对寻址。可以理解为基址变址寻址再加一个位移量。默认段寄存器与基址变址寻址方式相同。其物理地址为

PA=（DS）×16+（BX）+（SI/DI）+位移量

PA=（SS）×16+（BP）+（SI/DI）+位移量

例如，以下3条指令等价。

```
MOV  AX，COUNT[BX][SI]
MOV  AX，COUNT[BX+SI]
MOV  AX，[BX+SI+COUNT]
```

若（DS）=3000H，（BX）=2000H，（SI）=1000H，COUNT=0250H，则物理地址PA=（DS）×16+（BX）+（SI）+COUNT=30000H+2000H+1000H+0250H=33250H。

3.2.3 I/O端口寻址方式

8086 CPU采用独立编址的I/O端口，最多可以访问64K个字节端口或32K个字端口，用专门的IN指令和OUT指令访问。I/O端口寻址只用于这两种指令。寻址方式有如下两种。

1．直接端口寻址

在指令中直接给出端口地址，端口地址一般采用两位十六进制数，也可以用符号表示，这种寻址方式为直接端口寻址。因此，直接端口寻址可访问的端口数为256个，地址为00H～FFH。

例如，下列指令均采用直接端口寻址方式输入或输出数据。

```
IN   AL，60H      ；输入字节数据
IN   AX，60H      ；输入双字节数据
OUT  40H，AL      ；输出字节数据
OUT  40H，AX      ；输出双字节数据
```

2．寄存器间接端口寻址

如果访问的端口地址值大于0FFH，则必须用I/O端口的间接寻址方式。所谓间接寻址，是指把I/O端口的地址先送到DX中，用DX作为间接寻址寄存器，而且只能使用DX寄存器。

例如：MOV DX，378H

OUT DX，AL ；输出字节数据

又如：MOV DX，378H

IN AL，DX ；输入字节数据

再如：MOV DX，378H

OUT DX，AX ；输出双字节数据

3.2.4 与转移地址有关的寻址方式

前面介绍的与数据有关的寻址方式最终确定的是一个数据的地址，而这里介绍的与转移地址有关的寻址方式最终确定一条指令的地址。程序的执行顺序由代码段寄存器和指令指针寄存器的内容决定。顺序执行的指令地址是由指令指针寄存器自动增量形成的。而程序转移的地址必须由转移类指令和 CALL 指令指出，执行这类指令后自动改变 CS 和 IP 的内容，实现改变程序执行地址的目的。与转移地址有关的寻址方式包括：段内直接寻址、段内间接寻址、段间直接寻址、段间间接寻址。与转移地址有关的 4 种寻址方式就是告诉 CPU 如何修改 CS 和 IP 的值，以达到控制程序转移的目的。

表示转移距离（称为位移量）的操作符包括如下几种。

（1）SHORT：短转移，位移量为-128～+127 字节。

（2）NEAR：近转移，在同一段内转移，位移量为-32768～+32767 字节。

（3）FAR：远转移，表示转移距离超过±32KB，或在不同段之间转移。

1．段内直接寻址

指令中直接指明了要转移的目的地址（8 位或 16 位位移量），转移在同一个段内完成，因此称直接寻址。

执行这种寻址方式的转移指令时，机器取出位移量，与当前（IP）相加，和送入 IP 寄存器，CS 寄存器内容保持不变，从而实现转移。这种指令只改变 IP 寄存器的值而不改变 CS 寄存器的值。位移量不同，转移范围也不同。当位移量为 8 位时，只允许转移到与本条指令的下一条指令相距-128～+127 范围内的存储单元中。当位移量为 16 位时，允许转移到当前代码段内的任何地方。

需要注意的是，条件转移指令的位移量只能是 8 位，而无条件转移的指令可以是 8 位，也可以是 16 位。8 位称为短跳转，16 位称为近跳转。

这种寻址方式的汇编格式有如下 3 种形式。

（1）指令名　SHORT　转移目的地址标号。

例如，指令 JMP SHORT QUEST　　；（IP）←（IP）当前+8 位位移量。

（2）指令名　转移目的地址标号。

（3）指令名　NEAR　PTR　转移目的地址标号。

例如，指令 JMP NEAR　PTR　PROGIA　　；（IP）←（IP）当前+16 位位移量。

2．段内间接寻址

转移在同一个段内完成，转移的目的地址放在寄存器或存储器中，这种指令只改变 IP 寄存器的值而不改变 CS 寄存器的值，因此又称段内间接寻址。

当执行这种寻址方式的转移指令时，机器按照指令中规定的寻址方式寻址到一个字，然后把它送入 IP 寄存器，CS 寄存器的内容不变，从而实现转移。

这种寻址方式的汇编格式有如下两种形式。

（1）指令名　16 位寄存器名。

（2）指令名　WORD　PTR 存储器寻址方式。

3．段间直接寻址

转移控制指令与目的地址分别处于不同的两个代码段。指令中直接指明了要转移的目的地址（8 位或 16 位位移量），此转移地址或用地址标号或用数值地址表示，转移在不同的两个段间完成，这种指令不仅改变IP寄存器的值，还改变CS寄存器的值，因此又称段间直接寻址。

当执行这种寻址方式的转移指令时，机器取指令操作码之后的第一个字，把它送入IP寄存器，取操作码之后的第二个字并把它送入CS寄存器，从而实现转移。

这种寻址方式的汇编格式有以下两种形式。

（1）指令名　FAR　PTR　转移地址标号

（2）指令名　　段地址:段偏移地址。

4．段间间接寻址

转移控制指令与目的地址分别处于不同的两个代码段，转移的目的地址放在存储器中。这种指令不仅改变IP寄存器的值，还改变CS寄存器的值，因此又称段间间接寻址。

当执行这种寻址方式的转移指令时，机器按照指令中规定的寻址方式寻址到存储器中相继的两个字，把第一个字送入IP寄存器，把第二个字送入CS寄存器，从而实现转移。

这种寻址方式的汇编格式如下。

指令名　DWORD　PTR 存储器寻址方式

3.3　8086 CPU的指令系统

计算机是通过执行指令序列来解决问题的，因而每种计算机都有一组指令集供用户使用，这组指令称为计算机的指令系统。

一般小型或微型计算机的指令系统可以包括几十条或百余条指令。指令按操作数个数可划分为3种类型：双操作数指令、单操作数指令和无操作数指令。指令按寻址方式分为两大类：一类是数据寻址方式；另一类是转移地址寻址方式，其分类可参见前文。指令按功能分成六大类：数据传送类指令；算术运算类指令；逻辑运算与位操作指令；串操作指令；控制转移指令；处理器控制指令。

本节按指令功能分类讨论8086 CPU指令的基本功能与特点。

3.3.1　数据传送类指令

数据传送指令有4类，以实现CPU的内部寄存器之间、CPU和存储器之间，以及CPU和I/O接口之间的数据传送。这4类指令如下：通用数据传送类指令；地址传送指令；标志寄存器传送指令；输入/输出指令。

1．通用数据传送类指令

这类指令包括最基本的MOV传送指令、堆栈操作指令PUSH/POP、数据交换指令XCHG和查表转换指令XLAT。

1）传送指令MOV

指令格式：MOV　OPD，OPS

功能：把源操作数OPS传送到目的操作数OPD中，源地址内容不变，即OPD←（OPS）。

说明：

① 源操作数和目的操作数的操作类型必须明确且一致；当指令中只有一个操作数的

类型明确时，另一个操作数被视为同一类型；当两个操作数类型均不明确时，必须用“BYTE PTR”或“WORD PTR”将一个存储器操作数定义为字节或字类型。

② 指令执行后，源操作数内容不变。

③ 指令执行后，对标志寄存器各位无影响。

④ 源操作数可以是通用寄存器、段寄存器、存储器和立即数；目的操作数可以是通用寄存器、段寄存器、存储器，但立即数、CS 寄存器不能作为目的操作数。源操作数和目的操作数不能同时为存储器操作数。

MOV 指令的形式有如下几种。

（1）立即数传送到通用寄存器中。例如，指令 MOV AX，1234H

（2）立即数传送到存储单元中。例如，指令 MOV [BX]，1234H

（3）从通用寄存器传送到通用寄存器中。例如，指令 MOV AX，BX

（4）通用寄存器和存储单元之间的数据传送。例如，指令 MOV AX，[2000H]

（5）段寄存器与通用寄存器间的数据传送。例如，指令 MOV DS，AX

（6）段寄存器与存储单元间的数据传送。例如，指令 MOV [BP+DI]，ES

2）堆栈操作指令

堆栈是一个按照后进先出原则组织的一段内存区域，堆栈指针寄存器 SP 始终指向栈顶。在子程序调用和中断处理时，要分别保存返回地址和断点地址，在进入子程序和中断服务程序后，还需要保护通用寄存器原先的内容，子程序返回和中断处理返回主程序前，要恢复通用寄存器原先的内容，并分别将返回地址或断点地址恢复到指令寄存器中。这些功能都要通过堆栈来实现，其中寄存器的保护和恢复需要由堆栈指令来完成。

堆栈操作指令包括进栈指令 PUSH 和出栈指令 POP。

（1）进栈指令 PUSH。

指令格式：PUSH OPS

功能：将寄存器、段寄存器或存储器中的一个字数据压入堆栈，堆栈指针减 2。

（2）出栈指令 POP。

指令格式：POP OPD

功能：将栈顶元素弹出并送至某一寄存器、段寄存器（除 CS 外）或存储器，堆栈指针加 2。

从 POP 指令功能可看出，该指令为 PUSH 指令的逆过程。

3）数据交换指令 XCHG

指令格式：XCHG OPD，OPS

功能：将源地址与目的地址中的内容互换，即（OPD）→OPS，OPD←（OPS）

该指令的两个操作数中必须有一个在寄存器中，因此它可以在寄存器之间或者在寄存器与存储器之间交换信息，但不允许使用段寄存器。指令允许字或字节操作，且不影响标志位。

4）查表转换指令 XLAT

指令格式：XLAT 或 XLAT OPS

该指令又称换码指令。XLAT 的操作数一般是隐含的，也可用表的首地址名称来表示。通常用于完成一个字节的查表转换。隐含寄存器为 BX，AL。它将数据段中偏移地址为

BX 与 AL 寄存器之和的存储单元内容送入 AL 寄存器，即[BX+AL]→AL。

2．地址传送指令

地址传送指令包括如下 3 种方式。

（1）传送有效地址指令 LEA。

（2）传送有效地址及数据段首址指令 LDS。

（3）传送有效地址及附加数据段指令 LES。

以下分别介绍具体的指令功能。

1）传送有效地址指令 LEA

指令格式：LEA　OPD，OPS

功能：指令的功能是将源操作数 OPS（存储单元）的偏移地址传送到指定寄存器中。这是一条特殊指令，它传送的不是操作数本身，而是操作数的偏移地址。目的寄存器一般使用 BX、BP、SI、DI。

例如，指令 LEA BX，[2000H]是指将存储单元的偏移地址 2000H 送到寄存器 BX 中。

LEA 指令和 MOV 指令的区别：MOV 指令传送操作数的内容，LEA 指令传送操作数的地址。例如，MOV　BX，[2000H]指到偏移地址为 2000H（段地址默认为 DS 中的内容）的存储单元中取一个 16 位的数据并送到寄存器 BX 中。

2）传送有效地址及数据段首址指令 LDS

指令格式：LDS　OPD，OPS

功能：LDS 又称地址指针传送指令。其功能是从 OPS 指定的存储单元中，取出一个 4 字节地址指针，送入一对目的寄存器。其中，前两个字节（表示变量的偏移地址）送到指令中 OPD 指定的目的寄存器中，后两个字节（表示变量的段地址）送入段寄存器 DS。

3）传送有效地址及附加数据段指令 LES

指令格式：LES　OPD，OPS

功能：LES 也称地址指针传送指令。其功能是从 OPS 指定的存储单元中，取出一个 4 字节地址指针，送入一对目的寄存器。其中，前两个字节（表示变量的偏移地址）送到指令中 OPD 指定的目的寄存器中，后两个字节（表示变量的段地址）送入段寄存器 ES。

LDS 和 LES 指令的目的操作数 OPD 必须使用通用寄存器或变址寄存器。LDS 与 LES 两条指令的区别在于其默认段寄存器不同，LDS 指令的默认段寄存器是 DS，LES 指令的默认段寄存器是 ES。

3．标志寄存器传送指令

标志寄存器传送指令专门用于对标志寄存器（FR）的保护和更新操作。其包括如下 4 种指令。

（1）标志读写指令 LAHF。

（2）设置标志指令 SAHF。

（3）标志寄存器进栈指令 PUSHF。

（4）标志寄存器出栈指令 POPF。

下面就指令格式及功能介绍如下。

1）标志读写指令 LAHF

指令格式：LAHF

功能：将 8086 CPU 的 16 位标志寄存器的低 8 位取到 AH 中，包含了 5 个状态标志 SF、ZF、AF、PF、CF。

2）设置标志指令 SAHF

指令格式：SAHF

功能：将 AH 寄存器的内容传送到标志寄存器的低 8 位，高 8 位不变。

SAHF 为 LAHF 的逆过程。

3）标志寄存器进栈指令 PUSHF

指令格式：PUSHF

功能：将标志寄存器的内容压入堆栈。此指令在执行时，标志寄存器的值不变。

4）标志寄存器出栈指令 POPF

指令格式：POPF

功能：从堆栈中弹出一个字并送到标志寄存器中。

POPF 指令与 PUSHF 指令互为逆过程。

4．输入/输出指令

这类指令专门用于在 AX 或 AL 寄存器与 I/O 端口之间传送数据。

1）输入指令 IN

输入指令用来从指定的外设寄存器取信息并送入累加器。它有如下 4 种形式。

（1）指令格式：IN　AL，PORT

功能：当端口地址小于等于 0FFH 时，采用直接寻址方式，指令中直接给出端口地址 PORT，其功能是从端口地址为 PORT 的端口寄存器中读（输入）一个 8 位数据到 AL 中。例如，指令 IN　AL，60H。

（2）指令格式：IN　AX，PORT

功能：当端口地址小于等于 0FFH 时，采用直接寻址方式，指令中直接给出端口地址 PORT，其功能是从端口地址为 PORT 的端口寄存器中读（输入）一个 16 位数据到 AX 中。例如，指令 IN　AX，60H。

（3）指令格式：IN　AL，DX

功能：当端口地址大于 0FFH 时，采用寄存器间接寻址方式，端口地址放在 DX 中，其功能是从端口地址为 DX 寄存器中的内容的端口寄存器中读（输入）一个 8 位数据到 AL 中。例如，指令 IN　AL，DX。

（4）指令格式：IN　AX，DX

功能：当端口地址大于 0FFH 时，采用寄存器间接寻址方式，端口地址放在 DX 中，其功能是从端口地址为 DX 寄存器中的内容的端口寄存器中读（输入）一个 16 位数据到 AX 中。例如，指令 IN　AX，DX。

2）输出指令 OUT

输出指令用来把累加器的内容送往指定的外设端口寄存器，它有如下 4 种形式。

（1）指令格式：OUT　PORT，AL

功能：当端口地址小于等于 0FFH 时，采用直接寻址方式，指令中直接给出端口地址 PORT，其功能是把 AL 寄存器中的 8 位数据传送（写入）到端口地址为 PORT 的端口寄存器中。例如，指令 OUT　60H，AL。

（2）指令格式：OUT　PORT，AX

功能：当端口地址小于等于 0FFH 时，采用直接寻址方式，指令中直接给出端口地址 PORT，其功能是把 AX 寄存器中的 16 位数据传送（写入）到端口地址为 PORT 的端口寄存器中。例如，指令 OUT　60H，AX。

（3）指令格式：OUT　DX，AL

功能：当端口地址大于 0FFH 时，采用寄存器间接寻址方式，端口地址放在 DX 中，其功能是把 AL 寄存器中的 8 位数据传送（写入）到端口地址为 DX 寄存器中的内容的端口寄存器中。

（4）指令格式：OUT　DX，AX

功能：当端口地址大于 0FFH 时，采用寄存器间接寻址方式，端口地址放在 DX 中，其功能是把 AX 寄存器中的 16 位数据传送（写入）到端口地址为 DX 寄存器中的内容的端口寄存器中。

3.3.2　算术运算类指令

算术指令用来执行算术运算，实现二进制和十进制（BCD 码）数据的加、减、乘、除四则运算。算术指令有双操作数指令，也有单操作数指令。单操作数指令不允许使用立即数方式。双操作数指令的两个操作数，只有源操作数可以是立即数，两个操作数必须有一个在寄存器中。操作数可以是字节型或字型的无符号数或带符号数。操作数可以是 BCD 码表示的十进制数，但对运算结果要加以调整。

8086 CPU 的算术运算类指令共有 20 条，包括加、减、乘、除运算，符号扩展和十进制调整指令，除符号扩展指令（CBW，CWD）外，都影响标志位。算术指令有如下 5 类指令。

（1）加法类指令。

（2）减运算指令。

（3）乘运算指令。

（4）除运算指令。

（5）码调整指令，包括符号扩展指令和十进制调整指令。

1．加法类指令

加法类指令有 3 条指令，包括不带进位加法指令 ADD、带进位加法指令 ADC、加 1 指令 INC。

1）不带进位加法指令 ADD

指令格式：ADD　OPD，OPS

功能：将目的操作数与源操作数相加，结果送入原来存放目的操作数的地方。源操作数内容不改变，即（OPD）+（OPS）→OPD。该指令对标志位有影响。

不带进位加法指令举例：

```
ADD  AL, 80H          ; (AL) ← (AL) +80H
ADD  AX, SI           ; (AX) ← (AX) + (SI)
ADD  DATA [BX], AL    ; ((BX) +DATA) ← ((BX) +DATA) + (AL)
ADD  DX, [BX+SI]      ; (DX) ← (DX) + ((BX) + (SI))
```

2）带进位加法指令 ADC

指令格式：ADC　OPD，OPS

功能：将目的操作数和源操作数相加，并加上进位标志的现行值 CF，结果送入原来存放目的操作数的地方，即（OPD）+（OPS）+CF → OPD。该指令对标志位有影响。

带进位加法指令举例：

```
ADC  AX, SI                ; (AX) ← (AX) + (SI) +CF
ADC  BX, 3000H             ; (BX) ← (BX) +3000H+CF
ADC  AX, DAT[SI]           ; (AX) ← (AX) + (SI+DAT) +CF
```

3）加 1 指令 INC

指令格式：INC OPD

功能：将目的操作数中的内容加 1，然后送回该操作数，即（OPD）+1→OPD。INC 指令是一个单操作数指令，操作数可以是寄存器或存储器操作数。加 1 指令可用于对计数器和地址指针进行调整。INC 指令不影响进位标志 CF。

```
INC  DX                    ; (DX) ← (DX) +1
INC  BYTE PTR [DI+100H]    ; 将（DI）+100H所指的字节单元内容加1
```

2. 减运算指令

减法指令有 5 条指令，包括不带借位减法指令 SUB、带借位减法指令 SBB、减 1 指令 DEC、求补指令 NEG、比较指令 CMP。

1）不带借位减法指令 SUB

指令格式：SUB OPD，OPS

功能：目的操作数减源操作数，结果存于目的地址，源地址内容不变，即（OPD）-（OPS）→OPD。SUB 指令影响 CF、OF、AF、SF、ZF 和 PF 等标志位。

2）带借位减法指令 SBB

指令格式：SBB OPD ，OPS

功能：目的操作数减源操作数再减低位借位 CF，结果送入目的地址，即（OPD）-（OPS）-CF→OPD。SBB 指令对状态标志位的影响与 SUB 指令相同。

3）减 1 指令 DEC

指令格式：DEC OPD

功能：将目的操作数减 1，结果送入目的地址，即（OPD）-1→OPD。DEC 指令是一个单操作数指令，操作数可以是寄存器或存储器操作数。DEC 指令影响 OF、AF、SF、ZF 和 PF 标志位，但不影响进位标志 CF。

例如，DEC CX，即（CX）-1→CX。减 1 指令 DEC 一般用于对计数器和地址指针的调整。

4）求补指令 NEG

指令格式：NEG OPD

功能：将目的操作数的每一位求反（包括符号位）后加 1，结果送入目的地址，即（OPD）+1→OPD。NEG 指令影响 CF、OF、AF、SF、ZF 和 PF 标志位。

5）比较指令 CMP

指令格式：CMP OPD，OPS

功能：将目的操作数减去源操作数，但结果不回送，两个操作数原值不变，只是影响状态标志位，即（OPD）-（OPS）。根据 ZF、CF、SF 和 OF 四个标志位可以判断两个数的大小，以判断两个操作数是否满足某种关系。

3. 乘运算指令

乘运算指令包括无符号数乘法指令 MUL 和有符号乘法指令 IMUL。乘法指令的源操作数显式给出，隐含使用另一个操作数 AX 和 DX。

1）无符号数乘法指令 MUL

指令格式：MUL　OPS

功能：若是字节数据相乘，则（AL）与 OPS 相乘得到字数据存入 AX；若是字数据相乘，则（AX）与 OPS 相乘得到双字数据，高字存入 DX、低字存入 AX。也就是说，字节乘法为（AL）*（OPS）→AX，字乘法为（AX）*（OPS）→DX，AX。

2）有符号乘法指令 IMUL

指令格式：IMUL　OPS

功能：字节乘法为（AL）*（OPS）→AX，字乘法为（AX）*（OPS）→DX，AX。IMUL 指令除计算对象是带符号二进制数外，其他都与 MUL 一样，但计算结果不同。

4. 除运算指令

除运算指令包括无符号除指令DIV、有符号除指令IDIV、符号扩展指令CBW和CWD。除法指令的除数显式给出，隐含使用另一个操作数 AX 和 DX 作为被除数。

1）无符号除指令 DIV

指令格式：DIV　OPS

功能：字节除法——AX 寄存器的内容除以 8 位操作数 OPS，8 位商存入 AL，8 位余数存入 AH，即 AX←AX÷OPS；字除法——DX 和 AX 的内容除以 16 位操作数 OPS，16 位商存入 AX，16 位余数存入 DX，即 DX.AX←DX.AX÷OPS。除法指令对标志没有定义，但除法指令会产生结果溢出。

2）有符号除指令 IDIV

指令格式：IDIV　OPS

功能：该指令的格式和功能与 DIV 指令相同，但在 IDIV 指令中，两个操作数均为有符号数，商可能为正数或负数，余数总是与被除数的符号相同，为正数或负数。如果被除数不是除数的两倍长度，则对被除数要使用专门的指令进行符号扩展，以产生双倍长度表示的被除数。

3）符号扩展指令

符号扩展指令常用于获得倍长的数据，包括将字节转换成字指令 CBW 和将字转换成双字指令 CWD。CBW 和 CWD 一般用于带符号数除法指令之前。其中，字节转换成字指令 CBW 将 AL 中的符号位数据扩展至 AH。若 AL 的最高有效位是 0，则 AH＝00；若 AL 的最高有效位为 1，则 AH＝FFH，AL 不变。字转换成双字指令 CWD 将 AX 中的符号位数据扩展至 DX。若 AX 的最高有效位是 0，则 DX＝00；若 AX 的最高有效位为 1，则 DX＝FFH，AX 不变。

5. 十进制调整指令

十进制调整指令对 BCD 码运算的结果进行十进制调整，以得到正确的 BCD 码运算结果。有压缩 BCD 码和非压缩 BCD 码调整两种方式。

压缩 BCD 码就是通常的 8421 码，它用 4 个二进制位表示一个十进制位，一个字节可以表示两个十进制位，即 00～99。

非压缩 BCD 码用 8 个二进制位表示一个十进制位，只用低 4 个二进制位表示一个十进制位 0～9，高 4 位任意，通常默认为 0。

十进制调整指令包括加法的十进制调整指令 DAA、减法的十进制调整指令 DAS、加法的非压缩 BCD 码调整指令 AAA、减法的非压缩 BCD 码调整指令 AAS。

1）加法的十进制调整指令 DAA

指令格式：DAA

功能：如果 AL 寄存器中低 4 位大于 9 或辅助进位（AF）=1，则（AL）=（AL）+6 且（AF）=1；如果（AL）>=0A0H 或（CF）=1，则（AL）=（AL）+60H 且（CF）=1。同时，SF、ZF、PF 均有影响。

2）减法的十进制调整指令 DAS

指令格式：DAS

功能：如果（AF）=1 或 AL 寄存器中低 4 位大于 9，则（AL）=（AL）−6 且（AF）=1；如果（AL）>=0A0H 或（CF）=1，则（AL）=（AL）−60H 且（CF）=1。同时，SF、ZF、PF 均受影响。

3）加法的非压缩 BCD 码调整指令 AAA

指令格式：AAA

功能：如果 AL 的低 4 位大于 9 或（AF）=1，则（AL）=（AL）+6，（AH）=（AH）+1，（AF）=（CF）=1，且 AL 高 4 位清零；否则（CF）=（AF）=0，AL 高 4 位清零。

4）减法的非压缩 BCD 码调整指令 AAS

指令格式：AAS

功能：如果 AL 的低 4 位大于 9 或（AF）=1，则（AL）=（AL）−6，（AH）=（AH）−1，（AF）=（CF）=1，AL 高 4 位清零；否则（CF）=（AF）=0，AL 高 4 位清零。其他标志位 OF、PF、SF、ZF 不确定。

3.3.3 逻辑运算与位操作指令

逻辑操作指令可以对字或字节进行逻辑操作。逻辑操作指令对操作数都是按位进行操作的，对相应的标志位产生影响，操作数可以是字节或字。一般来说，其操作数应该是位串而不是数。逻辑操作指令包括逻辑运算指令和移位指令两大类。

1. 逻辑运算指令

1）逻辑与指令 AND

指令格式：AND　OPD，OPS

功能：将目的操作数和源操作数进行按位逻辑与运算，结果存于目的地址，即（OPD）∧（OPS）→OPD。

该指令常用于将目的操作数中的指定位清零。逻辑与的运算法则如下：1∧1=1，1∧0=0，0∧1=0，0∧0=0。例如，指令 AND　AL，7FH 执行后将 AL 中的最高位（第 7 位）清零，其他位不变。

2）逻辑或指令 OR

指令格式：OR　OPD，OPS

功能：将目的操作数和源操作数进行按位逻辑或运算，结果存于目的地址，即（OPD）

∨（OPS）→OPD。

该指令常用于将目的操作数中的指定位置 1。逻辑或的运算法则如下：1∨1=1，1∨0=1，0∨1=1，0∨0=0。例如，指令 OR AL，80H 执行后将 AL 中的最高位（第 7 位）置 1，其他位不变。

3）逻辑非指令 NOT

指令格式：NOT　OPD

功能：将目的地址中的内容逐位取反后送入目的地址，即（～OPD）→OPD。NOT 指令不影响标志位。

4）逻辑异或指令 XOR

指令格式：XOR　OPD，OPS

功能：目的操作数与源操作数做按位异或运算，结果送入目的地址，即（OPD）⊕（OPS）→OPD。

该指令常用于将指定位取反或将寄存器清零。异或运算法则如下：1⊕1=0，1⊕0=1，0⊕1=1，0⊕0=0。

5）测试指令 TEST

指令格式：TEST　OPD，OPS。

功能：目的操作数与源操作数执行按位逻辑与运算，结果不送入目的地址，但影响标志寄存器内容，即（OPD）∧（OPS）。

该指令常用于判断指定位是“0”还是“1”。TEST 指令通常用于检测一些条件是否满足，但又不希望改变原操作数的情况。

2．移位类指令

移位类指令包括算术移位指令、逻辑移位指令和循环移位指令，分别进行左移和右移操作。这些指令均有统一的指令格式。

指令格式：操作符　OPD，1 或操作符　OPD，CL

功能：将目的操作数的所有位按操作符规定的方式移动 1 位或按寄存器 CL 规定的次数（0～255）移动，结果送入目的地址。目的操作数是 8 位（或 16 位）的寄存器数据或存储器数据。

1）算术左移指令 SAL 和逻辑左移指令 SHL

指令格式：　SAL　OPD，1　或 SHL　OPD，1

　　　　　　SAL　OPD，CL 或 SHL　OPD，CL

功能：将（OPD）向左移动 1 位或 CL 指定的次数，最低位补入相应的 0，CF 的内容为最后移入位的值，如图 3.3.1 所示。

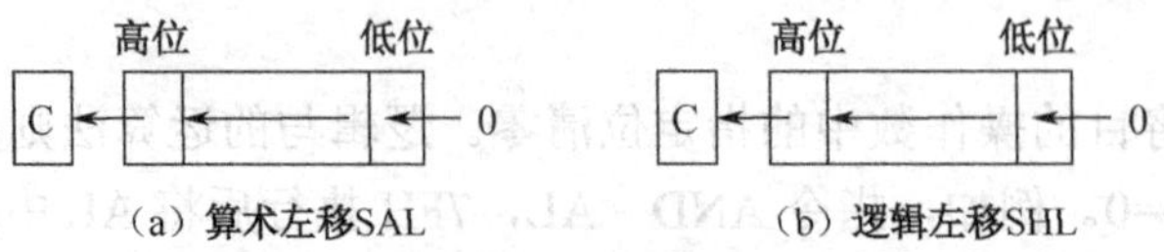

图 3.3.1　算术左移和逻辑左移指令

2）算术右移指令 SAR 和逻辑右移指令 SHR

指令格式：　SAR　OPD，1　　或 SHR　OPD，1

　　　　　　SAR　OPD，CL　　或 SHR　OPD，CL

功能：将（OPD）向右移动 1 位或 CL 指定的次数且最高位保持不变；CF 的内容为最后移入位的值，如图 3.3.2 所示。

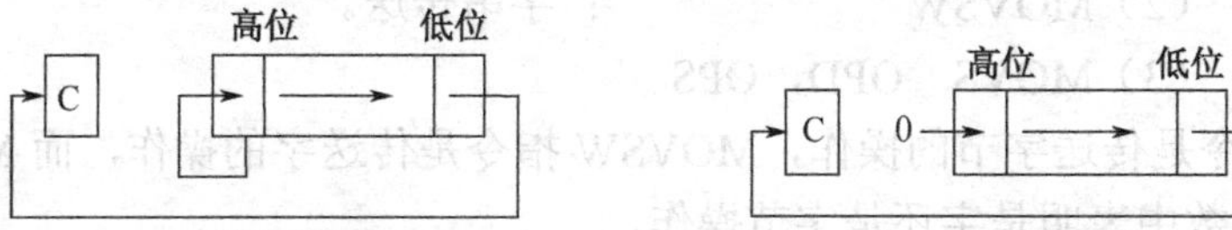

（a）算术右移SAR　　（b）逻辑右移SHR

图 3.3.2　算术右移和逻辑右移指令

3）循环左移指令 ROL 和循环右移指令 ROR

指令格式：　ROL　OPD，1　　　或 ROR　OPD，1

　　　　　　ROL　OPD，CL　　或 ROR　OPD，CL

功能：将目的操作数的最高位与最低位连成一个环，将环中的所有位一起向左（右）移动 1 位或 CL 规定的次数；CF 的内容为最后移入位的值，如图 3.3.3 所示。

（a）循环左移ROL　　（b）循环右移ROR

图 3.3.3　循环左移和循环右移指令

4）带进位的循环左移指令 RCL 和带进位的循环右移指令 RCR

指令格式：　RCL　OPD，1　　　或 RCR　OPD，1

　　　　　　RCL　OPD，CL　　或 RCR　OPD，CL

功能：将目的操作数连同 CF 标志一起向左（右）循环移动 1 位或 CL 规定的次数，如图 3.3.4 所示。

（a）带进位循环左移RCL　　（b）带进位循环右移RCR

图 3.3.4　带进位的循环左移和循环右移指令

3.3.4　串操作类指令

串操作指令就是用一条指令实现对存储器中一串字符或数据的操作。8086 CPU 指令系统提供了 5 条基本的串操作指令和 3 条重复前缀指令，且遵循相同的规则。

所谓串，就是主存中连续存放的相同类型的字节或字形式的数据。串操作指令的操作对象有两种：以字节（B）为单位的字节串和以字（W）为单位的字串。

串操作指令源操作数用寄存器 SI 寻址，默认在数据段 DS 中，即 DS:[SI]，但允许段超越；目的操作数用寄存器 DI 寻址，默认在附加段 ES 中，即 ES:[DI]，不允许段超越。执行串操作指令后，SI 和 DI 将自动修改。DF=0 时，地址采用增址方式，即 SI 和 DI 的内容自动增加 1（字节操作）或自动增加 2（字操作）；DF=1 时，地址采用减址方式，即 SI 和 DI 的内容自动递减 1（字节操作）或自动递减 2（字操作）。

1．串传送指令 MOVS

指令格式：（1）MOVSB ；字节串传送。

（2）MOVSW ；字串传送。

（3）MOVS OPD，OPS

MOVSB 指令是传送字节的操作，MOVSW 指令是传送字的操作，而 MOVS OPD，OPS 需要在操作数中表明是字还是字节操作。

功能：将 DS:SI 的源串中的一个字节或一个字，传送到 ES:DI 的目的串中，且自动修改指针 SI 和 DI，使之指向下一个字节（或字）存储单元，即（DS:[SI]）→ES:[DI]。当 DF=0 时，（SI）和（DI）增量；当 DF=1 时，（SI）和（DI）减量。

2．取串指令 LODS

指令格式：（1）LODSB ；从字节串中取数。

（2）LODSW ；从字串中取数。

（3）LODS OPS

功能：将 DS:SI 所指的源串中的一个字节（或字）存储单元中的数据取出来送入 AL（或 AX），即字节操作（DS:[SI]）→AL，字操作（DS:[SI]）→AX。同时，修改指针 SI，使它指向串中的下一个元素。当 DF=0 时，（SI）增量；当 DF=1 时，（SI）减量。

3．存串指令 STOS

指令格式：（1）STOSB ；向字节串中存数。

（2）STOSW ；向字串中存数。

（3）STOS OPD

功能：将 AL 或 AX 中的数据送入 ES:DI 所指的目的串中的字节（或字）存储单元中，即字节操作（AL）→[DI]，字操作（AX）→[DI]。同时，修改指针 DI，使之指向串中的下一个元素。当 DF=0 时，（DI）增量；当 DF=1 时，（DI）减量。

4．串比较指令 CMPS

指令格式：（1）CMPSB ；字节串比较。

（2）CMPSW ；字串比较。

（3）CMPS OPD，OPS

功能：将 DS:SI 所指的源串中的一个字节（或字）存储单元中的数据与 ES:DI 所指的目的串中的一个字节（或字）存储单元中的数据相减，并根据相减的结果设置标志，但结果并不保存，即（DS: [SI]）-（ES: [DI]）。修改串指针，使之指向串中的下一个元素。

5．串搜索指令 SCAS

指令格式：（1）SCASB ；字节串搜索。

（2）SCASW ；字串搜索。

（3）SCAS OPD，OPS

功能：AL（字节）或 AX（字）中的内容与 DI 所指的目的串中的一个字节（或字）存储单元中的数据相减，根据相减结果设置标志位，结果不保存，即字节操作（AL）-（[DI]），字操作（AX）-（[DI]）。修改指针使之指向串中的下一个元素。

6．重复前缀指令 REP/REPZ/REPNZ

串操作指令执行一次，仅对数据串中的一个字节或字进行操作。但是串操作指令前，都可以加一个重复前缀，实现串操作的重复执行。重复次数隐含在CX寄存器中。重复前缀分为两类，共3条：配合不影响标志的MOVS、STOS（和LODS）指令的REP前缀，配合影响标志的CMPS和SCAS指令的REPZ及REPNZ前缀。

1）无条件重复前缀指令REP

REP前缀用在MOVS、STOS、LODS指令前。指令功能是执行一次串指令（CX）-1，直到（CX）=0，重复执行结束。

2）条件重复前缀指令REPZ/REPE和REPNZ/REPNE

REPZ/REPE指令一般用在CMPS、SCAS指令前。其功能是每执行一次串指令（CX）-1，并判断ZF标志是否为0，只要（CX）=0或ZF=0，则重复执行结束。

REPNZ/REPNE 指令一般用在 CMPS、SCAS 指令前。其功能是每执行一次串指令（CX）-1，并判断ZF标志是否为0，只要（CX）=0或ZF=1，则重复执行结束。

3.3.5 控制转移类指令

控制转移指令通过改变段寄存器CS和指令指针寄存器IP可以改变指令执行的顺序。控制转移指令根据程序转移地址的不同，分为段内转移指令和段间转移指令两类：段内转移指令只改变IP内容，段间转移指令改变IP和CS的内容。控制转移指令根据指令功能分为转移指令、循环控制指令、调用和返回指令、中断指令。控制转移指令根据转移条件，又分为无条件转移指令和条件转移指令。

1．无条件转移指令

1）JMP指令

JMP 指令无条件转移到指定的目的地址，以执行从该地址开始的程序段。根据设置CS:IP的方法，JMP指令分成4种情况，即段内直接转移、段内间接转移、段间直接转移、段间间接转移。

（1）段内直接转移：转移的目的地址由指令直接给出。指令中给出的目的地址实际上是一个相对于IP的位移量。其功能是将8/16位的位移量加到IP中，CS保持不变。

指令举例：

```
JMP  2000H              ; IP←2000H，转移到2000H
JMP  SHORT LP           ; IP←（IP）+8位偏移量，转向符号地址LP处（-128~+127）
JMP  NEAR PTR NP        ; 转向符号地址NP处
```

（2）段内间接转移：转移的目的地址由寄存器或存储单元的内容给出。寄存器或存储单元中的16位偏移地址送入IP，CS保持不变。目的地址以段内偏移地址的形式给出，而不是相对于IP的位移量。

指令举例：

```
JMP  CX                 ; IP←（CX）
JMP  [AX+SI]            ; IP←[AX+SI]
JMP  WORD PTR [SI]      ; IP←（SI）所指定的存储器字单元之中的16位数据
```

（3）段间直接转移：在指令中直接给出要转移到的目的段地址和偏移地址。其功能是将指令中给出的16位的段地址和16位的偏移地址送到CS和IP中。

指令举例：

```
JMP   2000:1000H
JMP  FAR PTR NEXT       ; CS:IP←将NEXT处新的段基址和新的偏移地址
```

（4）段间间接转移：转移的目的地址（段和偏移）为存储器的连续 4 个单元中的内容。指令中指定存储器中的 16 位段地址和 16 位偏移地址送到 CS 和 IP 中。

指令举例：

```
JMP  DWORD PTR [DI]   ；目的地址在[DI]～[DI]+3的4个存储单元中
```

2）CALL 指令

在程序设计中，将具有独立功能的程序模块称为子程序，8086 汇编中称为过程。程序执行过程中，由调用程序使用调用指令 CALL 调用这些子程序；当子程序执行后，通过返回指令 RET 返回主程序。

过程调用指令 CALL 的功能是调用已定义的过程，并将断点地址压入堆栈保护。过程调用有 4 种情况，即段间直接调用、段内间接调用、段内直接调用、段间间接调用。

（1）段内直接调用。

指令举例：

```
CALL  PHNUST              ；SS:[SP]←IP，SP←（SP）-2；IP←PHNUST的16位偏移地址
```

可以看出，这条指令的第一步操作是把子程序的返回地址（即调用程序中 CALL 指令的下一条指令的地址）存入堆栈，以便子程序返回主程序时使用。第二步操作是转移到子程序的入口地址去继续执行。指令中的 PHNUST 给出转向地址（即子程序的入口地址，亦即子程序的第一条指令的地址）。其他 3 种情况类似。

（2）段内间接调用。

指令举例：

```
CALL  BX                  ；SS:[SP]←IP，SP←（SP）-2；IP←BX（偏移量）
```

（3）段间直接调用。

指令举例：

```
CALL  FAR PTR SUB2        ；SS:[SP]←CS，SP←（SP）-2； SS:[SP]←IP，SP←（SP）-2
                          ；IP←SUB2偏移地址，CS←SUB2段地址
```

（4）段间间接调用。

指令举例：

```
CALL  FAR PTR [SI]        ；SS:[SP]←CS，SP←（SP）-2；SS:[SP]←IP，SP←（SP）-2
                          ；IP←[SI]，CS←[SI+2]
```

3）RET 指令

返回指令 RET 通常与过程调用指令 CALL 配合使用，其功能是将断点地址从堆栈中弹出，然后返回地址继续执行。它有 4 种情况，即无参数段内返回、有参数段内返回、无参数段间返回、有参数段间返回。

（1）无参数段内返回。

```
RET                       ；IP←SS:[SP]，SP=（SP）+2
```

（2）有参数段内返回。

```
RET n                     ；IP←SS:[SP]，SP=（SP）+2，SP←（SP）+n
```

（3）无参数段间返回。

```
RET                       ；IP←SS:[SP]，SP←（SP）+2，CS←SS:[SP]，SP←（SP）+2
```

（4）有参数段间返回。

```
RET n
；IP←SS:[SP]，SP←（SP）+2，CS←SS:[SP]，SP←（SP）+2，SP←（SP）+n
```

2. 条件转移指令

条件转移指令可实现程序的条件分支。以状态标志位、有符号数运算和无符号数运算结果及 CX 寄存器的值为条件来决定是否进行分支转移。指令的转移地址为-128～+127字节。

条件转移指令包括简单条件转移指令、无符号数条件转移指令、有符号数条件转移指令 3 种，它们都有通用的指令格式和功能。

指令格式：操作符　标号。

操作符后的标号就是指令中指定转移的目的偏移地址。

基本功能：如果条件满足，则转移到指令指定的偏移地址执行，否则顺序执行下一条指令，如表 3.3.1 所示。

表 3.3.1　条件转移指令

操作符	转移条件	指令功能	说明
JC	CF=1	有进位/借位转移	
JNC	CF=0	无进位/借位转移	
JE/JZ	ZF=1	相等/等于零转移	
JNE/JNZ	ZF=0	不相等/不等于零转移	
JS	SF=1	结果负数转移	
JNS	SF=0	结果正数转移	
JO	OF=1	溢出转移	
JNO	OF=0	未溢出转移	
JP/JPE	PF=1	偶数转移	
JNP/JPO	PF=0	奇数转移	
JA/JNBE	CF=0 & ZF=0	高于/不低于转移	无符号数 A>B
JAE/JNB	CF=0 OR ZF=1	高于/不低于转移	无符号数 A≥B
JB/JNAE	CF=1 & ZF=0	低于/不高于转移	无符号数 A<B
JBE/JNA	CF=1 OR ZF=1	等于/低于转移	无符号数 A≤B
JG/JNLE	（SF⊕OF=0）& ZF=0	大于/不小于转移	有符号数 A>B
JGE/JNL	（SF⊕OF=0）∨ZF=1	大于/等于转移	有符号数 A≥B
JL/JNGE	（SF⊕OF=1）OR ZF=0	小于/不大于转移	有符号数 A<B
JLE/JNG	（SF⊕OF=1）OR ZF=1	小于/等于转移	有符号数 A≤B

3. 循环指令

循环指令利用 CX 计数器自动减 1，方便实现计数循环的程序结构。转移的目的地址应在距离本指令-128～+127 的范围之内。循环控制指令不影响标志位。其包括循环指令 LOOP、相等/为零循环指令 LOOPE、不相等/不为零循环指令 LOOPNE、CX 为零转移指令 JCXZ。

1）循环指令 LOOP

指令格式：LOOP　PHNUST

功能：（CX）-1→CX；若（CX）≠0，则转至 PHNUST 处执行；否则退出循环，执行 LOOP 后面的指令。

使用 LOOP 指令与下面的两条指令等价。

```
DEC  CX
JNZ  PHNUST
```

2）相等/为零循环指令 LOOPE/LOOPZ

指令格式：LOOPE/LOOPZ　PHNUST

功能：（CX）-1→CX；若（CX）≠0 且 ZF=1，则转至 PHNUST 处执行；否则退出循环，执行 LOOPE/LOOPZ 后面的指令。

3）不相等/不为零循环指令 LOOPNE/LOOPNZ

指令格式：LOOPNE/LOOPNZ　PHNUST

功能：（CX）-1→CX；若（CX）≠0 且 ZF=0，则转至 PHNUST 处执行；否则退出循环，执行 LOOPNE/LOOPNZ 后面的指令。

4）CX 为零转移指令 JCXZ

指令格式：JCXZ　PHNUST

功能：若（CX）=0，则转移到 PHNUST 处开始执行；否则退出循环，执行 JCXZ 后面的指令。

4．中断指令

中断就是计算机暂时停止当前正在执行的程序，转而执行更紧急任务的子程序，执行结束后恢复原先执行的程序。8086 CPU 在程序中允许安排一条中断指令来引起一个中断过程，这种中断称为内部中断，或称为软中断。中断指令共有 3 条：INT 指令执行类型 n（$n=0\sim255$）的中断服务程序，INTO 指令执行溢出中断的中断服务程序，IRET 指令从中断服务程序返回调用程序。

1）中断指令

指令格式：INT n

功能：用于产生软件中断，以调用中断类型号为 n 的中断服务程序。n 为一个 8 位立即数，取值为 0～255。n 称为中断类型号。

2）溢出中断指令

指令格式：INTO

功能：用来判断有符号数加减运算是否溢出。一般把 INTO 指令安排在有符号数加、减运算指令的后面，一旦查出 OF=1，则转到溢出中断处理程序。INTO 指令是 $n=4$ 的 INT 指令，其中断向量为 0010H。

3）中断返回指令

指令格式：IRET

功能：将堆栈中的断点地址弹出并赋给 IP 和 CS，以实现中断返回；将标志寄存器的值弹出，恢复中断前的状态。

3.3.6 处理机控制类指令

控制指令用于控制 CPU 的功能、修改标志、与外部事件同步及空操作等。

1．标志位设置指令

1）进位标志操作指令

```
CLC        ；清除进位标志，0→CF
CMC        ；进位位取反，   CF取反
STC        ；进位位置1，    1→CF
```

2）方向标志操作指令

```
CLD        ；清DF标志，0→DF
STD        ；置DF标志，1→DF
```

3）中断标志操作指令

```
CLI        ；清IF标志（关中断），0→IF
STI        ；置IF标志（开中断），1→IF
```

2．CPU 状态控制指令

（1）空操作指令 NOP。该指令不执行任何操作，但占用一个字节存储单元，空耗一个指令执行周期。

（2）总线封锁前缀指令 LOCK。这是一个单字节前缀，可放在任一指令的前面，功能是 LOCK 使处理器在 LOCK 前缀后的指令执行期间在总线上保持封锁信号。若附有外部硬件，则在接到该信号后即可在这段时间内禁止其他主机对总线的访问。

（3）暂停指令 HLT。执行 HLT 指令时，CPU 进入暂停状态，设置该指令通常是为了等待中断。

（4）交权指令 ESC。这条指令主要用于 CPU 与外部处理器（如协处理器 8087）配合工作，指示协处理器完成外部操作码指定的功能。

（5）等待指令 WAIT。当 TEST 引脚上的信号为高电平（无效）时，执行 WAIT 指令会使 CPU 进入等待状态。WAIT 指令主要用于与协处理器同步或与外部设备同步。

（6）单步。无具体直接对 TF 标志置位和清除指令，而是由上一次中断将标志寄存器映像存入栈时进行 TF 的复位，而在中断返回时对 TF 置位。当 TF 为 1 时，处理器在每条指令后产生一个类型 1 单步操作的中断。

习　题

3.1　简述 8086 微处理器的各种寻址方式，并写出每种寻址方式的 2 或 3 条传送指令（源操作数寻址与目的操作数寻址）。

3.2　指出下列 8086 CPU 指令中哪些指令是错误的，并说明原因。

（1） MOV　AL，08H　　　　（2） MOV 08FFH，CX

（3） MOV　BL，AX　　　　（4） IN　BL，DX

（5） OUT　2F8H，AL　　　　（6） IN　AX，60H

（7） MOV　CS，AX　　　　（8） MOV BX，CS

（9） MOV　[SI]，AX　　　　（10） MOV BX，2[DI]

3.3　有关寄存器和内存单元的内容如下：(DS)=2000H，(SS)=1000H，(BX)=0BBH，(BP)=02H，(SI)=0100H，(DI)=0200H，(200BBH)=1AH，(201BBH)=34H，(200CCH)=68H，(200CDH)=3FH，(10202H)=78H，(10203H)=67H，(21200H)=2AH，(21201H)=4CH，(21202H)=0B7H，(201CCH)=56H，(201CDH)=5BH，(201BCH)=89H，(200BCH)=23H，试写出指令的源操作数的寻址方式及执行该指令后寄存器 AX 的内容。

（1） MOV AX，1200H	（2） MOV AX，BX
（3） MOV AX，[1200H]	（4） MOV AX，[BX]
（5） MOV AX，[BX+11H]	（6） MOV AX，[BX+SI]
（7） MOV AX，[BX+SI+11H]	（8） MOV AX，[BP+DI]

3.4　用一条指令完成下列各题。

（1）AL 的内容加上 12H，结果送回 AL。

（2）CX 的内容加上 1，结果送回 CX。

（3）AX 的内容减去 BX 的内容，结果送回 AX。

（4）CX 的内容减去 1，结果送回 CX。

（5）把 AX 的内容的最低两位置 0，其他位不变。

（6）把 AX 的内容的最低两位置 1，其他位不变。

（7）把 AX 的内容乘以 2，结果送回 AX。

（8）用 BX 寄存器间接寻址方式把存储器中的一个内存单元加上 AX 的内容，并加上 CF 位，结果送入该内存单元。

（9）将用 BX、SI 构成的基址变址寻址方式所得到的内容送入 AX。

3.5　执行下面的程序段后，DX、AX 的内容是什么？

```
MOV DX, 0EFADH
MOV AX, 1234H
MOV CL, 4
SHL DX, CL
MOV BL, AH
SHL AX, CL
SHR BL, CL
OR DL, BL
```

3.6　如果要将 AL 中的高 4 位移至低 4 位，有几种方法？请分别写出采用这些方法实现将 AL 中的高 4 位移至低 4 位的程序段。

第 4 章　8086 CPU 汇编语言程序设计

4.1　汇编语言程序格式

4.1.1　汇编程序的基本概念

1. 机器语言与汇编语言

计算机程序由一系列指令序列组成。计算机通过对每条指令的译码和执行来完成相应的操作，进而实现程序的目标功能。指令必须以二进制代码的形式存放在内存中，才能够被计算机识别和理解，并加以执行。

使用二进制代码表示的指令称为机器指令，机器指令包括计算机要进行操作的操作数及操作对象（数据或数据地址）。计算机唯一能识别的语言是机器语言。采用机器语言编写的程序称为机器语言程序。机器语言程序由 0、1 二进制代码组成，不便于编程和记忆。由此产生了用指令助记符表示的汇编语言指令。汇编语言和机器语言相比，突出的优点就是可以使用符号，即使用助记符表示指令的操作码和操作数，用标号和符号来代替地址、常量和变量。用汇编语言编写的程序称为汇编语言源程序。汇编语言大量被用于编写计算机系统程序、实时通信程序、实时控制程序等。

汇编语言编写的程序不能由机器直接执行，而必须翻译成由机器代码组成的目标程序，这个过程称为汇编。用来把汇编语言编写的程序自动翻译成目标程序的软件称为汇编程序。常用的汇编程序是 MASM.exe。

汇编语言程序举例：下面的汇编语言程序实现简单人机对话。基本功能是系统提示“Please input your name：”，然后等待用户键入用户名，接收回车键后，显示“Happy to you，(用户键入的用户名)！”

编程思想：采用 DOS 功能调用 INT 21H 的 09H 号功能调用实现用户名字符串的输入，采用 0AH 号功能调用实现字符串的显示。完整程序清单如下。

```
；简单人机对话程序
STACK     SEGMENT STACK   'STACK'
          DB      100 DUP ('S')
STACK     ENDS
DATA      SEGMENT
USERMAX   DB      30
USERLEN   DB      ?
USERNDB           30  DUP (?)
PROMPT1   DB      'Please input your name: ', 0DH, 0AH, '$'
                                                    ；0DH回车，0AH换行
```

```
PROMPT3   DB      0DH, 0AH, 'Happy to you, ', '$'
DATA      ENDS
CODE      SEGMENT PARA 'CODE'
          ASSUME CS: CODE, SS: STACK, DS:DATA
START     PROC    FAR
          PUSH    DS
          XOR     AX, AX
          PUSH    AX
          MOV     AX, DATA                     ；给数据段寄存器DS 赋值
          MOV     DS, AX
          LEA     DX, PROMPT1
          MOV     AH, 09H
          INT     21H                          ；显示“Please input your name：”
          LEA     DX, USERMAX
          MOV     AH, 0AH
          INT     21H                          ；从键盘接收用户输入的信息
          MOV     AL, USERLEN                  ；取得键入字符串的实际长度
          CBW
          MOV     SI, AX
          LEA     BX, USERN
          MOV     [BX+SI], BYTE PTR '!'        ；在键入的字符串后加‘！’
          MOV     [BX+SI+1], BYTE PTR '$'      ；在‘！’后加'$'，以便显示
          LEA     DX, PROMPT3                  ；显示"HAPPY TO YOU，"
          MOV     AH, 09H
          INT     21H
          LEA     DX, USERN                    ；显示键入的用户名
          MOV     AH, 09H
          INT     21H
          RET
START     ENDP
CODE      ENDS
          END     START
```

对上述程序进行汇编以后，得到 8086 汇编指令对应的机器代码（用十六进制数表示），如表 4.1.1 所示。在表 4.1.1 中，第一列表示机器代码存放的内存地址，该地址与机器所处的环境有关，特别是段地址的具体值与计算机的环境密切相关；第二列表示 8086 机器代码，每条指令的机器代码由一个或几个字节组成；第三列表示汇编指令，由指令助记符和操作数组成。

表 4.1.1　汇编后机器代码

内存地址	机器代码	对应的汇编指令
13E1：0000	1E	PUSH　DS
13E1：0001	33C0	XOR　AX，AX
13E1：0003	50	PUSH　AX
13E1：0004	B8DC13	MOV　AX，DATA

续表

内存地址	机器代码	对应的汇编指令
13E1：0007	8ED8	MOV　DS，AX
13E1：0009	8D162000	LEA　DX，PROMPT1
13E1：000D	B409	MOV　AH，09H
13E1：000F	CD21	INT　21H
13E1：0011	8D160000	LEA　DX，USERMAX
13E1：0015	B40A	MOV　AH，0AH
13E1：0017	CD21	INT　21H
13E1：0019	A00100	MOV　AL，USERLEN
13E1：001C	98	CBW
13E1：001D	8BF0	MOV　SI，AX
13E1：001F	8D1E0200	LEA　BX，USERN
13E1：0023	C60021	MOV　[BX+SI]，BYTE PTR '!'
13E1：0026	C6400124	MOV　[BX+SI+1]，BYTE PTR '$'
13E1：002A	8D163A00	LEA　DX，PROMPT3
13E1：002E	B409	MOV　AH，09H
13E1：0030	CD21	INT　21H
13E1：0032	8D160200	LEA　DX，[0002]
13E1：0036	B409	MOV　AH，09H
13E1：0038	CD21	INT　21H
13E1：003A	CB	RET

2．汇编语言与高级语言

汇编语言程序的基本单位仍然是机器指令，只是采用助记符表示，便于人们记忆。因此，汇编语言是一种依赖于计算机微处理器的语言，每种机器都有它专用的汇编语言（如8086 CPU与8031单片机的汇编语言就不相同），故汇编语言一般不具有通用性和可移植性。由于进行汇编语言程序设计必须熟悉机器的硬件资源和软件资源，因此具有较大的难度和复杂性。

高级语言，如BASIC、FORTRAN、C语言等是面向过程的语言，不依赖于机器，因而具有很好的通用性和可移植性，并且具有很高的程序设计效率，便于开发复杂庞大的软件系统。

既然高级语言有很多优点，为什么还要学习汇编语言呢？理由如下。

（1）汇编语言仍然是各种系统软件（如操作系统）设计的基本语言。利用汇编语言可以设计出效率极高的核心底层程序，如设备驱动程序。迄今为止，在许多高级应用编程中，32位汇编语言编程仍然占有较大的市场。

（2）用汇编语言编写的程序一般比用高级语言编写的程序执行得快，且所占内存较少。

（3）汇编语言程序能够直接有效地利用机器硬件资源，在一些实时控制系统中更是不可缺少和代替。

（4）学习汇编语言对于理解和掌握计算机硬件组成及工作原理是十分重要的，也是进行计算机应用系统设计与开发的先决条件。

4.1.2 伪指令及其应用

伪指令又称伪操作，它不像机器指令那样在程序运行期间由计算机来执行，是汇编程序在对源程序汇编期间由汇编程序执行的命令。伪指令是在汇编程序对源程序汇编期间由汇编程序处理的操作，它可以完成如数据定义、分配存储区、指示程序结束等功能。

伪指令没有对应的机器指令，伪指令本身不产生对应的机器目标代码，它由汇编程序MASM-86识别，并对后面的汇编指令和伪指令语句的操作数应该如何产生机器目标代码，完成相应的功能。其在很大程度上规定了 MASM-86 的性能，因此也可称之为汇编命令。伪指令格式与汇编指令类似，共分 4 个字段，包括标号名称段（可选项）、伪指令字段、操作数字段（可选项）、注释字段（可选项）。

伪指令主要包括数据定义伪指令、常量定义伪指令、段定义伪指令、段分配伪指令、地址计数器伪指令、偏移地址设置伪指令、过程定义伪指令、程序结束伪指令等。

1．数据定义伪指令

指令格式：[变量名]　伪指令　操作数

功能：内存变量定义伪指令用于定义变量的类型，为存储器单元赋初值或为变量分配存储单元。用变量名设定数据的起始地址，用伪指令指定数据的存取单位，为操作数分配存储空间。

说明：① 方括号中的变量名为任选项，变量名后不跟冒号。

② 数据定义伪指令包括 DB、DW、DD、DQ、DT。DB 定义字节类型变量，DW 定义字类型变量，DD 定义双字类型变量，DQ 定义四字类型变量，DT 定义十字类型变量。

③ 操作数值不能超出相应数据类型限定的取值范围。

④ 操作数项可以包括多个数据，它们之间用逗号隔开。操作数项可以是常数表达式、地址表达式（仅适用于 DW、DD）、字符串（超过 2 个字符仅用于 DB）、问号（只分配存储单元，而不赋值）、重复子句 DUP。

数据定义伪指令举例。

```
DA1  DB  0DH
DA2  DW  0B3H
DA3  DB  ?
DA4  DB  1, 2, 3
DA5  DW  10  DUP (?)
DA6  DW  TABLE
DA7  DW  'TABLE'
```

2．常量定义伪指令

指令格式：常量名　EQU　数值/表达式

功能：常量定义伪指令又称赋值伪指令。给数值或表达式的值赋一个常量名，以后可以用这个名称来代替对应的表达式。

说明：① 表达式可以是一个常数、符号、数值表达式或地址表达式。

② 已赋值的名称可以在以后的赋值语句中引用。

③ EQU 伪指令的功能类似于等号"="的功能，区别在于同一程序段中由 EQU 赋值的名称不可重复赋值，而由"="赋值的名称可以重复赋值。

3. 段定义伪指令

指令格式：段名 SEGMENT [定位方式] [组合方式] [‘类别名’]

段名 ENDS

功能：SEGMENT 和 ENDS 成对使用，用来定义一个段的开始和结束。

说明：① 可以定义代码段、数据段、附加数据段和堆栈段。

② SEGMENT 和 ENDS 前面的段名必须一致。

③ SEGMENT 和 ENDS 之间的语句是定义段的内容。

④ 定位方式指定段的起始边界。组合方式表示本段与其他段之间，具有相同段名的各段的组合关系，为连接程序提供信息。类别名的作用是程序连接时，"类别"相同的分段均放在连续的存储区域中。

4. 段分配伪指令

指令格式：ASSUME 段寄存器名：段名[，段寄存器名：段名]

功能：又称指定段寄存器伪指令。由于段名是用户定义的，所以要指明哪个段名对应哪个段寄存器。

说明：① 该语句一般放在代码段的最前面。该指令是说明性语句，不真正赋值。

② 段寄存器名必须是 CS、DS、ES、SS 中的一个，而段名则必须是由 SEGMENT 定义的段名。程序段必须用 CS，堆栈段必须用 SS，数据段可用 DS、ES。此外，用 SEGMENT 定义了几个段，ASSUME 伪指令就需要指明几个段。

指令举例：

```
ASSUME  CS:CODE, SS:STACK, DS:DATA
```

5. 地址计数器伪指令

指令格式：$

功能：汇编程序在汇编过程中，使用地址计数器来保存当前正在汇编的指令的地址。地址计数器的值可用$来表示，汇编语言允许用户直接用$来引用地址计数器的值。在汇编程序内，为了指示下一个数据或指令在相应段中的偏移量，汇编程序使用了一个当前位置计数器$。

地址计数器一般是在其他伪指令中应用的。参见偏移地址设置伪指令 ORG 的举例。

6. 偏移地址设置伪指令

指令格式：ORG *n*

功能：为指令或数据设置由 *n* 开始的起始偏移地址。*n* 的取值是 0～65535。

伪指令举例：伪指令 ORG 和当前地址计数器$的应用程序段。

```
DATA  SEGMENT
    ORG  10H                ；用户设置起始偏移地址。当前$值为10H
    DA1  DW  100H           ；定义字变量
    ORG  $+2                ；再次设置起始偏移地址。$的值为12H，$+2即14H
    DA2  DB 11H, 12H        ；定义两个字节变量，其偏移地址为14H和15H
DATA  ENDS
```

7．过程定义伪指令

指令格式：过程名　PROC　[属性]（NEAR/FAR）

　　　　　过程名　ENDP

功能：过程定义伪指令用来定义一个子程序，子程序又称过程。在主程序中由 CALL 指令调用，调用结束将返回到主程序中 CALL 指令的下一条指令继续执行，而子程序中必须有一条返回指令 RET。

说明：① PROC 和 ENDP 成对使用，用来定义一个过程的开始和结束。PROC 和 ENDP 之间的语句是定义过程的内容。

② PROC 和 ENDP 前面的过程名必须一致。

③ 过程的类型有 NEAR 和 FAR 两种，在本段内调用的过程是 NEAR 过程，可在不同段间调用的过程是 FAR 过程，定义时若不指定类型，则默认为 NEAR 类型。

8．程序结束伪指令

指令格式：END　[表达式]

功能：用在程序最后，表示整个程序结束。

说明：表达式为该程序第一条可执行指令的地址，一般为过程名。

4.1.3　汇编语言程序格式

1．汇编语言程序的语句格式

汇编语言的语句分为指令性语句和说明性语句两种。指令性语句由可执行的硬指令构成，它通常对应一条机器指令，出现在程序的代码段中。说明性语句由伪指令构成，为汇编程序在翻译汇编语言源程序时提供有关信息，并不翻译成机器代码，它通常指示汇编程序如何汇编源程序。

指令性语句一般格式如下。

[标号：] 操作码 [操作数[，操作数]] [；注释]

说明性语句一般格式如下。

[名字] 伪操作 [操作数[，操作数，…]] [；注释]

1）标号/名称项

标号/名称项用来表示本语句的符号地址，是可选项，只有当需要用符号地址来访问该语句时才需要出现。

指令性语句中称标号，标号代表指令单元的段内偏移地址，标号在代码段中定义，后面跟冒号。

说明性语句中称名称，名称代表数据单元的偏移地址，变量在除代码段以外的其他段内定义，后面不跟冒号。

2）指令码项

指令码包括可执行的操作码（硬指令）和汇编程序的伪指令两种。操作码用于指明操作的性质或功能，指令性语句由汇编程序翻译成机器码。伪指令（指示性）语句提供相关辅助信息，汇编程序将根据伪指令所要求的功能进行处理，主要完成如数据定义、分配存储区、指示程序结束等功能。

3）注释项

注释项用来说明程序或语句的功能，“;”为识别注释项的开始。“;”也可以从一行的第一个字符开始，此时整行都是注释，常用来说明下面一段程序的功能，用以增加源程序的可读性。汇编程序在翻译源程序时将跳过该部分，不对它们做任何处理。

4）操作数项

操作数可以是一个、两个或多个，也可以没有操作数，根据指令的功能和要求而定。操作数项可以是常数、寄存器、标号、变量、标号或表达式。多个操作数项之间一般用逗号分开。

表达式是常数、寄存器、标号、变量与一些操作符相组合的序列，有数字表达式和地址表达式两种。

在汇编程序 MASM 中可以使用的操作符号有 6 类：算术操作符（+、-、*、/、MOD、SHR、SHL）、逻辑操作符（AND、OR、NOT、XOR）、关系操作符（EQ、NE、GT、GE、LT、LE）、数值回送操作符（SEG、OFFSET、TYPE、LENGTH、SIZE）、类型操作符（PTR、THIS、LABEL）、分离操作符（HIGH、LOW）。

（1）算术操作符：算术操作符有+、-、*、/、MOD、SHR/SHL。算术操作符可以用于数字表达式或地址表达式中。

例如：要把首地址为 BLOCK 的字数组的第 6 个字传送到 DX 寄存器中，可用如下指令。

```
MOV DX，BLOCK+（6-1）*2
```

（2）逻辑操作符：逻辑操作符有 AND、OR、XOR 和 NOT。逻辑操作符是按位操作的，它只能用于数字表达式中。

例如：

```
MOV AL，5AH AND 0F0H   ；指令的源操作数为表达式5AH AND 0F0H
```

表达式中逻辑操作符与逻辑指令 AND AL，5AH 不同。

（3）关系操作符：关系操作符有 EQ（=）、NE（≠）、LT（<）、GT（>）、LE（≤）、GE（≥）。关系操作符的两个操作数必须都是数字或同一段内的两个内存地址，计算结果为逻辑值，结果为真，则表示为 0FFFFH；结果为假，则表示为 0。

例如：

```
MOV AX，0FH EQ 1111B    ；结果为真，AX=0FFFFH
MOV BX，0FH NE 1111B    ；结果为假，BX=0
```

（4）数值回送操作符：数值回送操作符有 TYPE、LENGTH、SIZE、OFFSET、SEG。

TYPE 操作符：TYPE Variable 或 label。如果是变量，则汇编程序将回送该变量的以字节数表示的类型；如果是标号，则汇编程序将回送代表该标号类型的数值，即 NEAR 为-1，FAR 为-2。

LENGTH 操作符：LENGTH Variable。对于变量中使用 DUP 的情况，汇编程序将回送分配给该变量的单元数。而对于其他情况则回送 1。

SIZE 操作符：SIZE Variable。汇编程序应回送分配给该变量的字节数。但是，此值是 LENGTH 值和 TYPE 值的乘积。

OFFSET 操作符：OFFSET Variable 或 label。汇编程序将回送变量或标号的偏移地址值。若 MOV BX，OFFSET OPER_ONE，则汇编程序将 OPER_ONE 的偏移地址作为立即数回送给指令，而在执行时将该偏移地址转入 BX 寄存器。其与 LEA BX，OPER_ONE 是等价的。

SEG 操作符：SEG Variable 或 label。汇编程序将回送变量或标号的段地址值。

（5）属性操作符：属性操作符包括 PTR、: 段操作符、SHORT、THIS、HIGH、LOW。

PTR 属性操作符：type PTR expression。PTR 用来建立一个符号地址，它本身并不分配存储器，只是用来给已分配的存储器地址赋另一种属性，使该地址具有另一种类型。格式中的类型字段表示所赋的新类型属性，而表达式字段则是被取代类型的符号地址。例如，TWO_BYTE　DW　?。

: 段操作符：用来表示一个标量、变量或地址表达式的段属性。

例如：

```
MOV AX, ES:[BX+SI]    ；使用段寄存器:地址表达式表示，也可以用段名:地址表达式
```

SHORT 属性操作符：用来修饰 JMP 指令中转向地址的属性，指出转向地址在下一条指令地址的 256 字节范围内。

THIS 属性操作符：THIS attribute 或 type。它可以像 PTR 一样建立一个指定类型（BYTE、WORD 或 DWORD）或指定距离（NEAR 或 FAR）的地址操作数。该操作数的段地址和偏移地址与下一个存储单元地址相同。

HIGH 和 LOW 称为字节分离操作符，它接收一个数或地址表达式，HIGH 取其高位字节，LOW 取其低位字节。

在计算表达式值时，应该首先计算优先级高的操作符，然后从左到右的对优先级相同的操作符进行操作。计算操作符的优先级从高到低排列如下。

① ()、[ ]、<>中的项，然后是 LENGTH、SIZE、WIDTH。

② .（结构变量后面的运算符）。

③ PTR、OFFSET、SEG、TYPE、THIS 及段操作符。

④ HIGH 和 LOW。

⑤ 乘法和除法：*、/、MOD、SHL、SHR。

⑥ 加法和减法：+、–。

⑦ 关系操作：EQ、NE、LT、LE、GT、GE。

⑧ 逻辑：NOT。

⑨ 逻辑：AND。

⑩ 逻辑：OR，XOR。

⑪ SHORT。

2．汇编语言的程序格式

程序由一条一条语句（指令）构成，每条语句占一行；在汇编语言程序中，语句可以分为 3 种：指令性语句（指令语句），指示性语句（伪指令语句），宏指令语句（或宏调用语句）。8086 汇编语言源程序采用分段结构，程序按段编写，完整的汇编语言源程序由段组成。一个汇编语言源程序可以包含若干个代码段、数据段、附加段或堆栈段，段与段之间的顺序可随意排列。需要独立运行的程序必须包含一个代码段，并指示程序执行的起始点，一个程序只有一个起始点。每个段由伪指令 SEGMENT 开始，由 ENDS 结束。所有的可执行性语句必须位于某一个代码段内，说明性语句可根据需要位于任一段内。通常，程

序还需要一个堆栈段。程序最后为 END 结束语句，后跟一个启动地址，启动地址指示程序开始执行的第一条语句。一个完整的汇编语言程序中只能有一个 END 伪指令。

汇编语言源程序以段为基础，在汇编语言源程序中，应根据语句不同的作用，把语句放入不同的段中。

汇编语言源程序中可以使用数据段、附加段、堆栈段及代码段，在数据段、附加段和堆栈段中，一般使用存储单元分配、定义等伪指令语句，用于实现程序功能的指令性语句放入代码段中。

编写程序实现某一功能，需要数据与操作数据的指令。在汇编语言中，把数据保存在数据段、附加段及堆栈段中，为数据分配存储单元，再在代码段中保存操作数据的指令，所以执行汇编语言程序时，是从代码段开始执行程序的，在执行程序的过程中，再到数据段、附加段及堆栈段中取完成指令功能所需要用到的数据。

段结构伪指令用于在汇编语言源程序中定义程序所使用的各种段，以及把用户定义的段与 CPU 的段寄存器进行关联。

汇编语言源程序基本段结构如下。

```
数据段名称      SEGMENT
                用变量定义与预置的数据空间
                （初始数据、中间数据、结果数据）
数据段名称      ENDS
堆栈段名称      SEGMENT
                用变量定义预置的堆栈空间
堆栈段名称      ENDS
代码段名称      SEGMENT
                ASSUME  CS:名称1，DS:名称2，……
START:          ......
                SS，DS，ES赋值（MOV……）
                ......
                MOV AH ，4CH
                INT 21H       ；返回 DOS
代码段名称      ENDS
                END     START
```

说明：① 任何一个程序至少有一个代码段和一条作为源程序结束的伪指令 END。

② 每个段都以 SEGMENT 开始，以 ENDS 结束。

③ 数据段、堆栈段一般在代码段前。当程序中用到内存操作数时，应按操作数的寻址方式，给相应的段寄存器赋值。

④ ASSUME 一定在 CS 开始。ASSUME 语句只起指示作用，没有赋值作用。

⑤ 若在 DOS 下运行，则还应在 CS 段 ENDS 前编写指令返回 DOS。在上面的结构中，程序结束后返回 DOS 操作系统使用的是如下两条指令。

```
MOV   AH，4CH
INT   21H
```

当用户程序结束时，返回 DOS 操作系统还有一种常用的方法：把用户程序设置成一个过程，且类型设置为 FAR。在用户程序开始处编写如下指令。

```
PUSH  DS
XOR   AX，AX
```

```
PUSH AX
```

在子程序结束时用 RET 指令。这样也可以返回 DOS 操作系统。这实际上使用了 INT 20H 中断指令。虽然从程序表面上没有看到这条指令，但是这条指令一定存在于用户程序的目标代码之前的程序段前缀区中。

事实上，系统把中断调用 INT 20H 作为结束任务返回 DOS 的一个子程序，故在用户程序结束时可直接插入 INT 20H 指令以返回 DOS。

4.1.4 汇编语言源程序的汇编、连接与调试过程

1．汇编程序的功能

汇编程序的主要功能是将由汇编语言（助记符）编写的源程序翻译成用机器语言（二进制代码）编写的目标程序。汇编程序的基本功能是检查源程序：检测源程序中的语法错误，并给出出错信息；产生源程序的目标程序，并可给出列表文件。目标代码文件就是机器码文件，在目标代码文件中的地址数据还是浮动的（相对的），因此，它还不能直接运行；列表文件包含了程序的逻辑地址、代码程序及源程序对照清单，并在该文件后附有引用符号表，该文件可用 DOS 的 TYPE 命令输出；交叉索引文件包含了符号定义行号和引用行号，该文件不能用 TYPE 命令输出，它需要执行 CREF 文件后生成索引列表文件（扩展名为.ref）才能输出。

2．程序的编辑、汇编及连接过程

汇编语言的程序一般要经过编辑、汇编（MASM 或 ASM）、连接（LINK）和调试（DEBUG）4 个步骤。

1）建立源程序文件

建立源程序文件用编辑软件完成，常用的编辑软件有操作系统自带的编辑软件 EDIT、记事本软件、写字板软件，以及其他文字编辑处理软件，如 Office、WPS 等。需要注意的是，利用文字编辑处理软件，如 Office、WPS 等编辑软件时，务必保存为纯文本文件。

2）汇编（MASM 或 ASM）源程序

汇编过程是指利用汇编程序 MASM 对源程序文件进行汇编的过程。

汇编程序 MASM 的主要功能：找出源程序中指令格式的错误、标号变量定义错误（存在没有定义或重复定义标号变量）；生成 3 个文件，即目标文件（myfile.obj，必须产生）、列表文件（myfile.lst）和交叉索引文件（myfile.crf）。目标文件为指令、伪指令编译后的目标代码文件；列表文件中列出了程序代码、偏移地址及出错信息，可以方便地分页打印装订；交叉索引文件列出了程序中所定义的所有标识符、标号及其引用情况。

汇编程序 MASM 有两种启动方式。

(1) 提问方式：在 MS-DOS（或命令行提示符）下输入命令行 MASM 或 ASM<Enter>。此时，MS-DOS 将装入并启动执行汇编程序，然后汇编程序逐次向用户提问，用户必须根据要求回答。在回答信息的最后，可输入一个或多个开关，汇编程序将按照回答信息及开关的定义做相应处理。汇编程序的提示信息和所要求的回答如下。

```
  >MASM<Enter>
Source filename [.ASM]         ; 要汇编的.ASM源文件名
Object filename[Source.OBJ]    ; 可重定位目标代码文件名（默认为源文件名.obj）
Source listing[NUL.LST]        ; 列表文件名（默认为无列表文件）
```

```
Cross reference[NUL.CRF]      ；交叉参考文件用的文件名（默认为无交叉参考文件）
```

（2）命令方式：以命令方式启动汇编程序时，必须在 MS-DOS 下输入下列格式的命令。

```
MASM(或ASM)〈源文件〉,[〈目标文件〉],[〈列表文件〉],[〈交叉参考文件〉][/开关]<Enter>
```

因此，在装入汇编程序后将立即开始进行汇编。命令中 MASM（或 ASM）后面的项目，分别顺次对应于提问方式中对各提示信息的回答，各项目之间用逗号隔开。/开关可放在任一项目之后。如果对所有提示信息均采用默认值，则只需在〈源文件〉后输入分号"；"。

3）程序连接

连接程序 LINK 将目标程序连接成可执行文件。连接程序输出两个文件：可执行文件（扩展名为.exe）和内存分配文件（扩展名为.map）。

连接程序 LINK 有 3 种启动方式。

（1）提问方式。在 MS-DOS（或命令行提示符）下输入以下命令行。

```
>LINK<Enter>
```

此时，MS-DOS 将把连接程序装入内存，并向用户提问，用户根据要求输入相应的回答。LINK 的提示信息和所要求的回答如下。

```
Object Modules [.OBJ]          ；目标代码模块表（各模块之间用+隔开）
Run File [object.EXE]          ；连接后生成的可执行文件名
List File [NUL.MAP]            ；内存分配列表文件名（默认为无列表文件）
Libraries[.LIB]                ；库文件名表（各文件名之间用+隔开）
```

（2）命令方式。以命令方式启动连接程序时，必须在 MS-DOS 下输入如下格式的命令。

```
>LINK〈目标代码模块表〉,[〈可执行文件名〉],[〈列表文件名〉],[〈库文件名表〉][/开关]<Enter>
```

命令 LINK 后面的各项目顺次对应于提问方式中各提示信息的回答，各项目之间用逗号隔开。若对某一项提示信息采用默认值，则只需在对应的项目处连续输入两个逗号。

（3）文件方式。以文件形式启动 LINK 的命令格式如下。

```
>LINK 〈文件名〉<Enter>
```

其中，文件名用来指出一个包含了对于 LINK 提示信息回答的正文文件，文件中每一行正文对应一个回答，因而用户可以不必一一回答 LINK 的提示，而由 LINK 程序直接从文件中取得回答。当然，在使用文件方式之前，用户必须建立一个这样的响应文件。

4）执行程序

在 DOS 提示符下，键入连接程序所产生的可执行文件的名称后，即可执行该程序。例如：

```
A：>ABCD<Enter>（扩展名.exe可默认）
```

计算机会自动把文件 ABCD.exe 装入内存，并从程序指定地址开始执行。执行程序的结果不一定正确，有时会"死机"。"死机"时要重新启动机器，然后用 DEBUG 调试 EXE 文件。

5）调试程序

源程序编写后，通过汇编和连接后，即可得到在计算机系统中直接执行的二进制代码文件，但程序执行的结果是否正确无法判断。利用 MASM 对源程序汇编时可以检测出程序的语法错误、指令用法错误，程序执行的情况需要通过程序调试来完成。

汇编语言程序的调试可以借助于专门的调试工具软件 DEBUG 来实现。DEBUG 提供了强大的调试功能，主要有以下功能。

（1）显示、修改寄存器和内存单元的内容（R 命令）。

（2）按指定地址运行程序（G 命令）。

（3）设置断点并分段执行程序（G 命令）。

（4）反汇编目标代码（U 命令）。

（5）单（多）条跟踪执行（单步执行）（T、P 命令）。

（6）直接输入汇编语句（A 命令）。

（7）显示并修改内存单元的内容（D、E、F 命令）。

（8）读磁盘扇区。

（9）读/写文件。

4.2 汇编语言程序基本流程结构

程序设计是指为计算机编写的、能够接收并执行的、且具有实际意义的语句序列。对于汇编语言程序设计，就是使用 CPU 指令、汇编伪指令，按照逻辑段框架结构，编制实现某种或某些功能的语句集合。其中，代码段内的语句主要由 CPU 指令构成，实现程序的功能。程序设计的流程结构就是代码段的基本程序结构。与高级语言程序设计类似，在汇编语言程序设计过程中，采用的基本程序结构包括顺序结构、分支结构、循环结构、子程序和中断程序结构。

顺序程序是最简单的程序结构，其能够实现的功能也弱；分支程序是通过有条件和无条件转移指令实现的程序结构，可以根据不同的条件进行相应的处理；循环程序是一种特殊的分支程序，其结构更加紧凑，增加程序的可读性，结合 LOOPZ/LOOPE 和 LOOPNZ/LOOPNE 指令，可以实现较为复杂的功能；子程序是可以多次被调用的结构，它由一段功能独立的程序构成，结构固定，通过设定入口参数和出口参数，可以使子程序设计变得灵活，而且采用子程序设计技术，主程序的模块化结构简单、条理清晰。

编写汇编语言程序的基本步骤有 4 步：明确任务，确定算法；绘制流程图；根据流程图编写程序；上机调试。判断汇编语言程序质量的标准包括：程序的执行时间；程序所占用的内存字节数；程序语句行数。绘制程序流程图所用到的标准流程图符号包括起始和终止框、执行框、判断框、连接框等，其图形符号如图 4.2.1 所示。

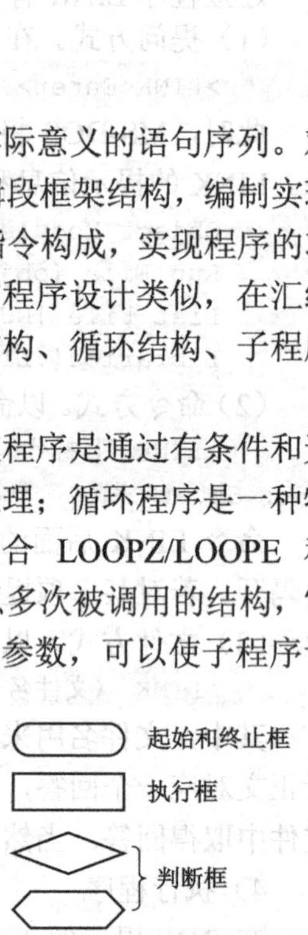

图 4.2.1　程序流程图符号

4.2.1　顺序程序设计

顺序结构是一种最简单的程序设计结构形式。采用这种结构只能完成简单的任务程序设计。顺序结构在任何结构的程序中都会出现，因此说它是基础。

顺序结构是最简单的程序结构，程序的执行顺序就是指令的编写顺序，所以，安排指令的先后次序就显得至关重要。顺序结构程序把计算机的基本操作指令按顺序执行的结构形式对计算机操作过程进行描述，从而完成程序设计的任务。

顺序结构也称线性结构，其特点是其中的语句或结构被连续执行。这种结构的程序从开始到结尾一直是顺序执行的，中途没有任何分支、循环和转移。从这种结构的流程图来看，除了有一个起始框、一个终止框外，就是若干执行框，没有判断框。

4.2.2 分支程序设计

通常，单纯的顺序结构程序只能解决一些简单的算术、逻辑运算，或者简单的查表、传送操作等。实际问题一般是比较复杂的，总是伴随着逻辑判断或条件选择，要求计算机能根据给定的条件进行判断，选择不同的处理路径，从而表现出某种智能。根据程序要求改变程序执行顺序，即程序的流向有两个或两个以上的出口，根据指定的条件选择程序流向的程序结构被称为分支程序结构。一般来说，包含两条及多条分支的程序称为分支程序，这样，实际上几乎所有的程序都可以归类为分支程序。采用分支结构设计的程序，结构清晰、易于阅读及调试。

分支结构是一种非常重要的程序结构，也是实现程序功能选择所必要的程序结构。程序分支是通过有条件和无条件转移指令实现的，它们通常又与上一次 CPU 操作所产生的 PSW 中的标志位有关。

分支结构根据不同情况做出判断和选择，以便执行不同的程序段。分支的意思是在两个或多个不同的操作中选择其中的一个。分支结构在设计时经常用到跳转指令，如 JMP、JE/JZ、JNE/JNZ、JS、JNS、JP、JNP、JO、JNO、JA、JNA、JG、JGE、JL、JNL、JNG。

分支结构程序流程主要有单分支程序、多分支程序两类结构流程，如图 4.2.2 所示。单分支程序是二选一流向结构，单分支程序设计技术是程序设计中的重要方法。在汇编语言程序设计中，常常要使用多分支结构。多分支结构相当于一个多路开关，在程序设计中通常是根据某寄存器或某单元的内容进行程序转移的，通常用转移地址表实现多分支转移，以提高平均转移速度。

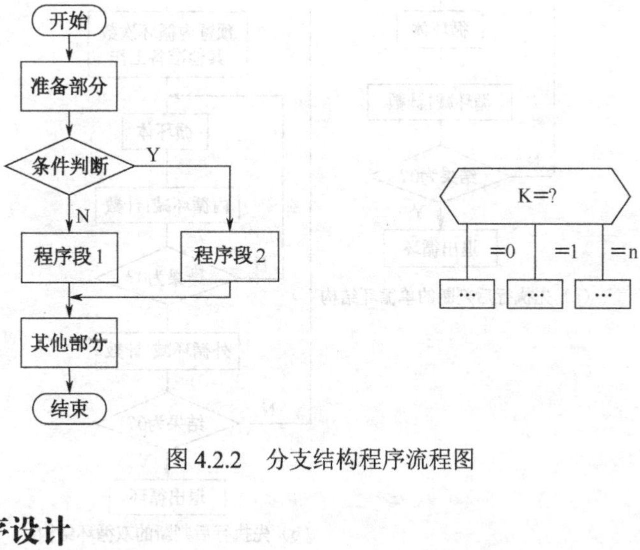

图 4.2.2　分支结构程序流程图

4.2.3 循环程序设计

循环程序结构是分支结构程序的一种特殊情况，它表示分支程序中有一支转回到原来的分支上。循环程序结构就是重复执行某一段程序，直到某个条件出现为止。循环程序结构的程序实现方法与分支程序结构类似。采用循环结构设计的程序，其长度缩短了，不仅节省了内存，也使得程序的可读性大大提高了。

通常，循环结构包括以下4个组成部分。

（1）循环初始化部分：初始化循环控制变量、循环体所用到的变量，即为循环所需的变量赋初值。

（2）循环体部分：循环结构的主体。程序所要完成的主要工作部分，这一部分的内容是由所要处理的问题来确定的，这一部分的执行结果可能影响到循环是否继续进行。

（3）循环调整部分：循环控制变量的修改或循环终止条件的检查。

（4）循环控制部分：程序执行的控制转移。这一部分主要是以条件表达式的结果作为是否结束循环的条件。在事先知道了循环次数的情况下，可采用循环计数控制循环的结束；在事先不知道循环次数的情况下，多采用结果及给定特征作为条件来控制循环的结束。

循环结构程序按程序执行与判断顺序可分为两类循环结构，即"先执行、后判断"和"先判断、后执行"。

（1）"先执行、后判断"结构：在这种结构中，进入循环后，先执行一次循环体，再判断循环是否结束。也就是说，这种结构至少执行一次循环体。

（2）"先判断、后执行"结构：它的特点是进入循环后，首先判断循环结束的条件，再根据判断结果决定是否执行循环体。在这种情况下，如果一进入循环就满足循环结束条件，则一次也不执行循环体，即循环次数为零。

根据循环程序的嵌套层数不同，可以将循环程序的结构分成单循环、双循环和多重循环。常用的循环结构如图4.2.3所示。其中，图4.2.3（a）为先执行后判断的单循环结构，图4.2.3（b）为先执行后判断的双循环结构。

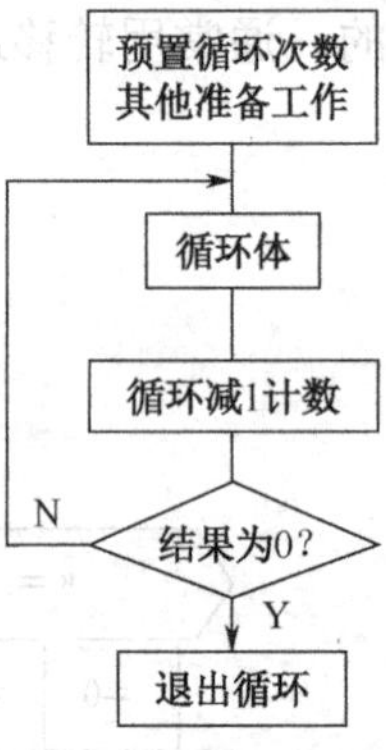

（a）先执行后判断的单循环结构

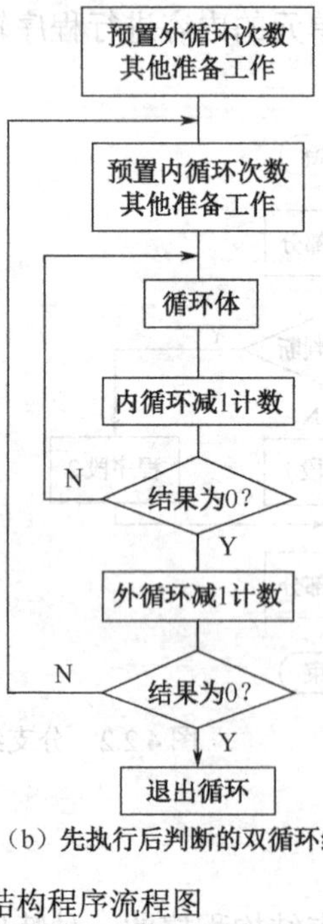

（b）先执行后判断的双循环结构

图4.2.3　循环结构程序流程图

4.2.4　子程序的设计方法

子程序结构的设计方法是提高程序可移植性的重要方法。在程序设计过程中，将完成通用功能、反复使用的程序设计成子程序，使应用程序结构清晰紧凑，便于阅读和调试。子程序的执行要由其他程序来调用，执行完后要返回到调用程序中。利用子程序可以大大简化汇编语言的程序设计。

子程序设计时应注意的事项主要有以下几个。

（1）每个子程序都应有唯一的入口（即有唯一的名称），以便主程序正确地调用它，子程序通常以 RET 指令作为结束，以便正确地返回主程序。

（2）子程序应具有通用性。为了使子程序具有通用性，子程序的操作对象通常采用寄存器或寄存器间址等寻址方式，而不采用立即数寻址方式。

（3）子程序应具有可浮动性，即子程序存放在存储器中的任何空间都能正确运行。

（4）进入子程序时，需要对在主程序中使用并在子程序中要继续使用的寄存器进行保护，且在返回主程序时将其恢复为原来的状态。

（5）为了正确返回主程序，通常在子程序中 PUSH 指令和 POP 指令应该成对使用。

子程序设计举例：编写一个延时子程序，其过程可定义如下。

```
DLY1  PROC
       PUSH   BX
       PUSH   CX
       MOV    BL，05H
DLY2： MOV    CX，0FFFFH
WAIT： LOOP   WAIT
       DEC    BL
       JNZ    DLY2
       POP    CX
       POP    BX
       RET
DLY1  ENDP
```

在子程序调用中，主程序应先把有关的参数存入约定的位置，子程序在执行时，可以从约定的位置取得参数，当子程序执行完后，将得到的结果再存入约定的位置，返回主程序后，主程序可以从这些约定的位置上取得需要的结果，这就是参数的传递。主程序与子程序之间的参数传递包括入口参数和出口参数。在设计子程序时，需要从主程序获取数据，这种数据称为入口参数，同时，子程序执行后可能有结果数据要送给主程序，这种数据称为出口参数。主程序与子程序之间对入口参数和出口参数的传递有如下 3 种方式。

（1）寄存器参数传递方式。

（2）存储单元参数传递方式。

（3）堆栈参数传递方式。

子程序为功能独立的程序段，而且会被主程序多次调用。因此，为方便使用，在编写并调试好子程序后，应该及时给子程序编写相应的说明文件，其内容应该包含下列 5 个部分。

（1）子程序名。

（2）子程序所完成的功能。

（3）入口参数及其传递方式。

（4）出口参数及其传递方式。

（5）子程序用到的寄存器。

在子程序中还可以调用其他子程序，这时就形成了子程序的嵌套。采用嵌套子程序设计，可以使程序结构模块化，便于编程和应用。但子程序的嵌套级数不是越多越好，而应该适可而止，嵌套级数越多，出错的可能性就越多，这样不利于程序设计。在设计嵌套子程序时，编程时可以从上到下设计，调试时应该由下至上进行，因为只有处于下层的子程序正确后，才能对上层的子程序进行调试。

在子程序嵌套的情况下，如果一个子程序调用的子程序就是它自身，则称为递归子程序。递归子程序对应数学上的递归函数。递归调用是子程序嵌套的特例。

4.2.5 中断服务程序设计

中断是计算机科学中最基本的概念之一。如果没有中断以及中断机制的引入与应用，就不可能有今天如此高效率的计算机。使用计算机时，操作键盘、移动鼠标之所以能够被计算机感知并且予以及时响应处理，这完全得益于计算机的中断处理。

本小节将简单介绍 8086 CPU 的中断机制及中断处理程序的基本设计方法。中断技术特别是硬件中断技术可参见后续章节。

中断就是使中央处理器暂时停止当前正在进行的工作程序，转向某紧急事件的服务与处理程序，并在执行完该服务与处理程序后，再返回原程序处继续完成原有工作的整个过程。

在中断发生后，中断处理程序需要对因各种原因触发的相应中断进行处理。8086 CPU中断系统能处理 256 种类型的中断，同时给每种中断安排了一个中断类型号，即 00H～0FFH号中断，每种类型的中断都有相应的中断处理程序。8086 CPU 利用中断向量表来管理和响应中断。中断向量表是内存中的一个特殊的线性表，它保存着系统所有中断服务程序的入口地址，中断服务程序的入口地址就是中断向量。在 8086 微机系统中，每个中断向量占 4个字节，其中段地址占两个字节、偏移地址占两个字节，中断向量表保存 256 个中断向量，分别对应于 256 种中断类型，中断向量表为 1K 字节，它在存储器中是地址为 00000H～003FFH 的存储区。各个中断处理程序的入口地址在中断向量表中是按中断类型号顺序存放的，因此将中断类型号乘以 4 即可得到对应中断向量的地址。

在中断过程中，称引起紧急事务的事件为中断源。常见的中断源大致分为 CPU 外部产生的中断和 CPU 内部产生的中断。其中，外部中断源包括通过 NMI、INTR 引脚传递的由外部设备产生的中断等；CPU 内部中断则包括除法出错中断、单步中断、INTO 指令产生的溢出中断和程序中安排的 INT n 中断指令产生的中断等。按中断源的特性，中断也可以分为硬件中断和软件中断。外部中断一般是指外部硬件中断，内部中断一般是指软件中断。软件指令中断 INT n 包括 DOS 中断、BIOS 中断和其他自由中断。

CPU 处理中断的基本过程如下。

（1）取中断的中断类型号。

（2）计算中断在中断向量表中的中断向量地址。

（3）从中断向量表中取出 4 字节的中断向量，将其中代表中断服务程序段地址的两字节内容送入代码段寄存器（CS），将其中代表中断服务程序偏移地址的两字节内容送入指令指针寄存器（IP）。

（4）转向相应的中断服务程序入口地址，执行中断服务程序。

（5）在中断服务程序执行完后，返回到原程序的下一条指令处，继续执行原程序。

在编写中断处理程序时要时刻遵守以下原则。

（1）由于中断是异步发生的，当它进入时并不考虑系统当前运行的状态，所以中断处理程序必须具有自我保护的能力，并能访问到所有当前段基址和堆栈指针，否则一旦出现异常情况就难以排除。

（2）在应用具体的中断处理程序之前，应先初始化要处理的中断向量，使该向量指向相应的中断处理程序。注意，在修改中断向量时，要先关中断以防发生由其他中断造成的不可预测的后果，在初始化完毕后再开中断。

（3）当 CPU 响应一个中断（包括硬件中断和软件中断）时，中断处理程序接收控制的系统状态是相同的，即状态标志字、CS 和 IP 进栈保存并关中断。因而，中断处理程序在保护好现场后，必要时应立即开中断，以允许高级中断产生。

（4）开发用以替换系统内中断处理程序或系统异常的中断处理程序时，必须遵守系统的有关约定，以免破坏系统向量或使 DOS 处于不稳定状态。

4.3 BIOS 和 DOS 功能调用

4.3.1 BIOS 和 DOS 功能调用概述

充分利用操作系统提供的资源是程序设计的一个重要技术。DOS（Disk Operating System）磁盘操作系统提供了极为丰富的子程序，能够实现控制键盘、显示器、读写文件、串行通信等一系列功能。程序员可以在程序中利用这些功能子程序，称为系统功能调用。

系统功能调用通常采用软中断的方法来获得，这就是 DOS 功能调用和 BIOS 功能调用。用户程序在调用这些系统服务功能程序时，不采用 CALL 指令，而采用软中断指令 INT n 来实现。

BIOS 即基本输入/输出系统，属于操作系统中用于管理输入/输出设备的例行程序，以固件（ROM）方式存在于主板上，占用从 0FE000H 开始的 8KB 存储区。BIOS 的主要功能如下：系统加电自检、引导装入 DOS、主要 I/O 设备的处理程序、所有的系统中断的管理。

DOS 即 IBM PC 的磁盘操作系统。DOS 共有 3 个模块：IBMDOS.sys、IBMIO.sys、COMMAND.com。

使用 BIOS 功能调用，给程序员编程带来了极大方便。程序员不必了解硬件的具体细节，可直接使用指令设置参数，并中断调用 BIOS 例行程序，所以利用 BIOS 功能调用编写的程序简洁、可读性好、易于移植。使用 DOS 操作比使用相应功能的 BIOS 操作更简易，而且 DOS 对硬件的依赖性更少。所以建议汇编语言程序用户编程原则有如下 3 个。

（1）尽可能使用 DOS 的系统功能调用，提高程序的可移植性。

（2）在 DOS 功能不能实现的情况下，考虑用 BIOS 功能调用。

（3）在 DOS 和 BIOS 的中断子程序不能解决问题时，使用 IN/OUT 指令直接控制硬件。

系统功能调用中断分为 3 类：ROM BIOS 中断、DOS 中断、自由中断（40H～FFH）。BIOS 中断类型号范围：00H～1FH。DOS 中断类型号范围：20H～3FH，其中 30H～3FH 属于 DOS 保留。自由中断类型号范围：40H～FFH。

DOS 功能调用与 BIOS 功能都通过软件中断调用。在中断调用前需要把功能号装入 AH 寄存器，把子功能号装入 AL 寄存器，除此之外，还需要在 CPU 的寄存器中提供专门的调用参数。一般来说，调用 DOS 或 BIOS 功能时，有以下几个步骤。

（1）将调用参数装入指定的寄存器。

（2）如需功能调用号，则把它装入 AH。

（3）如需子功能调用号，则把它装入 AL。

（4）按中断号调用 DOS 或 BIOS，实现中断服务程序的功能调用。

（5）根据出口参数分析功能调用执行情况，检查返回参数是否正确。

本小节主要阐述 DOS 系统功能调用中断 INT 21H 的常用功能调用的使用方法。DOS 系统功能调用 INT 21H 是 DOS 系统内部的软件中断，由近百个子程序组成，是 DOS 内核的主要组成部分，其主要功能是设备管理、目录管理和文件管理。这些子程序被加载到连续的存储区中，其首地址（即 INT 21H 的中断向量）在中断向量表中的 84H～87H 四个字节中，两个字节的段地址，两个字节的偏移量。执行 INT 21H 指令时，系统自动将两个字节的段地址送入 CS，两个字节的偏移量送入 IP，再根据 AH 中的功能号，CPU 即可跳到对应的子程序上执行，完成相应功能。

4.3.2　字符显示 DOS 调用

1．显示单个字符——DOS 的 2 号功能调用

功能号：AH＝02H。

入口参数：DL 中存放要显示的字符的 ASCII 码。

出口参数：无。

功能：在显示器屏幕上当前光标位置显示 DL 寄存器给定的字符，光标右移一个字符位置。如按 Ctrl+Break 或 Ctrl+C，则退出。

调用格式：

```
MOV  AH，02H
MOV  DL，待显示的字符  ；待显示的字符可直接给出字符的ASCII码
INT  21H
```

例如，在显示屏幕当前位置显示字符“A”，其指令段如下。

```
MOV  AH，02H
MOV  DL，'A'            ；与指令MOV  DL，41H等价
INT  21H
```

例如，使光标回到下一行的行首，应使用如下指令段。

```
MOV  DL，0DH            ；显示回车符
MOV  AH，02H
INT  21H
MOV  DL，0AH            ；显示换行符
MOV  AH，02H
INT  21H
```

字符显示程序举例：在显示屏幕上连续显示字符 0～9，字符间插入一个空格，显示 10 遍后返回 DOS 操作系统。

```
; disp09.asm：在显示屏幕上显示字符0～9
STACK    SEGMENT STACK 'STACK'
         DB 100 DUP ('S')
STACK    ENDS
CODE     SEGMENT PARA 'CODE'
         ASSUME CS: CODE，SS: STACK
START    PROC  FAR
         PUSH  DS
         XOR   AX，AX
         PUSH  AX
         MOV   CX，100
         MOV   BL，0
GOON:    PUSH  CX
         MOV   AL，BL
         DAA                        ;十进制调整
         AND   AL，0FH
         MOV   BL，AL
         OR    AL，30H
         MOV   DL，AL
         MOV   AH，02H
         INT   21H
         MOV   AH，02H
         MOV   DL，20H              ;空格
         INT   21H
         INC   BL                   ;指向下一字符
         MOV   DX，4000             ;延时
DLY1:    MOV   CX，0FFFFH
AGAIN:   LOOP  AGAIN
         DEC   DX
         JNZ   DLY1
         POP   CX
         LOOP  GOON
         RET
START    ENDP
CODE     ENDS
         END   START
```

2. 显示字符串——DOS 的 9 号功能调用

功能号：AH＝09H。

入口参数：DS:DX 中存放要显示的字符串的存储区起始单元地址（首地址）。

出口参数：无。

功能：将数据区中 DS:DX 所指定的以'$'结束的字符串在显示屏幕上显示出来。

调用格式：

```
MOV   AH，09H
MOV   DX，OFFSET STRING     ；DS:DX 指向以$结束的字符串首址
INT   21H
```

此功能调用格式也可采用如下格式。

```
MOV  AH，09H
LEA   DX，字符串首偏移地址
INT   21H
```

例如，在显示屏幕上显示字符串“Hello，Happy to you!”，其方法如下。

```
；在数据段定义要显示的字符串
STRING  DB  'Hello，Happy to you!'，'$'
；代码段中显示字符串指令段如下：
MOV  AH，09H                ；设置功能号：AH←09H
MOV  DX，OFFSET STRING      ；DS:DX指向以$结束的字符串STRING首址
INT   21H
```

例如，在显示屏幕上显示字符串“Hunan University of Science and Technology”，完整汇编语言程序如下。

```
; Display  "Hunan University of Science and Technology"
DATA    SEGMENT                                           ；定义数据段
STR1    DB  'Hunan University of Science and Technology'，'$'
                                                          ；定义显示的字符串
DATA    ENDS
CODE    SEGMENT                                           ；定义代码段
        ASSUME   CS:CODE，DS:DATA
START:  MOV  AX，DATA                                      ；设置缓冲区段地址
        MOV  DS，AX
        LEA  DX，STR1                                      ；取缓冲区偏移地址
        MOV  AH，09H                                       ；调用显示功能
        INT  21H
        MOV  AH，4CH                                       ；返回DOS
        INT  21H
CODE    ENDS
        END  START
```

例如，在显示屏幕上连续显示00～99。完整汇编语言程序如下。

```
; disp0099.asm：在显示屏幕上显示字符00～99
STACK     SEGMENT PARA STACK 'STACK'
          DB  100 DUP（?）
STACKENDS
DATA      SEGMENT
STRING    DB  ?，?，'$'      ；定义两个字节的内存单元，同时加一个字符串结束符$
DATA      ENDS
CODE      SEGMENT
          ASSUME  CS:CODE，DS:DATA，SS:STACK
START     PROC  FAR
          PUSH  DS
          MOV   AX，0
          PUSH  AX
          MOV   AX，DATA
          MOV   DS，AX
          MOV   BX，0
```

```
            MOV   CX, 100                 ; 显示1遍00～99
DSP00:      MOV   AL, BL
            PUSH  CX
            MOV   CL, 4
            SHR   AL, CL
            AND   AL, 0FH
            OR    AL, 30H
            LEA   SI, STRING
            MOV   [SI], AL    ; 十位数转换成ASCII码后，保存到STRING的第一单元中
            MOV   AL, BL
            AND   AL, 0FH
            OR    AL, 30H
            MOV   [SI+1], AL  ; 个位数转换成ASCII码后，保存到STRING的第二单元中
            INC   BL
            MOV   AL, BL
            DAA
            MOV   BL, AL
            MOV   BH, 0
            MOV   DX, OFFSET STRING  ; 显示字符串00～99
            MOV   AH, 9
            INT   21H
            MOV   DL, 20H            ; 显示一个空格
            MOV   AH, 2
            INT   21H
            MOV   DX, 5000H          ; 延时
DLY0:       MOV   CX, 0FFFFH
AGAIN:      LOOP  AGAIN
            DEC   DX
            JNZ   DLY0
            POP   CX
            LOOP  DSP00
            RET
STARTENDP
CODE        ENDS
            END   START
```

4.3.3 键盘输入字符 DOS 功能调用

1. 输入单个字符并回显——DOS 的 1 号功能调用

功能号：AH＝01H。

入口参数：无。

出口参数：AL 寄存器中保存键入字符的 ASCII 码。

功能：等待从键盘输入一个字符并将输入字符的 ASCII 码送入寄存器 AL，在显示器上显示该字符，同时光标移动，遇到 Ctrl+Break 则退出。

调用格式：
```
MOV   AH, 01H
INT   21H
```

例如，利用键盘输入的字符产生分支，其方法如下。

```
GETKEY:  MOV   AH, 01H          ; 等待从键盘输入
         INT    21H
         CMP   AL, 'Y'          ; 是'Y'?
         JZ     YESPRG
         CMP   AL, 'y'          ; 是'y'?
         JZ     YESPRG
         CMP   AL, 'N'          ; 是'N'?
         JZ     NOPRG
         CMP   AL, 'n'          ; 是'n'?
         JZ     NOPRG
         JNZ   GETKEY
```

2. 输入单个字符不回显——DOS 的 8 号功能调用

功能号：AH＝08H。

入口参数：无。

出口参数：AL 寄存器中保存键入字符的 ASCII 码。

功能：等待从键盘输入一个字符并将输入字符的 ASCII 码送入寄存器 AL，但不在显示器上显示该字符，不检测 Ctrl+Break 组合键。

调用格式： MOV AH，08H
INT 21H

例如，编程实现从键盘输入密码的指令段。采用不带回显功能的 DOS 的 8 号功能调用，实现该功能的指令段如下。

```
PASSIN:  MOV  AH, 08H           ; 等待从键盘输入
         INT   21H
         MOV  [DI], AL          ; 存入缓冲区
         CMP   AL, 0DH          ; 是回车符?
         JNZ   PASSIN           ; 不是，继续输入
PASSCK:  ......                 ; 密码检测
```

3. 输入字符串并回显——DOS 的 0AH 号功能调用

功能号：AH＝0AH。

入口参数：DS:DX = 缓冲区的首地址。内存字符缓冲区的首单元存放最大键入的字符数。

出口参数：（DS:DX+1）=实际键入的字符（不含回车符），从（DS:DX+2）开始顺序存放键入的字符串，回车符 0DH 为串尾最后一个字符。

功能：等待从键盘输入字符串，并存入设定的缓冲区内，同时回显字符串，光标随着移动，回车符使光标回到行首。

调用格式： LEA DX，缓冲区首偏移地址
MOV AH，0AH
INT 21H

DOS 的 0AH 功能执行过程如下。

（1）若（DS:DX）字节单元的值为 0，则不等待从键盘输入，结束调用。

（2）若（DS:DX）字节单元的内容大于 0，则等待从键盘输入，并把输入键的 ASCII

码顺序存放在 DS:DX+2 开始的单元中，按回车键表示结束输入。当按下键的个数超过（DS:DX）中的值时，发出警告声，不再接收输入的数据，直到输入回车键为止。

（3）将实际输入的字符个数（不包括回车键）填入（DS:DX+1），结束调用。

DOS 的 0AH 功能注意事项如下。

（1）应按要求先定义缓冲区，并设置最多要接收的字符个数（包括回车字符，可以是 1～255），再调用。

（2）输入的字符均带回显，且光标随字符移动。当输入回车符结束时，也回显回车符。表现为功能调用结束后，光标回到了行首。

（3）回车符 0DH 作为一个输入的字符存放在字符串尾，但计数输入个数时，不包括回车键。实际最多能输入的字符数 = 限制的最大数-1，即回车符占一个字节。

（4）执行完 0AH 功能后，DS 和 DX 的值不变，DS:DX 仍指向缓冲区的首地址。

（5）整个缓冲区的大小应为限制的最大数+2。

例如，利用 DOS 的 0AH 功能调用实现输入字符串。完整汇编语言程序段如下。

```
DATA     SEGMENT                              ；定义缓冲区
MAX      DB  20                               ；定义限制最多的输入个数
LENTH    DB  ?                                ；用于存放实际输入个数
STR      DB  20 DUP（?）                      ；用于存放输入的字符串
DATA     ENDS
CODE     SEGMENT
         ASSUME  CS:CODE，DS:DATA
START:   MOV     AX，DATA                     ；设置缓冲区地址于DS:DX
         MOV     DS，AX
         LEA     DX，MAX
         MOV     AH，0AH
         INT     21H                          ；调用0A输入功能
         MOX     CH，0
         MOV     CL，LENTH                    ；取字符串长度放入CX
         LEA     BX，STR                      ；取字符串首址放入BX
         MOV     AL，[BX]                     ；取输入字符
         ……
         MOV     AH，4CH                      ；返回DOS
         INT     21H
CODE     ENDS
         END     START
```

4.3.4 串行通信口 DOS 功能调用

在微机系统中，可以有两个或多个端口连接到不同的外部设备上进行通信，如 IBM PC 和 80X86 兼容机可以连接 4 个通信端口，它们的编号为 COM1～COM4（BIOS 编号为 COM0～COM3），但程序每次只能对其中一个端口进行存取。当微机加电自检时，由加电自检程序来测试通用异步收发器的 4 个 COM 端口是否存在，如果微机系统中设置了 COM 端口，则设置的每个 COM 端口的 I/O 地址写到 BIOS 数据区的 0040:0000～0040:0007，每个端口地址占用两个字节。如果没有连接串行端口，BIOS 数据区的这几个单元的内容就成为 0。可以用 DEBUG 查看通用异步发送器/接收器 URAT 的端口地址。

保存在 BIOS 数据区的 COM 端口地址称为基地址，因为每个 COM 端口都包括一组 8 位的寄存器，程序员可以通过这些寄存器进行编程，以控制数据按设定的格式发送或接收数据。BIOS 数据区的 COM 端口地址是第一个寄存器的地址。

串行通信口的编程也可以采用 DOS 功能调用方法实现。DOS 系统功能调用 INT 21H 实现串行通信口的读写操作功能是 3 号功能和 4 号功能。3 号功能调用实现从串行口读一个字符，4 号功能调用实现向串行口写一个字符。

1）异步通信输入功能调用的基本方法

功能号：03H。

入口参数：无。

出口参数：输入的数据（字符）保存在 AL 寄存器中。

功能：从串行口输入一个字节的数据（一个字符），并存入 AL 寄存器。

调用格式：
```
MOV   AH，03H
INT   21H
```

例如，从默认的串行口输入一个字符并保存到内存缓冲区中，其方法如下。

```
；在数据段中定义数据缓冲区
     INCHAR   DB  ?
；在代码段中编写DOS功能调用和转存指令段
     MOV   AH，03H
     INT    21H                         ；调用03输入功能
     MOV   INCHAR，AL                   ；输入字符转存到内存中
```

2）异步通信输出功能调用的基本方法

功能号：04H。

入口参数：等待输出的数据（字符）放在 DL 寄存器中。

出口参数：无。

功能：将 DL 寄存器中的数据（字符）从串行口输出。

调用格式：
```
MOV  AH，04H
MOV  DL，待输出的字符
INT    21H
```

例如，从默认的串行口输出一个字符串，其方法如下。

```
；在数据段中定义数据缓冲区，并统计字符串长度
     OUTSTR   DB  'HNUST'               ；定义输出字符串"HNUST"
     STRLEN   EQU  $-OUTSTR             ；统计字符串长度
；在代码段中编写利用DOS功能调用实现字符输出的指令段
     MOV   BX，SEG OUTSTR               ；取要输出字符串的段地址
     MOV   DS，BX                       ；设置要输出字符串的段地址
     MOV   BX，OFFSET OUTSTR            ；取要输出字符串的偏移地址
     MOV   CX，BUF_LEN                  ；取要输出字符串的长度
NEXT:    MOV    DL，[BX]
     MOV   AH，04H                      ；4号功能调用
     INT   21H
     LOOP  NEXT
```

4.4 汇编语言综合编程实例

人机界面（又称用户界面）是大部分程序所必需的，人机界面是系统和用户之间进行交互和信息交换的媒介，它实现信息的内部形式与人类可以接收形式之间的转换。本节通过 DOS 系统功能调用实现简单的人机对话。

程序基本功能是屏幕显示“Please input your name:”，等待用户输入用户名，如输入用户名 “Prof.Ou”，然后提示用户输入用户密码“Please input your password:”，等待用户输入密码（固定密码）“123456”，密码字符输入不显示密码本身而显示“******”。如果密码正确，则显示“Your password are right!”，同时换行显示“Happy to you，用户输入的用户名（如 Prof.Ou）.”，否则显示“Input password again:”，等待用户再次输入密码。最多输入 3 次密码，如果密码仍然错误，则显示“Your password are wrong!”，同时换行显示“Happy to you，用户输入的用户名（如 Prof.Ou）. But you are invalid user.”。

编程方法分析：屏幕提示可采用 INT 21H 的 9 号功能调用实现，用户名输入及显示可以采用 INT 21H 的 0AH 号功能调用实现，密码输入可以采用 INT 21H 的 08H 号功能调用实现，密码显示采用 INT 21H 的 2 号功能调用实现。完整汇编语言程序清单如下。

```
；简单人机对话程序
STACK    SEGMENT STACK 'STACK'
         DB 100  DUP ('S')
STACK    ENDS
DATA     SEGMENT
USERMAX  DB  30
USERLEN  DB  ?
USERN    DB  30 DUP (?)
PASSW    DB  6 DUP (?)
PROMPT1  DB  'Please input your name: ', 0DH, 0AH, '$' ; 0DH回车, 0AH换行
PROMPT2  DB  0DH, 0AH, 'Please input your password: ', '$'
PROMPT3  DB  0DH, 0AH, 'Happy to you, ', '$'
PROMPT4  DB  'But you are invalid users.', '$'
PROMPT5  DB  0DH, 0AH, 'Input password again: ', 0DH, 0AH, '$'
                             ；定义再次输入提示符并回车换行
PROMPT6  DB  0DH, 0AH , 'Your password are wrong.', 0DH, 0AH, '$'
                             ；定义错误提示并回车换行
PROMPT7  DB  0DH, 0AH , 'Your password are right.', 0DH, 0AH, '$'
                             ；定义正确提示并回车换行
DATA     ENDS
DATAES   SEGMENT
PASSWORD DB  '123456'
DATAES   ENDS
CODE     SEGMENT  PARA  'CODE'
         ASSUME  CS:CODE, SS: STACK, DS:DATA, ES:DATAES
START    PROC     FAR
         PUSH     DS
         XOR      AX, AX
```

```
          PUSH    AX
          MOV     AX, DATA              ; 为数据段寄存器DS 赋值
          MOV     DS, AX
          MOV     AX, DATAES            ; 为数据段寄存器ES 赋值
          MOV     ES, AX
          LEA     DX, PROMPT1
          MOV     AH, 09H
          INT     21H                   ; 显示“Please input your name: ”
          LEA     DX, USERMAX
          MOV     AH, 0AH
          INT     21H                   ; 从键盘接收用户输入的信息
          MOV     AL, USERLEN           ; 取得键入字符串的实际长度
          CBW
          MOV     SI, AX
          LEA     BX, USERLEN
          MOV     [BX+SI], BYTE PTR '!'    ; 在键入的字符串后加'! '
          MOV     [BX+SI+1], BYTE PTR '$' ; 在'! '后加'$', 以便显示
          LEA     DX, PROMPT2           ; 显示"Please input your password: "
          MOV     AH, 09H
          INT     21H
          MOV     BX, 03H               ; 定义最多允许输入3 次密码
REP0:     MOV     CX, 06H               ; 定义每次输入密码的字符个数为6
          MOV     SI, -1                ; 设置数组变量PASSW的下标SI, 初值为-1
REP1:     INC     SI                    ; 下标值加1, 指向PASSW的第一个元素
          MOV     AH, 08H
          INT     21H                   ; 调用DOS 中断输入单个字符串, 且不屏显
          MOV     PASSW[SI], AL         ; 将收到的字符的ASCII 码传到PASSW[SI]
          MOV     DL, '*'
          MOV     AH, 02H
          INT     21H                   ; 密码显示为“*”
          LOOP    REP1                  ; 判断是否输入6个字符, 若没有, 则跳转
          MOV     SI, OFFSET PASSW        ; 给源串（新输入的密码）指针SI 赋初值
          MOV     DI, OFFSET PASSWORD     ; 给目的串（源密码）指针DI赋初值
          MOV     CX, 06H                 ; 设置（新密码与源密码）比较次数
          CLD                           ; 设置两串操作方向从低地址向高地址进行
          REPE    CMPSB                 ; 当（ CX）< > 0且ZF= 1时重复比较两个密码
          JZ      NEXT1                 ; 停止比较时, 若ZF= 1, 则跳转至标号NEXT1
          DEC     BX                    ; ZF=0时, 将BX（最多输入密码次数）的值减1
          JZ      NEXT2                 ; 输入密码次数为3次, 不正确则跳转
          MOV     DX, OFFSET  PROMPT5   ; 输入密码次数不满3次, 取首址
          MOV     AH, 09H
          INT     21H                   ; 调用中断在屏幕上输出再次输入密码的提示
          JMP     REP0                  ; 跳转至接收再次输入的密码
NEXT1:    MOV     DX, OFFSET  PROMPT7   ; 取变量PROMPT7的首地址
          MOV     AH, 09H
          INT     21H                   ; 调用中断输出在PROMPT7中定义的字符串
          LEA     DX, PROMPT3           ; 显示"Happy to you, "
```

```
            MOV     AH，09H
            INT     21H
            LEA     DX，USERN          ；显示键入的字符串
            MOV     AH，09H
            INT     21H
            JMP     EXIT               ；无条件跳转至EXIT标号处
   NEXT2:   MOV     DX，OFFSET  PROMPT6 ；取变量PROMPT6的首地址
            MOV     AH，09H
            INT     21H                ；调用中断输出在PROMPT6中定义的字符串
            LEA     DX，PROMPT3        ；显示"Happy to you，"
            MOV     AH，09H
            INT     21H
            LEA     DX，USERN          ；显示键入的字符串
            MOV     AH，09H
            INT     21H
            LEA     DX，PROMPT4        ；显示"But you are invalid user."
            MOV     AH，09H
            INT     21H
   EXIT:    RET
   START    ENDP
   CODE     ENDS
            END     START
```

习　题

4.1　汇编语言有何特点？编写汇编语言源程序时，一般的组成原则和结构是什么？

4.2　简述助记符、汇编语言、汇编语言程序和汇编程序的基本概念及其异同。

4.3　如何规定一个汇编语言程序执行的开始位置？主程序执行结束时应该如何返回DOS？源程序在什么位置停止汇编过程？

4.4　汇编语言程序的开发有哪4个步骤？分别利用什么程序完成？各步骤完成后产生什么输出文件？

4.5　设置一个数据段，按照如下要求定义变量。

（1）STRING为字符串变量，表示字符串"SIEE OF HNUST"。

（2）VARB为用十六进制数表示的字节变量，这个数的大小为100。

（3）VARW为100个未赋值的字变量

4.6　给出下列语句，指令中立即数（数值表达式）的值分别是什么？

（1）MOV　AL，23H AND 45H OR 67H

（2）MOV　AX，1234H / 16+10H

（3）MOV　AX，254H SHL 4

（4）MOV　AL，'A' AND　(NOT（'B'-'B'))

（5）MOV　AX，(76543 LT 32768）XOR　7654H

4.7　过程定义的一般格式是什么？

4.8　子程序开始为什么常使用PUSH指令？子程序返回前为什么使用POP指令？

4.9　已知程序段如下：

```
MOV  AX, 1234H
MOV  CL, 4
ROL  AX, CL
DEC  AX
MOV  CX, 4
MUL  CX
INT  20H
```

试问：（1）每条指令执行后，AX 寄存器的内容是什么？

（2）每条指令执行后，CF、SF 及 ZF 的值分别是什么？

（3）程序运行结束后，AX 及 DX 寄存器的值是什么？

4.10　在当前数据段 1000H 开始的 128 个单元中存放一组数据，试编程序将它们顺序移动到 A000H 开始的顺序排列的 128 个单元中。

4.11　编写一个程序，接收从键盘输入的 10 个数，输入回车符表示结束，将这些数保存在 BUFF 缓冲区中。

4.12　在当前数据段（DS），偏移地址为 CHJ1 开始的顺序的 80 个单元中，存放着某班 80 个同学某课程的考试成绩。编写程序统计≥90 分、80～89 分、70～79 分、60～69 分、<60 分的人数各为多少，并将结果放在同一数据段、偏移地址为 CHJTJ 开始的顺序单元中。

4.13　编写一个程序，先提示输入数字“Input Number：0～9”，然后在下一行显示输入的数字并结束；如果未键入 0～9，则提示错误“Error! Your Input is not 0～9. Input Number：0～9”，继续等待输入数字。

4.14　编写一个程序，把一个 16 位二进制数用 4 位十六进制形式在屏幕上显示出来。

4.15　编写一个程序，把键入的一个字符，用二进制形式（0/1）显示其 ASCII 代码值。

4.16　编写一个程序，从键盘输入一个字符串（不超过 255 个），将其中的小写字母转换成大写字母，然后按原来的顺序在屏幕上显示。

4.17　编写一个程序，从键盘接收一个数字（0～9），然后响铃，响铃的次数为输入的数字。

4.18　利用扬声器控制原理，编写一个简易乐器程序。当按下 1～8 数字键时，分别发出连续的中音 1～7 和高音 i（对应频率依次为 524Hz、588Hz、660Hz、698Hz、784Hz、880Hz、988Hz 和 1048Hz）；当按下其他键时暂停发音；当按下 Esc 键（ASCII 码为 1BH）时，程序返回操作系统。

第5章 微机总线

5.1 总线概述

5.1.1 总线的基本概念

微机系统是由 CPU、存储器、各种输入/输出接口电路及外设等部件组成的。各部件间要进行大量而高速的信息交换，才能实现整体功能。这就要求部件间建立高速可靠的信息交换信道。

总线是功能部件之间实现互连的一组公共信号线，用做相互间信息交换的公共信道。信息包括指令、数据和地址信息。

总线通常包括一组信号线，主要的信号线有如下几种。

（1）数据线和地址线：这一类信号线决定了数据传输的宽度和直接寻址的范围。

（2）控制、时序和中断信号线：这一类信号线决定了总线功能的强弱，以及适应性的好坏。

（3）电源线和地线：这一类线决定了电源的种类及地线的分布和用法。

（4）备用线：这一类线是厂家和用户作为性能扩充或作为特殊要求使用的信号线。

总线不仅仅是一组传输线，它还包括一套管理信息传输的规则（协议）。

在微机系统中，利用总线实现芯片内部、印制电路板各部件之间、机箱内各插件之间、主机与外设间或系统与系统之间的连接与通信。

随着微机技术的发展，确立并发展了各种各样的总线标准，微机制造商根据各种总线标准以机箱方式向用户提供连接好的系统，可以用于各种场合。

总线技术之所以能够迅速发展，是由于采用总线结构后，在微机系统设计、生产、使用和维护上有很多优越性，概括起来有以下几点。

（1）便于采用模块化结构设计方法，简化系统设计。

（2）标准总线可以得到多个厂商的广泛支持，便于生产与之兼容的硬件板卡和软件。

（3）模块化结构方式便于系统的扩充和升级。

（4）便于故障诊断和维修，同时降低了成本。

微机采用了总线以后，不仅可以提高系统的效率和处理速度，简化微机的系统结构，使系统易于扩充，还可以大大简化系统硬件的设计过程。

5.1.2 总线的分类

总线上传送的信息包括数据信息、地址信息、控制信息，因此，按照总线传送的信息的类别，总线可分为数据总线、地址总线和控制总线等。

1．数据总线

数据总线用于传送数据信息。数据总线是双向三态形式的总线，即既可以把 CPU 的数据传送到存储器或 I/O 接口等其他部件，也可以将其他部件的数据传送到 CPU。数据总线的位数是微型计算机的一个重要指标，通常与微处理器的字长相一致。例如，Intel 8086 微处理器字长为 16 位，其数据总线宽度也是 16 位。需要指出的是，数据的含义是广义的，它可以是真正的数据，也可以是指令代码或状态信息，有时甚至是一个控制信息，因此，在实际工作中，数据总线上传送的并不一定仅仅是真正意义上的数据。

2．地址总线

地址总线是专门用来传送地址的，由于地址只能从 CPU 传向外部存储器或 I/O 端口，所以地址总线总是单向三态的，这与数据总线不同。地址总线的位数决定了 CPU 可直接寻址的内存空间大小，如 8086 系列微机的地址总线为 20 位，其可寻址空间为 2^{20}＝1MB。一般来说，若地址总线为 n 位，则可寻址空间为 2^n 字节。

3．控制总线

控制总线用来传送控制信号和时序信号。在控制信号中，有的是微处理器送往存储器和 I/O 接口电路的，如读/写信号、片选信号、中断响应信号等；也有其他部件反馈给 CPU 的，如中断申请信号、复位信号、总线请求信号、设备就绪信号等。因此，控制总线的传送方向由具体控制信号而定，一般是双向的，控制总线的位数要根据系统的实际控制需要而定。实际上，控制总线的具体情况主要取决于 CPU。

按总线在微机结构中所处的不同层次位置上分类，总线可分为 4 级总线，即片内总线、片间总线、系统总线、通信总线。

1）片内总线

片内总线（On-Chip Bus）是指在集成电路芯片的内部，用来连接各功能单元的信息通路。在微机系统中，片内总线主要是指在 CPU 内部、寄存器之间和算术逻辑部件与控制部件之间传输数据所用的总线。

2）片间总线

片间总线又称元件级总线，是把各种不同的芯片连接在一起构成特定功能模块（如 CPU 模块）的信息传输通路。片间总线也称局部总线或存储总线。该总线限制在一块电路板内，它是实现板内各元器件相互连接的信号线。片间总线一般指 CPU 引脚没有经过组合、驱动隔离，而被直接引用的信号线，是各种总线中速度最快、效率最高、功能最直接的总线。

3）系统总线

系统总线是微机系统中各插件（模块）之间的信息传输通路。例如，CPU 模块和存储器模块或 I/O 接口模块之间的传输通路。随着计算机技术的发展，系统总线主要是指 I/O 通道总线，包括地址线（SAB）、数据线（SDB）和控制线（SCB），用来与扩充插槽上的各扩充板卡相连接。系统总线有多种标准，以适用于各种系统。

4）通信总线

通信总线又称外总线，是微机系统之间或微机系统与其他系统（仪器、仪表、控制装置等）之间信息传输的通路。这类总线不是微机系统特有的总线，而是借用了电子工业或其他领域已有的总线标准。

通信总线分为并行总线和串行总线。并行总线如 IEEE 488、SCSI（小型计算机系统接口）等，并行总线具有传输速率高、传输距离较近的特点。串行总线如 RS-232C、USB（通用串行总线）等，串行总线具有传输距离远、传输速率慢的特点。

通信总线在计算机网络、微机自动测试系统、微机工控系统中得到了广泛应用。

5.1.3 总线操作与控制

1. 总线操作

微机系统中的各种操作，包括处理器内部寄存器操作、处理器对存储器的读写操作、处理器对 I/O 端口的读写操作、中断操作、直接存储器存取操作等，都是通过总线进行信息交换的，它们在本质上都是总线操作。

总线上所连接的各类设备，按其对总线有无控制功能可分为主设备和从设备两种。主设备对总线有控制权，从设备只能响应从主设备发来的总线命令。主控设备可以通过总线进行数据传送。从设备只能按主设备的要求工作，接收传送过来的数据。

总线上信息的传送是由主设备启动的，如某个主设备要与另一个设备（从设备）进行通信时，首先由主设备发出总线请求信号，若多个主设备同时要使用总线时，就由总线控制器的判优、仲裁逻辑按一定的优先等级顺序，确定哪个主设备能使用总线。只有获得总线使用权的主设备才能开始传送数据。

对于只有一个主设备的单处理器系统，不存在总线请求、仲裁和撤除问题，总线始终归它所有，此时的总线周期只有寻址和传送两个阶段。在包括中断控制器、DMA 控制器及多处理器的系统中，需要专门的仲裁机构来分配总线的控制和使用权。

总线操作的特点：任意时刻，总线上只允许一对设备（主设备和从设备）进行信息交换。当有多个设备要使用总线时，只能分时使用，即将总线时间分为若干段，每一个时间段完成设备间的一次信息交换，包括主设备申请使用总线到数据传送完毕。这个时间段称为一个数据传送周期或总线操作周期。

一个总线周期分为 5 个步骤：总线请求、总线仲裁、寻址、传送数据和传送结束。

（1）总线请求：由使用总线的主控设备向总线仲裁机构提出使用总线的请求。

（2）总线仲裁：决定在下一个传送周期由哪个请求源使用总线。

（3）寻址：取得总线使用权的主控设备，通过地址总线发出本次要传送的数据的地址及相关命令，通过译码使参与本次数据传送的从设备被选中。

（4）数据传送：实现从主设备到从设备的数据传送。

（5）结束阶段：主设备、从设备的相关信息均从总线上撤除，让出总线，以使其他设备能继续使用总线。

2. 总线仲裁控制

总线作为一种重要的公共资源，各个总线主模块随时可能请求使用总线，但在总线上某一时刻只能有一个总线主控部件控制总线，为避免多个部件同时发送信息到总线，需要有总线仲裁机构实现总线仲裁控制。总线仲裁机构管理系统中多个主设备的总线请求，避免总线冲突，当多个设备同时提出请求时按优先级裁决使用权。总线仲裁是指在总线上有多个总线主控部件同时请求使用总线时，决定由哪个主控部件获得总线控制权。

总线仲裁又称总线判优控制。根据连接到总线上的各功能主控部件所承担任务的轻重缓急，预先或动态地赋予它们不同的使用总线的优先级，当有多个主控部件同时请求使用总线时，总线仲裁电路选出当前优先级最高的主控部件，并赋予总线控制权。总线仲裁控制可分为分布式和集中式两种。分布式（对等式）仲裁控制逻辑分散在连接于总线上的各个部件或设备中，协议复杂且昂贵，效率高。集中式（主从式）仲裁将控制逻辑集中在一处，采用专门的控制器或仲裁器，总线控制器或仲裁器可以是独立的模块或集成在 CPU 中，协议简单而有效，但总体系统性能较低。8086 CPU 微机系统采用集中式（主从式）仲裁方式。

集中式仲裁中每个功能模块有两条线连接到中央仲裁器：一条是送往仲裁器的总线请求信号线 BR，一条是仲裁器送出的总线授权信号线 BG。常见的集中控制有 3 种优先级仲裁方式：链式查询、计数器定时查询、独立请求方式。

1）链式查询仲裁方式

图 5.1.1 中控制总线中有 3 根线用于总线仲裁控制，包括总线请求 BR、总线允许 BG、总线忙 BS，其中总线允许信号 BG 串行地从一个 I/O 接口送到下一个 I/O 接口。如果 BG 到达的接口有总线请求，则 BG 信号不再往下传。这意味着该接口获得了总线使用权，并建立总线忙 BS 信号，表示它占用了总线。可见在查询链中，距离总线控制部件最近的设备具有最高的优先级。这种方式的特点如下：只需很少几根线就能按一定优先次序实现总线控制，并且很容易扩充设备，但对电路故障很敏感。

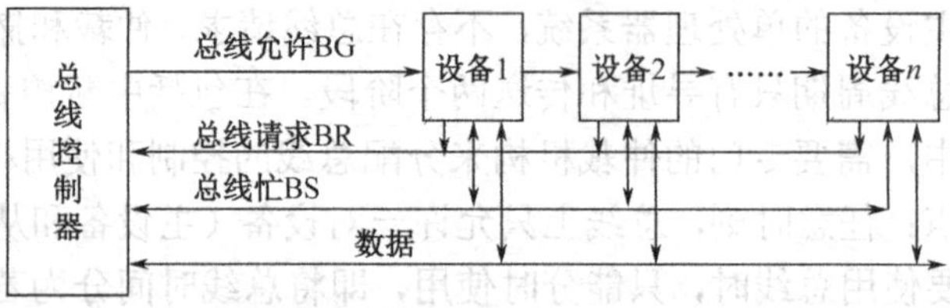

图 5.1.1　链式查询总线仲裁

2）计数器定时查询仲裁方式

由图 5.1.2 可见，计数器定时查询与链式查询方式相比，多了一组设备地址线，少了一根总线允许线 BG。总线控制部件接到由 BR 送来的总线请求信号后，在总线未被使用（BS＝0）的情况下，计数器开始计数，向各设备发出一组地址信号。当某个有总线请求的设备地址与计数值一致时，便获得总线使用权，此时终止计数查询。计数可以从“0”开始，此时设备的优先次序是固定的。计数器的初始值还可由程序设置，故优先次序可以改变。此方式对电路故障不如链式查询方式敏感，控制也较复杂。

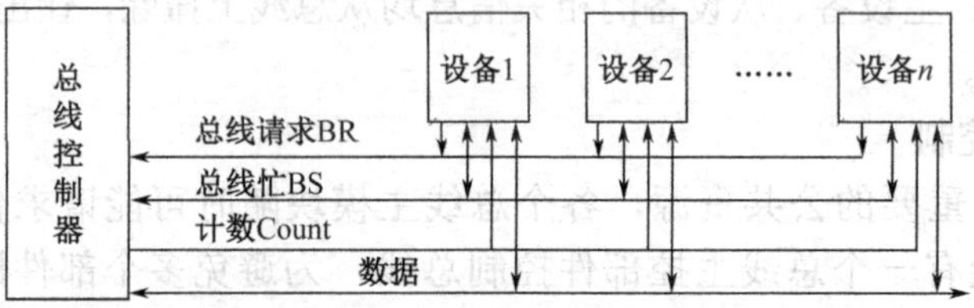

图 5.1.2　计数器定时查询总线仲裁

3）独立请求总线仲裁方式

由图 5.1.3 可见，每一设备均有一对总线请求线 BR*i* 和总线允许线 BG*i*。当设备要求使用总线时，便发出该设备的请求信号。总线控制部件中有一排队电路，可根据优先次序确定响应哪一设备的请求。这种方式的特点如下：响应速度快，优先次序控制灵活（通过程序改变），但控制线数量多，总线控制更复杂。

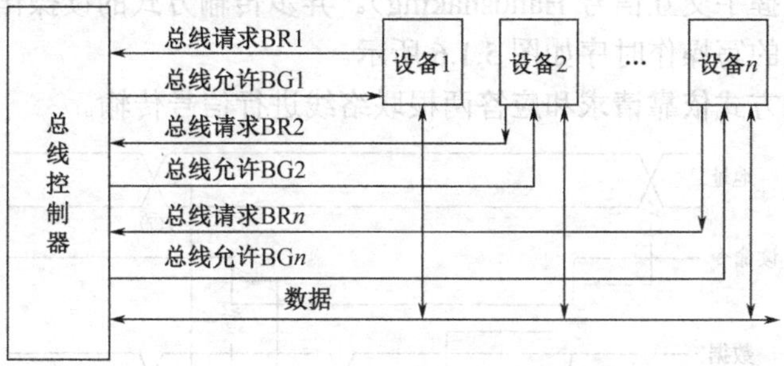

图 5.1.3　独立请求式总线仲裁

3. 总线同步控制

总线的数据传送同步控制主要解决数据传送双方如何获知传输开始和传输结束，以及数据传送双方如何协调、如何配合。一般常用数据同步控制方式有如下 3 种。

1）同步定时传输方式

采用同步定时方式时，总线上的数据传送用一个公共的时钟来同步双方的操作，称为同步定时。发送和接收信号都在固定的时刻发出。时钟信号通常由 CPU 的总线控制部件发出，送到总线上的所有部件；也可以由每个部件各自的时序发生器发出，但必须由总线控制部件发出的时钟信号对它们进行同步。同步定时传输方式如图 5.1.4 所示。

同步定时方式的优点是规定明确、统一，模块间的配合简单一致。其缺点是主从模块时间配合属于强制性“同步”，必须在限定时间内完成规定的要求，并且对所有从模块都用同一限时，这就造成对不相同速度的部件而言，必须按最慢速度部件来设计公共时钟，严重影响了总线的工作效率，也给设计带来了局限性，缺乏灵活性。

同步定时方式一般用于总线长度较短，各部件存取时间比较一致的场合。8086 CPU 微机系统中的总线若不考虑插入的等待周期，基本上都属于同步传输方式。

同步总线传输依靠严格的相同速率进行信号传输，无需联络线。

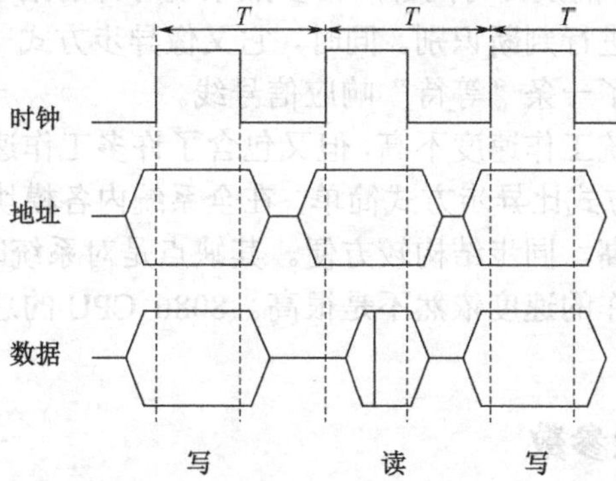

图 5.1.4　同步定时传输方式

2）异步传输方式

异步方式克服了同步定时的缺点，允许各模块速度不一致，给设计者提供了充分的灵活性和选择余地。异步定时方式中没有固定的时钟；不要求所有部件严格地统一动作时间，而是采用应答方式（又称握手方式），即当主模块发出请求（Request）信号时，一直等待从模块反馈回来响应（Acknowledge）信号后才开始传输。当然，这要求主从模块之间增加两根应答线（即握手交互信号 Handshaking）。异步传输方式的读操作时序如图 5.1.5 所示，异步传输方式的写操作时序如图 5.1.6 所示。

异步总线传输方式依靠请求和应答两根联络线进行信号传输。

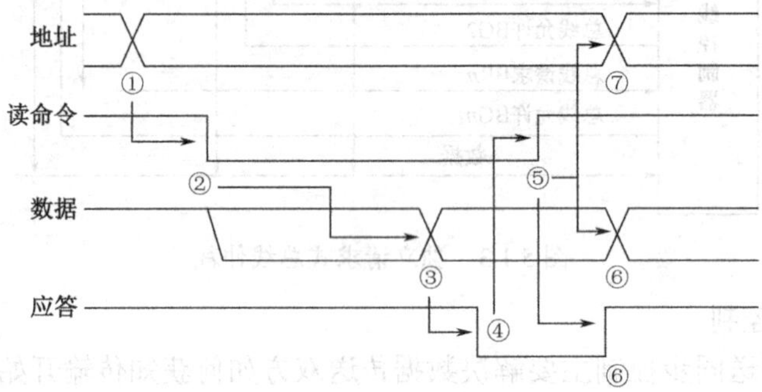

图 5.1.5 异步传输方式（读操作）

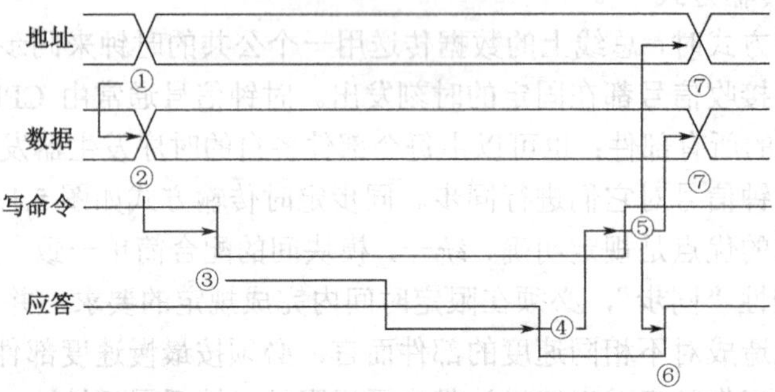

图 5.1.6 异步传输方式（写操作）

3）半同步传输方式

半同步总线定时集同步定时与异步方式之优点，既保留了同步定时的基本特点，如所有的地址、命令、数据信号的发出时间都严格参照系统时钟的某个前沿开始，而接收方都采用系统时钟后沿时刻来进行判断识别。同时，它又像异步方式一样，允许不同速度的模块和谐地工作。为此增设了一条“等待”响应信号线。

半同步方式适用于系统工作速度不高，但又包含了许多工作速度差异较大的各类设备的简单系统。半同步控制方式比异步方式简单，在全系统内各模块又在统一的系统时钟控制下同步工作，可靠性较高，同步结构较方便。其缺点是对系统时钟频率不能要求太高，故从整体上来看，系统工作的速度依然不是很高。8086 CPU 的总线周期插入等待状态就是半同步方式的一个实例。

5.1.4 总线的主要性能参数

对总线的要求就是在传输稳定的情况下尽可能快地传输信号。伴随着 CPU 及相关技术的发展，总线的性能也在不断提高。下面是总线的主要性能参数。

1．总线宽度

总线宽度又称为总线位宽，指的是总线中数据线的数量，用 bit（位）表示，总线的位宽指的是总线能同时传送的数据位数，即人们常说的 16 位、32 位、64 位等总线宽度的概念。总线宽度越宽，同时传输的数据就越多，吞吐量就越大。在工作频率固定的条件下，总线的位宽越宽，则总线每秒数据传输率越大，即总线带宽越宽。

2．总线时钟频率

总线时钟是总线中各种信号的定时标准，也称为总线的工作频率，以 MHz 为单位。它是用于协调总线上的各种操作规程的时钟信号的频率。工作频率越高，则总线工作速度越快，即总线带宽越宽。

一般来说，总线时钟频率越高，其单位时间内数据传输量越大，但不完全成正比例关系。

3．最大数据传输速率

最大数据传输速率指的是在总线中每秒传输的最大字节量，有时也被称为带宽，用 MB/s 表示，即每秒多少兆字节。

总线数据传输速率＝总线宽度×总线频率/8

在现代微机中，一般可做到一个总线时钟周期完成一次数据传输，因此，总线的最大数据传输速率为总线宽度除以 8（每次传输的字节数）再乘以总线时钟频率。

例如，PCI 总线的宽度为 64 位，总线时钟频率为 33.3MHz，则最大数据传输速率为 64÷8×33.3＝266MB/s。但有些总线采用了一些新技术（如在时钟脉冲的上升沿和下降沿都选通等），使最大数据传输速率比上面的计算结果高。

总线是用来传输数据的，所采取的各项提高性能的措施，最终都要反映在传输速率上，所以在诸多指标中最大数据传输速率是最重要的。

4．信号线数

信号线数是总线中信号线的总数，包括数据总线、地址总线和控制总线。信号线数与性能不成正比，但反映了总线的复杂程度。数据总线宽度在很大程度上决定了计算机总线的性能。用于传输地址的信号线的数目也称为地址总线宽度，如 8 位、16 位、32 位、64 位等。地址总线的宽度决定了系统的寻址能力。

5．总线负载能力

总线负载能力是总线带负载的能力。该能力强，表明可多接一些总线板卡。当然，不同的板卡对总线的负载是不一样的，所接板卡负载的总和不应超过总线的最大负载能力。

5.1.5　总线标准

所谓总线标准，可视为系统与各模块、模块与模块之间一个互连的标准界面。这个界面对两端的模块都是透明的，即界面的任一方只需根据总线标准的要求完成自身一面接口的功能要求，而无需了解对方接口与总线的连接要求。因此，按总线标准设计的接口可视为通用接口。

芯片之间、扩展卡之间及系统之间，通过总线进行连接和传输信息时，应该遵守一些协议与规范，这些协议与规范称为总线标准。总线标准通常是国际正式公布或推荐的互连各个模块的标准，它是把各种不同的模块组成计算机系统时必须遵守的规范。总线标准为计算机系统中各模块的互连提供了一个标准界面，采用总线标准可以为计算机接口的软、硬件设计提供方便。

总线规范标准包括：机械结构规范、功能结构规范、电气规范等。

1）机械结构规范

机械结构规范规定了模板机械尺寸、总线插头插座、边沿连接器等的规格及位置。

2）功能结构规范

功能结构规范确定引脚信号名称、功能定义、逻辑关系、信号时序，以及其相互作用的协议进行说明。总线功能结构规范包括：数据线、地址线、读写控制逻辑线、时钟线和电源线、地线等；中断控制机制；总线主控制仲裁；应用逻辑，如握手联络线、复位、自启动等。

3）电气规范

电气规范规定总线信号逻辑电平、噪声容限、负载能力及最大额定值、动态转换时间等。

总线标准的产生通常有如下两种途径。

(1）某计算机制造厂家（或公司）在研制本公司的微机系统时所采用的一种总线，由于其性能优越，得到用户的普遍接受，逐渐形成一种被业界广泛支持和承认的事实上的总线标准。

(2）在国际标准组织或机构主持下开发和制定的总线标准，公布后由厂家和用户使用。

随着微处理器技术的飞速发展，总线技术也得到不断创新。先后出现了 ISA（Industrial Standard Architecture，工业标准体系结构）、MCA（Micro Channel Architecture，微通道结构）、EISA（Extended Industrial Standard Architecture，扩展工业标准体系）、VL-Bus（VESA Local-BUS，视频电子标准协会局部总线）、PCI（Peripheral Component Interconnect，外部设备互连总线）、AGP（Accelerated Graphics Port，加速图形接口）、IEEE 1394、USB 等总线技术。微机系统中使用的总线标准有以下几种。

1）ISA

ISA 总线又称 AT 总线，它采用独立于 CPU 的总线时钟，因此 CPU 可采用比总线频率更高的时钟，有利于 CPU 性能的提高。但 ISA 总线不支持总线仲裁的硬件逻辑，因此不支持多台主设备系统，且 ISA 上的所有数据的传送必须通过 CPU 或 DMA 接口来管理，因此使 CPU 花费了大量时间来控制与外部设备交换数据。ISA 总线时钟频率为 8MHz，最大传输率为 16MB/s。

2）MCA

MCA 总线是 IBM 为解决快速微处理器和相对慢的工业标准系统结构总线之间的差异而开发的。MCA 总线采用单总线设计，通过使用多路复用器来处理存储器和输入/输出接口的传输。多路复用器将总线分成多个不同的通道，每个通道可以处理不同的处理需求。

MCA 受专利和许可协议保护，这限制了它发展为一种标准。另外，IBM 还对 MCA 施加了一些限制，以防止和它的小型计算机系统竞争。由于这些原因，MCA 没有得到广泛使用和发展。

3）EISA

EISA 总线是一种在 ISA 基础上扩充开放的总线标准，它与 ISA 完全兼容，它从 CPU 中分离出了总线控制权，是一种智能化的总线，能支持多总线主控和突发方式的传输。EISA 总线的时钟频率为 8MHz，最大传输率可达 33MB/s，数据总线为 32 位，地址总线为 32 位，扩充 DMA 访问。

4）VL-BUS

VL-BUS 是由 VESA（Video Electronic Standard Association，视频电子标准协会）提出的局部总线标准。所谓局部总线是指在系统外，为两个以上模块提供的高速传输信息通道。VL-Bus 是由 CPU 总线演化而来的，采用 CPU 的时钟频率达 33MHz、数据线为 32 位，配有局部控制器。通过局部控制器的判断，将高速 I/O 直接挂在 CPU 的总线上，实现 CPU 与高速外设之间的高速数据交换。

5）PCI

PCI 是由 Intel 公司提出的总线标准。它与 CPU 时钟频率无关，自身采用 33MHz 总线时钟，数据线为 32 位，可扩充到 64 位，数据传输率为 132～246MB/s。它具有很好的兼容性，与 ISA、EISA 总线均可兼容，可以转换为标准的 ISA、EISA。它能支持无限读写突发方式，速度比直接使用 CPU 总线的局部总线快。它可视为 CPU 与外设间的一个中间层，通过 PCI 桥路（PCI 控制器）与 CPU 相连。

PCI 控制器有多级缓冲，可把一批数据快速写入缓冲器。在这些数据不断写入 PCI 设备的过程中，CPU 可以执行其他操作，即 PCI 总线上的外设与 CPU 可以并行工作。

PCI 总线支持两种电压标准：5V 与 3.3V。

EISA 和 PCI 都具有即插即用的功能，即任何扩展卡只要插入系统便可工作，尤其是 PCI 采用的技术非常完善，它为用户提供了真正的即插即用功能。

6）AGP

AGP 是一种为了提高视频带宽而设计的总线规范。它是点对点连接，即连接控制芯片和 AGP 显示卡，AGP 也是一种接口标准。AGP 支持的 AGP 插槽可以插入符合该规范的 AGP 插卡。其视频信号的传输速率可以从 PCI 的 132MB/s 提高到 266MB/s（×1 模式）或者 533MB/s（×2 模式）。

7）IEEE 1394

IEEE 1394 是一种串行接口标准，这种接口标准允许把计算机、计算机外部设备、各种家电非常简单地连接在一起。从 IEEE 1394 可以连接多种不同外设的功能特点来看，它也可以称为总线，即一种连接外部设备的机外总线。

它定义了数据的传输协定及连接系统，可用较低的成本达到较高的性能，以增强计算机与外设（如硬盘、打印机、扫描仪）和消费性电子产品（如数码照相机、DVD 播放机、视频电话等）的连接能力。

8）USB

USB 是一种串行总线系统，带有 5V 电压，支持即插即用功能，支持热插拔功能，最多能同时连入 127 个 USB 设备，由各个设备均分带宽。USB 具有传输速度快，使用方便，支持热插拔，连接灵活，独立供电等优点，可以连接鼠标、键盘、打印机、扫描仪、摄像头、充电器、闪存盘、MP3、手机、数码照相机、移动硬盘、外置光驱/软驱、USB 网卡、ADSL Modem、Cable Modem 等几乎所有的外部设备。USB 自从 1994 年推出后，已成功替代串行接口和并行接口，并成为 21 世纪 PC 和大量智能设备的必配接口之一。

5.1.6 总线结构

1. 单总线结构

单总线结构就是使用一条系统总线来连接 CPU、主存、I/O 接口与 I/O 设备。单总线结构如图 5.1.7 所示。

单总线结构的特点是结构简单，总线控制简单，系统容易扩充。在这种结构中，由于所有的数据传输都必须通过唯一的通路，所以数据流量受到很大限制，系统速度较慢。

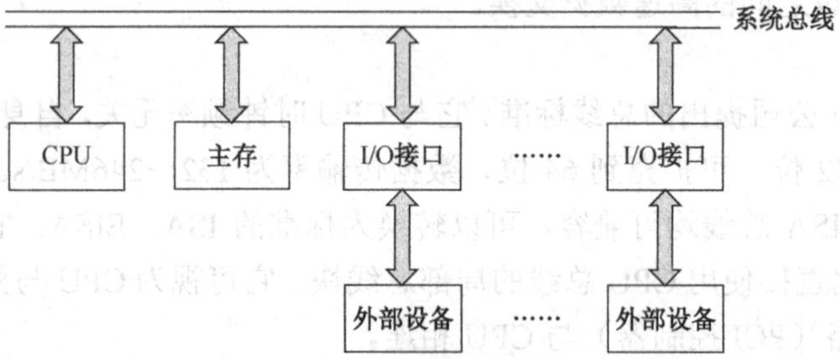

图 5.1.7 单总线结构

2. 双总线结构

双总线结构是在单总线结构的基础上增加了一条高速存储总线，以连接 CPU 与主存。双总线结构如图 5.1.8 所示。

双总线结构保持了单总线系统控制简单、易于扩展的优点，同时减轻了系统总线的负担，主存仍可通过系统总线与外设之间实现 DMA 操作，而不必经过 CPU。由于 CPU 要不断地从主存取指令、取数据，CPU 与主存之间的数据流量较大，因此在 CPU 与主存之间设立单独的高速总线后，将大大提高系统的数据流量，从而提高整个系统的速度。

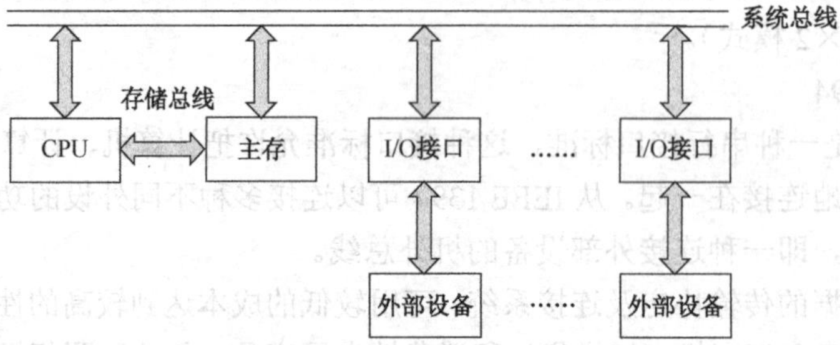

图 5.1.8 双总线结构

3. 多总线结构

目前，大多数计算机采用了分层次的多总线结构。多总线结构如图 5.1.9 所示。在这种结构中，速度差异较大的设备模块使用不同速度的总线，而速度相近的设备模块使用同一类总线。

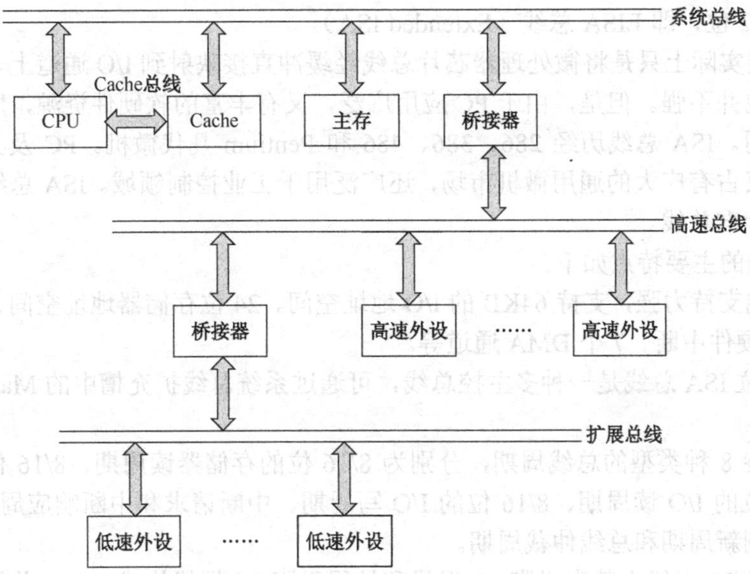

图 5.1.9　多总线结构

在微机的多总线体系结构中采用多种总线，各模块按数据传输速率的不同，连接到不同的总线上。多总线结构中高速、中速、低速设备连接到不同的总线上同时进行工作，以提高总线的效率和吞吐量，而且处理器结构的变化不影响高速总线。例如，CPU 和 Cache 之间采用高速的 CPU 总线，主存连在系统总线上。高速总线上可以连接高速 LAN（100Mb/s 局域网）、视频接口、图形接口、SCSI 接口（支持本地磁盘驱动器和其他外设）、Firewire 接口（支持大容量 I/O 设备）。高速总线通过扩充总线接口与扩充总线相连，扩充总线上可以连接串行方式工作的 I/O 设备。通过桥接器，CPU 总线、系统总线和高速总线彼此相连。桥接器实质上是一种具有缓冲、转换、控制功能的逻辑电路。桥接器由总线控制器、数据缓冲器及总线加速器等组成，它在系统总线与扩展总线之间起到了速度缓冲、电平转换和控制协议转换等作用。桥接器使得主机系统与 I/O 系统分开，互不影响，从而提高了主机系统的速度和 I/O 系统的可扩展性及灵活性。

Pentium 计算机采用的就是多总线结构，即有 CPU 总线、PCI 总线、ISA 总线。它由 PCI 总线连接高速外设，ISA 总线连接低速外设，PCI 总线通过北桥与 CPU 总线相连，而 ISA 总线通过南桥与 PCI 总线相连。

5.2　ISA 总线

1981 年，IBM 推出了以 8088 为 CPU 的 PC/XT 微机，采用的总线称为 PC/XT 总线，PC/XT 总线是 8 位总线，采用 62 个引脚。1984 年，为了和 Intel 80286 等 16 位微处理器配合使用，IBM 公司在 PC/XT 总线的基础上增加了一个 36 脚的 AT 扩展插槽，形成了 IBM PC/AT 总线，并随 IBM PC/AT 微型机系统一起推出。PC/AT 的扩展总线系统设计的最大频率为 8MHz。为了便于开发与 PC 兼容的外部设备，IEEE 委员会和 Intel 等公司开始研究在 PC 总线基础上的新的总线标准，到 1987 年 IEEE 正式制订了 ISA 总线标准。如果忽略标准化细节，则可认为 16 位 ISA 总线就是 PC/AT 总线。由于 IBM PC/AT 与 IBM PC、IBM PC/XT 机（CPU 都是 8088）所用的 PC 总线兼容，所以可认为 8 位 ISA 总线（16 位 ISA 总线的低 8 位部分）就是 PC 总线。1988 年，Compaq、HP、NEC 等 9 个厂商协同把

ISA 扩展到 32 位，即 EISA 总线（Extended ISA）。

ISA 总线实际上只是将微处理器芯片总线经缓冲直接映射到 I/O 通道上，其设计不甚合理，功能也并不强。但是，由于 PC 应用广泛，又有丰富的软硬件资源，所以其总线得到了广泛应用。ISA 总线历经 286、386、486 和 Pentium 几代微机。PC 及其采用的 ISA 系统总线不仅占有广大的通用微机市场，还广泛用于工业控制领域。ISA 总线也成为控制领域常用的标准总线。

ISA 总线的主要特点如下。

（1）总线支持力强，支持 64KB 的 I/O 地址空间、24 位存储器地址空间、8/16 位数据存取、15 级硬件中断、7 个 DMA 通道等。

（2）16 位 ISA 总线是一种多主控总线，可通过系统总线扩充槽中的 Master 的信号线实现。

（3）支持 8 种类型的总线周期，分别为 8/16 位的存储器读周期、8/16 位的存储器写周期、8/16 位的 I/O 读周期、8/16 位的 I/O 写周期、中断请求和中断响应周期、DMA 周期、存储器刷新周期和总线仲裁周期。

ISA 总线 98 根线由基本引脚 62 根线和扩展引脚 36 根线构成。ISA 总线从功能上来说可以分成 7 类：地址线、数据线、总线周期控制线、总线控制线、中断信号线、DMA 信号线、电源线。总线分类如图 5.2.1 所示。

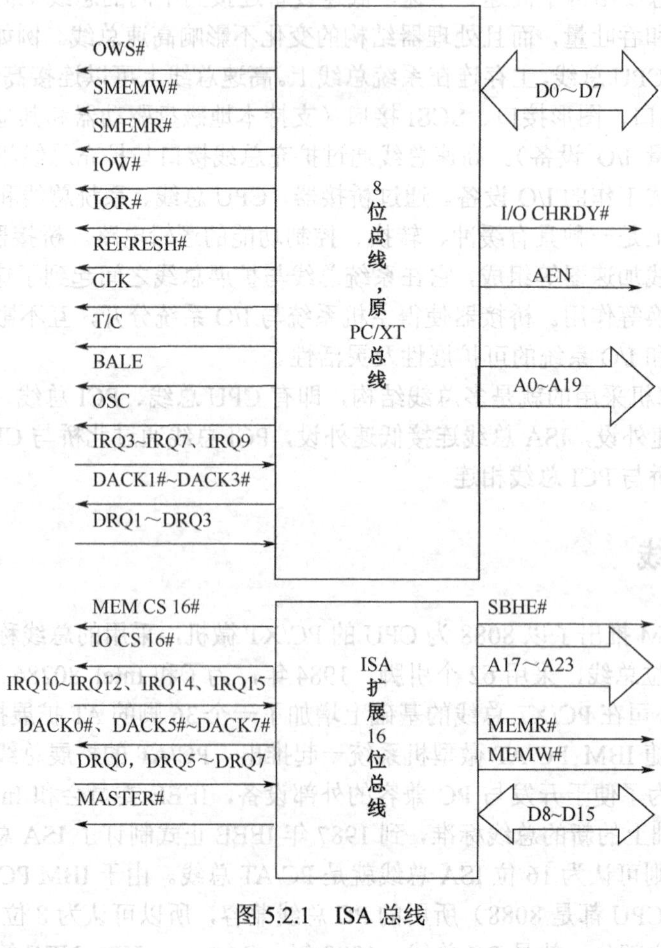

图 5.2.1 ISA 总线

下面对 ISA 总线引脚信号做一些简要说明。首先是 62 线部分（8 位 ISA 总线）。

（1）D7～D0：8 位数据线，双向，三态。对于 16 位 ISA 总线而言，它们是数据线的低 8 位，用来在 CPU、存储器及 I/O 端口之间传送数据。

（2）A19～A0：20 位地址线，输出。地址线 A19～A0 为输出信号，A0 为最低位。它们用来指出内存地址或 I/O 地址，在系统总线周期中由 CPU 驱动，在 DMA 周期由 DMA 控制器驱动。地址线是由 CPU 还是由 DMA 控制器发出的，要由 AEN 信号线来确定。在存储器寻址时，利用这 20 条线可以访问 1MB 存储空间。在进行端口访问时，8086/8088 CPU 只利用 A15～A0 访问了 64K 个端口地址。

（3）AEN：地址允许信号，输出，高电平有效。该信号由 DMAC 发出，为高表示 DMAC 正在控制系统总线进行 DMA 传送，所以它可用于指示 DMA 总线周期。

（4）BALE：总线地址锁存允许，输出。微处理器或总线控制器在每个总线周期发出 BALE 信号，该信号在 CPU 总线周期的 *T*1 期间有效，表示一个总线周期开始。此信号的下降沿可以用来锁存地址信号。可作为 CPU 总线周期的指示。

（5）SMEMR#、SMEMW#：存储器读、写命令，输出，低电平有效。SMEMR#存储器读命令用于请求从存储器读取数据，该信号由总线控制器驱动，它表明地址总线上有一个有效的存储器读地址，指定的存储单元必须将数据送入数据总线，在信号上升沿微处理器读入有效的数据。SMEMW#存储器写命令用于将来自数据总线的数据写入存储器，该信号由总线控制器驱动，它表明地址总线上有一个有效的存储单元地址，数据总线上的数据要在信号的上升沿写入这个单元。

（6）IOR#、IOW#：I/O 读、写命令，输出，低电平有效。该信号指明当前的总线周期是一个 I/O 端口读周期，当 AEN 无效时，地址总线上的地址是一个 I/O 端口地址。该信号由 CPU 或 DMA 控制器产生，由总线控制器驱动后送至总线。该信号指明在地址总线上有一个 I/O 端口地址，数据总线上有需要写至 I/O 端口的数据。

（7）I/O CHRDY：I/O 通道准备好，输入，高电平有效。该引脚信号与 8086 的 READY 功能相同，用于插入等待时钟周期。这个信号为高电平时表示扩展总线就绪，系统与外设之间可以进行操作；当此信号为低电平时，用来延长总线周期，以适应慢速设备。

（8）I/O CHCK#：通道校验，输入，低电平有效。它有效时，指明 I/O 通道上扩充存储器或外设出现奇偶校验错，会对微处理器产生不可屏蔽中断（NMI）。

（9）IRQ7～IRQ2：6 级中断请求信号，输入，分别接到中断控制逻辑的主 8259A 的中断请求输入端 IR7～IR2。这些信号由低到高的跳变（边沿触发）表示中断请求，但应一直保持高电平，直到 CPU 响应中断为止。它们的优先级别与所连接的 IR 线相同，即 IRQ2 在这 6 个请求信号中级别最高，IRQ7 的级别最低。

（10）DRQ3～DRQ1：3 个 DMA 请求信号，输入，高电平有效。它们是 I/O 端口用来申请 DMA 周期的。此信号表示外设要求进入 DMA 周期。它们分别接到 DMA 控制器 8237A 的 DMA 请求输入端 DREQ3～DREQ1。因此，优先级别与它们相对应（DRQ1 的级别最高，DRQ 3 的级别最低）。

（11）DACK3#～DACK1#：3 个 DMA 响应信号，输出，低电平有效。这 3 个信号都是由 DMA 控制器发出的输出信号，表示对应 DRQx 信号已被接收，DMA 控制器可以开始 DMA 周期。

（12）T/C：DMA 计数结束信号，输出，高电平有效。该信号由 DMA 控制器发出，用于表示进行 DMA 传送的通道编程时规定传送字节数已经传送完，终止 DMA 数据传送。但它没有说明是哪个通道，这要结合 DMA 响应信号 DACK#来判断。

（13）OSC：振荡器的输出脉冲。主振信号为 14.31818MHz。

（14）CLK：系统时钟信号，输出。系统时钟的频率通常在 4.77～8MHz 内选择，最高频率为 8.3 MHz。CLK 是由 OSC 的输出 3 分频产生的，也就是说，OSC 的频率应是 CLK 的 3 倍。

（15）RESET：系统复位信号，输出，高电平有效。该信号有效时，表示系统正处于复位状态，可利用该信号复位总线板卡上的有关电路。

（16）OWS：零等待状态，输入，低电平有效。它用于缩短按照默认设置应等待的时钟数，当它有效时，不再插入等待时钟。

（17）REFRESH#：刷新信号，双向，低电平有效，由总线主控器的刷新逻辑产生。该信号有效时，表示存储器正处于刷新周期。

以下是对 36 线部分，即 16 位 ISA 总线的高 8 位的简要说明。

（18）SD15～SD8：数据总线的高 8 位，双向，三态。

（19）SBHE#：总线高字节传送允许，三态信号。该信号用来表示 SD15～SD8 上正进行数据传送。

（20）LA23～LA17：非锁存的地址线，在 BALE 为高电平时有效。将它们锁存起来，并和已锁存的低位地址线（A19～A0）组合在一起，可形成 24 位地址线，因而使系统的寻址能力扩大到 16MB。

（21）MEMR#、MEMW#：存储器读、写信号，低电平有效。这两个信号在所有的存储器读或写周期有效。相比之下，前面所介绍的 SMEMR#和 SMEMW#仅当访问存储器的低 1 MB 时才有效。

（22）MEM CS16#：存储器片选 16，输入，低电平有效。该信号用来表示当前的数据传输是具有一个等待时钟的 16 位存储器总线周期。

（23）I/OCS16#：I/O 片选 16，输入，低电平有效。该信号为集电极开路，为低表示当前的数据传输是具有一个等待时钟的 16 位 I/O 总线周期。

（24）MASTER#：总线主控信号，输入，在 ISA 总线的主控器初始化总线周期时产生，低电平有效。该信号与 I/O 通道上的 I/O 处理器的 DRQ 线共同用于获取对系统总线的控制权。

（25）IRQ15～IRQ10：6 个中断请求信号，输入，接到中断控制逻辑的从 8259A。

（26）DRQ7～DRQ5、DACK7#～DACK5#、DACK0#：通道 7～5 的 DMA 请求和相应的 DMA 响应信号（另有一个通道 0 的响应信号）。这 3 个通道可进行 16 位 DMA 传送。

5.3 PCI 总线

5.3.1 PCI 总线概述

PCI 总线于 1991 年由 Intel 公司首先提出，由 PCI SIG 来发展和推广，并迅速获得认可成为新的工业标准。

PCI SIG 是一个包括 Intel、IBM、Compaq、Apple 和 DEC 等 100 多家公司在内的组织。1992 年 6 月推出了 PCI 1.0，1995 年 6 月又推出了支持 64 位数据通路、66MHz 工作

频率的 PCI 2.1。后续版本的 PCI 标准不断加入了新的功能与性能，包括 66 MHz/3.3V 标准，133 MHz PCI-X 及适应多种主板的板型等。

PCI 总线是一种连接外部设备的局部总线。显卡、声卡、网卡、硬盘控制器等外部设备或者外部设备的接口直接连接到 PCI 总线，再和 CPU 连接。

PCI 总线是一个与处理器无关的高速外围总线，又是至关重要的层间总线。它采用同步时序协议和集中式仲裁策略，并具有自动配置能力。PCI 总线支持 32 位与 64 位数据宽度，数据传输速率为 133～266MB/s，数据完整性和可靠性高，独立于处理器，支持多主控支持即插即用和中断共享。

PCI 总线的系统结构如图 5.3.1 所示。由图可见，这是一个由 CPU 总线、PCI 总线及 ISA 总线组成的三层总线结构。CPU 总线也称“CPU-主存总线”或“微处理器局部总线”，CPU 是该总线的主控者。此总线实际上是 CPU 引脚信号的延伸。通常将“CPU 总线/PCI 总线桥”称为“北桥”，将“PCI 总线/ISA 总线桥”称为“南桥”。CPU 总线、PCI 总线及 ISA 总线通过两个桥芯片连成一个整体，桥芯片起到信号缓冲、电平转换和控制协议转换的作用。

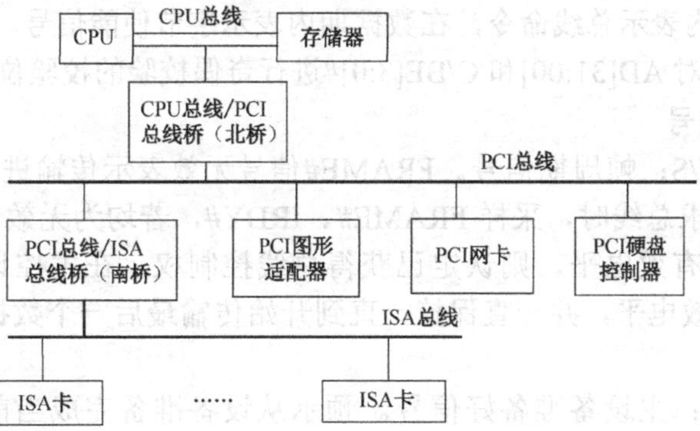

图 5.3.1　PCI 总线的系统结构

5.3.2　PCI 总线插槽

PCI 定义了连接器和插卡的规范，规范定义了 3 种类型的插卡：长卡、短卡和半高短卡。PCI 扩展槽有 32 位和 64 位两种位宽，64 位扩展槽兼容 32 位扩展槽。PCI 总线又有 5V 和 3.3V 两种不同电压插槽类型。PCI 扩展槽如图 5.3.2 所示。

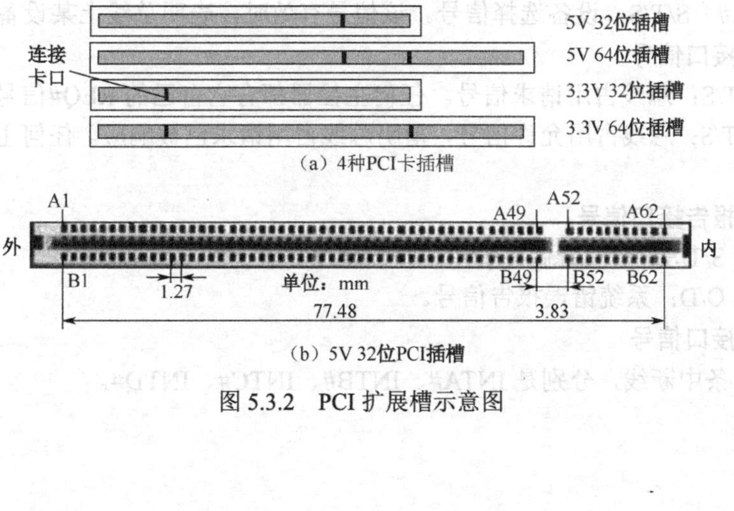

图 5.3.2　PCI 扩展槽示意图

5.3.3 PCI 总线的引脚信号

PCI 总线的信号分为系统、地址/数据和命令、接口控制、仲裁接口、错误报告、中断接口、高速缓存支持信号。PCI 总线信号分类如图 5.3.3 所示，信号定义如下。

1．系统接口信号

CLK：输入，PCI 系统总线时钟。它是为所有处理提供定时，在时钟的上升沿采样总线上各信号线的信号。CLK 的频率称为 PCI 总线的工作频率，最高为 33MHz/66MHz，最低为 0Hz。PCI 大部分信号在 CLK 的上升沿有效。

RST#：复位信号。它用来使 PCI 所有的特殊寄存器、定时器和信号恢复为初始状态。

2．地址与数据接口信号

AD31～AD0：地址和数据共用相同的 PCI 引脚。它们是地址、数据多路复用的输入/输出信号在 FRAME#有效的第 1 个时钟，传送的是地址，称为地址期。在 IRDY#和 TRDY#同时有效时，传送的是数据，称为数据期。一个 PCI 总线传输事务包含了一个地址信号期和一个（或多个）数据期。PCI 总线支持簇发读写功能。

C/BE[3～0]#　T/S：总线命令和字节使能信号。它们是总线命令和字节使能多路复用信号线。在地址期内表示总线命令，在数据期内表示字节使能信号。

PAR　T/S：针对 AD[31:00]和 C/BE[3:0]#进行奇偶校验的校验位。

3．接口控制信号

FRAME#　S/T/S：帧周期信号。FRAME#信号无效表示传输进入最后一个数据期。当一个主控设备请求总线时，采样 FRAME#、IRDY#，若均为无效电平，并且同一时钟的上升沿 GNT#为有效电平，则认定已获得总线控制权。在主控设备发起传输时，将 FRAME#驱动为有效电平，并一直保持，直到开始传输最后一个数据时将 FRAME#驱动为无效电平。

IRDY#　S/T/S：主设备准备好信号。预示从设备准备完成当前的数据传输。当与 TRDY# 同时有效时，数据能完整传输。在读周期内，TRDY#指示数据变量已在 AD31～AD0 中；在写周期内，指示从设备准备好接收数据。

TRDY#　S/T/S：从设备准备好信号。

STOP#　S/T/S：从设备发出的要求主设备终止当前的数据传送的信号。

LOCK#　S/T/S：锁定信号，用于锁定目标存储器地址。

IDSEL　IN：初始化设备选择信号。在参数配置读写传输期间，用做设备配置寄存器的片选信号。

DEVSEL#　S/T/S：设备选择信号。该信号有效时，表明总线上某设备被选中。

4．仲裁接口信号

REQ#　T/S：总线占用请求信号。任何主控器都有它自己的 REQ#信号。

GNT#　T/S：总线占用允许信号，指明总线占用请求已被响应。任何主设备都有自己的 GNT#。

5．错误报告接口信号

PERR#　S/T/S：数据奇偶校验错误报告信号。

SERR#　O/D：系统错误报告信号。

6．中断接口信号

PCI 有 4 条中断线，分别是 INTA#、INTB#、INTC#、INTD#。

7．64 位总线扩展信号

AD64～AD32　T/S：扩展的 32 位地址和数据多路复用线。

C/BE[7～4]#　T/S：总线命令和字节使能多路复用扩展信号线。

REQ64#　S/T/S：64 位传输请求信号。

ACK64#　S/T/S：64 位传输允许信号。

PAR64　T/S：奇偶双字节校验。

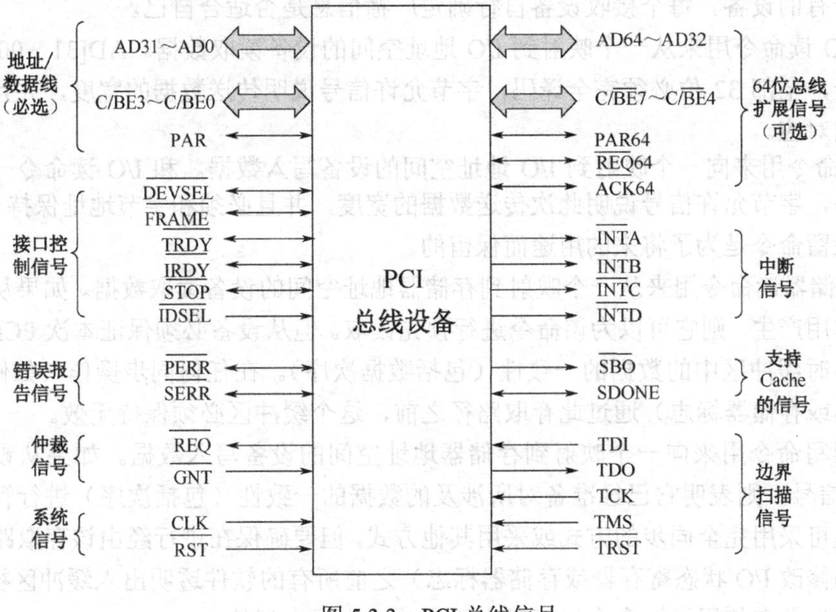

图 5.3.3　PCI 总线信号

5.3.4　PCI 总线命令

总线命令是由通过仲裁获得总线控制权的主设备发给从设备的，说明当前传输事务的类型。总线命令出现于地址相位的 C/BE[3～0]#线上并被译码。这里所说的从设备，是指在 C/BE[3～0]#上出现命令的同时被 AD[31～00]线上的地址选中的设备。表 5.3.1 给出了总线命令编码及类型说明，命令编码中的 1 表示高电平，0 表示低电平。

表 5.3.1　PCI 总线命令

C/BE[3～0]#	命令类型说明	C/BE[3～0]#	命令类型说明
0000	中断应答	1000	保留
0001	特殊周期	1001	保留
0010	I/O 读（从I/O 端口地址中读数据）	1010	配置读
0011	I/O 写（从I/O 端口地址中写数据）	1011	配置写
0100	保留	1100	存储器多行读
0101	保留	1101	双地址周期
0110	存储器读（从内存空间中读数据）	1110	存储器行读
0111	存储器写（向内存空间中写数据）	1111	存储器行写并无效

下面对总线命令做简要说明。

（1）中断应答命令实际是让 PCI 总线运行一个中断响应周期，获取提出中断请求的设备的中断向量。注意，8259A 的中断响应为双周期，因此，桥电路应把处理器的双周期格式变换成 PCI 上的单周期格式（将处理器送出的第一个中断应答信号丢掉即可）。

（2）特殊周期命令为 PCI 提供了一个简单的信息广播机制，可用来报告 CPU 的状态，当需要进行 PCI 设备间的边带通信时，它还可替代物理信号。特殊周期不包含目的地址，以便发给所有的设备。每个接收设备自行确定广播信息是否适合自己。

（3）I/O 读命令用来从一个映射到 I/O 地址空间的设备读取数据。AD[31～00]上提供了字节地址，全部 32 位必须完全译码，字节允许信号说明传送数据的宽度，并且必须和字节地址相对应。

I/O 写命令用来向一个映射到 I/O 地址空间的设备写入数据。和 I/O 读命令一样，32 位必须译码，字节允许信号说明此次传送数据的宽度，并且必须和字节地址保持一致。

（4）保留命令是为了将来的用途而保留的。

（5）存储器读命令用来从一个映射到存储器地址空间的设备读取数据。如果从设备能保证无副作用产生，则它可以为该命令进行预先读取。但从设备必须保证本次 PCI 传输之后保存于临时缓冲区中的数据的一致性（包括数据次序）。在任何同步操作（如修改 I/O 状态寄存器或存储器标志）通过此存取路径之前，这个缓冲区必须保持无效。

存储器写命令用来向一个映射到存储器地址空间的设备写入数据。如果从设备返回“准备好”信号，则表明它已经准备对所涉及的数据的一致性（包括次序）进行管理。该命令的实现可采用完全同步的方式或采用其他方式，但要确保在进行经由该存取路径的同步事件（如修改 I/O 状态寄存器或存储器标志）之前所有的软件透明出入缓冲区被清除，这意味着主设备在使用了该命令后可以立即启动一个同步事件。

（6）配置读命令用来读取设备的配置空间中的数据。如果一个设备的 IDSEL 有效且 AD[1～0]=00，则该设备被选定为配置读命令的目标。在配置读命令的地址相位中，AD[7～2]用来寻址设备配置空间的 64 个双字寄存器中的一个，AD[10～8]表明多功能设备中哪个设备被选中，AD[31～11]无意义。

配置写命令用来向设备的配置空间写入数据。写配置的寻址与读配置相同。

（7）存储器多行读命令和存储器读命令基本相同，不同点在于它有一个附加功能，即主设备试图在连接断开之前读取多行 Cache 数据。只要 FRAME#有效，存储器控制器就不断地以流水线方式发出存储器请求。该命令用来传输大块的连续数据。如果有一个对软件透明的缓冲器来暂存数据，则顺序地预读一个或多个 Cache 行可使存储器的某些性能得以提高。

（8）双地址周期命令用来给 64 位寻址的设备传送 64 位地址，该地址不在低 4GB 空间内。只支持 32 位地址的设备不得以任何方式对该命令作出反应，只能把它当成保留命令。

（9）存储器行读命令和存储器读命令基本一致，不同之处在于，它还表示主设备试图读取一个完整的 Cache 行。该命令也用于大块顺序数据的传输。

（10）存储器行写并无效命令与存储器写命令基本相同，不同之处在于，它要保证最小的传输量是一个 Cache 行，即主设备在一次 PCI 传输中将寻址的 Cache 行的每个字节都要写入。该命令要求主设备的配置寄存器指出 Cache 行的大小。该命令也是保证 Cache 一致性的措施。

5.3.5 PCI 总线的数据传输过程

1．PCI 总线的传输控制

PCI 基本总线协议传输机制是猝发成组数据传输。一个分组由一个地址相位和一个或多个数据相位组成。

PCI 总线上所有的数据传输基本上都是由 FRAME#、IRDY#、TRDY# 3 条信号线控制的。FRAME#由主设备驱动，说明一次数据传输周期的开始和结束。IRDY#由主设备驱动，表示主设备已经做好传送数据的准备。TRDY#由从设备驱动，表示从设备已经做好传送数据的准备。

当数据有效时，数据源设备需要无条件设置 xRDY#，接收方可以在适当的时间发出 xRDY#信号。FRAME#信号有效后的第一个时钟前沿是地址相位的开始，此时，开始传送地址信息和总线命令，下一个时钟前沿进入一个或多个数据相位。每当 IRDY#和 TRDY#同时有效时，所对应的时钟前沿就使数据在主从设备之间传送。在此期间，可由主设备或从设备分别利用 IRDY#和 TRDY#的无效而插入等待周期。

一旦主设备设置了 IRDY#，将不能再改变 IRDY#和 FRAME#，直到当前的数据相位完成为止，而此期间不管 TRDY#的状态是否发生变化，一旦从设备设置了 TRDY#，就不能改变 DEVSEL#、TRDY#或 STOP#，直到当前的数据相位完成为止。也就是说，只要数据传输已经开始，那么在当前数据相位结束之前，不管是主设备还是从设备都不能撤销命令，必须完成数据传输。最后一次数据传输时（可能紧接地址相位之后），主设备应撤销 FRAME#信号而建立 IRDY#，表明主设备已做好了最后一次数据传输的准备。当从设备发出 TRDY#信号，表明最后一次数据传输已经完成时，接口转入空闲状态，FRAME#和 IRDY#均被撤销。

一般来说，PCI 总线的传输遵循如下管理规则。

（1）FRAME#和 IRDY#决定总线的忙/闲状态。当其中一个有效时，表示总线忙；当两个都无效时，总线进入空闲状态。

（2）一旦 FRAME#被置为无效，在同一传输期间不能重新置为有效。

（3）除非设置 IRDY#，一般情况下不能设置 FRAME#无效（在 FRAME#无效后的第一个时钟沿 IRDY#必须保持有效）。

（4）一旦主设备已使 IRDY#有效，则在当前数据相位完成前，不能改变 IRDY#或 FRAME#的状态。

（5）在完成最后一个数据相位之后的时钟周期内主设备必须使 IRDY#无效。

2．PCI 总线的寻址

PCI 总线定义了 3 种物理地址空间，即内存地址空间、I/O 地址空间及配置地址空间，前两种为通常意义的地址空间，配置地址空间用以支持 PCI 的硬件配置。

PCI 总线的地址译码是分散的，每个设备都有自己的地址译码逻辑，从而省去了中央译码逻辑。PCI 支持对地址的正向译码和负向译码。所谓正向译码，是指总线上每个设备都监视地址总线上的访问地址，判断是否落在自己的地址范围内，译码速度较快。所谓负向译码，是指要接收未被其他设备在正向译码中接收的所有访问，因此，此种译码方式只能由总线上的一个设备来实现（一般是连接标准扩展总线的桥）。由于它要等到总线上其他所有设备都拒绝之后才能动作，所以速度较慢。负向译码对于标准扩展总线上地址空间零散的设备是很有用的。

在 I/O 地址空间， 32 位地址都用来表示一个完整的字节地址。启动 I/O 传输的主设备应确保 AD[1～0]正确指示本次传输的最低有效字节（即起始字节）。字节允许信号和AD[1～0]一起指明传输的数据宽度和双字中被选中的字节，表 5.3.2 所示为 AD[1～0]和初始数据相位中字节允许的有效组合。

表 5.3.2　字节允许与 AD[1～0]的编码

AD[1～0]	起始字节	有效的 BE[3～0]组合
00	字节 0	XXX0 或 1111
01	字节 1	XX01 或 1111
10	字节 2	X011 或 1111
11	字节 3	0111 或 1111

在存储器地址空间，AD[31～2]提供一个双字边界地址，而 AD[1～0]不参与地址译码，用来指明主设备要求的数据传输顺序，如表 5.3.3 所示。

表 5.3.3　猝发顺序编码

AD1	AD0	猝发顺序
0	0	线性增加模式
0	1	保留（在第一个数据相位后解除连接）
1	0	Cache 行回卷模式
1	1	保留（在第一个数据相位后解除连接）

在线性增加模式下，每个数据相位后，地址增加一个双字（即加 4，对于 32 位传输而言）或增加两个双字（即加 8，对于 64 位传输而言），直到传输结束。对于 Cache 行回卷模式，传输可从 Cache 中任意地址偏移处开始，Cache 块的长度是由配置空间中的 Cache 块大小寄存器定义的。访问过程中每次地址增加一个双字（64 位传输中地址增加两个双字），一直到 Cache 块的末尾，然后回卷到同一 Cache 块的开始处，再进行到 Cache 块的剩余部分被传送完为止。

在配置地址空间中，由 AD[7～2]寻址 64 个双字寄存器。当一条配置命令的地址被译码，IDSEL 有效且 AD[1～0]=00 时，设备判断是否寻址自己的配置寄存器，如果不是则不理会当前操作。

3．PCI 总线驱动的过渡

为了避免多个设备同时驱动一个信号到 PCI 总线上而产生竞争，在一个设备驱动到另一个设备驱动之间要设置一个过渡期，又称为交换周期，如图 5.3.4 中用互相指向对方尾部的双箭头符号表示。不同信号的交换周期出现的时刻可能不同。对于 IRDY#、TRDY#、STOP#、DEVSEL#等信号，都利用地址相位作为它们的交换周期；而对于 FRAME#、C/BE[3～0]#、AD[31～00]等信号，则利用数据传输之间的空闲期作为交换周期。

4. PCI 总线数据传输过程

PCI 采用地址/数据复用技术，每一个 PCI 总线传送由一个地址相位和一个或多个数据相位组成。地址相位由 FRAME#变为有效的时钟周期开始。在地址相位，总线主设备通过 C/BE[3～0]#发送总线命令。如果是总线读命令，则在地址相位后需要一个交换周期，该周期过后，AD[31～0]改由从设备驱动，以接纳从设备的数据。而写操作没有过渡期，直接从地址相位进入数据相位。数据相位的个数取决于要传送的数据个数，一个数据相位至少需要一个 PCI 时钟周期，在任何一个数据相位都可以插入等待周期。FRAME#从有效变成无效表示当前正处于最后一个数据相位。

总线操作结束有多种方式。在大多数情况下，由从设备和主设备共同撤销准备就绪信号 TRDY#和 IRDY#。如果从设备不能继续传送，则可以设置 STOP#信号，表示从设备撤销与总线的连接。所寻址的从设备不存在或者 DEVSEL#信号一直为无效状态都可能导致主设备结束当前总线操作，使 FRAME#和 IRDY#变为无效，回到总线空闲状态。

1）PCI 总线上的读操作

图 5.3.4 是 PCI 总线读操作时序的一个例子，从中可以看出，一旦 FRAME#信号有效，地址相位便开始，并在时钟 2 的上升沿处稳定有效。在地址相位内，AD[31～00]上包含有效地址，C/BE[3～0]#上包含一个有效的总线命令。数据相位是从时钟 3 的上升沿处开始的。在此期间，AD[31～00]上传送的是数据，C/BE#线上的信息用于指定数据线上哪些字节有效（即哪几个字节是当前要传输的）。需要强调的是，无论是读操作还是后面要讲的写操作，从数据相位的开始一直到传输完成，C/BE#的输出缓冲器（或锁存器）必须始终保持为有效状态。

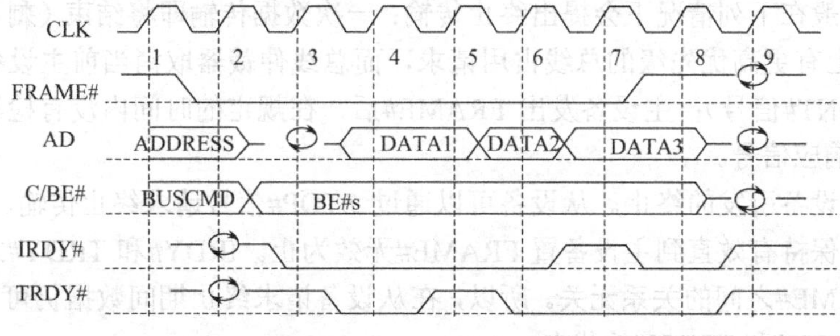

图 5.3.4 PCI 总线读操作时序

在读操作的地址相位和数据相位之间，AD 线上要有一个总线交换周期，这通过从设备强制 TRDY#实现，即使 TRDY#的发出比地址晚一拍。在交换周期过后且 DEVSEL#信号变为有效时，从设备必须驱动 AD 线。

尽管主设备在时钟 7 处已知道下一个数据相位是本次传送的最后一个，但由于某种原因暂时不能完成此次传输（此时 IRDY#无效），所以主设备还不能撤销 FRAME#，只有在时钟 8 处，IRDY#变为有效后，FRAME#信号才能撤销，从而通知从设备这是最后一个数据相位。

2）PCI 总线上的写操作

图 5.3.5 所示为 PCI 总线写操作时序的一个例子。从中可以看出，总线上的写操作与读操作相类似，也是 FRAME#的有效表示写操作周期中地址相位的开始，但地址相位后不需要交换周期，因为数据和地址都是由同一主设备提供的。

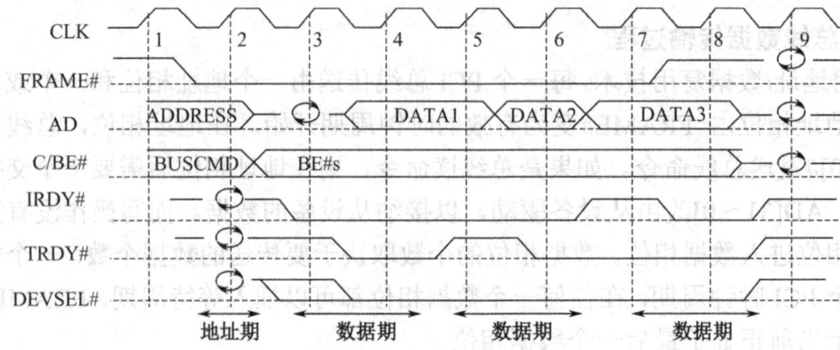

图 5.3.5 PCI 总线写操作时序

上述的读/写操作均是以多个数据相位为例来说明的。如果是一个数据相位，则FRAME#信号在没有等待周期的情况下，应在地址相位（读操作应在交换周期进行）过后即撤销。对于一个数据相位，中间亦可插入等待周期。

3）PCI 总线传输的终止过程

无论是主设备还是从设备，都可以提出终止传输的要求，但不一定得到响应。也就是说，双方均无权单方面终止传输，而需要相互配合，但传输的最终停止控制要由主设备完成。

（1）由主设备引发的终止。主设备是通过撤销 FRAME#并建立 IRDY#来提出终止请求的，这样做是为了通知从设备，现在已进入了传输周期中最后一个数据相位。此后，IRDY#一直保持有效直到 TRDY#信号有效，完成最后一个数据的传输。再撤销IRDY#，从而达到完全终止的条件（FRAME#和 IRDY#同时无效），结束传输，进入总线空闲状态。

主设备一般在下列情况下会提出终止传输：一次数据传输即将结束（剩下一个数据未传输）；总线上有更高优先级的总线占用请求，而总线仲裁器取消当前主设备的总线控制权（移去了 GNT#信号）；主设备发出 FRAME#后，在规定的时间内没有检测到目标设备的 DEVSEL#响应信号。

（2）由从设备引发的终止。从设备可以通过 STOP#信号请求终止传输。一旦 STOP#有效，则必须保持有效直到主设备置 FRAME#无效为止。IRDY#和 TRDY#之间的关系与STOP#和 FRAME#之间的关系无关。所以，在从设备请求终止期间数据仍可以传送，这仅取决于当时 IRDY#和 TRDY#的状态。

从设备可由下面两个原因请求终止传输：从设备正处于不能传送数据的状态，例如，设备的数据缓冲器满，暂时不能接收数据，或者因数据缓冲器空而不能发送数据等，待传送条件满足后，重新启动传输，这种情况称为“重入”；由于从设备的响应速度太慢，在 PCI 引导时间长度（8 个时钟周期）不能做出响应及在猝发传输中，从设备检测到下一个数据的地址已经超出规定的范围等原因而提出终止传输请求，这种情况称为“解除连接”。

5.4 高速图形接口

在 PCI 总线结构的 PC 中，三维图形卡与主存之间是通过 PCI 总线进行连接和通信的，其最大数据传输率仅为 132MB/s（兆字节/秒）。加之 PCI 总线还接有其他设备（如硬盘控制器、网卡、声卡等），所以，实际数据传输率远低于 132MB/s。而三维图形加速卡在进行三维图形处理时不但有极高的数据处理量，而且要求具有很高的总线数据传输率。因此，这种通过 PCI 总线的连接和通信方式，实际上成了三维图形加速卡进行高速图形数据传送和处理的一大瓶颈。高速图形接口（AGP）是为解决计算机三维图形显示中“图形纹理”数据传输瓶颈问题应运而生的。

AGP 是由 Intel 公司开发，并于 1996 年 7 月正式公布的一种新型视频接口技术标准，它是一种显示卡专用的局部总线。严格来说，AGP 不能称为总线，它与 PCI 总线不同，因为它是点对点连接的，即连接控制芯片和 AGP 显示卡，但在习惯上依然称其为 AGP 总线。AGP 是基于 PCI 2.1 规范并进行扩充修改而成的，工作频率为 66MHz。AGP 的发展经历了 AGP 1.0（AGP 1X、AGP 2X）、AGP 2.0（AGP Pro、AGP 4X）、AGP 3.0（AGP 8X）等阶段，其传输速度也从最早的 AGP 1X 的 266MB/s 发展到了 AGP 8X 的 2.1GB/s。

AGP 总线直接与主板的北桥芯片相连，且通过该接口使显示芯片与系统主内存直接相连，避免了窄带宽的 PCI 总线形成的系统瓶颈，增加 3D 图形数据传输速度，同时在显存不足的情况下还可以调用系统内存。由于采用了数据读写的流水线操作减少了内存等待时间，因此数据传输速度有了很大提高；具有 133MHz 及更高的数据传输频率；地址信号与数据信号分离可提高随机内存访问的速度；采用并行操作允许在 CPU 访问系统 RAM 的同时 AGP 显示卡访问 AGP 内存；显示带宽不与其他设备共享，从而进一步提高了系统性能。

AGP 是在 66.6MHz PCI 2.1 的基础上，采用了一些其他技术进行扩充而形成的，其功能特点如下。

（1）采用流水线技术进行内存读/写。

（2）采用双泵技术。在 66.6MHz 的时钟信号上升沿和下降沿都传送数据，相当于使工作时钟频率提高了两倍，达到了 133MHz。

（3）采用 DIME（直接存储器执行）技术。

（4）采用边带寻址方式。

（5）显示 RAM 和系统 RAM 可以并行操作。

（6）缓解了 PCI 总线上的数据拥挤，因为把图形数据转到专用的通路，去掉了占用 PCI 带宽最多的因素。

AGP 有 4 种工作模式：1X、2X、4X 和 8X。2X 以上的工作模式能够很好地发挥 3D 图形的描绘能力。AGP 的工作模式如表 5.4.1 所示。

表 5.4.1　AGP 的工作模式

模式	工作频率	数据传输率	传输触发方式
1X	66MHz	266MB/s	上升沿
2X	133MHz	533MB/s	上升沿和下降沿
4X	266MHz	1066MB/s	上升沿和下降沿
8X	533MHz	2133MB/s	上升沿和下降沿

不同 AGP 接口的模式传输方式不同。1X 模式的 AGP，工作频率达到了 PCI 总线的

两倍，即 66MHz，传输带宽理论上可达到 266MB/s。AGP 2X 工作频率同样为 66MHz，但是它使用了正负沿（一个时钟周期的上升沿和下降沿）触发的工作方式，在这种触发方式中，在一个时钟周期的上升沿和下降沿各传送一次数据，从而使得一个工作周期先后被触发两次，使传输带宽达到了加倍的目的，而这种触发信号的工作频率为 133MHz，则 AGP 2X 的传输带宽就达到了 266MB/s×2（触发次数）＝533MB/s。AGP 4X 仍使用了这种信号触发方式，只是利用两个触发信号在每个时钟周期的下降沿分别引起两次触发，从而达到了在一个时钟周期中触发 4 次的目的，这样在理论上它可以达到 266MB/s×2（单信号触发次数）×2（信号个数）＝1066MB/s 的带宽。在 AGP 8X 规范中，这种触发模式仍然使用，只是触发信号的工作频率变成 266MHz，两个信号触发点也变成了每个时钟周期的上升沿，单信号触发次数为 4 次，即它在一个时钟周期所能传输的数据从 AGP 4X 的 4 倍变成了 8 倍，理论传输带宽将可达到 266MB/s×4（单信号触发次数）×2（信号个数）＝2133MB/s。

5.5 USB

5.5.1 USB 概述

USB 是一个外部总线标准，用于规范计算机与外部设备的连接和通信。USB 接口支持设备的即插即用和热插拔功能。USB 是在 1994 年底由 Intel、Compaq、IBM、Microsoft 等多家公司联合提出的。USB 已成功替代串口和并口，已成为当今计算机与大量智能设备的必配接口。现行 USB 通用总线实际上是一个万能接口，可以取代 PC 上所有的端口（包括串行端口和并行端口），可以连接鼠标、键盘、打印机、扫描仪、摄像头、闪存盘、MP3、手机、数码照相机、移动硬盘、外置光驱、USB 网卡、ADSL Modem、Cable Modem 等。

USB 版本经历了多年的发展，到如今已经发展为 3.1，如表 5.5.1 所示。

表 5.5.1 USB 版本

USB 版本	最大传输速率	速率称号	最大输出电流	推出时间
USB1.0	1.5Mb/s（192KB/s）	低速（Low-Speed）	500mA	1996 年 1 月
USB1.1	12Mb/s（1.5MB/s）	全速（Full-Speed）	500mA	1998 年 9 月
USB2.0	480Mb/s（60MB/s）	高速（High-Speed）	500mA	2000 年 4 月
USB3.0	5Gb/s（500MB/s）	超速（Super-Speed）	900mA	2008 年 11 月
USB3.1	10Gb/s	超速（Super-Speed）	5A	2013 年 1 月

USB 设备主要具有以下优点。

（1）可以热插拔，即当用户在使用外接设备时，不需要关机再开机等动作，而是在计算机工作时，直接将 USB 插上使用。

（2）携带方便。USB 设备大多以“小、轻、薄”见长，对用户来说，随身携带很方便。

（3）标准统一。大家常见的是 IDE 接口的硬盘，串口的鼠标键盘，并口的打印机、扫描仪，但有了 USB 之后，这些应用外设统统可以用同样的标准与 PC 连接，这时就有了 USB 硬盘、USB 鼠标、USB 打印机等。

（4）可以连接多个设备。USB 在 PC 上往往具有多个接口，可以同时连接几个设备。如果接上一个有 4 个端口的 USB Hub，则可以再连上 4 个 USB 设备，以此类推，可将若干个设备同时连在一台 PC 上。USB 接口最高可连接 127 个设备。

5.5.2 USB 结构

USB 是基于令牌的总线，类似于令牌环网络或 FDDI 基于令牌的总线。USB 主控制器广播令牌，总线上的设备检测令牌中的地址是否与自身相符，通过接收或发送数据给主机以响应。USB 通过支持悬挂/恢复操作来管理 USB 总线电源。USB 系统采用级联星形拓扑，该拓扑由 3 个基本部分组成：主机（Host）、集线器（Hub）和功能设备。主机与 USB 设备连接的拓扑结构从整体上看是一种树状结构，可利用集线器级联的方式来延长连接距离，还可将几个功能部件（如一个键盘和一个轨迹球）组装在一起构成一个“复合型”设备，“复合型”设备通过其内部的 USB Hub 与主机相连，主机中的 USB Hub 称为“根 Hub”。USB 总线的拓扑结构如图 5.5.1 所示。USB 采用了一种层次化的新结构，该结构以集线器为 USB 设备提供连接点。USB 主控制器包含集线器，是系统中所有 USB 端口的起点。这种结构也可以看做一级与一级的级联方式。由于 USB 不像其他总线一样采用存储转发的技术，因此不会对下级的设备引起延迟。为了防止环状接入，USB 总线的拓扑结构进行了层次排序，最多可分为 5 层：第 1 层是主机，第 2～4 层是外设或 USB Hub，第 5 层只能是外设。层与层之间的线缆长度不得超过 5m。

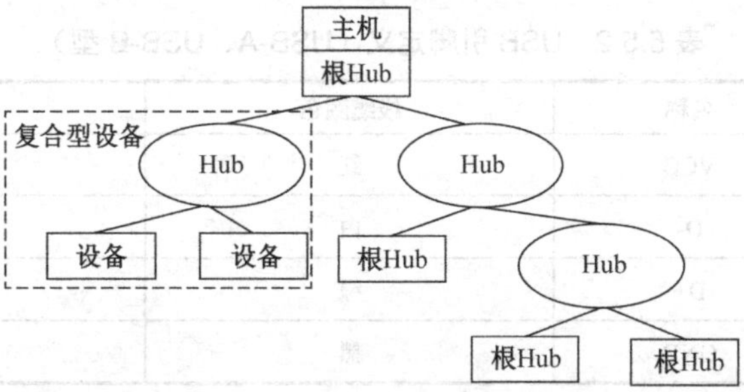

图 5.5.1　USB 总线的拓扑结构

主机，也称为根、根结点或根 Hub，它做在主板上或作为适配卡安装在计算机上，主机包含主控制器和根集线器（Root Hub），控制着 USB 总线上的数据和控制信息的流动，每个 USB 系统只能有一个根集线器，它连接在主控制器上。

集线器是 USB 结构中的特定成分，它提供称为端口（Port）的点将设备连接到 USB 总线上，同时检测连接在总线上的设备，并为这些设备提供电源管理，负责总线的故障检测和恢复。集线器可为总线提供能源，亦可为自身提供能源（从外部得到电源），自身提供能源的设备可插入总线提供能源的集线器中，但总线提供能源的设备不能插入自身提供能源的集线器或支持超过 4 个的下游端口中，如当总线提供能源设备的需要超过 100mA 电源时，不能同总线提供电源的集线器连接。

USB Hub 自身也是 USB 设备，它主要由信号中继器和控制器组成，中断器完成信号的整形、驱动并使之沿正确方向传递，控制器理解协议并管理和控制数据的传输。

USB 采用 4 线电缆，其中两根用于以差分方式传送数据的串行通道，包括 D+和 D-两根信号线，另两根为下游设备提供电源，包括电源线和地线。通常情况下，各线的颜色分别如下：D+为绿色，D-为白色，电源为红色，地线为黑色。USB 的信号标示一般如下：USB 数据线（正）标示为 D+、DATA+、USBD+、PD+、USBDT+等，USB 数据线（负）标示为 D-、DATA-、USBD-、PD-、USBDT-等，USB 电源标示为 VCC、Power、5V、5V SB 等，地线标示为 GND、Ground 等。

USB 接口封装有 4 种，即 USB-A 型、USB-B 型、USB mini-A 型、USB mini-B 型，包括插座和插头标准。USB 引脚分布如图 5.5.2 所示。USB 引脚信号定义如表 5.5.2 和表 5.5.3 所示。USB 连接器实物照片如图 5.5.3 所示。图 5.5.3 是常用的 USB 连接器，从左往右依次为 mini USB 公口（A 型插头）、mini USB 公口（B 型插头）、USB 公口（B 型）、USB 母口（A 型插座）、USB 公口（A 型插头）。

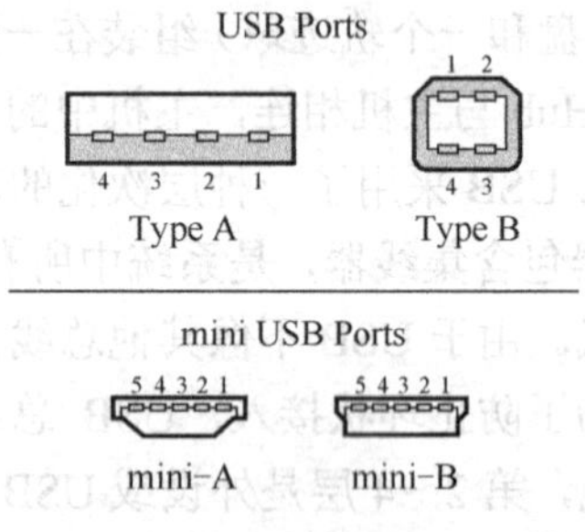

图 5.5.2　USB 引脚

表 5.5.2　USB 引脚定义（USB-A、USB-B 型）

引脚	名称	线缆颜色	功能描述
1	VCC	红	电源
2	D-	白	数据（负）
3	D+	绿	数据（正）
4	GND	黑	地

表 5.5.3　mini USB 引脚定义

引脚	名称	线缆颜色	功能描述
1	VCC	红	电源
2	D-	白	数据（负）
3	D+	绿	数据（正）
4	ID	不用	A 型：接地 B 型：不接
5	GND	黑	地

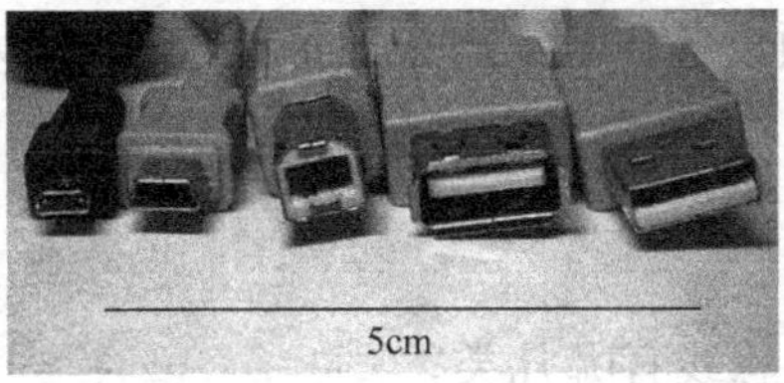

图 5.5.3　常用 USB 连接器

5.5.3　USB 数据传输

USB 数据流类型有 4 种：控制信号流、块数据流、中断数据流和实时数据流。控制信号流的作用是当 USB 设备加入系统时，USB 系统软件与设备之间建立起控制信号流以发送控制信号，这种数据不允许出错或丢失。块数据流通常用于发送大量数据。中断数据流用于传输少量随机输入的信号，它包括事件通知信号、输入字符或坐标等，它们应该以不低于 USB 设备所期望的速率进行传输。实时数据流用于传输连续的、固定速率的数据，它所需的带宽与所传输数据的采样率有关。

主控制器负责主机和 USB 设备间数据流的传输。这些传输数据被当做连续的比特流。每个设备提供了一个或多个可以与客户程序通信的接口，每个接口由 0 个或多个管道组成，它们分别独立地在客户程序和设备的特定终端间传输数据。USB 驱动程序（USBD）为主机软件的现实需求建立了接口和管道，当提出配置请求时，主控制器根据主机软件提供的参数提供服务。

USB 支持 4 种基本的数据传输模式：控制传输、数据块传输、中断传输及等时传输。每种传输模式应用到具有相同名称的终端时，具有不同的性质。

（1）控制传输。控制传输是双向的。控制传输主要是做配置设备用的，也可以做设备的其他特殊用途。每一个 USB 设备必须要用端点 0 来完成控制传送，它用于当 USB 设备第一次被 USB 主机检测到时，与 USB 主机交换信息、提供设备配置、对外设设定和传送状态等双向通信。传输过程中若发生错误，则需重传。

控制传输有 2 或 3 个阶段：Setup 阶段、Data 阶段和 Status 阶段。在 Setup 阶段，主机送命令给设备；在 Data 阶段，传输的是 Setup 阶段设定的数据；在 Status 阶段，设备返回握手信号给主机。

（2）数据块传输。数据块传输也称批传输，可以是单向的，也可以是双向的。它用于传送大批数据，这种数据的时间性不强，但要确保数据的正确性。在包的传输过程中，若出现错误，则需重传。其典型的应用是扫描仪、打印机和静态图片输入。

（3）中断传输。中断传输是单向的，且仅输入到主机。它用于不固定的、少量的数据传送。当设备需要主机为其服务时，向主机发送此类信息以通知主机，如键盘和鼠标之类的输入设备就采用了这种方式。USB 的中断是查询类型，主机要频繁地请求端点输入。USB 设备在高速情况下，其端点 Polling 周期为 1～255ms；在低速情况下，Polling 周期为 10～255ms。因此，最快的 Polling 频率是 1 kHz。在信息的传输过程中，如果出现错误，则需要在下一个 Polling 中重传。

（4）等时传输。等时传输可以单向也可以双向，用于传送连续的、实时的数据。这种方式的特点是传输速率固定（恒定），时间性强，传输中数据出错后无需重传。传送的最大数据包是 1024B/ms。视频设备、数字声音设备和数码照相机都采用了这种方式。

习　题

5.1　什么是总线？微机总线有哪几类？

5.2　为什么要进行总线仲裁？

5.3　微机总线的主要性能指标有哪些？分别简要说明各性能指标的意义。

5.4　总线规范一般包括哪些？分别做简要说明。

5.5　回答下面与 ISA 总线有关的问题。

（1）AEN 为高电平表示什么？

（2）系统对 ISA 总线上 I/O 端口地址译码的范围有何规定？

（3）ISA 总线时钟信号 CLK 的最高频率为多少？

（4）8 位 ISA 总线和 16 位 ISA 总线（插槽和板卡）分别有多少个引脚？

5.6　简述 PCI 总线的特点。

5.7　简述 AGP 总线与 PCI 总线的关系。

5.8　简述 USB 总线的特点与应用场合。

第 6 章　微机接口技术基础

6.1　微机接口的基本功能与结构

6.1.1　接口的基本概念与分类

微机接口（Interface）是指两个部件或两个系统之间的交接部分。微机接口有三大类，即微机与外部设备之间的输入/输出接口，微机与存储器之间的存储器接口，微机与微机之间的通信接口。本章主要讨论输入/输出接口。

输入/输出是计算机与外部世界交换信息所必需的手段。例如，程序、数据和现场物理量（如温度值、电动机转速值）等要通过输入设备进入计算机，计算机运行的结果和各种控制信号要通过输出设备进行显示、打印或实现实时控制等。

计算机的外设有机械式、电子式、机电式等，输入/输出信号的形式有数字量、模拟量，信息传送方式有串行和并行，采用的信号和数据传送形式、速度有差异。

由于 CPU 和外设在速度、信号形式等方面存在很大差异，为了保证它们之间信息的传送，需加入中间环节即输入/输出接口电路来解决处理器与外设之间的差异。各类 I/O 设备都是通过各自的接口电路连接到系统总线上的。CPU 与外设都是经过接口而非直接联络的。

所谓 I/O 接口是指连接在 CPU 与外设之间的逻辑电路部件。I/O 接口是完成某种逻辑功能或转换功能的电路，是 CPU 与外界进行信息交换的中转站。接口技术是研究 CPU 如何与外部世界进行最佳耦合与匹配，以实现双方高效、可靠地交换信息的一种技术，是软硬件结合的体现，是微型计算机应用的关键。

I/O 接口种类繁多，通常有如下分类。

（1）根据通用性，接口可分为专用接口和通用接口。

专用接口是为某种用途或某种外设专门设计的接口电路，如 DMA 控制器。通用接口是多种外设可用的接口电路。

（2）根据可编程性，接口可分为可编程接口和不可编程接口。

可编程接口是在不改动硬件的前提下，用户可以通过程序设计对接口的工作方式等进行调整，增加了接口的灵活性和可扩展性。

（3）根据数据的传送方式，接口可分为并行接口和串行接口。

并行接口是以字节或字为单位进行传送的，串行接口则是按位进行传送的。

（4）根据工作对象，接口可分为面向 CPU 的外部接口和面向外设的 I/O 接口。

面向 CPU 的外部接口和 CPU 配套使用，以提高 CPU 的性能，如中断控制器，可以提高 CPU 的中断控制能力。面向外设的 I/O 接口可将不同类型的外设连接到当前系统中。

（5）根据数据传送操作的同步方式，接口可分为同步接口和异步接口。

6.1.2　CPU 与 I/O 设备之间传输的信息

CPU 与 I/O 设备之间的信息都是通过 I/O 接口传输的，通常包括数据信息、状态信息和控制信息等 3 类信息。

1．数据信息

数据信息通常包括数字量、模拟量和开关量等 3 种数据形式。数据信息的数据传输方向为 CPU←→I/O 接口←→外设，即数据信息可以输入，也可以输出。

数字量通常以 8 位或 16 位的二进制或 ASCII 码形式传输。例如，由键盘读入的信息，主机送给显示器、打印机的信息。

模拟量指电压或电流，甚至非电量（温度、湿度、位移、压力、流量等），经过传感器转换成连续变化的电信号，模拟量通常经过 A/D 转换器变成数字量形式并进行处理和传输。例如，在控制系统中，多数情况下输入信息是现场连续变化的物理量（模拟量），经过 A/D 转换后才能送入计算机内部。反之，如果需要输出模拟控制量，则要进行上述过程的逆转换，即数字量要经 D/A 转换器变成模拟量形式进行输出。

开关量即用一位二进制位（“0”或“1”）表示两种状态，如开关的通与断、电动机的转与停、阀门的开与关等。

2．状态信息

用于表示外设工作状态的信号称为状态信息，是由外设通过接口传递到 CPU 的。数据传输方向为外设→I/O 接口→CPU。状态信息反映了外设所处的现行状态，如打印机是否忙（BUSY）、输入设备是否准备好（READY）等信息。

3．控制信息

控制信息是 CPU 通过接口传送给外设的。数据传输方向为 CPU→I/O 接口→外设。在 CPU 与外设的信息交换过程中，需要向外设发布控制命令，这些控制信号由 CPU 发送给接口电路，经接口电路解释并做适当变换后（根据实际需要进行变换），去控制外设的工作。例如，外设的启动信号和停止信号是最基本的控制信息。

状态信息和控制信息是与数据性质不同的信息，必须分别传送。但是在大多数微机中，只有通用的 IN 和 OUT 指令。因此，I/O 设备的状态信息也必须作为一种数据输入，而 CPU 的控制命令则应作为一种数据输出。也就是说，数据信息、状态信息和控制信息都是作为“数据”通过执行 IN 或 OUT 指令实现输入/输出的。

6.1.3　I/O 接口的基本功能

I/O 接口实现的功能主要有下列几个。

（1）寻址能力：CPU 通过地址编码选择不同外设，即 CPU 通过地址编码选择不同 I/O 接口。接口具有设备和端口选择能力，以便 CPU 能根据需要启动其中部分设备或全部设备工作。而 CPU 在同一时间内只能选择一个端口进行数据传送。

（2）输入/输出功能：接收执行 CPU 命令的功能，根据 CPU 向 I/O 设备发出的控制命令，实现数据的输入操作和输出操作。

（3）数据缓冲功能：通过寄存器或锁存器实现。存放数据的寄存器或锁存器称之为数据口（输入、输出、双向）。数据传送的方向以 CPU 为基准。

实现和不同外设的速度匹配，输出数据锁存；输入数据三态缓冲。为了解决 CPU 高速与外设低速的矛盾，接口中一般设置了数据寄存器或锁存器，避免因速度不一致而丢失数据信息或状态信息。

（4）数据转换功能：完成 CPU 与外设之间传送信号的各类转换，包括数据宽度转换、数据格式转换、电平转换和时序配合转换。数据宽度转换主要包括串/并和并/串转换，工程接口中常需要把并行数据转换成串行数据或把串行数据转换成并行数据。

（5）联络功能：就绪信号、忙信号等。

（6）中断管理功能：发出中断请求信号、接收中断响应信号、发送中断类型码，并具有优先级管理功能。

（7）可编程功能：用软件来决定其工作方式，用软件来设置有关的控制信号。在不改动硬件的情况下，只修改相应的驱动程序就可以改变接口的工作方式。

（8）错误检测功能：一类是传输错误，另一类是覆盖错误。某些接口还可根据具体情况设置其他检测信息。

6.1.4 接口电路的基本结构

接口电路的基本结构如图 6.1.1 所示。接口一方面连接 CPU，另一方面连接外设。

在连接 CPU 侧的接口电路中，主要包括总线驱动、地址译码和控制逻辑等。总线驱动器用于实现速度配合和满足驱动能力；地址译码器用于实现对内部寄存器（端口）的寻址；控制逻辑电路包括读写控制信号、复位信号等。

在连接外设侧的接口电路中，主要包括数据寄存器、状态寄存器和控制寄存器。数据寄存器用于暂时存放输入（来自于外设）或输出（CPU 写给外设）的数据；状态寄存器用于暂时存放外设的工作状态信息，供 CPU 进行查询（或向 CPU 申请的中断信息等），状态寄存器中的内容一般是只读的；控制寄存器用于暂时存放 CPU 发给外设的控制命令，如接口的工作方式命令字，控制寄存器是写寄存器，只能写入，不能读出。

上述的接口电路结构并不是所有的接口都含有，但数据寄存器、地址译码、控制逻辑是必需的。

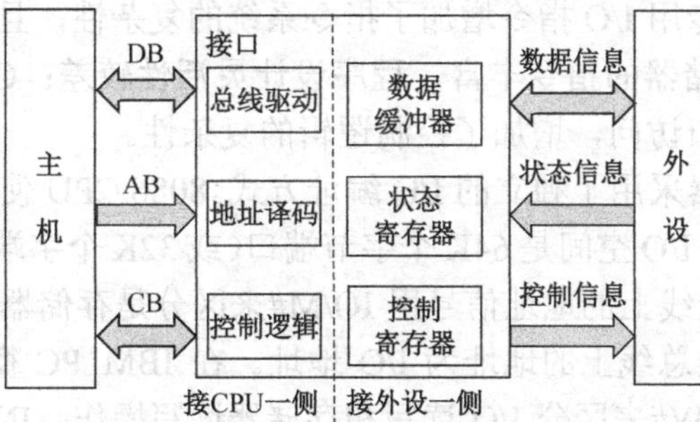

图 6.1.1　接口电路的基本结构

6.2 I/O 端口及其编址方式

6.2.1 I/O 端口

I/O 端口是指 I/O 接口中可供 CPU 直接读写操作的寄存器。CPU 通过端口向接口电路传送数据信息、状态信息和控制信息。接口电路中传送这 3 种信息的寄存器称为端口，即端口通常分为数据端口、状态端口和控制端口。CPU 访问设备或者读写接口实际上是访问/读写相关的端口。CPU 通过读写端口来实现接口对设备的控制。因此，一个接口电路实际上是由若干个端口及其他控制逻辑电路组成的。

不同的寄存器通常有不同的端口地址。为了区分接口电路的各个寄存器，系统为它们各自分配了一个地址，称为 I/O 端口地址。

一般情况下，一个端口只能写入或读出一种信息，但是也可能几种信息共用一个端口，如 8255A 的一个命令口可以接收方式控制字和位控制字命令。一个端口地址甚至可以对应多个端口的物理单元，由接口自行解决冲突。在实际应用中，对接口芯片内部端口地址的设置有各种技术，如特征位技术、共用口地址技术等。

CPU 对 I/O 端口的访问包括读和写两种方式。

6.2.2 I/O 端口的编址方式

微处理器与指定外设间的信息交换是通过访问与该外设相对应的端口来实现的。不同外设具有的端口数各不相同，计算机中为每一个端口都赋予了一个唯一编号——称为端口地址（或端口号）。如何实现对这些端口的访问，则取决于这些端口的编址方式。I/O 端口有两种编址方式，即 I/O 独立编址方式和存储器映像方式。

1．独立的 I/O 编址方式

独立的 I/O 编址方式是指 I/O 端口地址空间与存储器地址空间相互独立，分别编址。CPU 使用专门的控制信号来区分是对存储器进行访问还是对 I/O 端口进行访问。这些控制信号的产生，是由指令来控制的，即 CPU 通过指令来区分是访问 I/O 端口还是存储单元。

独立 I/O 编址方式的优点：主存和 I/O 端口的地址可用范围比较大；存储器地址空间不受 I/O 端口地址空间影响；使用专用 I/O 命令实现输入/输出操作，由于使用了专门的 I/O 指令，所以程序清晰易读；又因为 I/O 端口的地址空间独立且一般小于存储器的存储空间，所以其不占用存储器的存储空间，且地址译码电路相对简单，速度较快。

这种方式的缺点：专用 I/O 指令增加了指令系统的复杂性，且 I/O 指令类型少，访问端口的指令没有访问存储器的指令丰富，程序设计灵活性较差；CPU 需设置专门的控制信号，区分存储器与端口访问，增加了控制逻辑的复杂性。

80X86 系列微处理器采用了独立的 I/O 编址方式。8086 CPU 使用地址总线中的 A15～A0 来寻址 I/O 端口，最大 I/O 空间是 64K 个字节端口（或 32K 个字端口），I/O 地址为 0000～FFFFH。8086 CPU 地址线上的地址信号用 IO/M#来区分是存储器地址还是 I/O 地址，当 IO/M#为高电平时，地址总线上的地址为 I/O 地址。在 IBM PC 微机总线中采用 IOR#、IOW#、MEMR#、MEMW#来区分 I/O 读写和存储器读写操作。IN 指令将使总线的 IOR#信号有效，OUT 指令将使总线的 IOW#信号有效，存储器读指令使总线的 MEMR#信号有效，存储器写指令使总线的 MEMW#信号有效。

2. 存储器映像编址方式

存储器映像 I/O 编址方式又称统一编址方式，它将接口中的端口与内存单元统一进行编址，I/O 端口与存储器共享一个寻址空间，各占据统一地址空间的不同部分，一个 I/O 端口等同于一个存储器单元。

存储器映像编址方式的优点：对 I/O 端口的访问命令与对存储器单元访问相同，不需要专门的 I/O 指令，指令统一，对 I/O 口的访问灵活、方便，有利于提高端口数据的处理能力；端口寻址方式也就是内存的寻址方式，有利于 I/O 程序的设计；外设数目或 I/O 端口数几乎不受限制；访问控制信号统一，使用同一组的地址/控制信号，微机系统读写控制逻辑较简单。

这种 I/O 编址方式的缺点：I/O 端口占用一部分存储器的地址空间，可用存储器空间减小；在程序中不容易区分哪些指令访问存储器、哪些指令访问外设，所以程序不易阅读；对存储器访问指令较长，执行速度较慢；I/O 端口地址译码时间较长。

Intel 生产的单片机系列（如 Intel 8051 系列）处理器采用了存储器映像 I/O 编址方式。

6.2.3 I/O 端口地址分配

I/O 设备在微机系统中占据一定的 I/O 地址空间。系统中哪些端口是计算机制造厂家为今后的开发而保留的，哪些地址已分配给了其他设备，哪些端口地址是留给用户的，这些信息对配置 I/O 设备和接口来说是十分必要的。

8086 CPU 使用地址线 A15～A0 来寻址 I/O 端口，其 I/O 端口最多可达 64K 个。但 IBM 公司在规划设计微机时，只使用了 10 位地址线，而没有考虑 A10～A15 等 6 根地址线，PC 系列微机主板上的 I/O 控制电路和常规外设接口控制器均采用了不完全地址译码电路，因而 PC 系列微机系统的端口数目是 1024 个字节端口，其端口地址空间为 0000H～03FFH，由地址线 A9～A0 进行译码。

PC 中的 I/O 接口电路分为两类。一类是主板上的 I/O 接口芯片。大多是可编程的大规模集成电路，完成相应的接口操作，如定时器/计数器、中断控制器、并行接口、DMA 控制器及键盘控制器等。在 PC/AT 中，由 8253、8259A、8237A、8255A 等芯片组成。但随着可编程逻辑器件技术和大规模集成电路技术的发展，目前 PC 系统主板上的所有 I/O 接口的功能已集成在一片或几片大规模集成电路芯片中。另一类是扩展槽上的 I/O 接口控制卡。这些接口控制卡是由若干个集成电路按一定的逻辑功能组成的接口部件，如多功能卡、图形卡、串行通信卡、网络接口卡等。

PC 系列微机中的 I/O 端口地址空间分为两部分，即 1024 个端口的前 256 个端口（000～0FFH）专供 I/O 接口芯片使用，后 768 个端口（100～3FFH）为 I/O 接口控制卡使用。无论是最早的 8086，还是由奔腾 IV 微处理器构成的微机系统，系统基本设备的端口地址分配是基本相同的。

PC 系列微机接口的端口地址分配如表 6.2.1 和表 6.2.2 所示。表 6.2.1 中分配给每个接口芯片的 I/O 端口地址，在实际使用中并未全部用完。例如，中断控制器 8259A 只使用了前面 2 个端口地址，20H、21H（主片）和 A0H、A1H（从片）。定时/计数器芯片 8253 只使用了前面 4 个端口地址，40H～43H。使用端口地址最多的是 DMA 控制器芯片 8237A，但也只使用了前面的 16 个地址（00H～0FH）。从表 6.2.2 中可以看到，允许用户使用的端口地址是 300H～31FH。这一段地址是留给用户在开发 IBM PC 系列机功能模块（插板）

时使用的端口地址，系统是不会占用的。除在表 6.2.1 和表 6.2.2 中已经分配了的 I/O 地址之外，其余地址均由厂商保留使用。

表 6.2.1　PC 系列微机系统板上接口芯片的端口地址

I/O 芯片名称	端口地址
DMAC1	0000H～001FH
DMAC2	00C0H～00DFH
DMAC 页面寄存器	0080H～009FH
中断控制器 1	0020H～003FH
中断控制器 2	00A0H～00BFH
定时器	0040H～005FH
并行接口芯片（键盘接口）	0060H～006FH
RT/CMOS RAM	0070H～007FH
协处理器	00F0H～00FFH

表 6.2.2　PC 系列微机扩展槽上接口控制卡的端口地址

接口控制卡名称	端口地址
游戏控制卡	0200H～020FH
并行口控制卡 1	03F8H～03FFH
并行口控制卡 2	02F8H～02FFH
串行口控制卡 1	0370H～037FH
串行口控制卡 2	0270H～027FH
原形插接板（用户可用）	0300H～031FH
同步通信卡 1	03A0H～03AFH
同步通信卡 2	0380H～038FH
单显 MDA	03B0H～03BFH
彩显 CGA	03D0H～03DFH
彩显 EGA/VGA	03C0H～03CFH
软驱控制器	03F0H～03FFH
硬驱控制器	01F0H～01FFH
PC 网卡	0360H～036FH

I/O 端口地址是一种重要资源。目前，Intel CPU 系列微机的 I/O 端口地址分配可通过设备管理器来查看。其一般配置如图 6.2.1 所示。可以看出，其大部分兼容早期的 PC 系列微机。

在对微机系统设计 I/O 接口电路时：必然要使用 I/O 端口地址。为避免端口地址发生冲突，应遵循如下端口地址选用原则：凡是被系统配置所占用的地址，一律不能使用；未被占用的地址，用户可以使用，但计算机厂家申明保留的地址，用户不能使用；为了避免与其他用户开发的控制卡发生冲突，端口地址最好灵活可变。

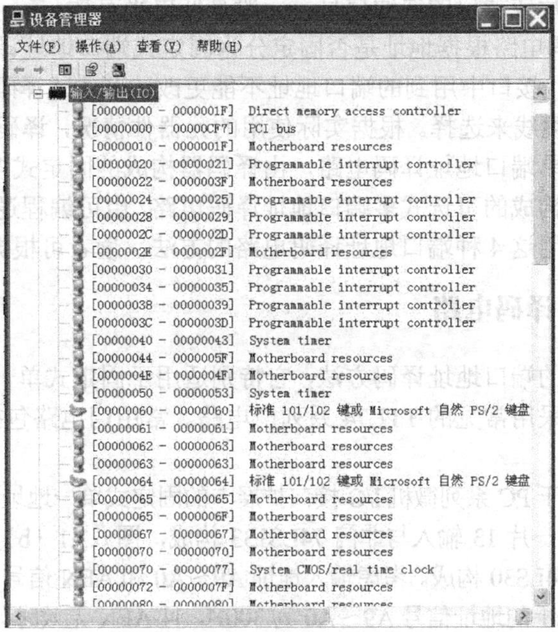

图 6.2.1　微机 I/O 端口地址分配图

6.3　I/O 端口的地址译码技术

6.3.1　I/O 端口地址译码

端口地址译码是 I/O 接口的基本功能之一。CPU 在执行输入/输出指令时，向地址总线发出外设接口的端口地址，端口地址译码电路应能产生端口选通信号，即 I/O 接口中的地址译码电路接收来自地址总线上的地址代码，经翻译解码产生所需要访问端口的选通信号，以达到对接口电路中的端口寄存器的读写操作控制，实现数据的输入/输出。

I/O 端口地址译码的方法灵活多样，可按地址和控制信号的不同组合进行译码。一般原则是把地址线分为两部分：一部分是高位地址线与 CPU 的控制信号进行组合，经译码电路产生 I/O 接口芯片的片选信号，实现系统中的片间寻址；另一部分是低位地址线不参与译码，直接连到 I/O 接口芯片，进行 I/O 接口芯片的片内端口寻址，即寄存器寻址（因此，低位地址线又称接口电路中的寄存器寻址线）。通常，低位地址线的根数决定于接口寄存器的个数。例如，并行接口芯片 8255A 内部有 4 个寄存器，该芯片需要 2 根低位地址线 A0 和 A1。而对于中断控制器 8259A，内部的寄存器数目接近 10 个，CPU 可以只用一根地址线 A0 进行寻址，这是因为 8259A 内部的寄存器一部分是和 I/O 设备交互的，剩余的与 CPU 交互的寄存器可以通过 CPU 由数据线送来的控制字标志经内部控制逻辑解释，结合地址总线缓冲器中的低位地址完成寄存器的选择。因而，8259A 内的寄存器数目从 CPU 角度来看等效于两个。从接口卡的设计上来看，低位地址线的根数就是所使用芯片上除片选信号以外应当与地址线相连的引脚个数。

I/O 端口地址译码电路的外部信号包括输入信号和输出信号。输入信号主要是地址信号 A15～A0，通常只考虑 A9～A0；读写控制信号 IOR#、IOW#；DMA 地址允许信号 AEN，

AEN 信号用于区分是 CPU 访问 I/O 系统还是非 CPU（如 DMA 控制器）访问 I/O 系统。输出信号包括接口芯片或端口的选通信号，一般是低电平有效。

I/O 端口地址译码电路根据地址是否固定分为固定式端口地址译码和可选式端口地址译码。固定式译码时，接口中用到的端口地址不能更改，可选式译码时，端口地址不做成固定的，而用开关或跳线来选择。根据实际使用的元器件情况，译码电路的形式一般有由门电路构成的固定式单端口地址译码电路，由译码器构成的固定式多端口地址译码电路，由地址开关和比较器构成的可选式多端口地址译码电路，由可编程逻辑器件构成的译码电路。下面分别介绍使用这 4 种端口地址译码电路的方法，读者可根据需要灵活应用。

6.3.2 门电路地址译码电路

这是一种最基本的端口地址译码方法，它特别适用于固定式单一地址译码电路。用于地址译码的门电路可采用常见的 TTL74 系列门电路。常用门电路包括与门、或门、非门、与非门、或非门等。

图 6.3.1 所示为用于 PC 系列微机 I/O 接口扩展卡的固定式单一地址译码电路。图 6.3.1（a）由两片非门 74LS04 和一片 13 输入与非门 74LS133 构成，图 6.3.1（b）由一片或非门 74LS27 和一片 8 输入与非门 74LS30 构成。考虑输入地址 A9～A0 和 AEN 信号，输出选通信号 CS#低电平有效。当地址总线上的地址信号 A9～A0 为 300H，且 AEN 无效时，选通信号输出低电平。

图 6.3.2 所示为占用 220H～227H 连续 8 个地址作为 1 个端口地址的固定式译码电路，这种译码电路称为不完全译码电路，即译码时只译码部分地址线，如在图 6.3.2 中，译码时，未考虑地址线 A2、A1、A0 三根线，故该端口地址实际占用了 8 个端口地址。

图 6.3.1 和图 6.3.2 中的 AEN 信号是 DMAC 发出的地址允许信号，由 DMAC 驱动的总线周期时序可知，当 AEN=1 时，表明当前总线为 DMA 传送周期，地址总线上的地址信号是存储器单元地址，但 IOR#/MEMW#或 IOW#/MEMR#等信号有效，而此时并非正常的 I/O 输入/输出操作，为阻止此时非 DMA 操作对象的 I/O 接口动作，AEN 必须参与 I/O 端口地址的译码，即端口地址译码只有在正常 I/O 操作时（AEN=0）时才有效，而在 DMA 操作（AEN=1）时无效。

在上述译码实例电路中，未考虑 I/O 读/写操作信号，此时一般是将 IOR#或 IOW#直接连入 I/O 功能部件的读写控制端。当然，也可把 IOR#、IOW#信号加入地址译码电路。实际上，如果译码电路没有考虑 I/O 读写信号 IOR#、IOW#，该译码电路同样适用于存储器的存储单元地址译码电路。

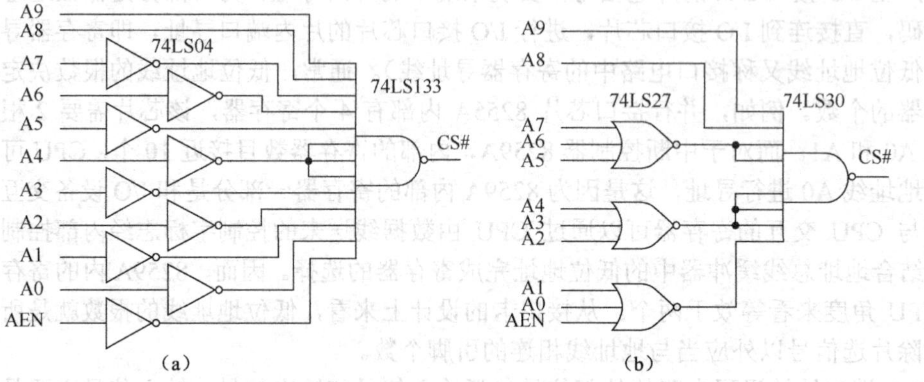

图 6.3.1　单一固定地址门电路译码实例

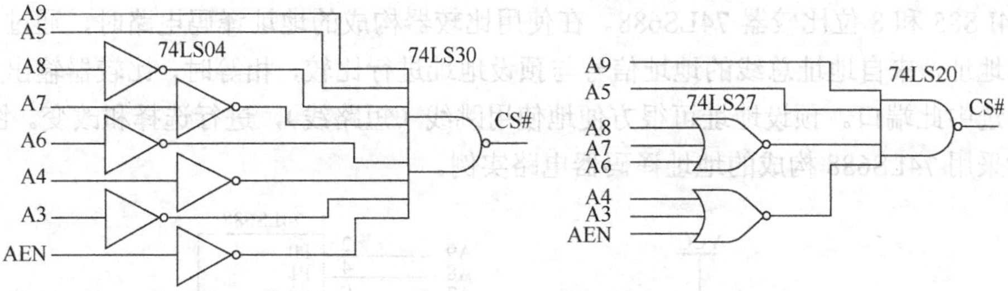

图 6.3.2　不完全译码固定地址门电路译码实例

6.3.3　通用译码器芯片地址译码电路

若接口电路中有一组或多组连续的 I/O 端口地址，则通常采用通用译码器来进行端口地址译码。常用译码器有 3-8 译码器 74LS138、4-16 译码器 74LS154 和 2-4 译码器 74LS139 等。因常用的译码器只有 4 个输入端，即每个译码器芯片通常只能译码 2～4 根地址线，故采用译码器构成 I/O 端口地址译码时，需采用多个译码器芯片或与门电路组合使用。图 6.3.3 所示为由 74LS138 及门电路构成的、连续 8 个 I/O 端口地址译码电路的实例。

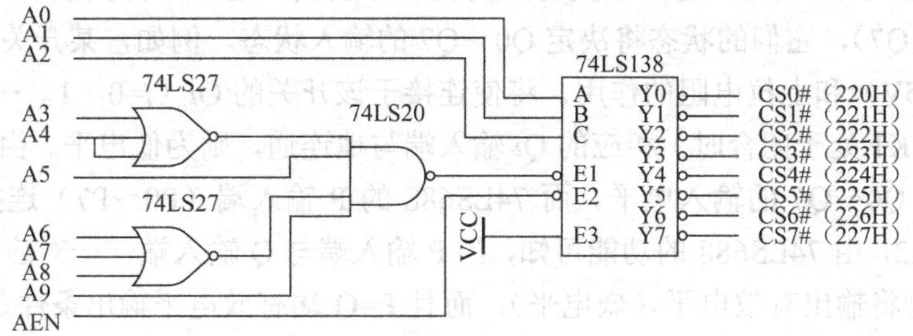

图 6.3.3　采用译码器构成的连续 8 个端口地址译码电路的实例

74LS138 译码器的 E1、E2 端应为低电平，在图 6.3.3 中，E1 来自高位地址 A9～A3 等 7 根地址线的译码输出（A9～A3 的有效地址为 1000100B），E2 由地址允许信号 AEN 控制，而 E3 直接连接电源（高电平）。74LS138 芯片的 A、B、C 译码信号输入端与地址信号 A0～A2 相连，则 A2～A0 地址的可变范围为 000B～111B。当 A2～A0 取 000B 时，Y0 输出低电平作为 I/O 接口的片选信号，其端口地址即为 220H，同理，CS0#～CS7#的端口地址为 220H～227H。

在图 6.3.3 所示的译码电路实例中，未考虑 I/O 读写信号 IOR#、IOW#等。若要保证该端口地址为 I/O 端口地址而非存储单元地址，则可把 I/O 读写信号加入地址译码电路。

6.3.4　比较器地址译码电路

I/O 端口地址变化灵活、适应性强的译码电路是采用数据比较器构成的地址译码电路。由于各个微机的用途和配置不一样，其占用和空闲的 I/O 端口地址也不一样，采用固定式 I/O 端口地址译码电路的接口控制卡容易与其他接口卡地址相冲突，致使机器不能正常运行，而采用可改变端口地址的 I/O 端口地址译码电路的接口卡，可以通过改变地址跳线很方便地改变接口控制卡的 I/O 端口地址，以适应不同的微机配置。常见的比较器有 4 位比较器 74LS85 和 8 位比较器 74LS688。在使用比较器构成的地址译码电路时，通过预设一个端口地址，来自地址总线的地址信号与预设地址进行比较，相等时，比较器输出相应信号电平选中此端口。预设地址可很方便地使用跳线（短路线），进行选择和改变。图 6.3.4 所示为采用 74LS688 构成的地址译码器电路实例。

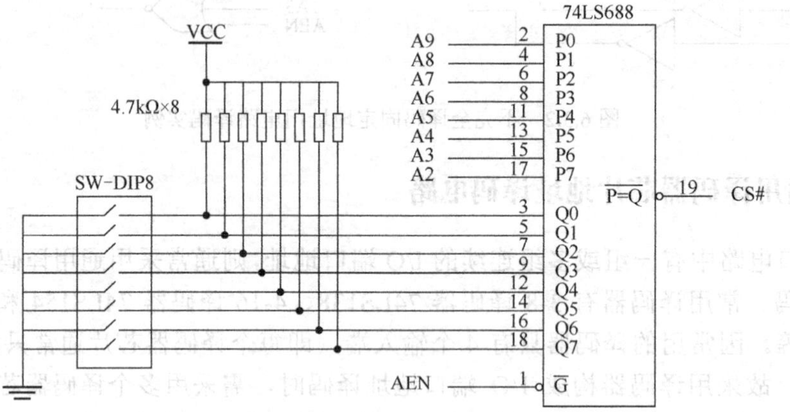

图 6.3.4　采用比较器构成的 I/O 端口地址译码电路实例

图 6.3.4 中的 SW-DIP8 是 8 位拨动开关或 8 位跳线，这 8 个开关接入 74LS688 的 Q 输入端（Q0～Q7），它们的状态将决定 Q0～Q7 的输入状态。例如，某开关处于断开时，由于 VCC（+5V）和上拉电阻的作用，将使连接于该开关的 Qi（i=0，1，…，7）端为高电平，该开关 K1 处于闭合时，相应的 Qi 输入端与地连通，则为低电平。由此，8 位开关或跳线决定了 Q0～Q7 的输入电平。而 74LS688 的 P 输入端（P0～P7）连接总线上的地址信号 A9～A2，由 74LS688 的功能可知，当 P 输入端与 Q 输入端一一对应时，比较器输出端 P=Q 引脚将输出有效电平（低电平），而且 P=Q 端有效电平输出条件是 74LS688 的使能端 G#为低电平，图中将 AEN 连接于使能端 G#，即保证了在非 DMA 总线周期（AEN=0）内，比较器输出有效电平作为相应 I/O 接口控制器的有效片选信号 CS#。需要说明的是，图 6.3.4 所示的地址译码电路仍然没有考虑 I/O 读写控制信号，这样，当主机对存储器单元读写时，上述各类地址译码器均会输出有效电平，因此，这种端口地址译码的输出 CS#必须在接口控制电路中受 IOR#或 IOW#的限定。

通过预先设置图 6.3.4 中的 SW-DIP8 八个开关或跳线，可以从 A9～A2 中选出所需的 I/O 端口地址。由于地址预设用一个 8 位开关或跳线，这样可预设 256（2^8）个端口地址。当然，由于 PC 系列微机中 A9=0 的所有端口地址均被系统主板上的 I/O 控制器占用，故用户设计开发的 I/O 接口控制卡的端口地址 A9 必须为 1。

在本例中，可用开关或跳线改变 I/O 端口的地址，如从 256 个端口地址中选 1 个，极大地方便了端口地址译码。对于端口地址不固定的电路卡，可根据此原理进行设计。显然，采用数据比较器设计固定式 I/O 接口地址译码其实很方便。

另外，图 6.3.4 中并没有考虑低位地址 A1 和 A0，因为许多大规模集成电路（如可编程并行接口芯片 8255A 等）均需要两位地址线选择其内部端口或内部寄存器，此时 A1 和 A0 两根地址线即可直接连接 I/O 接口芯片的地址输入端。如果在某些 I/O 接口电路中，仍需要对 A1 和 A0 两位进行译码，则可采用 2-4 译码器构成端口地址译码电路，自然也可采用其他芯片构成等价的端口地址译码电路。

总之，I/O 端口地址译码电路是千差万别的，通常是上述 3 种方法的组合应用。读者应自行灵活掌握使用。

6.3.5 可编程逻辑器件译码电路

虽然前面几种地址译码电路较简单，但设计后地址是固定的或范围有限的，不够灵活，且保密性差。随着集成电路技术的发展，可编程逻辑器件具有灵活的现场可编程特性、较高的功能集成度和较快的速度，可大大简化电路设计，降低成本，有效提高了系统的可靠性和保密性，因而可采用可编程逻辑器件实现可灵活修改的地址译码电路。可编程逻辑器件包括可编程阵列逻辑（Programmable Array Logic，PAL）、通用阵列逻辑（Generic Array Logic，GAL）、可擦除可编程逻辑器件（Erasable Programmable Logic Device，EPLD）、复杂可编程逻辑器件（Complex Programmable Logic Device，CPLD）和现场可编程门阵列（Field Programmable Gate Array，FPGA）等。通常，一片 GAL 的电路规模可达几百门，而 FPGA 可达几百万门，这些器件可以被多次修改和反复使用。采用这些可编程器件只需要修改软件即可改变译码电路，且因具有硬件加密单元，故可以防止抄袭电路设计和非法复制，保密性好。

下面以 GAL16V8 为例说明其在译码电路中的使用方法。GAL16V8 共有 20 个引脚，GAL16V8 的 1～9 和 11 引脚固定作为输入使用，13～18 也可以配置成输入引脚，因此输入最多可为 16 个。必须借助 GAL 的开发软件、硬件编程写入器及计算机，对其编程写入后，才能使空白的 GAL 芯片具有预期的逻辑功能。其开发常用的语言有 ABEL、VHDL 等，其设计方法有逻辑方程（布尔方程）、真值表和状态图 3 种方法。

图 6.3.5 所示为采用 GAL16V8 构成的地址译码电路实例。

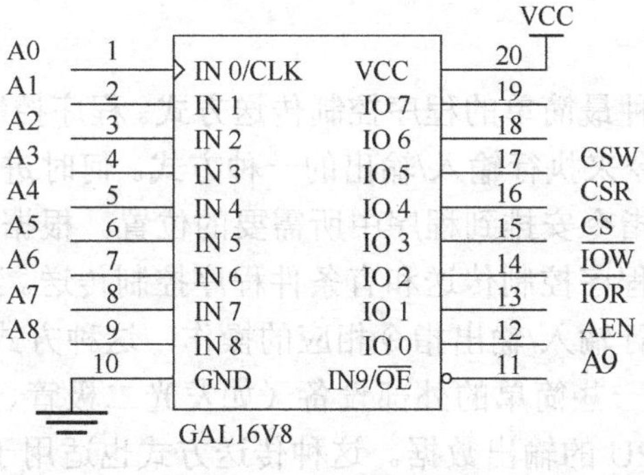

图 6.3.5 采用 GAL16V8 构成的地址译码电路

设需要的端口地址为 300H。采用 GAL16V8 构建地址译码电路的基本步骤如下。

（1）根据选定的 GAL 器件和 ABEL 源文件的结构、格式及要求实现的逻辑功能，编写 ABEL 源文件。其 ABEL 源文件如下。

```
modul -decoder
title'address decoder for port300h'
decoder  device 'P16V8';
X, C, L, H = •X•, •C•, 0, 1;
A0, A1, A2, A3, A4, A5, A6   pin  1, 2, 3, 4, 5, 6, 7;
```

```
A7, A8, A9, AEN, IOR, IOW  pin  8, 9, 11, 12, 13, 14;
CS, CSR, CSW               pin  15, 16, 17;
Add=[A9, A8, A7, A6, A5, A4, A3, A2, A1, A0];
"CS=300h*/AEN
"CSR=300h*/IOR*/AEN
"CSW=300h*/IOW*/AEN
equations
!CS=A9&A8&!A7&!A6&!A5&!A4&!A3&!A2&!A1&!A0&!AEN;
!CSR=A9&A8&!A7&!A6&!A5&!A4&!A3&!A2&!A1&!A0&!AEN&!IOR;
!CSW=A9&A8&!A7&!A6&!A5&!A4&!A3&!A2&!A1&!A0&!AEN&!IOW;
end-decoder
```

该文件可实现对端口 300H 的控制（CS）、对端口 300H 的读控制（CSR、IOR#参与译码）和对端口 300H 的写控制（CSW、IOW#参与译码）。

（2）利用 ABEL 软件，对 ABEL 文件进行编译、化简、仿真等，最后生成 JED 编程器下载文件。

（3）利用编程器将 JED 文件写入 GAL 器件。

6.4 I/O 接口的数据传输控制方式

外设的速度与 CPU 相比要慢几个数量级，且不同外设之间的速度也相差很大，为了保证数据传输的可靠性，CPU 一定要等外设准备就绪之后才能执行输入/输出操作，而外设就绪的时刻对 CPU 而言是随机的，因此需要同步。

在微型计算机系统中，主机与外设之间的数据输入/输出控制方式主要有无条件传送、查询传送、中断传送、DMA 传送等 4 种方式。

6.4.1 无条件传送方式

无条件传送方式是一种最简单的程序控制传送方式。程序控制输入/输出方式是指在程序的编制中利用 I/O 指令来执行输入/输出的一种方式。何时进行这种数据传送是事先知道的，因而能够把 I/O 指令安排到程序中所需要的位置。根据外设性质的不同，这种控制方式又可分为无条件程序控制传送和有条件程序控制传送。当程序执行到输入/输出指令时，无条件地立即执行输入/输出指令相应的操作，这种方式称为无条件传送方式。在微型计算机系统中，有一些简单的外部设备（如发光二极管、数码管等），当它们工作时，可随时准备接收 CPU 的输出数据。这种传送方式也适用于开关量或从检测温度、压力之类物理量所用的传感器发出的缓慢变化的信号，此时只要 CPU 读取数据的频率能跟上信号的变化即可。这样，CPU 可以无条件地向外部设备传送数据或接收来自外部设备的数据。

无条件传送方式是在程序中的适当位置直接插入 I/O 指令，以完成数据的传输。该方式下 CPU 无需查询外设的工作状态，始终认为外设是准备好的，适用于外设动作时间已知，并能确认已准备好的情况，一般用于简单的开关量的输入/输出控制，稍复杂一些的外设不会采用此种方式。

采用无条件程序传送时，软件结构清晰简单，输入/输出接口电路也最简单，一般只需要设置数据缓冲寄存器和外设端口地址译码器即可。

无条件传送方式的工作过程如下：CPU 需要传送数据时，使用输入/输出指令，CPU 主动与指定端口进行数据传送。

6.4.2 查询传送方式

无条件传送对于低速的、总是准备好的外部设备是适用的，但是许多外部设备并不满足这个条件。CPU 在与这类外部设备进行数据交换时，经常采用程序查询方式，也称有条件传送方式。这是一种经常使用的数据传送方式，其特点如下：在执行输入/输出操作之前，需要利用程序对外部设备的状态进行检测。只有当检测到所选择的外部设备已经做好收发数据的准备（即“准备就绪”）后，才能开始执行输入/输出操作。这种传送方式的过程如下。

（1）输入设备状态字。

（2）判断外设是否准备就绪。

（3）如准备就绪，则执行 I/O 操作；否则，重复步骤（1）的操作。

查询传送输入/输出操作的程序流程如图 6.4.1 所示。

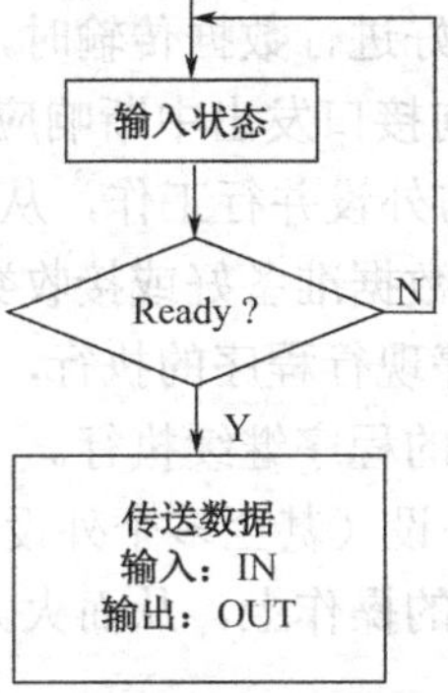

图 6.4.1 查询输入/输出的流程图

采用这种数据传送方式的前提是，其 I/O 接口除了应设置数据缓冲端口、端口地址译码器之外，还必须增设外设状态寄存器及传送状态信息的端口，即查询式输入/输出必须设置两个端口，占用两个 I/O 地址，如图 6.4.2 所示。

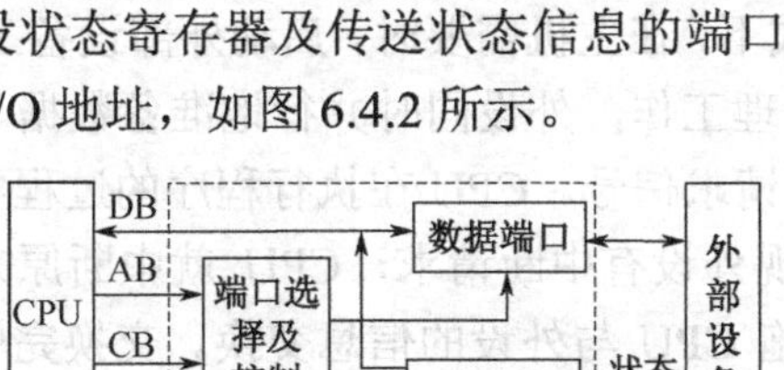

图 6.4.2 查询传送方式接口示意图

查询传送方式的主要优点：能较好地协调外设与 CPU 之间的定时差别，且所需的硬件接口较为简单。其缺点如下：CPU 必须在程序循环中等待“就绪”，传输速度慢，占用 CPU 时间较多，CPU 工作效率低。它一般用于所配外设不太多、实时性要求不甚强的系统中。

查询式输入/输出程序也比较简单。设数据端口和状态端口的地址分别为 port_data 和 port_

port_status；状态位一般只需一位即可，设其为D0位，D0=0表示未准备好数据（输入时）或表示数据端口满（输出时外设还未取走数据）。查询式输入/输出程序段如下。

```
        MOV   DX，port_status   ；送外部设备地址
LPST：  IN     AL，DX           ；取外部设备状态
                                ；如外设地址为0～FFH，则使用直接寻址方式
                                ；指令为IN  AL，port_status
        AND   AL，01H           ；测试状态位D0
        JZ    LPST              ；如状态位为低电平，则等待
        MOV   DX，port_data
        IN    AL，DX            ；外设已准备好数据（高电平），执行输入操作
```

6.4.3 中断传送方式

中断是微处理器程序运行的一种方式，计算机在执行正常程序的过程中，当出现某些紧急情况、异常事件或其他请求时，处理器会暂时中断正在运行的程序，转去执行对紧急情况或其他请求的操作处理，处理完成后，CPU 回到被中断程序的断点处继续执行，这个过程称为中断。

为了提高CPU的效率，使系统具有实时处理能力，可采用中断传送方式进行CPU与外设间的数据传送，即当外设准备好进行数据传输时，通过接口向 CPU 提出中断请求，CPU 在满足响应中断的条件下，向接口发出中断响应信号，然后执行中断服务程序，完成数据传送。这种方式可使CPU与外设并行工作，从而提高了CPU的工作效率。

中断控制方式是当外设的输入数据准备好或接收数据的锁存器为空时，外设便主动向CPU发出中断请求，于是CPU暂停现行程序的执行，转去执行为外设服务的输入/输出控制子程序，服务完毕后即返回原来的程序继续执行。

引入了中断概念后，CPU 和外设（甚至多个外设）可以同时工作，CPU 避免了将大量时间耗费在等待、查询状态信号的操作上，从而大大提高了 CPU 的效率和控制了程序执行的实时性。

中断传送方式适用于 CPU 与慢速外设之间的数据传送。对于一些慢速的而且以随机方式与计算机进行数据交换的外部设备，采用程序中断控制方式可以大大提高系统的工作效率。在这种传送控制方式下，在主机需要时，启动外部设备工作，当外设准备就绪之前，CPU 可进行正常的数据处理工作，外设同时并行地准备数据。只有当外部设备准备就绪后，它才向CPU发出中断请求信号。CPU在执行程序的过程中，每执行完一条指令便检查一次中断信号。一旦发现外设有中断请求，CPU 就中断原来的数据处理工作，转入相应的中断服务程序，以实施 CPU 与外设的信息交换。交换完毕后，便返回原来的工作状态，继续运行正常的程序。

中断传送方式的流程如图6.4.3所示。程序设计流程如下。

（1）CPU对接口进行初始化，以启动外设。

（2）在外设进行数据传送准备的同时，CPU可以执行其他程序。

（3）当外设准备就绪后，向CPU发出硬件中断请求信号。

（4）CPU在满足响应中断的条件下，发出中断响应信号。

（5）CPU暂停当前的程序，转去执行中断服务程序，完成与外设的数据传送。

（6）CPU从中断服务程序返回，继续执行被中断的程序。

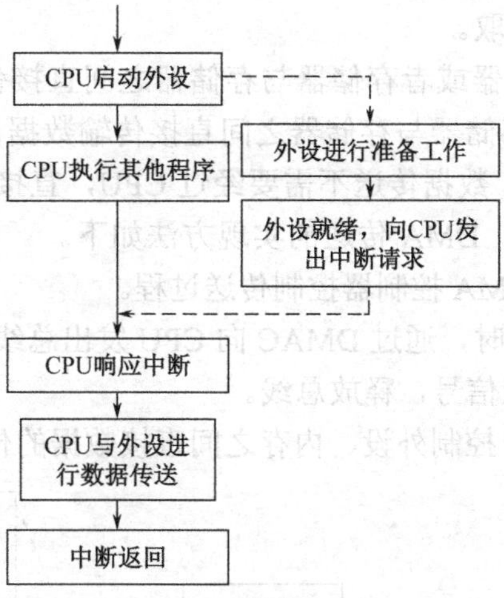

图 6.4.3　中断传送方式流程图

为了实现中断传送，其输入/输出接口除了应具备程序控制传送方式时的接口配置外，还应设置程序中断控制逻辑。中断传送接口示意图如图 6.4.4 所示。

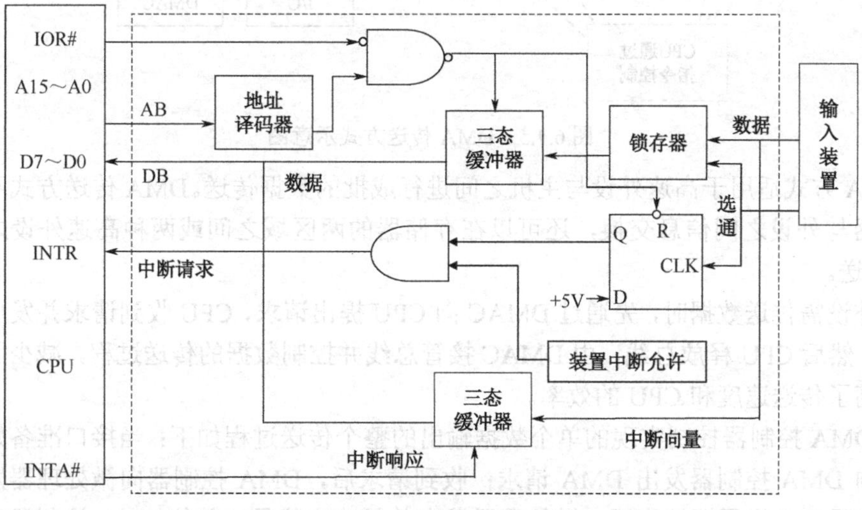

图 6.4.4　程序中断控制 I/O 接口示意图

6.4.4　DMA 传送方式

中断方式相对于查询传送方式来说，大大提高了 CPU 的利用率。但采用程序中断数据传送时，每进行一次输入/输出操作都需要 CPU 暂停执行原程序，把控制转移到 I/O 程序，而且需要保护现场和恢复现场等操作。此外，I/O 操作都是通过 CPU 来进行的。当从存储器高速端口输出数据时，首先需要 CPU 把存储器中的数据读入 CPU 内部累加器 AL（对字节处理）或 AX（对字处理），然后将数据从累加器送到端口。当从端口向存储器存入数据时，CPU 先将端口的数据读入 CPU 内部累加器，然后将数据从累加器传送到存储单元中。这样，每次输入/输出操作的总线周期太多，时间一般需要数十甚至数百毫秒，对于一些高速外设及数据块传送来说太慢了。为了提高存储器与输入/输出设备之间交换信息的速度，最有效的方法是不通过 CPU 传送，而使外设与主存之间直接交换信息，这种方法被称为直接存储器存取。

DMA 是指外设与存储器或者存储器与存储器之间直接传输数据的方式，在这种方式中，外设与存储器或者存储器与存储器之间直接传输数据由专用接口芯片 DMA 控制器（简称 DMAC）来管理。数据传送不需要经过 CPU，直接由硬件控制。DMA 传送方式的示意图如图 6.4.5 所示。DMA 传送的实现方法如下。

（1）由专用接口芯片 DMA 控制器控制传送过程。

（2）当外设需传送数据时，通过 DMAC 向 CPU 发出总线请求。

（3）CPU 发出总线响应信号，释放总线。

（4）DMAC 接管总线，控制外设、内存之间直接数据的传送。

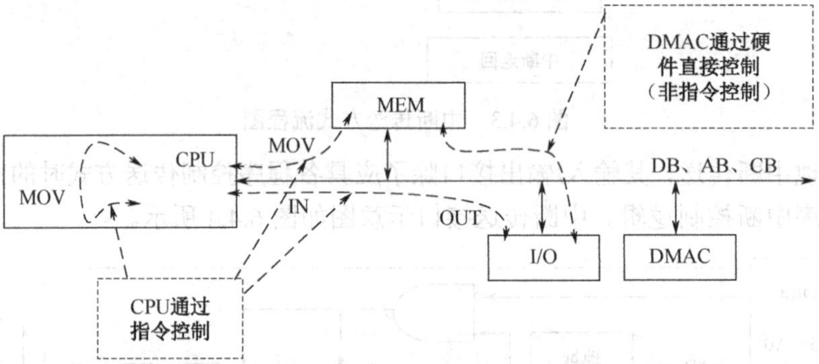

图 6.4.5　DMA 传送方式示意图

DMA 方式适用于高速外设与主机之间进行成批的数据传送。DMA 传送方式不仅可以在存储器与外设之间信息交换，还可以在存储器的两区域之间或两种高速外设之间进行 DMA 传送。

当外设需传送数据时，先通过 DMAC 向 CPU 提出请求，CPU 收到请求并发出总线响应信号，然后 CPU 释放总线，由 DMAC 接管总线并控制数据的传送过程，减少了中间环节，提高了传送速度和 CPU 的效率。

由 DMA 控制器控制实现的单个数据输出的整个传送过程如下：当接口准备好接收数据时，向 DMA 控制器发出 DMA 请求；收到请求后，DMA 控制器向微处理器发出总线请求；在现行总线周期结束后，微处理器发出总线响应信号，并使 DMA 控制器变为主控部件管理系统总线；DMA 控制器将传送的内存单元地址放到地址总线上，启动内存读，并向接口发回 DMA 响应信号；存储器将读出的字节送入系统数据总线，再由接口将数据总线上的数据锁存到接口数据缓冲寄存器，进而送往外设中；此后，DMA 控制器撤销总线请求信号，微处理器也相应地撤销总线响应信号，收回总线控制权。若要再传送一个数据，则重复上述过程。

DMA 传送方式是 I/O 设备与主存之间，在 DMA 控制器的控制下，直接进行的数据交换。这样，数据传送的速度上限主要取决于存储器的存储速度。当使用 DMA 方式传送数据时，CPU 让出总线（即 CPU 连接到这些总线上的线处于高阻状态），系统总线由 DMA 控制器接管，故 DMA 控制器必须具备以下功能。

（1）能接收 I/O 设备的 DMA 请求信号。

（2）能向 CPU 发出控制总线的 DMA 请求信号 HRQ（Hold　Request）。

（3）当收到 CPU 发出的总线响应信号 HLDA （Hold Acknowledge）后能接管总线，进入 DMA 方式。

（4）能向 I/O 设备发送 DMA 响应信号。

（5）能发出内存地址信息，对存储器进行寻址并能修改地址指针。

（6）能发出存储器和 I/O 设备的读、写控制信号。

（7）能决定传送的字节数，并能判断 DMA 传送是否结束。

（8）能发出 DMA 结束信号，将总线控制权还给 CPU，使 CPU 恢复正常工作。

DMA 控制器的结构可以根据不同的系统配置来设计，但其最基本的部件有如下几个。

（1）控制寄存器、状态寄存器，用以完成控制 DMA 操作和传送方向，表明 DMA 操作的状态。

（2）地址寄存器，用以提供内存地址，地址寄存器在每传送完一个数据后，均可自动修改。

（3）字节计数寄存器，用以控制每个数据块的大小，字节计数寄存器与地址寄存器一样，每传送完一个数据后，均可自动修改。

DMA 控制器通常完成下列操作：接收 I/O 接口的 DMA 请求，向 CPU 发出总线请求信号，在 CPU 响应后控制系统总线，向接口发出 DMA 响应信号，并提供内存访问地址，实现数据传送。每传送一个数据就修改地址及字节计数器。DMA 传送完毕后，向接口也向 CPU 发出传送结束信号。

习　题

6.1　数据信息有哪几类？CPU 和输入/输出设备之间传送的信息有哪几类？相应的端口是什么端口？

6.2　什么是 I/O 接口？I/O 接口的基本功能和作用是什么？

6.3　计算机对 I/O 端口编址时通常采用哪两种方法？在 8086 微机系统中采用哪种方法？

6.4　8086 CPU 的 I/O 端口地址范围是什么？在 IMB PC 中 I/O 端口的地址范围是什么？其中用户可用的地址范围有哪些？

6.5　在设计 I/O 设备接口电路时，选用 I/O 端口地址应注意什么？

6.6　按照 I/O 地址译码电路采用的元器件，可分为哪些译码电路类型？

6.7　设一个外设接口的 I/O 端口地址为 208H，设计该接口的端口地址译码器。

6.8　设一个外设接口的 I/O 端口地址为 300H～307H，即该外设需要 8 个连续的 I/O 端口地址，设计该接口的端口地址译码器。

6.9　CPU 和外设之间的数据传送方式有哪几种？各传送方式有何特点，适用于哪些应用场合？

第 7 章　并行接口技术

7.1　概述

对于 PC 系列微机来说，所有 I/O 接口电路，在面向系统总线一侧均是以数据字节（字）为单位进行传送的，即数据各位是并行传送的。所谓并行接口和串行接口，是指接口控制电路与 I/O 设备一侧的数据传送方式为并行传送或串行传送。并行接口是在多根数据线上，以数据字节（字）为单位与 I/O 设备或被控对象传送信息，如打印机接口、A/D 和 D/A 转换器接口、IEEE 488 接口、开关量接口、控制接口等。与此相对的是串行接口，串行接口是在一根最多两根数据线上以数据位为单位与 I/O 设备或通信设备传送信息的，如 CRT（Cathode Ray Tube，阴极射线管）显示器、调制解调器接口等。

并行接口的特点主要有以下几个。

（1）数据传送速率快。

（2）并行接口与系统连接简单方便。

（3）数据线多，常用于近距离数据传送。

并行接口可分为简单接口（不可编程接口）和可编程接口芯片，可编程接口芯片是指接口芯片的工作方式、输入/输出方式等可通过对该芯片内控制寄存器写入相应控制命令字来选择确定。这两类接口芯片各有特点，可根据不同场合和不同需要选用。

7.2　简单 I/O 并行接口技术

在学习复杂的 I/O 接口技术之前，这里先介绍简单的 I/O 接口技术。当外部设备在与 CPU 交换数据之前就处于准备好的情况下，CPU 与外部设备之间的并行数据传送并不需要联络信号来进行同步，如开关的通断、阀门的打开与闭合、继电器的吸合与释放等。在这种场合下，CPU 可以通过简单输入/输出接口随时读取外设的信息或向外设发送控制命令。简单的 I/O 接口技术主要指输入缓冲接口技术和输出锁存接口技术，所用电路主要采用缓冲器和锁存器。输入缓冲接口技术和输出锁存接口技术是 I/O 接口通常包含的最基本的技术。

7.2.1　简单的并行输入接口

图 7.2.1 所示为一个典型的简单输入接口，8 个开关 K1～K8 与相应上拉电阻构成 8 位开关量生成电路，这 8 位开关量直接接入三态缓冲器 74LS244 的输入端，而缓冲器 74LS244 的输出端接到系统数据总线 DB7～DB0 上。当 CPU 对此端口进行输入操作（IN 指令）时，地址译码（A9～A0、AEN）输出和 IOR#同时有效，8 个开关的断开与闭合状态所表示的 8

位二进制数被输入到微型计算机中。

在图 7.2.1 中，三态缓冲器 74LS244 是输入接口电路的核心，简单输入接口通常采用这种输入缓冲接口技术。电路中的端口地址译码只画了一个小框图，详细译码电路参见接口技术基础中的 I/O 接口地址译码技术。

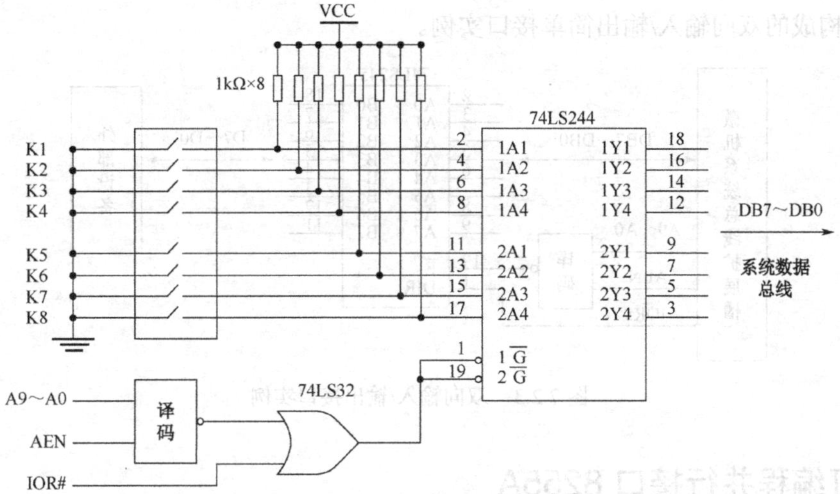

图 7.2.1　输入缓冲接口实例

7.2.2　简单的并行输出接口

微型计算机输出的数据，在系统数据总线上只能存在很短的时间，一般只有 1～4 个时钟周期，即 ns 级，但外部设备常常不能在如此短的时间内接收数据。另外，当微机用于设备控制时，被控对象虽然能够在短时间内接收数据但需在较长时间内保持该控制量，因此，接口电路常常设置锁存器接收并保持数据。因此，在微机系统中，常采用三态锁存器作为并行输出接口。

图 7.2.2 所示为用 8D 锁存器 74LS373 来构成并行输出接口的实例。该图中并行的 8 位数字量用来控制 8 个（图中只画出 2 路）LED 的亮暗，事实上，LED 也可以换成继电器、可控硅等控制元器件。图中译码电路没有给出具体电路，可参阅前面章节的 I/O 接口地址译码技术。74LS373 的锁存端为 LE，其输入来自于地址译码电路的输出和 I/O 写控制信号 IOW# 的或非结果。也就是说，当 CPU 写该端口（使用 OUT 指令）时，地址译码输出和 IOW#同时有效，由 LE 控制端把系统总线上的数据锁存到 74LS373 中。锁存器 74LS373 的输出允许端直接接地。74LS373 的输出数据经反相驱动器 7406 送至 LED，控制 LED 的亮或灭。

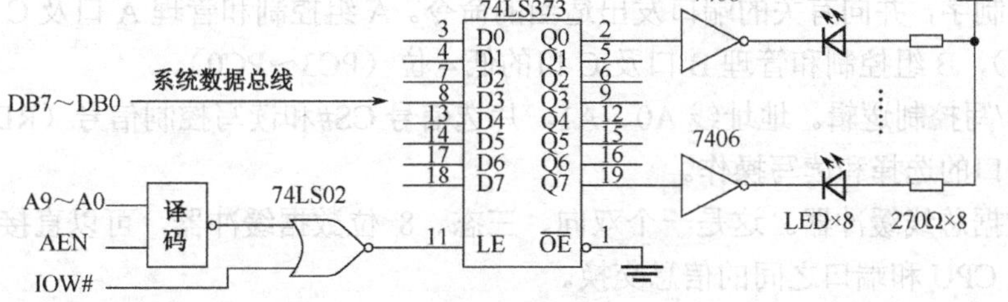

图 7.2.2　并行输出接口实例

7.2.3　双向并行输入/输出简单接口

当I/O设备与CPU之间需要利用数据总线进行双向信息传送时，外设与系统总线之间的 I/O 接口应该是双向传送接口，即该接口既可进行数据输入传送，又可进行数据输出传送。采用双向缓冲器74LS245即可构成简单而方便的双向I/O接口电路。图7.2.3所示为由74LS245构成的双向输入/输出简单接口实例。

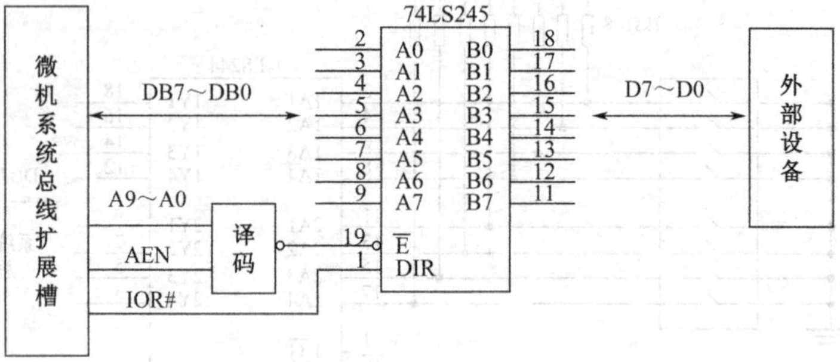

图7.2.3　双向输入/输出接口实例

7.3　可编程并行接口8255A

7.3.1　可编程并行接口8255A的结构

Intel 8255A是Intel公司生产的典型可编程并行接口集成电路，应用广泛。本节以8255A可编程并行接口为例，简要介绍并行接口技术及其应用。

1．Intel 8255A的内部结构

Intel 8255A的内部结构框图如图7.3.1所示。它由以下几部分构成。

（1）与外部设备相连接的3个端口PortA、PortB和PortC。3个I/O端口均为8位。其中，A口和B口类似，具有I/O锁存器和缓冲器，但B口输入时可以不锁存，C口输出具有锁存和缓冲功能，但输入只有缓冲而无锁存功能。3个数据端口都是8位的，都可编程为输入/输出，而且都有数据锁存功能。C口可通过编程分为两个4位口，每一个4位口都可以定义为输入或输出口，用于传送数据。PortA、PortB和PortC　3个端口的工作方式可由软件编程来加以控制。

（2）A组控制和B组控制。8255A的3个端口可以分成A、B两组使用。其中，A组包括A口的8条线PA7～PA0和C口的高4位PC7～PC4，B组包括B口的8条线PB7～PB0和C口的低4位PC3～PC0。这两组控制部件都从读/写控制逻辑接收命令，从内部数据线接收控制字，并向有关的端口发出适当的命令。A组控制和管理A口及C口的高4位（PC7～PC4），B组控制和管理B口及C口的低4位（PC3～PC0）。

（3）读/写控制逻辑。地址线A0、A1，片选信号CS#和读写控制信号（RD#、WR#），完成内部端口的选择和读写操作。

（4）数据总线缓冲器。这是一个双向、三态、8位数据缓冲器，可以直接与系统总线相连，实现CPU和端口之间的信息交换。

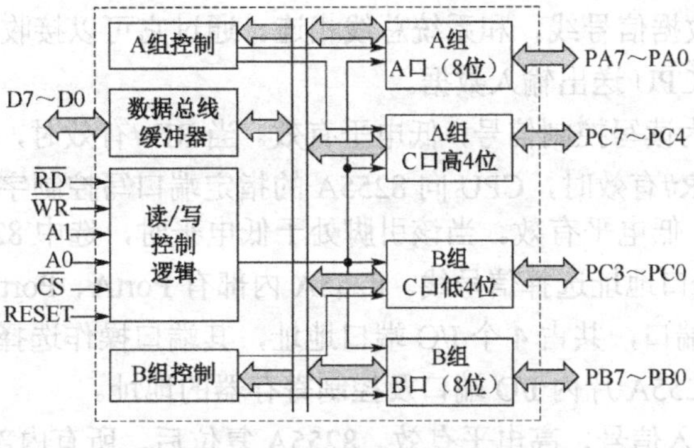

图 7.3.1　Intel 8255A 内部结构框图

2．Intel 8255A 的外部引脚及其功能

8255A 外部引脚图如图 7.3.2 所示。8255A 端口操作说明如表 7.3.1 所示。

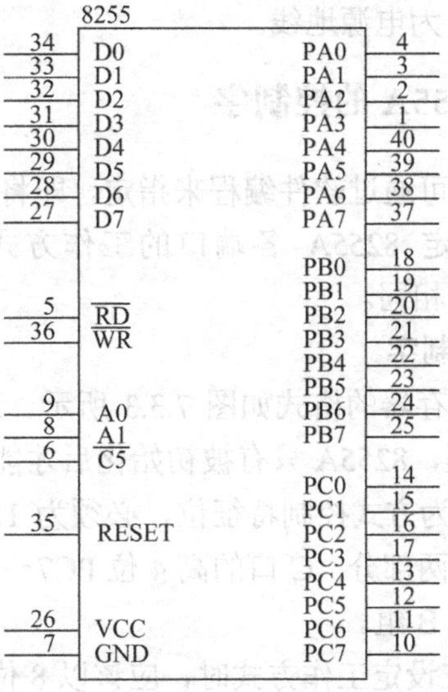

图 7.3.2　Intel 8255A 外部引脚图

表 7.3.1　8255A 端口操作选择表

CS#	A1	A0	RD#	WR#	操作说明
0	0	0	0	1	数据从端口 A 送至数据总线
0	0	1	0	1	数据从端口 B 送至数据总线
0	1	0	0	1	数据从端口 C 送至数据总线
0	0	0	1	0	数据从数据总线送至端口 A
0	0	1	1	0	数据从数据总线送至端口 B
0	1	0	1	0	数据从数据总线送至端口 C
0	1	1	1	0	写端口地址 A1A0=11 若写入的数据 D7=1，则由数据总线向控制寄存器写入方式控制字； 若 D7=0，则由数据总线写入的数据作为对 C 端口的置位/复位命令字
1	x	x	x	x	数据总线 D7～D0 进入高阻状态
0	1	1	0	1	非法状态（控制寄存器端口不可读）
0	x	x	1	1	数据总线 D7～D0 进入高阻状态

D7～D0 是双向数据信号线，和系统总线相连。通过它可以接收 CPU 发来的命令和输出数据，并通过它向 CPU 送出输入数据。

RD#、WR#分别为读写控制信号，低电平有效。当 RD#有效时，CPU 从 8255A 的指定端口读取数据。当 WR#有效时，CPU 向 8255A 的指定端口写控制字或数据。

CS#为片选信号，低电平有效。当该引脚处于低电平时，选中 8255A。

A1、A0 为 I/O 端口地址选择信号线。8255A 内部有 PortA、PortB 和 PortC 3 个数据端口及一个控制寄存器端口，共占 4 个 I/O 端口地址，其端口操作选择如表 7.3.1 所示。A1、A0 与 CS#一起决定 8255A 片内 I/O 端口及控制寄存器的地址。

RESET 为复位输入信号，高电平有效。8255A 复位后，所有内部寄存器都被清零，同时，3 个端口均被定义为输入端口。

PA7～PA0、PB7～PB0 和 PC7～PC0 为 8255A 的 3 个并行 8 位 I/O 端口的引出线，各引线的功能可通过编程对其工作方式进行设置。

VCC 为＋5V 电源。GND 为电源地线。

7.3.2 可编程并行接口 8255A 的控制字

对于各端口的工作方式，可通过软件编程来指定，即将不同的控制字装入 8255A 集成电路中的控制寄存器即可确定 8255A 各端口的工作方式。方式控制字的写入地址为 A1A0=11，与 C 口位操作地址相同。

1. Intel 8255A 的方式控制字

8255A 的工作方式控制寄存器的格式如图 7.3.3 所示。通常将 8255A 工作方式的设定工作称为 8255A 的初始化过程，8255A 只有被初始化后才能正常工作。

方式控制字的最高位 D7 为方式控制特征位，必须为 1。该控制字可以分别确定 A 口和 B 口的工作方式。C 口分成两部分，C 口的高 4 位 PC7～PC4 同 A 口构成 A 组；C 口的低 4 位 PC3～PC0 同 B 口构成 B 组。

对于 A 口和 B 口而言，在设定工作方式时，应该以 8 位为一个整体来进行设定，而 C 口高 4 位和低 4 位可以分别选择不同的输入/输出方式。

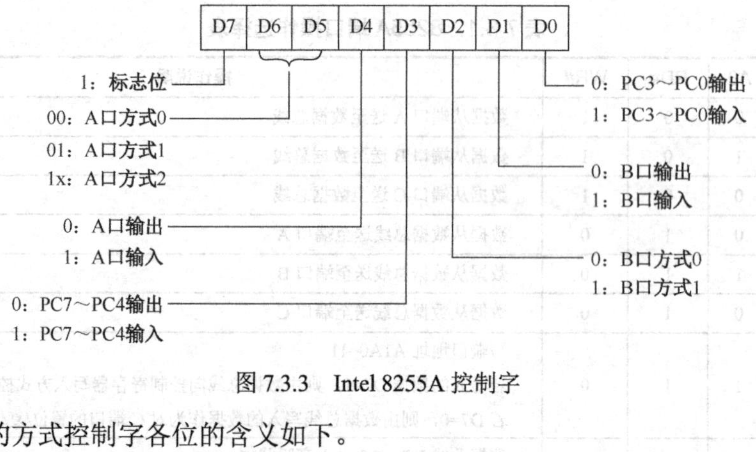

图 7.3.3　Intel 8255A 控制字

8255A 的方式控制字各位的含义如下。

D7：方式控制字的标志位，恒为 1。

D6、D5：设置 A 口的工作方式。D6D5＝00 时为方式 0，D6D5＝01 时为方式 1，D6D5

＝10 或 11 时为方式 2。

D4：设置 A 口的数据传送方向。D4＝1 表示输入；D4＝0 表示输出。

D3：设置 PC7～PC4 的数据传送方向。D3＝1 表示输入；D3＝0 表示输出。

D2：设置 B 口的工作方式。D2＝1 表示方式 1；D2＝0 表示方式 0。

D1：设置 B 口的数据传送方向。D1＝1 表示输入；D1＝0 表示输出。

D0：设置 PC3～PC0 的数据传送方向。D0＝1 表示输入；D0＝0 表示输出。

例如，将 8255A 的 A 口设定为工作方式 0 输入，B 口设定为工作方式 1 输出，C 口没有定义，工作方式控制字为 10010100B。

2．C 口按位置 0/置 1 控制字

在 A、B、C 这 3 个端口中，C 口还具有位操作功能，即 C 口各位可以分别单独置位或复位，从而可方便地得到选通或控制信号。C 口的位操作端口地址同方式控制字写入地址，即 A1A0=11，C 口位操作使用格式如图 7.3.4 所示。

8255A C 口置位/复位控制字用于设置 C 口某一位口线 PCi（i=0～7）输出为高电平（置位）或低电平（复位），对各端口的工作方式没有影响。其各位定义如下。

D7 位：标志位，D7=0 时，D3～D0 作为 C 口按位置 0/置 1 操作内容。

D6～D4：没有定义，状态可以任意，通常设置为 0。

D3～D1：8 种状态组合 000～111 对应 PC0～PC7。

D0：用来设定指定接口线 PCi 为高电平还是低电平。当 D0＝1 时，指定接口线 PCi 输出高电平；当 D0＝0 时，指定接口线 PCi 输出低电平。

例如，若把 PC2 口线输出状态设置为高电平，则置位/复位控制字为 00000101B。

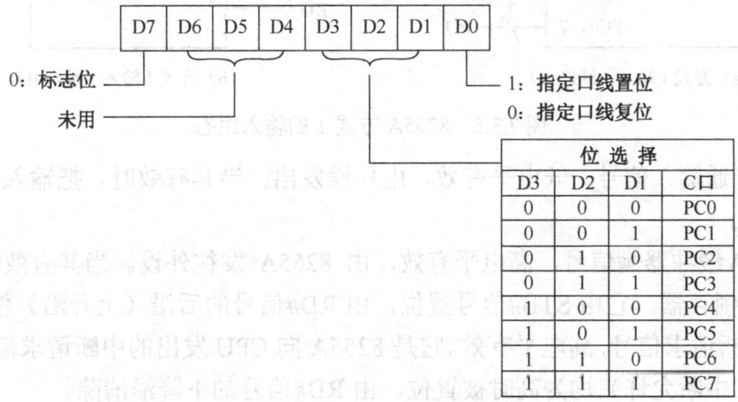

D3	D2	D1	C口
0	0	0	PC0
0	0	1	PC1
0	1	0	PC2
0	1	1	PC3
1	0	0	PC4
1	0	1	PC5
1	1	0	PC6
1	1	1	PC7

图 7.3.4　8255A 端口 C 位操作格式

7.3.3　可编程并行接口 8255A 的工作方式

8255A 有 3 种基本的工作方式，即方式 0、方式 1 和方式 2，这 3 种工作方式可通过程序写控制命令字来选择。

1．方式 0——基本输入/输出方式

方式 0 为基本输入/输出工作方式。3 个端口的每一个都可由程序设定为输入口或输出口。3 个端口可以设定为 3 个 8 位输入口或输出口，C 口也可以设定为两个 4 位端口。任一个端口可作为输入口或输出口使用，即 8255A 各端口均设定为方式 0 时，可有 16 种不同的使用组合方式。

当 8255A 各端口被设定工作在方式 0 时，其输出是锁存的，而输入是不锁存的。

方式 0 一般用于无条件传送的场合，也可以用做查询式传送。用做无条件传送时，不需要应答式联络信号，外设总是处于准备好的状态。用做查询式传送时，可将 A 口和 B 口作为数据口。把 C 口的 4 位（高 4 位或低 4 位）规定为输出口，用以输出一些控制信号，把 C 口的另 4 位规定为输入口，用以读入外设的状态。

2．方式 1——选通输入/输出方式

方式 1 为选通输入/输出工作方式。在此方式中，A 口和 B 口作为 8 位输入或输出端口，C 口的某些线作为 A 口或 B 口输入/输出的控制或状态信号。

1）方式 1 输入方式

当 8255A 的 A 口和 B 口工作于选通输入方式时，PC 口各线的作用如图 7.3.5 所示。PC3～PC5 分配给 A 口，PC0～PC2 分配给 B 口，剩下的 PC6、PC7 则可以作为简单输入/输出线使用。方式 1 输入时的控制信号意义如下。

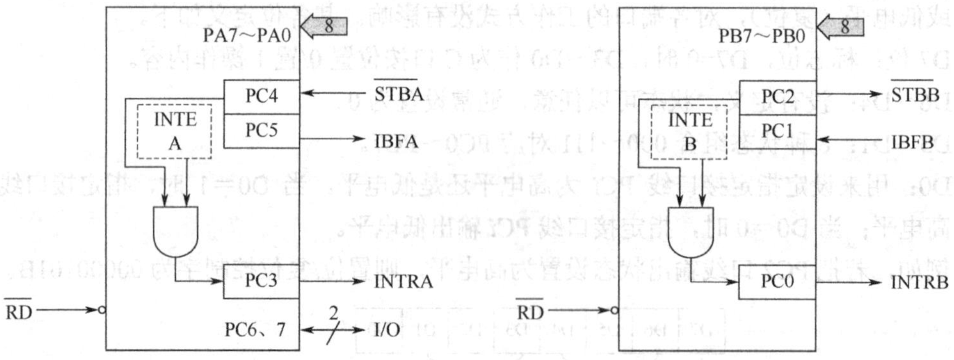

（a）方式 1 输入（端口 A）　　（b）方式 1 输入（端口 B）

图 7.3.5　8255A 方式 1 的输入组态

STB#：选通输入信号，低电平有效，由外设发出。当其有效时，把输入装置的数据送入输入锁存器。

IBF：输入缓冲器满信号，高电平有效，由 8255A 发往外设。当其有效时，表示数据已传输至输入锁存器。它由 STB#信号置位，由 RD#信号的后沿（上升沿）使其复位。

INTR：中断请求信号，高电平有效。它是 8255A 向 CPU 发出的中断请求信号，当 STB#、IBF 和 INTE（中断允许）均为高时被置位，由 RD#信号的下降沿清除。

INTE：中断允许信号，高电平有效。只有在 INTEA=1 时，A 口才能因输入缓冲器满而向 CPU 发出中断申请信号。用户用 PC4 的置位控制字来使 INTEA 置 1，用户用 PC2 的置位控制字来使 INTEB 置 1，使 A 口和 B 口允许中断。使用 PC4 或 PC2 的复位控制字可使 INTEA 或 INTEB 复位，以禁止中断。

2）方式 1 输出

8255A 的 A 口和 B 口工作于选通输出方式时，PC 口各线的作用如图 7.3.6 所示。PC3、PC6、PC7 分配给 A 口，PC2～PC0 分配给 B 口，剩下的 PC4、PC5 可作为简单输入/输出线使用。方式 1 输出时的控制信号意义如下。

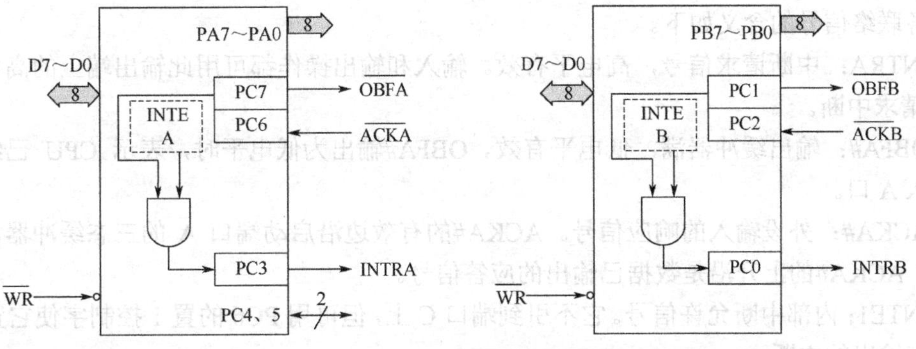

（a）方式 1 输出（端口 A）　　（b）方式 1 输出（端口 B）

图 7.3.6　8255A 方式 1 输出组态

OBF#：输出缓冲器满信号，低电平有效。这是 8255A 给外设的联络信号。当其有效时，表明 CPU 已经把数据输出给指定的端口，外设可以把数据输出。它由输出指令产生的 WR#上升沿置为有效，由 ACK#信号使其恢复为高电平。

ACK#：外设响应信号，低电平有效。它告诉 8255A，CPU 输出给 8255A 的数据已经由外设接收了。

INTR：中断请求信号，高电平有效。当外设已经接收了 CPU 输出的数据后，8255A 向 CPU 发出中断请求，要求 CPU 输出新的数据。当 INTE 为“1”并且 ACK 由低变为高时 INTR 置位，而 WR#信号的下降沿使 INTR 复位。

INTEA 和 INTEB：中断允许信号，高电平有效，分别由 PC6 和 PC2 的置位/复位控制。

使用查询方式输出时，CPU 在输出数据后查询 OBF#是否变高。若变高，则表明输出缓冲器空，即数据已被外设接收，可以输出新的数据。若使用中断方式传送，则要使中断得以发生，必须先使用 C 口置位控制字使之允许中断，即 INTE=1，且 CPU 需先在主程序中输出一个数据，才能使中断过程得以引发。当用中断方式传送数据时，通常把 INTR 连接到 8259A 的请求输入端 IR*i*。

3．方式 2——双向输入/输出方式

方式 2 为应答式双向输入/输出工作方式。这时 A 口作为双向输入/输出端口，PA7～PA0 为双向数据线，C 口中的 5 位（PC7～PC3）作为 A 口相应的应答控制信号，B 口和余下的 C 口可处于方式 0 工作状态。方式 2 组态的联络信号如图 7.3.7 所示。

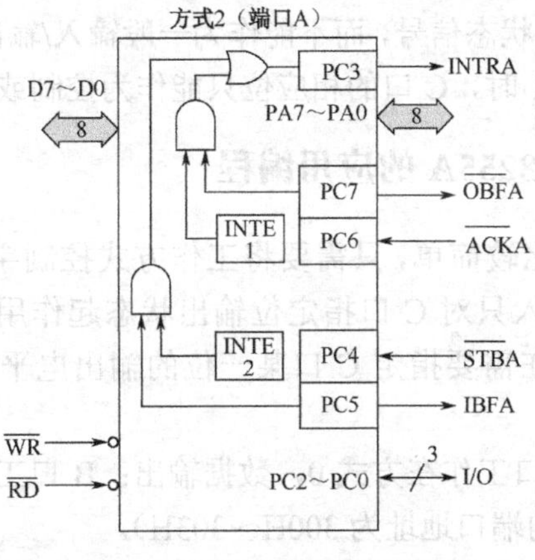

图 7.3.7　8255A 方式 2 组态

各联络信号的含义如下。

INTRA：中断请求信号，高电平有效。输入和输出操作都可用此输出端上的高电平向CPU请求中断。

OBFA#：输出缓冲器满，低电平有效。OBFA#输出为低电平时，表示 CPU 已经把数据写入A口。

ACKA#：外设输入的响应信号。ACKA#的有效边沿启动端口 A 的三态缓冲器，送出数据。ACKA#的上升沿是数据已输出的应答信号。

INTE1：内部中断允许信号。它不引到端口C上，但可用PC6的置1控制字使它置“1”，即允许输出的中断。

STBA#：外设送来的输入选通信号，低电平有效。STBA#为低时，把数据选通至A口的输入锁存器中。

IBFA：输入缓冲器满信号，高电平有效。IBFA 为高电平时，表示数据已被输入到输入缓冲器中。

INTE2：与 IBFA 有关的中断允许信号，由 PC4 的置 1 控制字置“1”，即允许输入的中断。

方式2的时序相当于方式1的输入与输出的组合。方式2可以使用查询方式，也可以使用中断方式。

输出过程是由CPU执行一条针对A口的输出指令而引发的，WR#信号使INTR信号无效，WR#的上升沿使OBFA#有效，输出缓冲器满，OBFA#有效，通知外设可取走端口数据。外设取走数据，向8255A发出应答信号ACKA#，ACKA#的有效低电平使OBFA#复位，从而开始下一个数据传输过程。

输入过程是由选通信号STBA#引发的，选通信号将输入数据锁存到A口的输入锁存器中，IBFA 变为高电平，输入缓冲器满。选通信号 STBA#结束时，中断请求信号变为高电平。CPU响应中断进行读操作，RD#信号有效，将数据从A口读到CPU中，IBFA和中断请求信号变为低电平，结束了一次数据输入过程。

如果一个并行外部设备既可以作为输入设备，又可以作为输出设备，并且输入/输出动作不会同时进行，则可将这个外设和8255A的端口A相连，并使它工作于方式2。

8255A 的 3 个端口互相之间是相对独立而又相互关联的。3 个端口可以工作在不同的工作方式，但只有A口才可以处于方式2，同时，此时的C口（主要指PC7～PC3等高5位）必须作为A口的控制或状态信号，而不能作为一般输入/输出端口使用。方式1也一样，当A口或B口工作在方式1时，C口的相应位只能作为控制或状态信号使用。

7.3.4 可编程并行接口 8255A 的应用编程

8255A的初始化编程比较简单，只需要将工作方式控制字写入控制端口即可。另外，C口置位/复位控制字的写入只对C口指定位输出状态起作用，对A口和B口的工作方式没有影响，因此，只有在需要指定C口某一位的输出电平时，才写入C口置位/复位控制字。

例如，设8255A的A口工作在方式0，数据输出；B口工作在方式1，数据输入。编写初始化程序（设8255A的端口地址为300H～303H）。

初始化程序如下。

```
MOV   DX，303H              ；控制寄存器端口地址为303H
MOV   AL，10000110B         ；A口工作于方式0，数据输出；B口工作于方式1，数据输入
OUT   DX，AL                ；将控制字写入控制寄存器
```

例如，将 8255A 的 C 口中的 PC0 设置为高电平输出，PC5 设置为低电平输出，编写位操作程序（设 8255A 的端口地址为 300H～303H）。

C 口位操作程序如下。

```
MOV   DX，303H              ；C口位操作地址为303H，与控制寄存器地址相同
MOV   AL，00000001B         ；设置PC0为高电平输出
OUT   DX，AL                ；实现C口位操作，使PC0输出高电平
MOV   DX，303H              ；C口位操作地址为303H，与控制寄存器地址相同
MOV   AL，00001010B         ；设置PC5为低电平输出
OUT   DX，AL                ；实现C口位操作，使PC5输出低电平
```

习　题

7.1　什么是并行通信？并行通信有什么特点？

7.2　8255A 的方式控制字和 C 口置 1/置 0 控制字都是写入控制端口的，它们是怎样区分的？

7.3　8255A 的方式 0 一般使用于什么场合？在方式 0 时，如果使用应答信号进行联络，则应该怎么办？

7.4　当8255A工作于方式2并且采用中断时，CPU如何区分是输入还是输出引起的中断？

7.5　当数据从 8255A 的端口 C 向数据总线上读入 CPU 时，8255A 的引脚 CS#、A1、A0、RD#、WR#分别是什么电平？

7.6　设 8255A 的 4 个端口地址为 60H～63H，试编写下列各种情况下的初始化程序。

（1）将 A 组和 B 组设置为方式 0，A 口、B 口为输入，C 口为输出。

（2）将 A 组设置为方式 2，B 组为方式 1，B 口作为输出。

（3）将 A 口和 B 口均设置为方式 1，均为输入，PC6 和 PC1 为输出。

（4）A 口工作在方式 1，输入；B 口工作在方式 0，输出；C 口的高 4 位配合 A 口工作，低 4 位为输入。

第 8 章　定时/计数器 8253

8.1　定时/计数技术

计数就是记录事件产生的次数。在计算机中，其实质是记录脉冲个数。计数对象脉冲不一定要求是周期信号。

定时就是在预定时间产生的有关信号。在计算机中，定时是通过累计计时单元获得的，即定时的本质就是计数，且定时所计脉冲是标准的周期脉冲。

无论是计算机基本系统还是实时测控系统，常需要系统提供一些定时和计数的功能，实现定时中断或延时控制等，以满足 I/O 接口或系统内部的需要，如定时中断、定时采集或者延时一段时间实现某种控制等，有时也需要对外部事件进行计数。目前，有 3 种主要方法实现上述要求：软件定时、不可编程的硬件定时和可编程的硬件定时/计数方法。

软件定时就是通过 CPU 执行一段延时程序（根据预定时间要求设定指令数量及类型）达到定时目的的。延时程序执行完毕后，通常用 OUT 指令输出一个控制信号。软件定时的特点是简单、灵活，不需额外硬件；其缺点是 CPU 效率低、延时时间计算麻烦、延时精度低、延时时间不准确（多任务时）。

不可编程的硬件定时，数字计数器（如 74LS393）计数方式简单。例如，用 555 或 *RC* 组成的单稳延时电路，但要改变单稳的宽度必须改变电路参数，给使用带来不便。

可编程定时/计数器的定时值及计数范围可以由软件来设定和改变，不会占用 CPU 大量时间（只需执行几条指令的时间），所以使用方便、灵活，定时精度高且功能较强。可编程定时/计数器在计算机中应用广泛。Intel 8253 就是一种常用的可编程定时/计数器芯片。

8253 应用于 8088/8086 微型计算机，定时/计数器集成电路 8254 应用于 80286 微型计算机。8254 与 8253 的功能、引脚相同，主要区别是最高计数频率不同。8253 最高计数频率可达 5MHz，而 8254 最高计数频率高达 10MHz。

8.2　可编程定时/计数器 8253

8.2.1　可编程定时/计数器 8253 的外部引脚及内部结构

1. Intel 8253 的外部引脚

可编程定时/计数器 Intel 8253 是 24 引脚双列直插式芯片，现在也有贴片式封装芯片，其外部引脚如图 8.2.1 所示。

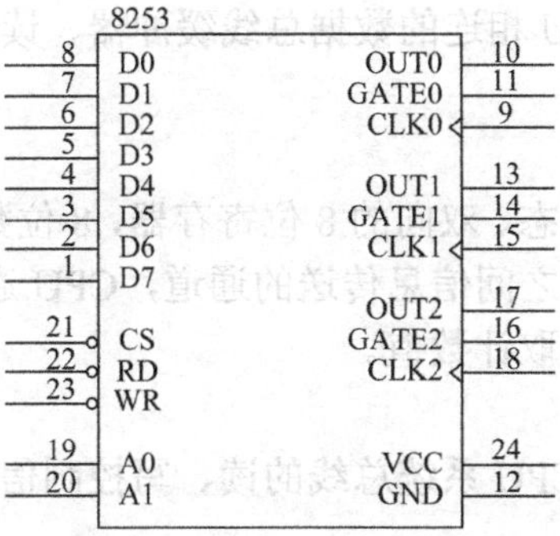

图 8.2.1　Intel 8253 外部引脚图

D7～D0：双向、三态数据总线，是 PC 总线与 8253 间的数据传输线。

RD#和 WR#：分别为读和写控制信号线，低电平有效。

CS#：片选线，通常接地址译码器输出。

A1、A0：地址选择线，有 4 种组合，可分别选择 3 个计数器和控制字寄存器。A1、A0 和 CS#共同实现对 8253 的寻址。8253 的内部计数器和控制寄存器的地址编码选择信号如表 8.2.1 所示。

表 8.2.1　8253 端口地址编码

CS#	A1	A0	端口选择
0	0	0	计数器 0
0	0	1	计数器 1
0	1	0	计数器 2
0	1	1	控制寄存器
1	x	x	未选中

8253 集成电路内共有 3 个独立的计数器。其中，CLK0～CLK2 是每个计数器的时钟输入端，计数器对此时钟信号进行计数；GATE0～GATE2 为门控输入信号，它是计数器控制信号，用来控制计数器工作；OUT0～OUT2 为计数器输出信号，用来产生不同方式下工作时的输出波形。

2. Intel 8253 的内部结构

8253 的内部结构如图 8.2.2 所示。

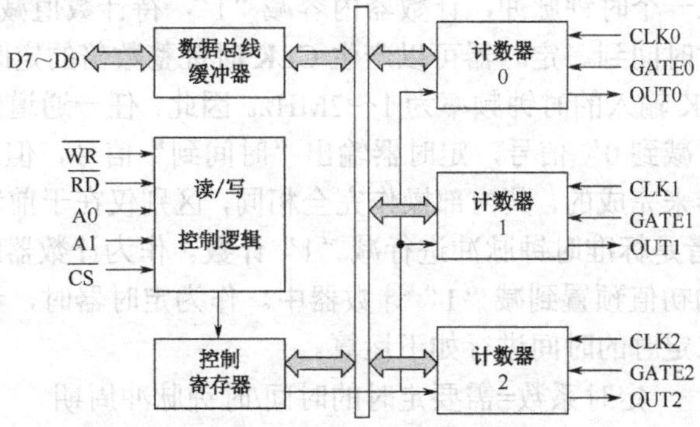

图 8.2.2　Intel 8253 内部结构

8253 内部结构包括与 CPU 相连的数据总线缓冲器、读/写控制逻辑、控制寄存器和 3 个计数器。

1）数据总线缓冲器

数据总线缓冲器是一个三态、双向的 8 位寄存器，8 位数据线 D7～D0 与 CPU 的数据总线连接，构成 CPU 和 8253 之间信息传送的通道，CPU 通过数据总线缓冲器向 8253 写入控制命令、计数初始值或读取计数值。

2）读/写控制逻辑

读/写控制逻辑用来接收 CPU 系统总线的读、写控制信号和端口选择信号，用于控制 8253 内部寄存器的读/写操作。

3）控制寄存器

控制寄存器是一个只能写不能读的 8 位寄存器，系统通过指令将控制字写入控制寄存器，设定 8253 的不同工作方式。

4）计数器

8253 内部有 3 个结构完全相同而又相互独立的 16 位减“1”计数器，每个计数器有 6 种工作方式，各自可按照编程设定的方式工作。每个计数器有一个 16 位可预置初值的减法计数器，还有一个对应的 16 位锁定寄存器。在编程条件下，可把预置的计数值写入锁定寄存器，并自动地由锁定寄存器传送给计数器。在计数过程中，计数器的值不断递减，而锁定寄存器中的预置值不变，但可以使用专门的锁定命令把当前计数器的值锁定在锁定寄存器中以便读出。每个计数器的输入和输出都受控于控制寄存器中的方式控制字且相互间完全独立。

8.2.2 可编程定时/计数器 8253 的基本工作原理

8253 内部包含 3 个功能完全相同的 16 位计数器，每个计数器内含 1 个 16 位的初值寄存器、减 1 计数器和 1 个 16 位的锁存器。可进行二进制或十进制（BCD 码）计数。采用二进制计数时，写入的初值为 0000H～0FFFFH，最大计数值是 0000H，代表 65536。采用 BCD 码计数时，写入的初值为 0000～9999，最大计数值是 0000，代表 10000。

8253 作为计数器使用时，应将要求计数的次数预置到该计数器中，被计数的事件应以脉冲方式从 CLK 端输入。由 CLK 脉冲在 GATE 开启的状态下对计数器进行减“1”计数；在一串 CLK 脉冲的作用下，当计数器减至“0”时，表示计数次数到，由 OUT 端输出信号。

8253 作为定时器使用时，由 CLK 输入一定频率的时钟脉冲。根据要求定时的时间长短确定所需的计数值，并预置到计数器中。由 CLK 脉冲在 GATE 开启的状态下触发定时器开始工作，每输入一个时钟脉冲，计数器内容减“1”，待计数值减到“0”时，OUT 将输出信号，表示定时时间到。定时器可以产生 CLK 时钟整数倍的定时间隔。

8253 允许从 CLK 输入的时钟频率为 1～2MHz。因此，任一通道做计数器用或做定时器用，计数器输出“减到 0”信号，定时器输出“时间到”信号，但就其内部操作而言，都是利用一个减法器来完成的，其内部操作完全相同，区别仅在于前者是由计数脉冲进行减“1”计数，而后者是标准时钟脉冲进行减“1”计数。作为计数器时，要求计数的次数可直接作为计数器的初值预置到减“1”计数器中。作为定时器时，计数器的初值（即定时系数）应根据要求定时的时间进行如下运算。

定时系数=需要定时的时间/时钟脉冲周期

8.2.3 可编程定时/计数器 8253 的工作方式

8253 内部的 3 个 16 位计数器能够工作在以下 6 种方式。

（1）方式 0：计数结束产生中断。

（2）方式 1：可编程单拍脉冲。

（3）方式 2：频率发生器。

（4）方式 3：方波发生器。

（5）方式 4：软件触发选通。

（6）方式 5：硬件触发选通。

方式控制字决定了每个计数器的工作方式，可用软件编程设置方式控制字，这称为 8253 的初始化。

8253 的每个计数器有 6 种工作方式，同一芯片中的 3 个计数器可以通过初始化分别设定为不同的工作方式，但是不论哪种工作方式都应遵循以下规则。

（1）控制字写入控制字寄存器后，控制逻辑电路复位，输出信号 OUT 进入初始状态（高电平或低电平）。

（2）通常在时钟脉冲 CLK 的上升沿对门控信号 GATE 进行采样。在不同工作方式下，对门控信号的触发方式有不同的要求。

（3）在时钟脉冲 CLK 的下降沿，计数器减“1”计数。

1. Intel 8253 的控制字

8253 的控制字如图 8.2.3 所示。8253 内部有 3 个相互独立的定时/计数器，也有 3 个控制字寄存器分别控制 3 个计数器的工作方式。3 个计数器共占用 3 个 I/O 端口地址，但 3 个控制字寄存器只占一个公用地址 A1A0=11。这样，采用控制字的高两位（D7D6）来选择计数通道，以区分写入的控制字对应的计数器。

8253 的每个计数器都是 16 位计数器，但 8253 芯片的数据总线只有 8 位，即一次读写操作只允许 8 位。由控制字的 D5D4 规定计数器计数值（初值）的读写格式。

控制字的 D3D2D1 三位用于规定计数通道的工作方式，选择 6 种工作方式之一。

8253 的计数数制可以是二进制，也可以是 BCD 码。控制字的 D0 位即用于选择计数数制。允许用户使用的二进制数为 0000H～FFFFH。计数器是减 1 操作，当初始计数值为 0000 时，计数值为最大。BCD 码数值的范围是 0000～9999，最大初值是 0000。

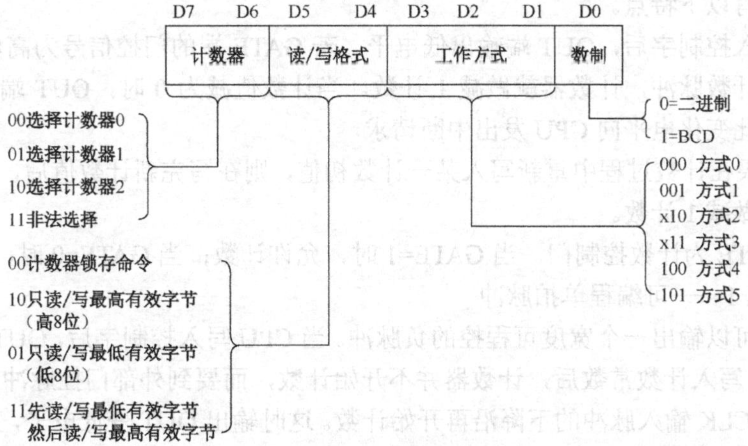

图 8.2.3 Intel 8253 控制字格式

2. Intel 8253 的工作方式说明

1）方式 0——计数结束产生中断

8253 工作在方式 0 时，计数器减为“0”后，即计数结束后，OUT 引脚输出一个由低电平到高电平的跳变信号，因此可以用它作为计数结束的中断请求信号。方式 0 的时序如图 8.2.4 所示。

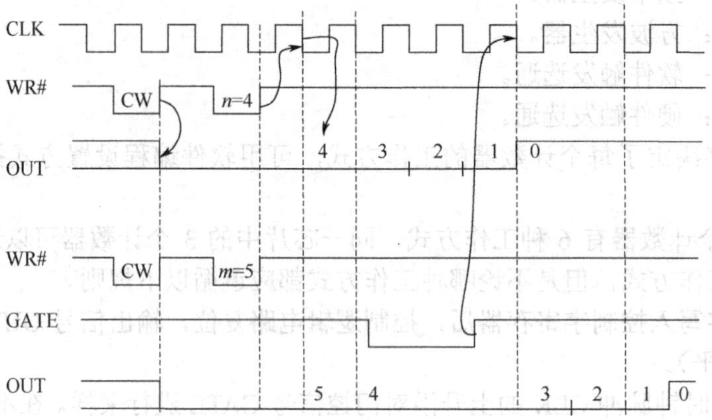

图 8.2.4 Intel 8253 方式 0 的时序

图 8.2.4 中第一个 WR#的第一个负脉冲代表向控制字寄存器写入控制字 CW=10H，第二个负脉冲代表写计数初值 *n*=4H，此后开始计数。减“1”计数到“0”时，OUT 输出高电平。如果 8253 地址为 200H～203H，则图 8.2.4 第一个 OUT 的输出是执行以下指令时的操作时序。

```
MOV  AL, 10H        ; 00010000B→AL
MOV  DX, 203H       ; 控制字地址
OUT  DX, AL         ; 写入控制字寄存器
MOV  AL, 04H        ; 00000100B→AL
OUT  DX, AL         ; 向0号计数器写入计数初值
```

图 8.2.4 中第二个 WR#的第一个负脉冲代表向控制字寄存器写入控制字 CW=10H，第二个负脉冲代表写计数初值 *m*=5H，此后开始计数。但计数过程中，GATE 信号变为低电平，计数器暂停计数，直到 GATE 变成高电平时，继续计数。

方式 0 有以下特点。

（1）写入控制字后，OUT 端输出低电平。若 GATE 端的门控信号为高电平，CLK 端每送来一个计数脉冲，计数器就做减 1 计数。当计数值减为 0 时，OUT 端输出变为高电平。一般用此变化电平向 CPU 发出中断请求。

（2）如果在计数过程中重新写入某一计数初值，则在写完新计数值后，计数器将从该值开始重新做减 1 计数。

（3）GATE 为计数控制门。当 GATE=1 时，允许计数；当 GATE=0 时，停止计数。

2）方式 1——可编程单拍脉冲

方式 1 可以输出一个宽度可程控的负脉冲。当 CPU 写入控制字后，OUT 即变高电平，但是当 CPU 写入计数常数后，计数器并不开始计数，而要到外部门控脉冲 GATE 启动之后的下一个 CLK 输入脉冲的下降沿再开始计数。这时输出 OUT 变低电平，直至计数到 0，输出 OUT 再变高电平，如图 8.2.5 所示。

方式 1 的工作特点如下。

（1）写入控制字后，OUT 端输出高电平。不管此时 GATE 输入是高电平还是低电平，都不开始减 1 计数，必须等到 GATE 端输入正跳变触发脉冲时，计数过程才会开始。

（2）工作时，由 GATE 输入触发脉冲的上升沿，使 OUT 变为低电平，每送来一个计数脉冲，计数器减 1 计数。当计数值减为 0 时，OUT 再变为高电平。OUT 输出的单拍负脉冲的宽度为计数器的初值乘以 CLK 端的输入脉冲周期。

（3）如果在计数器未减到 0 时，门控端 GATE 又有一次触发脉冲，则由下一个时钟脉冲开始，计数器将从初值开始重新做减 1 计数。

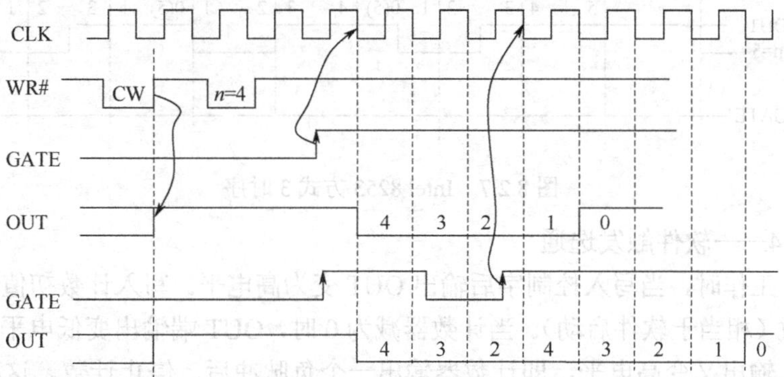

图 8.2.5　Intel 8253 方式 1 时序

3）方式 2——频率发生器

在此方式下，当 CPU 输出控制字后，OUT 输出将为高电平。在写入计数初值后，计数器立即对输入时钟 CLK 计数。在计数过程中输出始终保持为高电平，直到计数器减为 1 时，输出将变为低电平，经过一个 CLK 周期，输出恢复为高电平，且计数器开始重新计数。因此，方式 2 实际上是 N 分频计数器，N 即为写入计数器的初值。输出端 OUT 在每 N 个 CLK 信号中输出一个宽度等于 CLK 信号周期的负脉冲。方式 2 的时序如图 8.2.6 所示。

GATE 用来控制计数，当 GATE=1 时，允许计数；当 GATE=0 时，停止计数。因此，可以用 GATE 来使计数器同步。

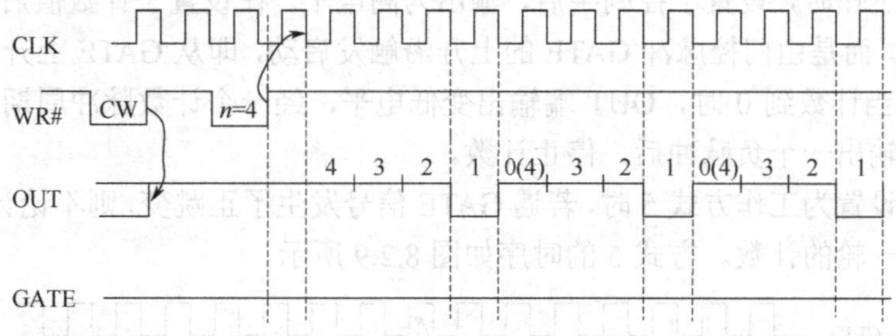

图 8.2.6　Intel 8253 方式 2 时序

4）方式 3——方波发生器

此方式类似于方式 2，其输出都是周期性的。它们的主要区别是，方式 3 在计数过程中输出有一半时间为高电平，另一半时间为低电平。也就是说，当计数初值 N 为偶数时，输出为 N 分频的方波，此时一个周期中的高电平时间等于低电平时间，即等于 $N/2$ 个计数脉冲周期 CLK；当计数初值 N 为奇数时，输出波形为准方波，即在一个周期内，高电平宽度为（N+1）/2 计数脉冲周期，低电平宽度为（N−1）/2 计数脉冲周期，即一个周期内高电平时间比低电平时间多一个计数脉冲周期 CLK，当 N 足够大时[当（N+1）/2）≈（N−1）/2 时]，输出可视为方波。方式 3 的时序如图 8.2.7 所示。

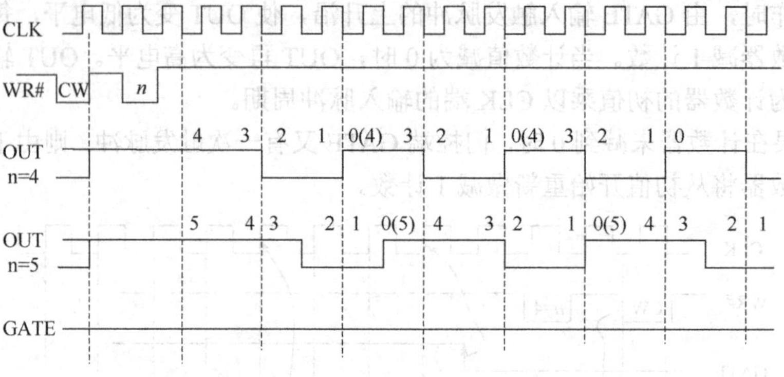

图 8.2.7　Intel 8253 方式 3 时序

5）方式 4——软件触发选通

按方式 4 工作时，当写入控制字后输出 OUT 变为高电平。写入计数初值后，计数器立即做减 1 计数（相当于软件启动）。当计数器减为 0 时，OUT 端输出变低电平，经过一个计数脉冲周期，输出又变高电平，即计数器输出一个负脉冲后，停止计数。这种方式的计数是一次性的，只有在输入新的计数值后，才能开始新的计数。GATE 用于控制是否允许计数，当 GATE=1 时，允许计数；当 GATE=0 时，停止计数。方式 4 的时序如图 8.2.8 所示。

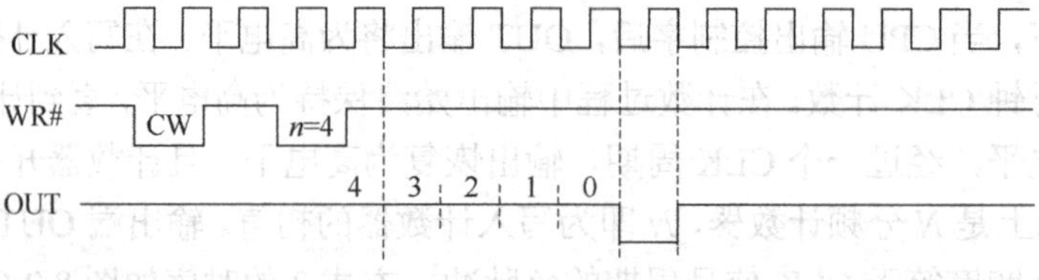

图 8.2.8　Intel 8253 方式 4 时序

6）方式 5——硬件触发选通

按方式 5 工作时，设置了控制字后，输出为高电平。在设置了计数值后，计数器并不立即开始计数，而是由门控脉冲 GATE 的上升沿触发启动，即从 GATE 上升沿开始计数器做减 1 计数。当计数到 0 时，OUT 端输出变低电平，经一个计数脉冲周期后，输出恢复为高电平，即输出一个负脉冲后，停止计数。

当计数器设置为工作方式 5 时，若遇 GATE 信号发生了正跳变，则不论计数是否结束，都重新开始新一轮的计数。方式 5 的时序如图 8.2.9 所示。

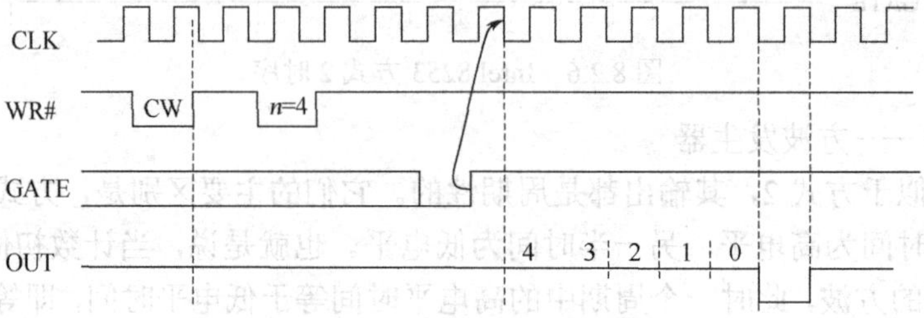

图 8.2.9　Intel 8253 方式 5 时序

从 8253 的 6 种工作方式中可以看到门控信号 GATE 十分重要，而且不同的工作方式其作用不一样。各种方式下 GATE 的作用如表 8.2.2 所示。

表 8.2.2　Intel 8253 的 GATE 信号的功能

工作方式	GATE 为低电平或下降沿	GATE 上升沿	GATE 为高电平
0	禁止计数		允许计数
1		开始计数	
2	禁止计数，并立即使输出为高电平	计数器重新装入，并开始计数	允许计数
3	禁止计数，并立即使输出为高电平	开始计数	允许计数
4	禁止计数		允许计数
5		开始计数	

8.3　定时/计数器 8253 的应用及实例

8.3.1　定时/计数器 8253 与系统总线的连接

8253 定时/计数器作为 CPU 的 I/O 设备，其连接方法与其他 I/O 接口芯片类似。图 8.3.1 是 8253 与微型计算机系统总线连接的示意图。其中，8253 的片选信号 CS#由高位地址译码而得到，数据线直接挂接到系统数据总线上，读写控制线分别与系统总线中的 IOR#、IOW#相连接。A0、A1 连接到系统总线中的低位地址线上，并与 CS#共同决定了 8253 芯片内部各计数器的 I/O 端口地址。

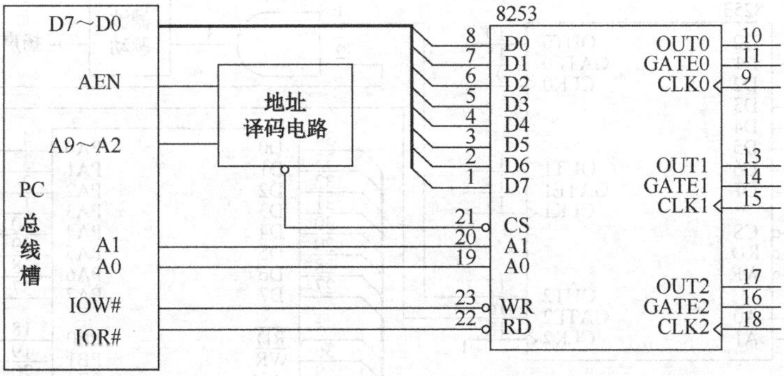

图 8.3.1　Intel 8253 与微机总线的连接示意图

8.3.2　定时/计数器 8253 的初始化编程

8253 的每个计数器都必须在写入控制字来设定计数器的工作方式和写入计数初始值后，才能启动工作，这个过程称为初始化编程。在编写初始化程序时，由于 8253 的 3 个计数器的控制字都是独立的，而它们的计数常数都有各自的地址单元，因此，初始化编程顺序比较灵活，可以在写入一个计数器的控制字和计数常数之后，再写入另一个计数器的控制字和计数常数，也可以把所有计数器的控制字都写入之后，再写入计数常数。

需要注意的是，计数器的控制字必须在其计数常数之前写入，计数常数的低 8 位必须在高 8 位之前写入。后续章节将通过示例说明 8253 的编程方法。

8253 的初始化编程要注意如下几点。

（1）3 个计数器有各自的控制字，必须分别写入，但写入的地址是同一个（A1A0=11），由 D7D6 区分。

（2）对同一计数器要求先写控制字，再写计数初值。对 3 个计数器的写入顺序无要求，如可先写计数器 2，后写计数器 0。

（3）计数初值必须按控制字规定的方式写。若规定只写低 8 位，则写入的为计数值的低 8 位，高 8 位自动置 0。若规定只写高 8 位，则写入的为计数值的高 8 位，低 8 位自动置 0。若是 16 位计数值，则分两次写入（同一地址），先写入低 8 位，再写入高 8 位。计数初值的最大值是 0000H。计数值可改写，即在计数过程中可重写入。

8.3.3 定时/计数器 8253 的应用实例

1．定时/计数器 8253 在 PC 中的应用

在 IBM PC/XT 微机中采用了一片 Intel 8253 定时/计数器芯片，其 3 个通道的用途分别如下。

CNT0 编程用做定时器，为系统的电子钟提供一个恒定的时间基准。程序设置 CNT0 每秒产生 18.2 次输出信号，送到 8259A 中断控制器的 IRQ0 输入端。

CNT1 编程用做动态 RAM 的刷新定时。

CNT2 编程为方波输出，这个输出波形送到扬声器，用程序设置 CNT2 输出波形的频率和延续时间，即可控制扬声器的音调和发声长短。

使用定时/计数器 8253 控制微型计算机扬声器的发声电路如图 8.3.2 所示。

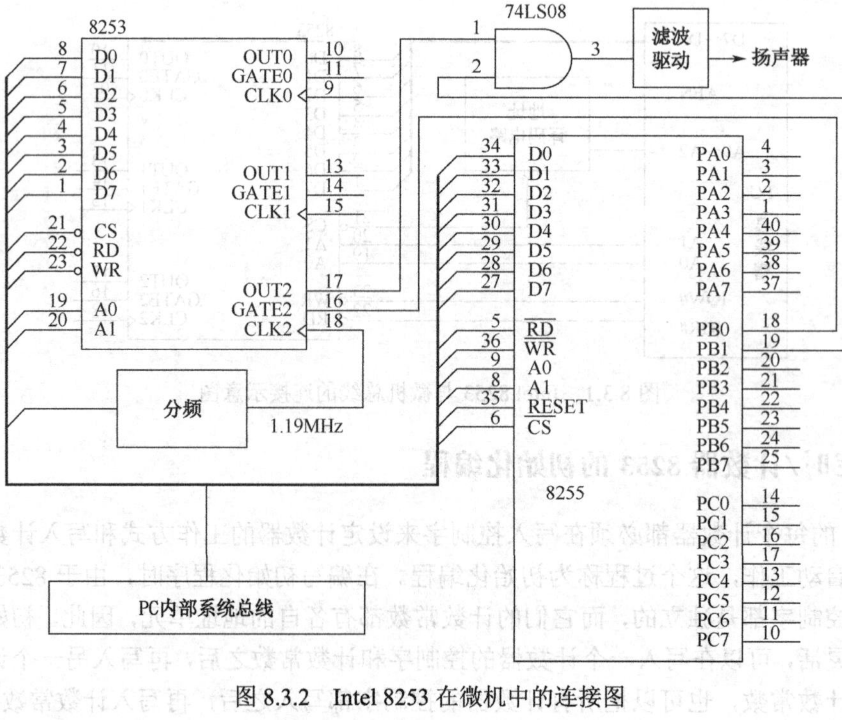

图 8.3.2 Intel 8253 在微机中的连接图

图 8.3.2 中 8253 的计数器 CNT2 的时钟输入脉冲 CLK2 的频率为 1.19MHz。计数器 CNT2 的计数控制端 GATE2 连接可编程并行接口 8255A 的 PB0 位，即计数器 2 的输出受 PB0 控制。另外，在方波送出之前还设置了一个与门，由 8255A 的 PB1 控制。由此可见，扬声器的发声频率主要由 8253 的计数器 CNT2 决定，而发声与否主要决定于并行接口 8255A 的控制。定时/计数器 8253 在微型计算机中的 I/O 端口地址为 40H～43H。并行接口 8255A 的 I/O 端口地址为 60H～63H。

在微型计算机中，8253 的计数器 2 用来控制扬声器发声的音调时，计数器 2 工作于方式 3，计数初值为 533H，OUT2 输出的方波频率为 896Hz，再经过驱动和低通滤波器滤掉高频分量，产生驱动扬声器发声的音频信号，送到扬声器以控制其发声。

计数器 2 的初始化程序如下。

```
MOV   AL，10110110B     ；计数器2初值为16位，工作于方式3，二进制计数
OUT   43H，AL           ；将初始化参数送方式控制寄存器
MOV   AX，533H          ；计数初值，产生896Hz的方波输出
OUT   42H，AL           ；送低位字节至计数器2中
MOV   AL，AH
OUT   42H，AL           ；送高位字节至计数器2中
```

使微机扬声器发声的程序如下。

```
IN    AL，61H           ；读取8255A端口B
MOV   AH，AL            ；将值保留于AH中
OR    AL，03H           ；使PB1、PB0均为1
OUT   61H，AL           ；打开GATE2门，输出方波到扬声器中使其发声
```

另外，也可以在此基础上写出控制微机发出不同音调和长短声音的程序，编写简单的音乐程序等。

2．定时/计数器 8253 产生方波实例

采用一片 8253 产生近似为 1Hz 的方波，已知时钟频率 CLK 为 2MHz，8253 地址为 200H～203H。试编写 8253 初始化程序，并说明通道引脚的连接方法。

时钟频率为 2MHz，要分频至 1Hz，分频系数为 2000000。一个 8253 的计数器分频系数最大为 65536，所以必须使两个计数器串联起来工作。选择计数器 0 和计数器 1 串接使用。可以设定计数器 0 分频系数，即计数初值 N0 为 2000，计数器 1 分频系数，即计数初值 N1 为 1000。2MHz 的时钟信号送入计数器 0 的时钟输入端 CLK0，计数器 0 的输出端 OUT0 连接到计数器 1 的时钟输入端 CLK1，计数器 0 输出的 1kHz 波形作为计数器 1 的时钟输入信号，经计数器 1 分频后即从计数器 1 的输出端 OUT1 得到 1Hz 的波形。

实现产生 1Hz 方波的初始化程序如下。

```
MOV   AL，36H       ；控制字CW0=36H
MOV   DX，203H
OUT   DX，AL        ；写控制字CW0
MOV   AX，2000      ；初值N0
MOV   DX，200H      ；计数器0的地址
OUT   DX，AL        ；写N0低8位
MOV   AL，AH        ；N0高8位
OUT   DX，AL        ；写N0高8位
MOV   AL，76H       ；控制字CW1=76H
MOV   DX，203H
```

```
    OUT   DX, AL        ; 写控制字CW1
    MOV   AX, 1000      ; 初值N1
    MOV   DX, 201H      ; 计数器1的地址
    OUT   DX, AL        ; 写N1低8位
    MOV   AL, AH        ; N1高8位
    OUT   DX, AL        ; 写N1高8位
```

习　题

8.1　简述微机系统中定时/计数器的必要性和重要性，以及定时实现的常用方法。

8.2　可编程定时/计数器 8253 有几个通道？各通道有几种工作方式？各种工作方式的主要特点是什么？

8.3　8253 的初始化编程包括哪几项内容？对 8253 定时/计数器 3 个通道进行初始化编程的顺序有无要求？

8.4　8253 芯片每个计数通道与外设接口有哪些信号线？每个信号线的用途是什么？

8.5　8253 芯片需要几个 I/O 地址，各用于何种目的？

8.6　设 8253 计数器的输入时钟频率为 2MHz，为产生 20kHz 的方波输出信号，应向计数器装入的计数初值为多少？

8.7　设 8253 的 I/O 端口地址为 300H～303H，试对 8253 三个计数器进行编程，使计数器 0 工作于方式 1，计数初值为 8253H；计数器 1 工作于方式 2，计数初值为 7788H；计数器 2 工作于方式 3，计数初值为 1000。

8.8　若要采用一片 8253 周期性地每隔 20ms 产生一次高电平中断请求信号，已知输入时钟频率为 2MHz，8253 地址为 300H～303H。试选择 8253 的工作方式和计数初值，编写 8253 的初始化程序。

第 9 章　微机中断技术

9.1　中断的基本概念

9.1.1　中断的含义

使计算机有别于其他人造机器的一个关键因素是它具有响应不可预料事情的能力，这种能力被称为中断。中断使计算机暂停正在做的工作并响应中断去做其他事情。中断解决了在其他情况下使之有效工作时很难解决的问题。一方面，用户要求计算机完成给它安排的任何工作；另一方面，又需要它立即响应引起其注意的任何请求。很难想象，如果没有中断，计算机还能做什么有用的事情。因此通常说中断是微机的生命驱动力。

由此可见，中断是指在 CPU 正常运行程序时，由于内部或外部某个非预期事件的发生，使 CPU 暂停正在运行的程序，而转去执行处理引起中断事件的程序，然后返回被中断了的程序，继续执行被暂停的程序的过程。

非预期事件是指事件发生的时间无法预知，即中断源何时产生中断不确定，是随机的。但事件的性质及处理方法是已知的和确定的，即中断服务程序是事先编写好的，只是何时执行未知。中断源产生中断的随机性，使中断服务程序的执行也具有随机性，即何时执行中断服务程序不是在程序中安排好的。在中断过程中，CPU 程序执行的基本流程如图 9.1.1 所示。

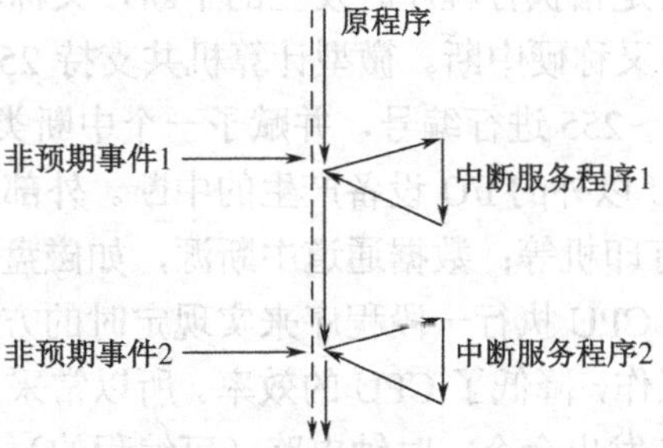

图 9.1.1　中断执行基本流程

通常将提出中断的设备称为中断源，服务请求称为中断请求，而将处理中断请求的程序称为中断服务（子）程序。处理中断源，完成其所要求功能的程序，称为中断服务程序，也称为中断例行程序或中断子程。中断服务程序可以是完成数据的输入/输出操作，也可以是完成其他的操作或其他程序。中断用于数据的输入/输出操作，克服了查询方式输入/输出效率低的问题，提高了 CPU 的利用效率。

当 CPU 在执行程序中的某指令时，某中断源发出申请中断，如果满足中断响应条件，则 CPU 在执行完该指令后，转去执行中断服务子程序。因为发生了中断，原程序的下一条指令将暂时不被 CPU 执行，原 CPU 执行的程序中的被中断时的下一条指令的地址称为断点地址，简称为断点。CPU 转去执行中断服务程序前的运行状态称为中断现场，主要是指 CPU 内部各寄存器，包括数据寄存器、地址寄存器及标志寄存器的运行状态，通常也包括断点地址。

对于微型计算机来说，中断技术是其系统核心技术，它不但提供了操作系统的调用，为程序员控制 I/O 设备提供了方便与手段；还为实时硬件控制与操作提供了手段，是微型计算机硬件接口及应用设计人员所必须熟练掌握的关键技术。中断控制技术主要用于以下场合。

（1）及时处理计算机中的突发故障。例如，电源掉电、指令执行时产生溢出、内存出错等。这些突发故障在用户程序中是无法反映的，但它的出现可能导致运行结果出错，甚至“前功尽弃”，所以必须及时处理这些故障，提高计算机的可靠性。

（2）协调主机与外设之间在工作速度上的矛盾。通常，外设的工作速度无法跟上 CPU 的工作速度，若用程序控制方式，则会浪费 CPU 的宝贵时间。若采用中断处理方式，则只在外设需要 CPU 介入时，才向 CPU 发出中断请求。待 CPU 处理完现场后，就可以满足外设要求，为外设“服务”。待“服务”完成后，CPU 恢复原有程序的运行，外设也继续自己的工作。因此，从宏观上看，主机与外设似乎在并行工作，且 CPU 可与多个外设同时工作，从而大大提高了 CPU 与外设的工作效率。

（3）在实时控制系统中，及时处理各控制点的现场。在这种系统中，实时要求特别突出，必须及时采集、处理和反馈各控制点的状态及数据。因此，采用中断控制方式可以提高计算机的灵活性。

9.1.2 中断源及优先级

引起中断的因素很多，将发出中断请求的外部来源或引起中断的内部事件称为中断源。微型计算机的中断源可能来自 CPU 内部，也可能来自 CPU 的外部，通常把中断分为内中断、外中断两大类。内中断是指执行程序时发生的中断，又称软中断；而外中断来自其他电路或外设所引起的中断，又称硬中断。微型计算机共支持 256 个中断。处理器为了识别每一种中断源，将它们从 0～255 进行编号，并赋予一个中断类型码 N，简称为中断号。

外部中断是由来自 CPU 以外的 I/O 设备产生的中断。外部中断事件主要包括：一般的输入/输出设备，如键盘、打印机等；数据通道中断源，如磁盘等；实时时钟。在控制中，常会遇到时间控制，若用由 CPU 执行一段程序来实现定时的方法，那么在进行定时的这段时间内，CPU 不能做其他工作，降低了 CPU 的效率。所以常采用外部时钟电路来产生实时时钟。当需要定时时，CPU 发出命令，时钟电路（可编程的）开始工作，待规定的时间到了之后，时钟电路发出中断请求，由 CPU 进行处理。故障中断源，如电源掉电，就要把正在执行的程序的断点，包括 CS、IP 和各个寄存器的内容及标志寄存器中各位的状态保存下来，以便重新供电后能从断点处继续执行。另外，目前大部分的微机中，RAM 使用的是半导体存储器，故电源掉电后，必须接入备用的电池供电，以保护存储器中的信息。所以，在直流电源上并联大电容，使其因掉电、电压降到一定值时发出中断请求，由计算机的中断系统执行上述的各项操作。

硬中断又分为不可屏蔽中断（NMI）和可屏蔽中断（INTR）两种。当 CPU 的 NMI 引脚上有一个高电平有效信号输入时，CPU 自动产生中断类型号为 2 的中断 NMI，并由此转入相应的服务程序。NMI 的特点是不能被 CPU 用指令来禁止的，而且一旦出现这种请求，CPU 应立即响应，并停止正在执行的程序，转移到服务程序中。因此，它常用于紧急情况的故障处理等。

可屏蔽中断是通过引脚 INTR 送入 CPU 的，当 CPU 的 INTR 引脚上有一个正跳变信号输入时，就产生硬件可屏蔽中断请求 INTR。这种请求可以被 CPU 用指令 CLI 来禁止（使 Flag.IF=0），也可以由指令 STI 允许（使 Flag.IF=1）。只有在 INTR 被允许时，CPU 才发出中断响应信号 INTA，表示可响应中断请求。此时，中断源（或中断管理器）一定要向 CPU 提供中断类型号，以便找到中断服务程序入口。中断向量表中类型号为 08H～0FH 的中断都属于这种中断。可屏蔽中断通常用来控制外部设备。在 PC/XT 微机中，INTR 管理的外中断源中，优先级由高到低为时钟、键盘、保留、串口 2、串口 1、硬盘、软盘和打印机。

内部中断是 CPU 在处理某些重要事件时，通过自己内部逻辑来调用的，而不是由外部的中断请求来调用的。8086 系列内部中断又分为软件陷阱和软件中断两种。

软件陷阱是指在执行指令期间，CPU 发现某种条件产生时启动内部逻辑转去执行所需的中断服务程序。软件陷阱有错误陷阱和单步陷阱两种。错误陷阱是指因执行除法时除数为 0 或执行运算指令时运算结果溢出等引起的中断。单步陷阱通常用于程序调试工作，是为调试程序而设置的中断源。一个新程序编制好后，必须经过反复调试才能正确可靠地工作。在程序调试时，为了检查中间结果，或为了找出问题所在，往往要求在程序中设置断点，或进行单步工作，这些要由中断系统来实现。当陷阱标志 TF=1 时，CPU 执行每条指令后自动产生类型号为 1 的单步中断，直到将 TF 复位为 0 为止。

软件中断是由指令的执行引起的。软件中断一律是 INT *N* 指令形式，其中 *N* 为中断类型码，也称软中断号。这类中断的共同特点是既不使用中断控制器，又不能被屏蔽。对于软中断，系统通常划分为如下 3 类：ROM-BIOS 中断、DOS 中断和自由中断。

当系统中有多个中断源时，就可能出现几个中断源同时申请中断，而 CPU 在一个时刻只能响应并处理一个中断请求。为此，应根据任务的轻重缓急，给每个中断源指定 CPU 响应的优先级。安排了优先级后，当有多个中断源申请中断时，CPU 只响应并处理优先级别最高的中断请求。

判别和确定各个中断源的中断优先级，可以使用软件和硬件两种方法。

1．用软件查询方法确定中断优先级

当 CPU 响应中断后，用软件查询以确定是哪个外设提出的中断请求，并判断它们的优先级。首先，将外设的中断请求触发器组合起来作为一个端口，供 CPU 查询，将这些信号相“或”后作为 INTR 信号，这样任一外设有中断请求都可向 CPU 送 INTR 信号。然后，CPU 响应中断后，读入中断寄存器的内容，逐位检测它们的状态，若有中断请求，则转到相应的服务程序入口，检测的顺序就是优先级的顺序。用软件查询中断优先级的流程图如图 9.1.2 所示。

软件查询法的查询顺序即是优先级的次序，最先询问的，其优先级最高，这样可以很方便地修改优先级。软件查询法的硬件电路简单，不需要判断与确定优先级的硬件排队电路。但它有一个很明显的缺点，即在中断源多的情况下，通过逐个地查询转到相应中断服务程序的时间较长。

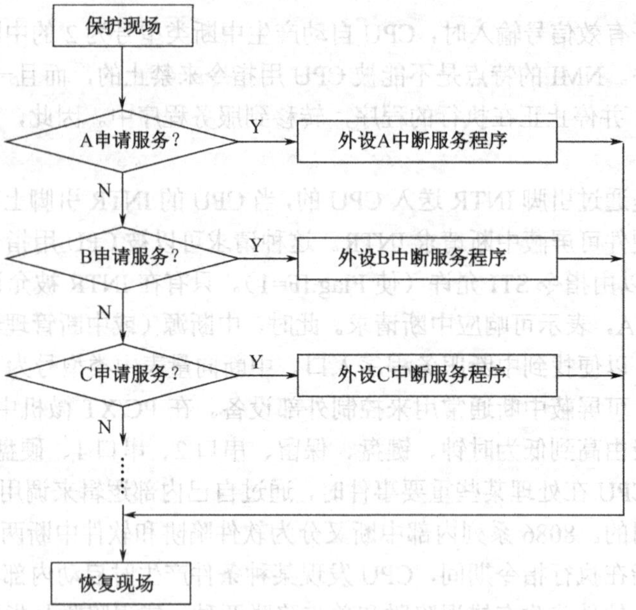

图 9.1.2　中断优先级软件查询方式流程

2. 优先级硬件排队电路

优先级硬件排队电路有很多种。8086 系列微机采用专用中断控制器实现优先级硬件排队与管理。这里介绍一种最简单的菊花环或链式的优先级排队电路，如图 9.1.3 所示。

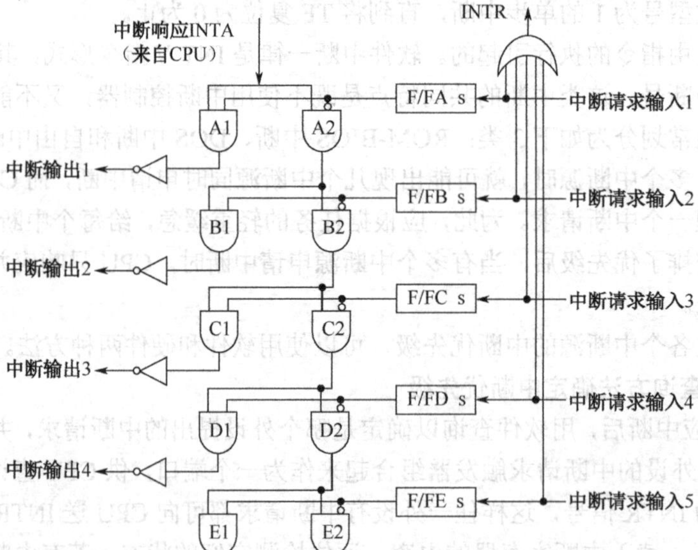

图 9.1.3　链式优先级硬件排队电路

当有多个外设提出中断请求时，由中断请求信号的或电路产生 INTR 信号送至 CPU。当 CPU 执行完现行指令后，响应中断，发出中断响应信号 INTA。但究竟响应哪个中断呢？若 F/FA 有中断请求，则它的输出为高，于是与门 A1 输出为高电平，经反相后变为低电平，由它控制中断矢量 1 发出。CPU 接收到矢量后转至中断 1 的服务程序入口。而 A2 输出为低电平，使 B1、B2、C1、C2…所有下面各级门的输出全为低电平，即屏蔽了所有其他级的中断。

若第一级没有中断请求，即 F/FA=0，则门 A1 输出 1 为低电平，中断输出 1 也为低电平，但门 A2 的输出为高电平，将中断响应信号传递到下一级。若此时 F/FB=1，则与门 B1 输出为高电平，控制转去执行中断 2 的服务程序；此时，与门 B2 输出为低电平，因而屏蔽了以下各级。若 F/FB=0，则与门 B1 输出为低电平，而与门 B2 为高，把中断响应传递至再下一级。

故在链式排队电路中，若上级的输出信号为 0，则屏蔽了本级和所有的低级中断，若上级输出为 1，则在本级有中断请求时，转去执行本级的处理程序，且使本级到下级的输出为 0，屏蔽所有低级中断；若本级没有中断请求，则到下级的输出为 1，允许下一级中断。那么在链式排队电路中，排在链的最前面的中断源优先级最高。

当 CPU 正在响应某一中断源的请求，执行为其服务的中断服务程序时，如果有优先级更高的中断源发出请求，则 CPU 要能响应更高级的中断请求，CPU 将中止正在执行的中断服务程序而转入为新的中断源服务，等新的中断服务程序执行完后，再返回到被暂停的中断服务程序，这一过程称为中断嵌套，或称为多重中断。中断嵌套可以有多级。中断嵌套如图 9.1.4 所示。

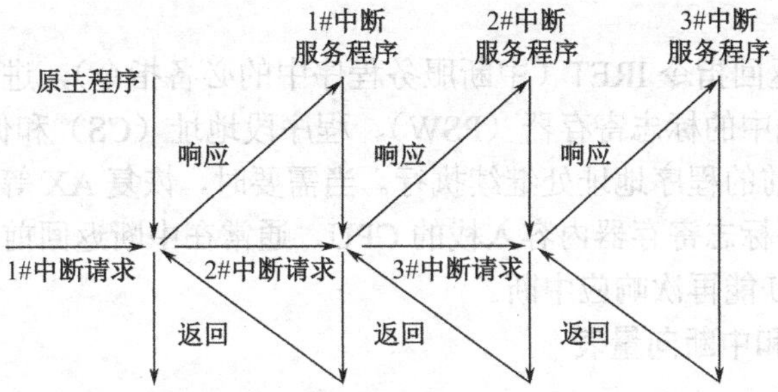

图 9.1.4　中断嵌套示意图

8086 系列微机的中断源包括除数 0、INT N、断点、溢出、不可屏蔽中断、可屏蔽中断、单步中断等。它们的优先级排队如图 9.1.5 所示。当有多个中断源同时产生中断申请时，CPU 先响应优先级最高的中断源，再响应优先级较低的中断源。

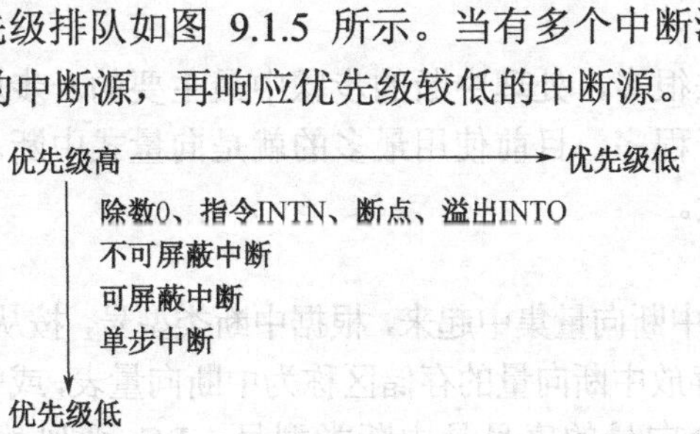

图 9.1.5　PC 中断源优先级排队示意图

9.1.3　中断过程及中断向量表

1．中断过程

当外设准备好向 CPU 传送数据或已准备就绪接收 CPU 的数据，或者有某些紧急情况需要 CPU 处理时，外设向 CPU 发出中断请求。CPU 接收到中断请求，在一定条件下，暂且停止执行当前的主程序，转到中断服务程序为外设服务；服务结束后返回并继续执行主程序。微机的中断过程包括中断请求、中断响应、保护断点与现场、中断服务和中断返回等5个环节。

1）中断请求

中断请求指中断源向CPU提出中断请求。提出中断请求是中断处理过程的起点，即中断过程的第一步。中断源产生中断请求的条件因中断源而异。

2）中断响应

CPU每执行完一条指令，就检测是否有中断请求。若有中断请求且没有被屏蔽，便响应该中断请求，并暂停正在运行的程序。由于中断产生的随机性，可能出现两个或两个以上的中断源同时提出中断请求的情况，则按中断源优先级顺序响应优先级高的中断请求。

3）保护断点与现场

CPU通过硬件进行断点及标志保护，即将当前正在运行程序的段地址（CS）、偏移地址（IP）及标志寄存器（PSW）压入堆栈保护，以便执行完中断服务程序后，CPU返回到断点处继续执行被中断的程序。同时，在需要时，还应使用指令保护中断现场，如AX等寄存器中的值，以便返回原来的程序时继续使用。

4）中断服务

中断服务指CPU执行中断源所期望的中断服务程序。这是中断服务的核心，即完成外部设备要求CPU完成的工作。

5）中断返回

CPU执行中断返回指令IRET（中断服务程序中的必备指令），进行断点恢复和中断返回，即将保存在堆栈中的标志寄存器（PSW）、程序段地址（CS）和偏移地址（IP）恢复，使CPU返回到中断前的程序地址处继续执行。当需要时，恢复AX等寄存器中的值。对于中断响应时不自动将标志寄存器内容入栈的CPU，通常在中断返回前，要求执行一条开中断指令，以便使CPU能再次响应中断。

2．中断类型号和中断向量表

1）中断类型号

PC系列微机为每个中断源指定的一个8位的编号，以识别不同的中断源，这种8位编号称为中断类型号。

2）中断向量

系统处理中断的方法很多，处理中断的步骤中最主要的一步就是如何根据不同的中断源进入相应的中断服务子程序，目前使用最多的就是向量式中断。每一个中断服务程序的入口地址被称为中断向量。

3）中断向量表

把微机系统中所有的中断向量集中起来，根据中断类型号，按从小到大的顺序存放到存储器的某一个区域内，这个存放中断向量的存储区称为中断向量表，或中断服务程序入口地址表。

中断向量表的每一个向量的序号是中断类型号，PC系列微机共有256个中断类型（00H～FFH）。PC系列微机以内存储器的00000H～003FFH共1024个单元作为中断向量的存储区，每个中断向量占用4个字节的存储单元，在这4个字节中包含了中断服务程序的入口地址：前两个字节为中断服务程序的程序指针，后两个字节为中断服务程序的段地址。中断向量的内存分配如图9.1.6所示。

图9.1.6给出了中断类型码与中断向量所在位置之间的对应关系。其中，00H～04H为专用中断，05H～3FH为系统保留中断，用户一般是不能对它们进行定义的（其中有一些

为固定的用途，如 INT 21H 即为 MS-DOS 的系统调用），40H～FFH 为用户定义的中断。

微型计算机系统的任何中断在 CPU 响应中断请求以后，都要保护现场和断点（PSW，CS:IP），然后转入各自的中断服务程序。在微型计算机系统中，如何转入中断服务程序是借助于中断向量表来实现的。

中断向量表安排的向量是按中断类型号 N 值从小到大编序的，给定一个中断类型号 N，其所对应的向量在内存中的字节地址为向量地址，则向量地址与中断号有如下关系：

$$向量地址 = 0000{:}\ N \times 4$$

中断类型号×4 即可计算某个中断类型的中断向量在整个中断向量表中的位置。例如，类型号为 20H，则中断向量的存放位置为 20H×4＝80H，设中断服务子程序的入口地址为 4030:2010，则在 0000:0080H～0000:0083H 中应顺序放入 10H、20H、30H、40H。当系统响应 20H 号中断时，会自动查找中断向量，找出对应的中断向量装入 CS、IP，即转入该中断服务子程序。

CPU 根据中断类型可以在中断向量表中找到中断服务程序的入口地址，之后即可执行中断服务程序对外部设备进行中断服务，服务之后恢复断点，返回到中断前的状态继续 CPU 原来的工作。

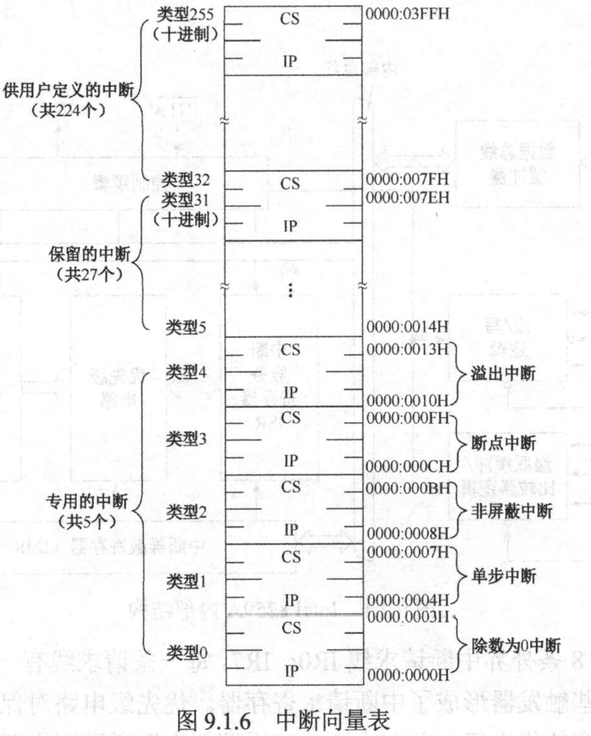

图 9.1.6　中断向量表

9.2　中断控制器 8259A

9.2.1　中断控制器 8259A 的功能和结构

1. Intel 8259A 的基本功能

微型计算机中断系统采用 Intel 8259A 集成电路作为中断控制器。Intel 8259A 是专门为控制优先级中断而设计的集成电路，它将中断源按优先级排队、辨认中断源和提供中断向量的电路集成为一体，因而中断系统无需附加任何电路，只需对 8259A 进行编程即可管理 8 级中断，并可编程选择优先级模式和中断请求方式，即中断结构可以由用户来设定。

Intel 8259A 是 8088/8086 系列兼容的一种可编程中断控制器。它的主要功能如下。

（1）一片 Intel 8259A 可管理 8 个中断请求并进行优先级控制，把当前优先级最高的中断请求送到 CPU 的 INTR 端；它允许 9 片 8259A 级联，构成 64 级中断系统。

（2）每一级中断都可以屏蔽或允许。

（3）当 CPU 响应中断时，为 CPU 提供中断类型码。

（4）8 个外部中断的优先级排列方式，可以通过对 8259A 编程进行指定，也可以通过编程屏蔽某些中断请求，或者通过编程改变中断类型码。

（5）Intel 8259A 有多种工作方式，可通过编程来进行选择。

2．Intel 8259A 的内部结构

Intel 8259A 的内部结构如图 9.2.1 所示。它由中断请求寄存器（Interrupt Request Register，IRR）、优先级判定器、中断服务寄存器（Interrupt Service Register，ISR）、中断屏蔽寄存器（Interrupt Mask Register，IMR）、数据总线缓冲器、读写控制电路和级联缓冲器/比较器组成。

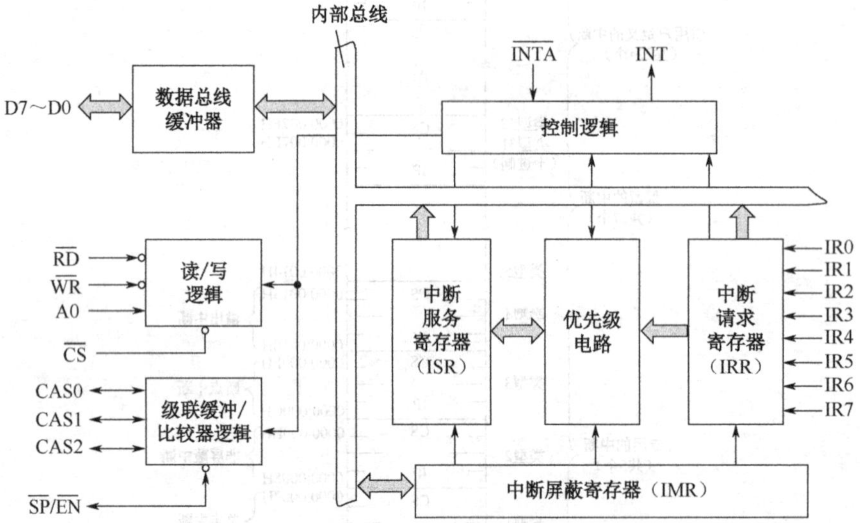

图 9.2.1　Intel 8259A 内部结构

一片 8259A 有 8 条外界中断请求线 IR0～IR7，每一条请求线有一个相应的触发器来保存请求信号，由这些触发器形成了中断请求寄存器。优先级电路对保存在 IRR 中的多个请求经过判断确定最高的优先级，并在中断响应周期把它选通送到中断服务寄存器中。

中断屏蔽寄存器的每一位可以对 IRR 中的相应的中断源进行屏蔽。IMR 存放被屏蔽的中断请求，该寄存器的每 1 位对应 1 个中断号，该位为 1 时，则屏蔽该中断，否则开放中断，IMR 对 ISR 起作用。

数据总线缓冲器是 8259A 与系统数据总线的接口，它是 8 位的双向三态缓冲器。凡是 CPU 对 8259A 编程时的控制字和状态字，都是通过它写入 8259A 的；而 8259A 的内部状态信息也是通过它读入 CPU 的；在中断响应周期，8259A 送至数据总线的 CALL 指令或中断向量也是通过它进行传送的。

读/写控制逻辑用来接收来自 CPU 的读/写命令，配合片选信号 CS#和地址输入信号 A0 完成规定的操作，实现 CPU 对 8259A 的状态读出和命令写入。读/写控制电路接收 I/O 命令，对初始化命令字（Initialization Command Word，ICW）寄存器和操作命令字（Operation Command Word，OCW）寄存器进行编程写入，以规定 8259A 的工作方式和控制模式。

级联缓冲器/比较器用于多片 8259A 的连接，以实现将优先级电路最多扩展到 64 级。多片连接时，一个为主片，其余为从片。主片 SP#脚接高电平，CAS0～CAS2 为输出端；从片的 SP#脚接低电平，CAS0～CAS2 为输入端，以接收主片发出的从片识别码，被识别的从片（即主片认可的）将被允许中断。

控制逻辑部分实现对芯片内部工作的控制，使它能按编程规定工作。在 IRR 中有未被屏蔽的中断请求位时，控制逻辑输出高电平，作为 INT 信号，向 CPU 发出中断请求信号。若 IF=1，则 CPU 执行完当前指令后，发出 INTA 信号作为响应。在中断响应期间，它允许 ISR 的相应位置 1，并发出相应的中断类型号，通过数据总线缓冲器向 CPU 输送一个 8 位的中断类型码，在中断服务结束时，它按照编程规定的方式对 ISR 进行处理，一般是接收 CPU 的中断结束命令（EOI），使 ISR 中的对应位清零。

3．Intel 8259A 的外部引脚

8259A 是 28 个引脚的双列直插式芯片，其引脚如图 9.2.2 所示。

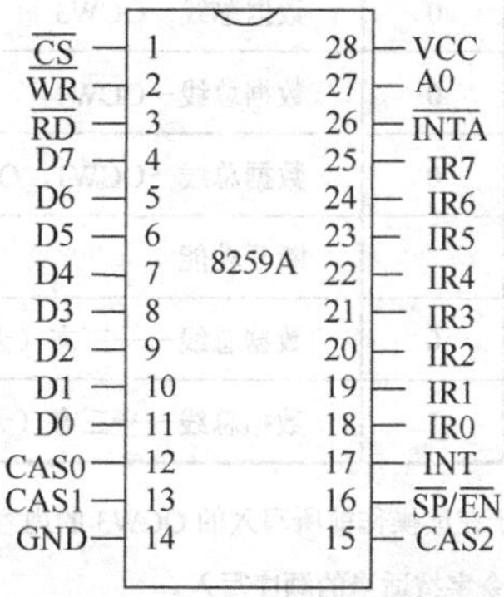

图 9.2.2　Intel 8259A 引脚图

CS#：片选输入信号，低电平有效，由高位地址经过译码器与之相连，也可由某一位地址直接与片选信号相连（线选方式）。

RD#：读出信号，通知 8259A 把某个内部寄存器的值送入数据线 D7～D0。

WR#：写入信号，通知 8259A 把数据线 D7～D0 上的值写入内部某个寄存器。

D7～D0：双向三态数据线，与系统总线相连，用于与 CPU 之间传送命令、状态、中断类型码。

CAS2～CAS0：级联信号线，在多片 8259A 连接时用来构成 8259A 主-从式级联控制结构。在 8259A 作为主片时，它们作为输出信号线；当 8259A 作为从片时，它们作为输入信号线。这 3 条线与 SP#/EN#线相配合，实现 8259A 的级联。

INT：中断请求信号，向 CPU 发出中断请求，把 IR7～IR0 上的最高优先级请求传送到 CPU 的 INTR 引脚。

INTA#：接收 CPU 的中断响应信号。CPU 发出的中断响应信号为两个负脉冲，第一个

负脉冲作为中断应答信号，第二个负脉冲到来时，8259A 从数据线 D7～D0 上发出中断类型码。

SP#/EN#：从片编程/允许缓冲器，双向，低电平有效。在芯片工作在缓冲方式时，它是输出信号，用做允许缓冲器接收和发送的控制信号（EN#）；当芯片工作在非缓冲方式时，它为输入信号，用来指明该 8259A 是作为主片工作（SP#/EN#=1）的还是作为从片工作（SP#/EN#=0）的。

IR7～IR0：外设中断请求输入信号。

A0：用以选择 8259A 内部不同寄存器的端口地址，通常连接地址总线的 A0。

8259A 命令字的写入和 8259A 状态的读出是由 RD#、WR#信号、A0 及命令字中某些特定位规定的。表 9.2.1 所示为 8259A 的读/写操作。

表 9.2.1 8259A 的读/写操作

A0	D4	D3	RD#	WR#	CS#	输入操作（读）
0			0	1	0	IRR、ISR 或中断级别→数据总线（*）
1			0	1	0	IMR→数据总线
						输出操作（写）
0	0	0	1	0	0	数据总线→OCW2
0	0	1	1	0	0	数据总线→OCW3
0	1	×	1	0	0	数据总线→OCW1
1	×	×	1	0	0	数据总线→OCW1，OCW2，OCW3，OCW4（**）
						断开功能
×	×	×	1	1	0	数据总线——三态（无操作）
×	×	×	×	×	1	数据总线——三态（无操作）

注：* IRR、ISR 或中断级别的选择，取决于在读操作前所写入的 OCW3 的内容；

** 由片上的顺序逻辑队列来使这些命令字按适当的顺序写入。

9.2.2 中断控制器 8259A 的编程

1．8259A 的中断管理方式

1）8259A 的编程结构

8259A 有多种中断管理方式，其方式是通过编程来设置的。8259A 编程包括两类，一类是初始化编程，8259A 在进入操作前必须由初始化命令字来使它处于初始状态，在 8259A 开始正常工作之前，必须先送初始化命令字。对 8259A 的初始化编程是微机上电时由 BIOS 完成的，用户一般不应改变它。另一类是工作方式（操作）编程，用于规定 8259A 的工作方式，包括中断屏蔽、结束中断、优先级旋转和中断状态等。这类操作命令控制字可以在 8259A 初始化完成后的任意时刻写入。

初始化命令字写入寄存器 ICW1～ICW4，只能设定 1 次。操作命令字写入寄存器 OCW1～OCW3，用来对中断处理过程进行控制。在系统运行过程中，操作命令字可进行多次设置。

2）优先级设置方式

（1）完全嵌套方式。8259A 的默认优先级设置方式是完全嵌套方式，在完全嵌套方式下，8259A 所管理的 8 级中断优先级是固定不变的，其中 IR0 的中断优先级最高，IR7 的中断优先级最低。

CPU 响应中断后，请求中断的中断源中，优先级最高的中断源在中断服务寄存器中的相应位置位，并把它的中断矢量送至系统数据总线，在此中断源的中断服务完成之前，与它同级或优先级低的中断源的中断请求被屏蔽，只有优先级比它高的中断源的中断请求才是有效的，从而实现中断嵌套。

（2）特殊全嵌套方式。特殊全嵌套方式与全嵌套方式基本相同，不同之处是，当 CPU 处理某一级中断时，如果有同级中断请求，那么 CPU 也会做出响应，从而形成了对同一级中断的特殊嵌套。

特殊全嵌套方式通常应用在有 8259A 级联的系统中，在这种情况下，对主 8259A 编程时，通常使它工作在特殊全嵌套方式下。这样，一方面，CPU 对于优先级别较高的主片的中断输入是允许的；另一方面，CPU 对来自于同一从片的优先级别较高（但对于主片来讲，优先级别是相同的）的中断也是允许、能够响应的。

（3）优先级自动循环方式。在实际应用中，中断源优先级的情况是比较复杂的，要求 8 级中断的优先级在系统工作过程中，可以动态改变。也就是说，一个中断源的中断请求被响应之后，其优先级自动降为最低。系统启动时，8 级中断优先级默认为 IR0～IR7，这时刚好 IR4 发出了中断请求，CPU 响应之后，若 8259A 工作在优先级自动循环方式下，则中断优先级自动变为 IR5、IR6、IR7、IR0、IR1、IR2、IR3、IR4。

（4）优先级特殊循环方式。优先级特殊循环方式与自动循环方式相比，只有一点不同，即初始化的优先级是由程序控制的，而不是默认的 IR0～IR7。

3）中断结束方式

按照对中断结束（复位中断响应寄存器中的相应位）的不同处理，8259A 有两种工作方式，即自动结束方式（AEI）和非自动结束方式。而非自动结束方式又可进一步分为一般的中断结束方式和特殊的中断结束方式。中断处理结束时，发送中断的结束命令 EOI，使 ISR 中对应位清 0。不同时刻使 ISR 中对应位清 0，对应着不同的中断结束方式。

（1）普通中断结束方式。普通中断结束方式也称一般中断结束方式。这种方式适用于全嵌套的情况下，当 CPU 用输出指令向 8259A 发出一般中断结束命令 OCW2 时，8259A 才会使中断响应寄存器中优先级别最高的位复位。

中断返回前，CPU 向 8259A 传送 EOI 结束命令，将 ISR 中优先级最高位清 0，用于完全嵌套工作方式。EOI 结束命令要放在 IRET 前。

（2）特殊中断结束方式。在特殊全嵌套模式下，系统无法确定哪一级中断为最后响应和处理的中断，也就是说，CPU 无法确定当前所处理的是哪一级中断，这时就要采用特殊的中断结束方式。

特殊的中断结束方式是指在 CPU 结束中断处理之后，向 8259A 发送一个特殊的 EOI 中断结束命令。这个特殊的中断结束 EOI 命令明确指出了中断响应寄存器中需要复位的位。

CPU 向 8259A 发出特殊 EOI 结束命令，命令中将当前要清除的中断级别也传给 8259A。此时，8259A 将 ISR 中指定级别的对应位清 0。

（3）自动中断结束方式。这种方式仅适用于只有单片 8259A 的场合，在这种方式下，系统一旦响应中断，那么 CPU 在发出第二个 INTA 脉冲时，就会使中断响应寄存器中的相应位复位，这样，虽然系统在进行中断处理，但对于 8259A 来讲，ISR 没有相应的指示，就像中断处理结束，返回主程序之后一样。CPU 可以再次响应任意级别的中断请求。

这里还要指出一点，在级联方式下，一般不用自动中断结束方式，而需要用非自动结束中断方式，一个中断处理程序结束时，必须发出两个中断结束 EOI 命令，一个发往主片，一个发往从片。

4）循环优先级的循环方法

根据中断结束方式的不同，优先级循环又分为如下 3 种。

（1）普通 EOI 循环方式。中断结束后，将 ISR 中优先级最高的位清 0，此级赋予最低级，最高级为其下一级，其余类推。

（2）特殊 EOI 循环方式。中断结束后，将 ISR 中由 L2～L0 给定级别相应的位清 0，此级赋予最低级，最高级为其下一级，其余类推。

（3）自动 EOI 循环方式。CPU 发出第二个 INTA 脉冲后，将 ISR 中对应位清 0，并按照普通 EOI 循环方式改变优先级。

5）中断源屏蔽方式

CPU 对于 8259A 提出的中断请求，都可以加以屏蔽控制。屏蔽控制有下列两种方式。

（1）普通屏蔽方式。8259A 的每个中断请求输入都要受到屏蔽寄存器中相应位的控制。若相应位为 1，则中断请求不能送 CPU。屏蔽是通过对屏蔽寄存器的编程（操作命令字 OCW1）来加以设置和改变的，即通过操作命令字 OCW1 将 IMR 中某一位或某几位置 1，可将对应位的中断请求屏蔽。

（2）特殊屏蔽方式。有些场合下，希望一个中断服务程序的运行过程中动态地改变系统中的中断优先级结构，即在中断处理的一部分禁止低级中断，而在中断处理的另一部分能够允许低级中断，于是引入了对中断的特殊屏蔽方式。

特殊屏蔽方式通过 OCW3 进行设置。设置了特殊屏蔽方式后，用 OCW1 对屏蔽寄存器中的某一位复位时，同时会使中断服务寄存器中的相应位复位，这样就不仅屏蔽了正在处理的同等级中断，还真正开放了其他优先级别较低的中断请求。

特殊屏蔽是在中断处理程序中使用的，使用了这种方式之后，尽管系统正在处理高级中断，但对外界来讲，只有同级中断被屏蔽，而允许其他任何级别的中断请求。

6）中断请求引入方式

（1）边沿触发方式。8259A 将中断请求输入端出现的上升沿作为中断请求信号，上升沿后相应引脚可以一直保持高电平。

（2）电平触发方式。8259A 将中断请求输入端出现的高电平作为中断请求信号。在这种方式下，必须注意：中断响应之后，高电平必须及时撤除，否则，在 CPU 响应中断开中断之后，会引起第二次不应该有的中断。

（3）中断查询方式。当系统中的中断源超过 64 个时，可以使 8259A 工作于查询方式。在中断查询方式下，中断源仍向 8259A 发出中断请求，但 8259A 却不使用 INT 信号向 CPU 发出中断请求信号，同时 CPU 内部的中断允许标志复位，所以 CPU 对 INT 引脚上出现的中断请求呈禁止状态。当工作在中断查询方式时，CPU 用软件查询的方法来确定中断源，从而实现对设备的中断服务。可见，中断查询方式既有中断的特点，又有查询的特点。从外设的角度来看，它是靠中断的方式来请求服务的，但从 CPU 的角度来看，它是用查询方式来确定发出中断请求的中断源的。

2．初始化编程

8259A 有 4 个初始化命令字 ICW1～ICW4，它们必须按一定的顺序写入，如图 9.2.3 所示。

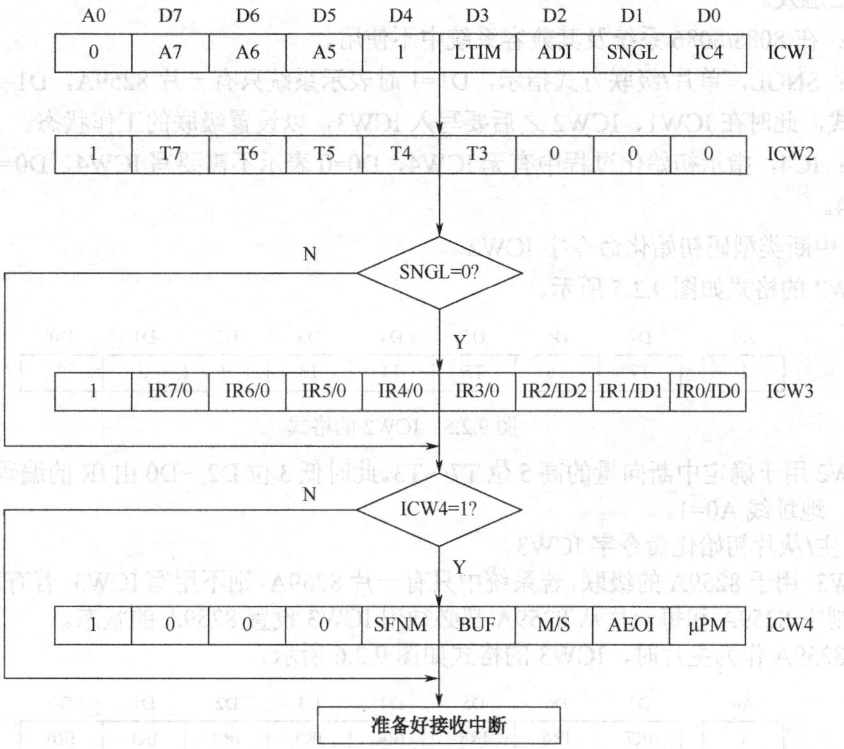

图 9.2.3　8259A 的初始化顺序

ICW1 和 ICW2 是必须写入的，ICW3、ICW4 则需根据 ICW1 的相应位决定是否写入。当 ICW1 的 SNGL=0 时，需要写入 ICW3 并分别对主片和从片进行编程，且其格式不同。当 ICW1 的 IC4=1 时，需要输入 ICW4，对 8088/8086 及其兼容系统总是要输入 ICW4 的。

1）芯片控制初始化命令字 ICW1

ICW1 的格式如图 9.2.4 所示。

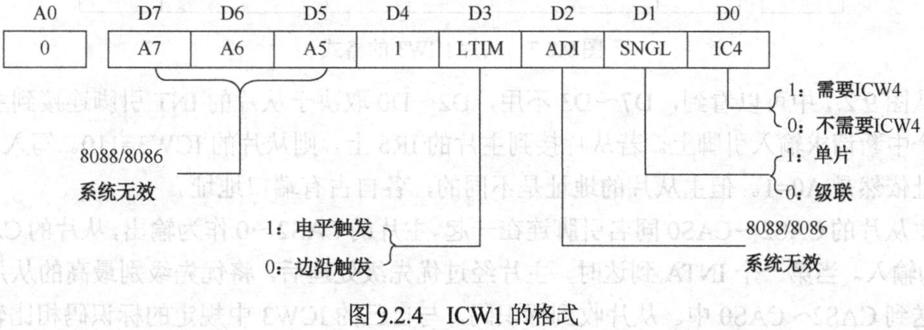

图 9.2.4　ICW1 的格式

此时的 A0 必须为 0，特征位 D4 必须为 1，也就是说，当 CPU 向 8259A 写命令字时，只要地址线 A0=0，数据线的 D4=1，就被 8259A 译码为 ICW1 并启动 8259A 的初始化过程：清除 IMR；把最低优先级分配给 IR7，最高优先级分配给 IR0；将从设备的 ID 置为 7；清除特殊屏蔽方式，设置 IRR 为读方式。

D7～D5：在 8088/8086 系统及其兼容系统中不使用。

D3：LTIM，规定中断请求输入信号线的触发方式，D3=1 时表示电平触发，D3=0 时表示边沿触发。

D2：在 8088/8086 系统及其兼容系统中不使用。

D1：SNGL，单片/级联方式指示，D1=1 时表示系统只有一片 8259A，D1=0 时表示为级联方式，此时在 ICW1、ICW2 之后要写入 ICW3，以设置级联的工作状态。

D0：IC4，指示初始化过程中有无 ICW4，D0=0 表示不需要写 ICW4，D0=1 表示需要写 ICW4。

2）中断类型码初始化命令字 ICW2

ICW2 的格式如图 9.2.5 所示。

A0	D7	D6	D5	D4	D3	D2	D1	D0
1	T7	T6	T5	T4	T3	0	0	0

图 9.2.5　ICW2 的格式

ICW2 用于确定中断向量的高 5 位 T7～T3。此时低 3 位 D2～D0 由 IR 的编码自动输入，输入时，地址线 A0=1。

3）主/从片初始化命令字 ICW3

ICW3 用于 8259A 的级联，若系统中只有一片 8259A，则不用写 ICW3；若有多片 8259A 级联，则主 8259A 和每一片从 8259A 都必须用 ICW3 设置 8259A 的状态。

当 8259A 作为主片时，ICW3 的格式如图 9.2.6 所示。

A0	D7	D6	D5	D4	D3	D2	D1	D0
1	IR7	IR6	IR5	IR4	IR3	IR2	IR1	IR0

图 9.2.6　主片 ICW3 的格式

D7～D0：与 IR7～IR0 引脚上的状态相对应。当某一个引脚上连接了从片时，对应位置 1，否则置 0。例如，主片的 IR7 和 IR2 上接有从片，则 ICW3=84H。写入 ICW3 时，A0=1。

当 8259A 作为从片使用时，ICW3 的格式如图 9.2.7 所示。

A0	D7	D6	D5	D4	D3	D2	D1	D0
1	0	0	0	0	0	ID2	ID1	ID0

图 9.2.7　从片 ICW3 的格式

从图 9.2.7 中可以看到，D7～D3 不用，D2～D0 取决于从片的 INT 引脚连接到主片的哪一个中断请求输入引脚上。若从片接到主片的 IR6 上，则从片的 ICW3=110。写入 ICW3 时地址依然是 A0=1。但主从片的地址是不同的，各自占有端口地址。

主从片的 CAS2～CAS0 同名引脚连在一起。主片的 CAS2～0 作为输出，从片的 CAS2～0 作为输入。当第一个 INTA 到达时，主片经过优先级处理后，将优先级别最高的从片的标识码送到 CAS2～CAS0 中。从片收到标识码，与自己的 ICW3 中规定的标识码相比较，如果相等，则在第二个 INTA 到来时，将自己的优先级最高的中断类型号送到数据总线上。

4）方式控制初始化命令字 ICW4

ICW4 的格式如图 9.2.8 所示。

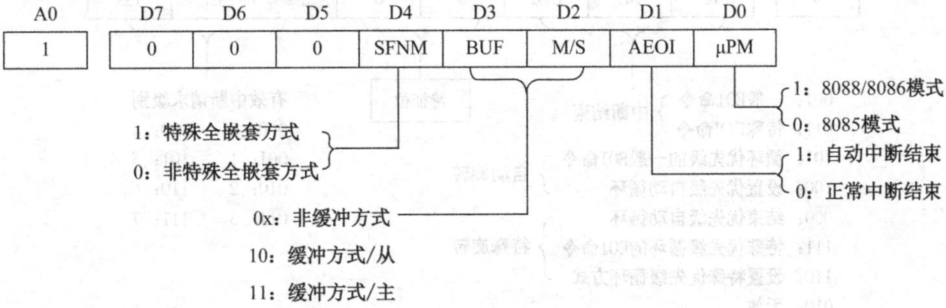

图 9.2.8　ICW4 的格式

D7～D5：不用。

D4：为 SFNM，该位用来决定 8259A 在级联方式时是否工作于特殊全嵌套方式。如果 D4=1，则表示主片设置为特殊全嵌套方式；D4=0，则表示 8259A 工作于一般全嵌套方式。

D3：BUF，用于指示 8259A 是否工作在缓冲方式，由此决定 SP/EN 的功能。D3=1 时，8259A 工作于缓冲方式，SP/EN 用做允许缓冲器接收/发送的输出控制信号 EN。D3=0 时，8259A 工作于非缓冲方式，SP/EN 用做主/从片选择的输入控制信号 SP。

D2: M/S，它与 D3 的 BUF 配合使用，若 BUF=1，则为缓冲方式，此时由 D2 指定 8259A 是主片还是从片。D2=1 表示 8259A 为主片，D2=0 表示 8259A 为从片。

D1：AEOI，指定 8259A 的中断结束方式。D1=1 表示 8259A 为自动中断结束方式，在这种方式下，在第二个 INTA 信号的后沿，8259A 自动使中断源在 ISR 中的相应位复位（置为 0）。当 D1=0 时，表示 8259A 为非自动中断结束方式，在这种方式下，必须在中断服务程序结束前使用 EOI 命令，使 ISR 中的最高优先级复位。

D0：μPM，用于指定 CPU 的类型，D0=1 表示 8259A 工作于 8088/8086 系统中；D0=0 表示 8259A 工作于 8085 系统中。

3．工作方式编程

对 8259A 进行初始化编程后，芯片即可进入工作状态，准备好接收 IR 输入的中断请求信号。在 8259A 工作期间，可通过工作命令字来使之工作在不同的方式。8259A 有 3 个工作命令字，可以单独使用。

1）中断屏蔽工作命令字 OCW1

OCW1 的格式如图 9.2.9 所示。

A0	D7	D6	D5	D4	D3	D2	D1	D0
1	M7	M6	M5	M4	M3	M2	M1	M0

图 9.2.9　OCW1 的格式

写入 OCW1 时地址是 A0=1，其中的每一位可以对相应的中断请求输入线进行屏蔽，当 M*i*=1 时表示对 IR*i* 输入进行屏蔽，禁止它产生 INT 信号；M*i*=0 时表示允许 IR*i* 输入。CPU 对该地址进行读的操作可以获知 IMR 的内容。

2）控制中断结束和优先级循环的工作命令字 OCW2

OCW2 的格式如图 9.2.10 所示。

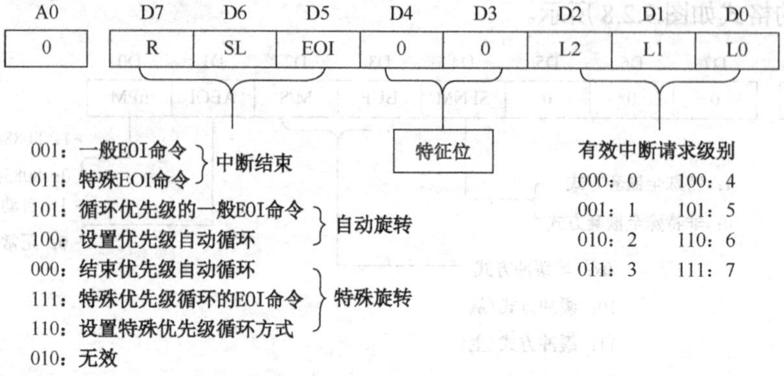

图 9.2.10　OCW2 的格式

写入 OCW2 时地址是 A0=0；D4D3=00 表示 OCW2 的标志位。

D7：R，优先级循环位，R=1 为优先级循环，R=0 为固定优先级。

D6：SL，选择指定的 IR 级别，SL=1 时，操作在 L2～L0 指定的 IR 编码级别上执行；SL=0 时，L2～L0 无效。

D5：EOI，中断结束命令。在初始化 ICW4 中定义为非自动中断结束方式（AEOI=0）的情况下，使 EOI=1，表示中断结束命令，它使 ISR 中最高优先级的相应位复位；此时，EOI=0 不起作用。EOI 常用在中断服务程序中的中断返回指令前。

D2～D0：表示 L2、L1、L0 在 SL=1 时配合 R、SL、EOI 的设置，用来确定一个中断优先级的编码。L2、L1、L0 的 8 种编码 000～111 分别与 IR0～IR7 相对应。

3）控制 8259A 的中断屏蔽、查询和读寄存器等状态命令字 OCW3

OCW3 的格式如图 9.2.11 所示。

写入 OCW3 时地址也是 A0=0；D4D3=01，是 OCW3 的标志位。

D6：ESMM，允许或禁止 D5（SMM）位起作用。D6=1 时，允许 SMM 位起作用；D6=0 时，禁止 SMM 位起作用。

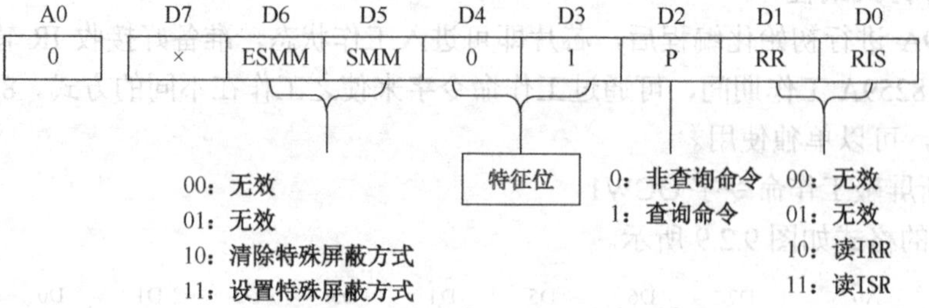

图 9.2.11　OCW3 的格式

D5：SMM，设置特殊屏蔽方式选择位，当 D6=1、D5=1 时，设置特殊屏蔽方式；当 D6=1、D5=0 时，清除特殊屏蔽方式，恢复一般的屏蔽方式。

D2：P，查询命令位，D2=1 时是查询命令；D2=0 时不是查询命令。当 OCW3 设置查询方式后，紧随其后送入 8259A 的读命令可读出最高优先级别的中断请求 IR 的编码。

D1：RR，读寄存器命令位，D1=1 时允许读 IRR 或 ISR；D1=0 时禁止读这两个寄存器。

D0：RIS，读 IRR 或 ISR 的选择位，D1=1、D0=1 时，读 ISR 的内容；当 D1=1、D0=0 时，读 IRR 的内容。

9.3 微机的中断处理过程

IBM PC 有软件中断和硬件中断两种，硬件中断又分为非屏蔽中断和可屏蔽中断，共 256 级中断，中断类型号为 00H～FFH。IBM PC/XT 的可屏蔽中断由一片 8259A 管理，AT 为增强处理中断的能力，在系统中级联了一片 8259A 进行中断管理，多扩展了 8 个外中断，其连接如图 9.3.1 所示，提供了 15 个硬件中断源。从片的 8259A 的 INT 接至主 8259A 的 IR2，所以 IR2 不能被用户使用，这 15 个中断源按优先级顺序排列是 IR0、IR1、IR2（IR8、IR9、IR10、IR11、IR12、IR13、IR14、IR15）、IR3、IR4、IR5、IR6、IR7。

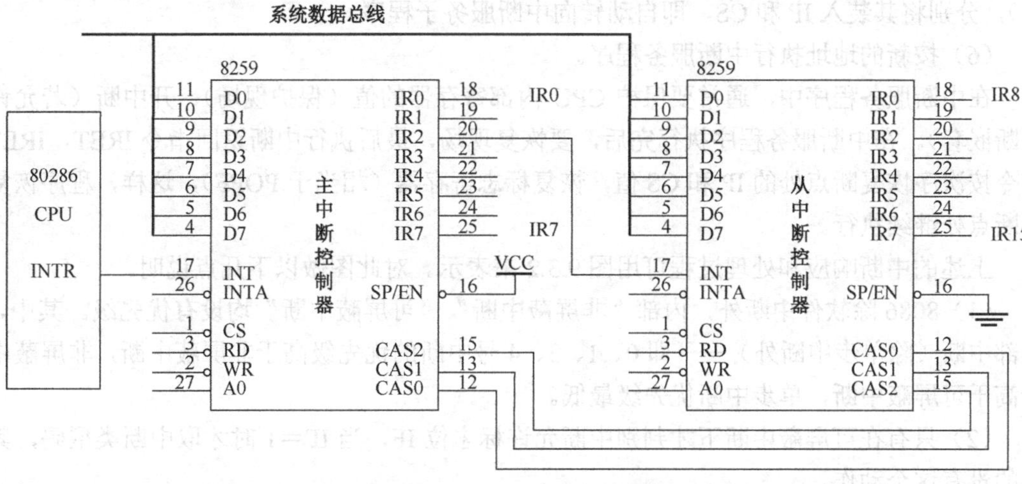

图 9.3.1　主从 8259A 级联图

主片的 8259A 提供的中断源编号为 IR7～IR0，对应的中断号为 08H～0FH；从片 8259A 的中断源编号为 IR8～IR15，对应的中断号为 70H～77H。主片地址是 20H 和 21H，从片地址是 0A0H 和 0A1H。采用 ISA 总线的 386/486 微机的中断结构也是这样的。

各个中断的响应和处理过程是不相同的，但主要区别在于如何获取相应的中断类型号（向量）。对于外部的硬件中断，CPU 是在当前指令周期的 *T* 状态采样中断请求输入信号的，如果有可屏蔽中断请求，且 CPU 处于开中断（IF=1），则 CPU 转入两个连续的中断响应周期。在第二个中断响应周期的 *T*4 状态前沿采用数据线获取外设输入的中断类型号。若采样到非屏蔽中断请求 NMI，则 CPU 不需要经过上述两个中断响应周期，而在内部自动产生中断类型号 2。对 NMI 进入的中断请求，由于其类型号固定为 2，因此 CPU 不用从外设读取类型码，也不需计算中断向量表的地址，只要将中断向量表中的 0000:0008H～0000:000BH 单元内容分别装入 IP 和 CS 即可。

对于软件中断，中断类型号也是自动形成的，被零除的中断类型号为 0，单步中断的类型号为 1，断点中断的类型号为 3，溢出中断的类型号为 4。而对于 INT *n* 指令，其中断类型号是在指令中给出的。

CPU 在取得中断类型号后的处理过程是一样的，其处理顺序如下。

（1）将中断类型号乘以 4，作为中断向量表的指针。

（2）把 CPU 的标志寄存器内容压入堆栈，保护各个标志位，以保护中断时的状态。此操作类似 PUSHF。

（3）将 IF 和 TF 标志清 0，目的是防止在中断响应的同时又有其他中断，将 IF 清 0 是为了防止新的 INTR 中断，而将 TF 清 0 是为了防止 CPU 以单步方式执行中断处理子程序。此时应注意，因为 CPU 在中断响应时自动关闭了 IF 标志，因此，若用户要进行中断嵌套，则必须在自己的中断处理子程序中用开中断指令来重新设置 IF。

（4）保护主程序中的断点，断点指的是在响应中断时，主程序当前指令下面的一条指令的地址。因此，保护断点的动作就是将当前的 IP 和 CS 的内容入栈，保护断点是为了以后正确地返回主程序。

（5）根据获得的中断类型号，从中断向量表中取出中断服务程序的入口地址（中断向量），分别将其装入 IP 和 CS，即自动转向中断服务子程序。

（6）按新的地址执行中断服务程序。

在中断服务程序中，通常要保护 CPU 内部寄存器的值（保护现场）、开中断（若允许中断嵌套）。在中断服务程序执行完后，要恢复现场，最后执行中断返回指令 IRET，IRET 指令按次序恢复断点处的 IP 和 CS 值，恢复标志寄存器（相当于 POPF），这样，程序恢复到断点处继续执行。

上述的中断响应和处理过程可用图 9.3.2 来表示。对此图做以下几点说明。

（1）8086 除软件中断外，内部“非屏蔽中断”、“可屏蔽中断”均设有优先级。其中，内部中断（除单步中断外）——即 0、1、3、4 号中断的优先级高于非屏蔽中断，非屏蔽中断高于可屏蔽中断，单步中断优先级最低。

（2）只有在可屏蔽中断下才判别中断允许标志位 IF，当 IF＝1 时才取中断类型码，其余的没有这个动作。

（3）关于单步中断，它每执行一条指令中断一次，显示当时各寄存器的内容，供用户参考，当进入单步中断响应时，CPU 自动清除 TF，在中断返回后，由于恢复了响应时的标志寄存器的值，因此 TF＝1，执行完一条指令后又进入单步中断，直到程序将 TF 改为 0 为止。

（4）关于中断的嵌套，NMI 总是可以响应的，若在中断处理子程序中设立了开中断指令，则 INTR 的请求也能响应。

（5）弹出 IP、CS、标志，返回断点的动作由 IRET 指令完成。

（6）有些情况下，即使条件满足，CPU 也不能马上响应中断，必须执行完下一条指令（而不是当前指令）才行。若正好执行 LOCK 指令和向 SS 寄存器赋值的传送指令，则一般要求连续用两条指令对 SS 和 SP 寄存器进行赋值，以保证堆栈指针的正确性。

（7）当遇到等待指令或串操作指令时，允许在指令执行的过程中进入中断。这时需注意在中断处理子程序中保护现场，以保证中断返回后能继续正确地执行这些指令。

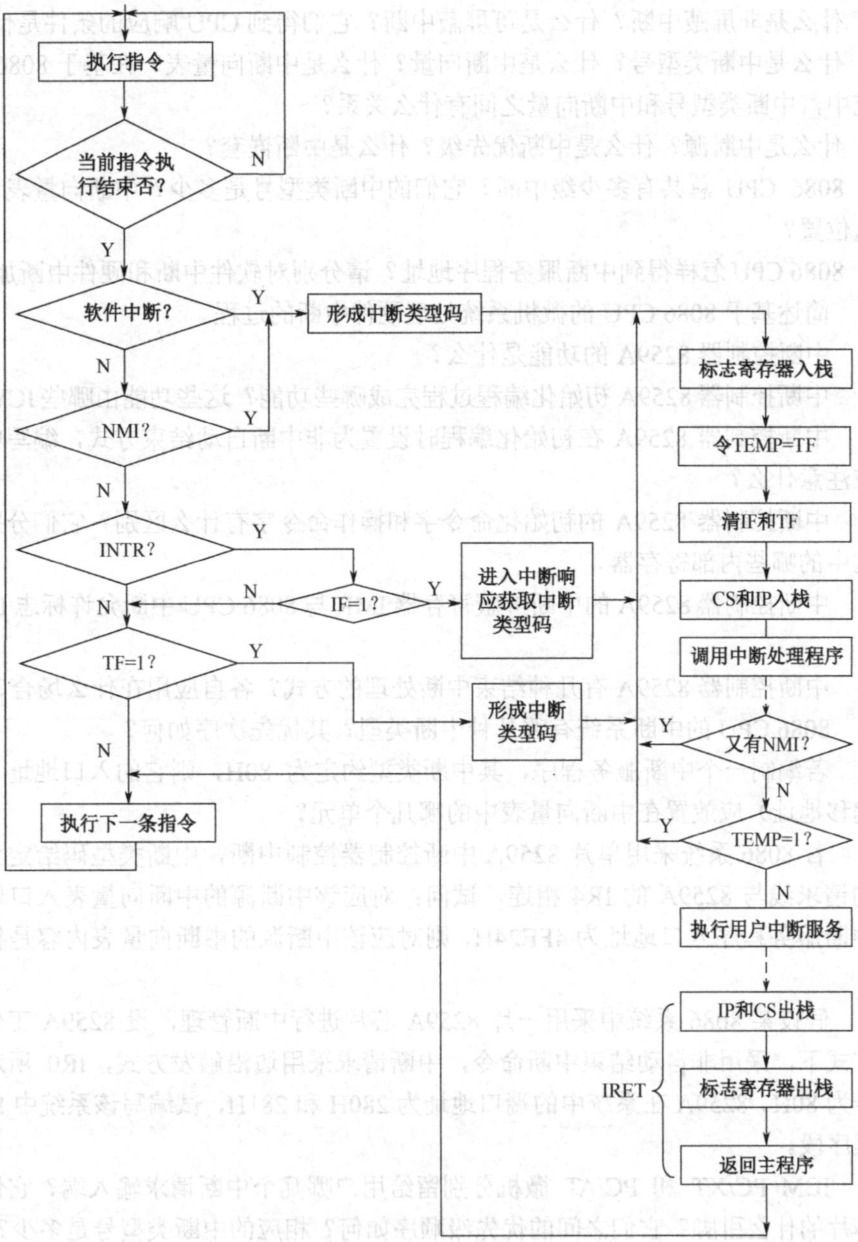

图 9.3.2　8086 的中断响应和处理过程

习　题

9.1　简述一般中断系统的组成和功能。

9.2　什么是中断？简述一个中断的全过程。

9.3　确定中断的优先级有哪两种方法？各有什么优缺点？IBM PC 系列微机中断判优使用的是什么方法？

9.4　8086 CPU 的中断分为哪两大类？什么是硬件中断和软件中断？在 PC 中两者的处理过程有什么不同？

9.5 什么是非屏蔽中断？什么是可屏蔽中断？它们得到 CPU 响应的条件是什么？

9.6 什么是中断类型号？什么是中断向量？什么是中断向量表？在基于 8086 CPU 的微机系统中，中断类型号和中断向量之间有什么关系？

9.7 什么是中断源？什么是中断优先级？什么是中断嵌套？

9.8 8086 CPU 总共有多少级中断？它们的中断类型号是多少？中断向量表设在存储区的什么位置？

9.9 8086 CPU 怎样得到中断服务程序地址？请分别对软件中断和硬件中断加以说明。

9.10 简述基于 8086 CPU 的微机系统处理硬件中断的过程。

9.11 中断控制器 8259A 的功能是什么？

9.12 中断控制器 8259A 初始化编程过程完成哪些功能？这些功能由哪些 ICW 设定？

9.13 中断控制器 8259A 在初始化编程时设置为非中断自动结束方式，编写中断服务程序时应注意什么？

9.14 中断控制器 8259A 的初始化命令字和操作命令字有什么区别？它们分别对应于编程结构中的哪些内部寄存器？

9.15 中断控制器 8259A 的中断屏蔽寄存器 IMR 与 8086 CPU 中断允许标志 IF 有什么区别？

9.16 中断控制器 8259A 有几种结束中断处理的方式？各自应用在什么场合？

9.17 8086 CPU 的中断系统有哪几种中断类型？其优先次序如何？

9.18 若编制一个中断服务程序，其中断类型约定为 80H，则它的入口地址（包括段地址和偏移地址）应放置在中断向量表中的哪几个单元？

9.19 若 8086 系统采用单片 8259A 中断控制器控制中断，中断类型码给定为 20H，中断源的请求线与 8259A 的 IR4 相连，试问：对应该中断源的中断向量表入口地址是什么？若中断服务程序入口地址为 4FE24H，则对应该中断源的中断向量表内容是什么？如何定位？

9.20 假设某 8086 系统中采用一片 8259A 芯片进行中断管理，设 8259A 工作在全嵌套工作方式下，采用非自动结束中断命令，中断请求采用边沿触发方式，IR0 所对应的中断类型号为 80H。8259A 在系统中的端口地址为 280H 和 281H，试编写该系统中 8259A 的初始化程序段。

9.21 IBM PC/XT 和 PC/AT 微机分别留给用户哪几个中断请求输入端？它们分别对应什么芯片的什么引脚？它们之间的优先级顺序如何？相应的中断类型号是多少？

第 10 章　DMA 接口技术

10.1　概述

高速及大容量的外部设备通常要和微型计算机的存储器进行大量的数据交换。在一般情况下，这种数据传输是在 CPU 的控制下进行的，即 CPU 经地址总线和控制总线发出地址码和控制信号，将要传送的数据送到数据总线并放入 CPU 的累加器，然后由 CPU 将暂存的这些数据送入外部设备或存储器。用这种方式传送数据块，每传送一个数据至少要 4 个总线周期，其效率是很低的，尤其不适合实时性很强的工作。因此出现了直接存储器存取方法。它采用一个 DMA 控制器，在进行 DMA 时，CPU 让出总线控制权，由 DMA 控制器直接控制地址总线、控制总线和数据总线，使存储器和高速外部设备直接交换数据，CPU 不再干预，这样就大大减少了中间环节，提高了传输速度。DMA 之所以适用于快速、大批量的数据传输，一方面是因为 DMA 控制器硬件完成了计数和内存地址的修改；另一方面，在 DMA 传输数据期间，无需 CPU 直接参与，CPU 可以执行其他程序，DMA 控制器接管总线的控制权，可大大提高 CPU 的利用率。DMA 传送是直接由硬件控制的，CPU 不必为数据的传送执行指令，也不需要保护现场和恢复现场。

8237 DMA 控制器是与 8086 CPU 系列配套使用的 DMA 传送控制器，尽管在目前诸如 Pentium 级微机主板中不再有独立的 8237 芯片，但其 DMA 功能没有多大的变化，只是其 DMA 通道数由 4 个增加到 8 个（相当于两片 8237 级联），其编程方法甚至 DMA 通道基地址都保持不变（向下兼容），可以认为，Pentium 微机主板中的 8237 芯片只是与 8259 芯片一样集成到另一块更大的芯片中了。在理解与使用时，仍可当做存在一片独立的 8237 芯片。下面以 8237 集成电路及其在 PC 系列微机中的应用为例，介绍 DMA 接口技术及应用。

10.2　DMA 控制器 8237A

10.2.1　DMA 控制器 8237A 的基本功能

PC 系列微机选用 Intel 公司的 8237A 集成电路作为 DMA 控制器。Intel 8237A 是一种高性能的可编程 DMA 控制器，采用 5MHz 的 Intel 8237A-5 传送速率可以达到 1.6MB/s。它直接应用于 8086/8088、80386 和 80486 系统中。其主要功能如下。

（1）每个芯片内部有 4 个独立的 DMA 通道，可以分时为 4 个外设实现 DMA 的传送。每个通道可采用 3 种不同的传送类型，即读操作、写操作、校验操作。

（2）每个通道的 DMA 请求都可以分别允许和禁止。

（3）每个通道的 DMA 请求有不同的优先级，由编程来决定其优先级，其优先级可以是固定的，也可以是轮转的。

（4）每个通道一次传送数据的最大长度可达 64KB，可以在存储器与外设之间进行数据传送，也可以在存储器的两个区域之间进行传送。

（5）8237A 的 DMA 传送有 4 种工作方式：单字节传送方式、数据块传送方式、请求传送方式和级联传送方式。

（6）有一条结束处理的输入信号 EOP#，外界可以用此信号来结束 DMA 传送。

（7）8237A 可以进行级联，用于扩展通道数。

使用可编程的 DMA 控制器，在完成 DMA 传送之前，必须由微处理器对 DMA 控制器进行编程，以确定通道的选择、数据传送的方式及类型、内存区域的首地址、地址是递增还是递减、要传送的总字节数等。

8237A 有两种工作状态：DMA 周期和空闲周期。当 8237A 进行 DMA 传送过程的控制时，称为处于 DMA 周期，此时它是系统总线的主控设备；而不进行 DMA 传输时，称为处于空闲周期，此时 8237A 是 CPU 的一个外部设备，可由 CPU 对它进行读写操作。

10.2.2 DMA 控制器 8237A 的基本结构

1. Intel 8237A 的内部结构

可编程 DMA 控制器 8237A 的逻辑结构示意图如图 10.2.1 所示。它主要包括 4 个独立的通道，以及定时和控制逻辑、优先级控制逻辑、寄存器组、命令控制逻辑、地址/数据缓冲器等。

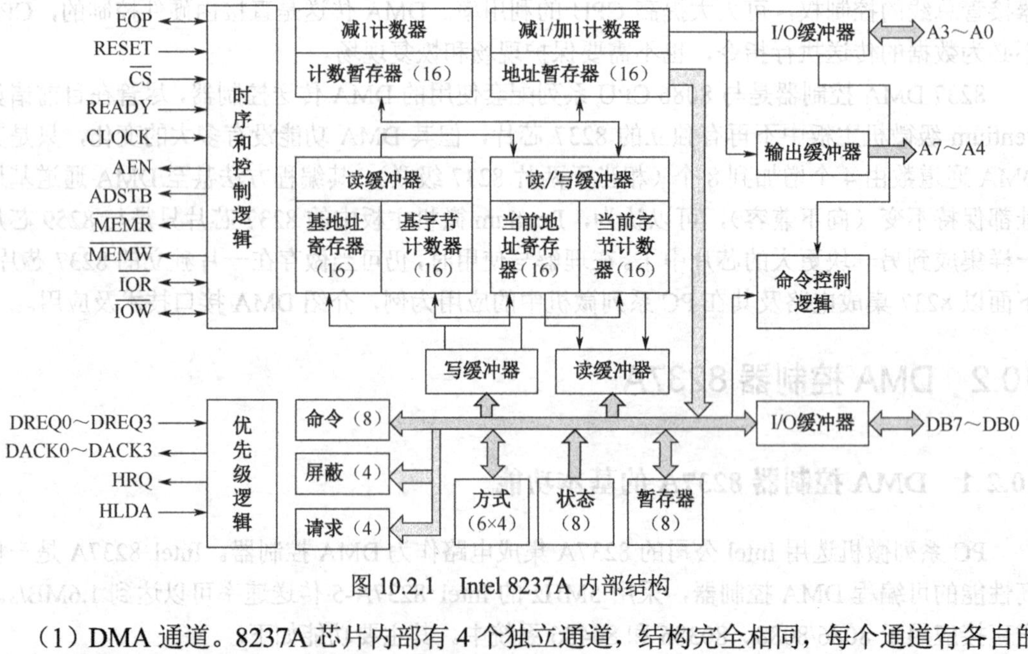

图 10.2.1　Intel 8237A 内部结构

（1）DMA 通道。8237A 芯片内部有 4 个独立通道，结构完全相同，每个通道有各自的 4 个寄存器，即基地址、当前地址、基字节计数、当前字节计数，以及 4 个通道共用的工作方式寄存器、状态寄存器、暂存寄存器、命令寄存器、屏蔽寄存器、请求寄存器等。通过对寄存器的编程，可实现 8237A 的 4 种基本传送方式、3 种 DMA 传送类型、2 种工作时序、2 种优先级排队，自动预置传送地址和字节数等一系列操作。

（2）定时和控制逻辑。8237A 芯片的初始化或对其寄存器进行读写操作时，控制逻辑接收 CPU 发出的信号。CPU 可对 8237A 芯片内部的寄存器进行读写。

（3）优先级控制逻辑。它用于解决 DMA 控制器内部多个通道的总线冲突问题，对同时有请求的通道进行优先级编码，确定哪个通道的优先级最高。8237A 中通道的优先级可以是固定的，也可以是循环的。由编程决定优先级的方式：固定方式和循环方式。

（4）命令控制逻辑和总线接口。命令控制逻辑包括总线占用优先控制逻辑、中断控制逻辑、级联控制逻辑等。总线接口包括总线缓冲接收器、端口地址译码器等。命令控制逻辑部分用于 DMA 传送之前，对 DMA 芯片进行初始化，在 DMA 传送过程中，由它产生各种控制信号，控制 DMA 传送的整个过程。

2．Intel 8237A 的引脚信号

8237A 集成电路是 40 脚双列直插式封装的器件，其引脚图如图 10.2.2 所示。

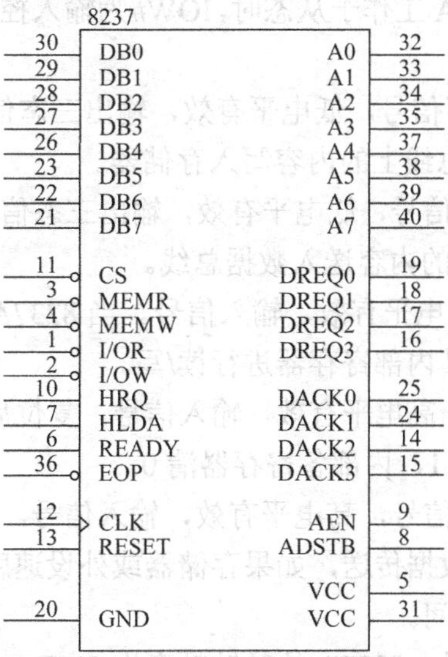

图 10.2.2　Intel 8237A 引脚图

8237A 既是主控者（在 DMA 传送过程中），也是从控者（在初始化时），因此其引脚设置有特色，如部分地址线（A0～A3）是双向的，I/O 读写线也是双向的，其另设置了 16 位地址输出线（DB0～DB7、A0～A7）和存储器读/写控制线（ MEMR#、MEMW#）。下面对各个引脚功能说明如下。

1）数据和地址信号

（1）A3～A0：双向三态地址线。处于空闲周期时，其用于 CPU 访问 8237A，地址 A3～A0 送入 8237A 以选择其内部的寄存器；DMA 传送时，其送出 DMA 访问内存地址的低 4 位。

（2）A7～A4：单向三态地址线。当 8237A 工作为主控态时，地址线 A7～A4 为输出信号线，作为 8237A 访问内存单元地址的 A7～A4 位，与 A3～A0 一起组成访问存储器地址的低 8 位。

（3）DB7～DB0：双向三态数据线。与系统的数据总线相连，在 8237A 工作于从态时，当 IOR#有效时，CPU 可以通过 DB7～DB0 读取 8237A 内部寄存器的值，了解 8237A 的工

作状态。当 IOW#有效时，可通过 DB7～DB0 对 8237A 内部的寄存器编程，实现对 8237A 的初始化。当 8237A 工作于主控态时，DB7～DB0 输出当前地址寄存器中的高 8 位 A15～A8，并通过 ADSTB 锁存到外部地址寄存器中，与 A7～A0 一起构成 16 位地址。如果是存储器到存储器的 DMA 总线周期，则从存储器读出数据并通过这些线进入 8237A 内部临时寄存器，又由这些线把数据送至新的存储单元。

2）控制信号

（1）IOR#：I/O 读信号，低电平有效，双向三态信号线。当 8237A 工作于主控态时（即在 DMA 传送周期时），其为输出信号线，8237A 发出 IOR#，与 MEMW#相配合，用以控制数据由外设经数据总线传送至存储器（DMA 写传送）。当 8237A 工作于从态时，IOR#为输入控制信号，CPU 利用它读取 8237A 内部寄存器的值。

（2）IOW#：I/O 写信号，低电平有效，双向三态信号线。当 8237A 工作于主控态时，它为输出信号，8237A 发出 IOW#，与 MEMR#配合，控制数据由存储器经数据总线传送至外设(DMA 读传送)。当 8237A 工作于从态时，IOW#为输入控制信号，CPU 利用它对 8237A 的寄存器编程实现初始化。

（3）MEMW#：存储器写信号，低电平有效，输出三态信号线。在 DMA 传送期间，由 MEMW#信号控制将数据总线上的内容写入存储器。

（4）MEMR#：存储器读信号，低电平有效，输出三态信号线。在 DMA 传送期间，由 MEMR#信号控制将存储单元的内容送入数据总线。

（5）CS#：片选信号，低电平有效，输入信号。当 8237A 工作于从态时，CPU 将其视为一般 I/O 设备，CPU 可对其内部寄存器进行读/写。

（6）RESET：复位信号，高电平有效，输入信号。复位后 8237A 处于空闲状态，禁止 DMA 操作，使屏蔽寄存器置 1，内部各寄存器清 0。

（7）READY：准备就绪信号，高电平有效，输入信号。READY 为高时，表示存储器或外设已准备好，可以进行数据传送，如果存储器或外设速度较慢，则可以使 READY 为低，以延长 8237A 的读/写时间。

（8）CLK：时钟脉冲信号，8237A 的时钟频率为 5MHz，用于控制数据传送的速度。

（9）ADSTB：地址选通信号，高电平有效，输出信号。ADSTB 用于把 8237A 当前的地址寄存器的高 8 位地址锁存到外部地址锁存器中。

（10）AEN：地址允许信号，高电平有效，输出信号。当 AEN 为高电平时，它使包含在外部地址锁存器的高 8 位地址送到地址总线 A15～A8 上，与低 8 位 A7～A0 一起组成存储单元的偏移地址。AEN 信号也可用于封锁在 DMA 期间其他接口的译码。在设计接口电路时，必须考虑此信号。

（11）EOP#：DMA 过程结束信号，低电平有效，双向控制信号。当 DMA 控制器任一通道的计数结束时，8237A 从 EOP#引脚输出一个有效电平，表示 DMA 传送结束。如果外部在 EOP#引脚输入一个低电平，则将强行结束 8237A 所有启动的 DMA 通道的服务。

3）请求和结束信号

（1）DREQ0～DREQ3：DMA 请求信号，输入信号。DREQ0～DREQ3 对应通道 0～3。其有效电平由编程决定，但 8237A 复位后自动设置为高电平有效。在优先级固定的条件下：DREQ0 的优先级最高，DREQ3 最低。DMA 请求信号由 I/O 发出，直到收到响应信号 DACK，请求信号才撤销。

（2）DACK0～DACK3：DMA 响应信号，输出信号。DACK0～DACK3 对应 DREQ0～DREQ3，其有效电平由编程决定，8237A 复位后自动设置为低电平有效。这是 8237A 对外设 DMA 请求的应答信号。它表示已经启动一个 DMA 周期。当 8237A 接收到 HLDA 后，相应的通道发出 DACK 信号。

（3）HRQ：总线请求信号，高电平有效，输出信号。当 8237A 的任一未被屏蔽的通道有 DREQ 请求时，8237A 会向 CPU 发出 HRQ 请求信号，请求 CPU 让出总线。

（4）HLDA：总线响应信号，高电平有效，输入信号。它是 CPU 对 8237A 发出请求信号的应答信号，该信号有效时，表示 CPU 让出总线使用权。

10.2.3　DMA 控制器 8237A 的工作方式

DMA 传送主要是传输数据，它一般有 4 种传送方式：单字节传送、数据块传送、请求传送、级联传送。

1．单字节传送方式

当 DMA 通道被设置为单字节传送方式时，DMA 每次传送仅传送一个字节的数据，传送后 8237A 将地址加 1（或减 1），并将要传送的字节数减 1。传送完一个字节后，DMAC 放弃系统总线，将总线控制权交给 CPU。

在单字节传送方式下，每个字节传送时，DREQ 保持有效。传送完后，DREQ 变为无效，使 HRQ 也变为无效。这样可以保证每传送一个字节，DMAC 交还总线控制权给 CPU，以便 CPU 执行一个总线周期并进行其他有关操作。可见，CPU 和 DMAC 在这种情况下轮流控制系统总线。

单字节传送方式有以下特点。

（1）CPU 和 DMA 控制器轮流控制总线。

（2）系统总线不会长时间被某一个 DMA 通道占用，当一个较低级别的通道传输的字节数较多时，CPU 可频繁地收回总线控制权，对 DMA 请求重新按优先级排队，以响应优先级更高通道的 DMA 请求。

（3）该方式适用于慢速外设与存储器之间的数据传送。

2．数据块传送方式

数据块传送方式用于传送整块数据。在这种方式下，DMAC 一旦获得总线控制权，便开始连续传送数据。每传送一个字节，自动修改地址，并使要传送的字节数减 1，直至将所有规定的字节数据全部传送或收到外部的 EOP#信号，DMAC 才结束传送并将总线控制权交给 CPU。在数据块传送方式下，外部设备的 DMA 请求信号 DREQ 保持有效直到收到 DACK 有效信号为止。在这种传送方式下，8237A 可编程为当传送结束时自动初始化。

这种传送方式有以下特点。

（1）传输数据量大，效率高。

（2）CPU 在 DMA 传送期间长时间不占用总线。

3．请求传送方式

请求传送方式类似于数据块传送方式，但每一次传送之前都要检测 DREQ 信号。在这种方式下，只要 DREQ 有效，DMA 传送就一直进行，直到连续传送到字节计数为 0 或外部提供的 EOP#或 DREQ 变为无效时为止。若 DREQ 信号无效，则暂停传送，将总线控制权交还给 CPU。在字节数计数值不为 0 时，若 DREQ 再次变为有效，则从被中止的位置开始继续进行 DMA 数据传送。

这种传送方式具有以下特点。

（1）可由外部设备控制 DMA 的传送过程。

（2）传送方式采用查询式。

（3）当出现下列 3 种情况之一时，将中止传送。

① 字节计数器减为 0，产生一个 T/C 信号。

② DMA 请求 DREQ 无效。

③ 外界送来一个结束信号。

4．级联工作方式

它不同于前 3 种方式，不是数据传送方式，而是通过级联以扩展通道。这种方式能连接多个 8237A 集成电路任意扩展通道数。连接方法是把本级 8237A 集成电路的 HRQ 和 HLDA 信号线分别连接到上一级 8237A 集成电路一个通道的 DREQ 和 DACK 信号线上，本级（附加级）集成电路的 DMA 请求将通过上级集成电路的优先级编码电路传给 CPU，即上级的相应通道只起优先级网络的作用，不发出 DMA 传送数据的控制信号，实际数据传送控制由本级 DMA 通道完成。8237A 级联工作方式如图 10.2.3 所示。

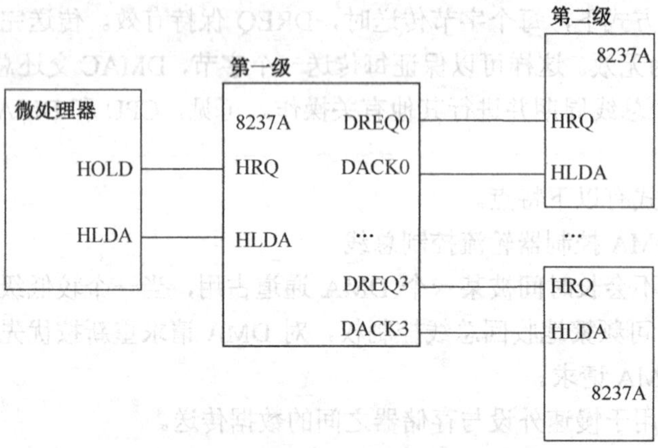

图 10.2.3　Intel 8237A 级联工作方式

这 4 种方式中有 3 种操作类型：DMA 读操作、DMA 写操作、DMA 校验。

（1）DMA 读操作，把数据从存储器中读出，写入外设。

（2）DMA 写操作，把数据从外设中读出，写入存储器。

（3）DMA 校验，它是一种伪操作，不进行 DMA 传送，只是用于校验 DMA 控制器内部的寻址逻辑和控制逻辑是否正确。

10.2.4　DMA 控制器 8237A 的寄存器

8237A 的编程涉及内部众多的寄存器。8237A 有 4 根地址输入线 A0～A3，有 16 个端口可供 CPU 访问。各寄存器的地址（片内地址）分配如表 10.2.1 所示。

表 10.2.1　8237A 寄存器的地址

通道	片内地址	寄存器：读	寄存器：写
0	00H	读通道 0 当前地址寄存器	写通道 0 基地址与当前地址寄存器
0	01H	读通道 0 当前字节计数寄存器	写通道 0 基字节计数与当前字节计数寄存器
1	02H	读通道 1 当前地址寄存器	写通道 1 基地址与当前地址寄存器
1	03H	读通道 1 当前字节计数寄存器	写通道 1 基字节计数与当前字节计数寄存器
2	04H	读通道 2 当前地址寄存器	写通道 2 基地址与当前地址寄存器
2	05H	读通道 2 当前字节计数寄存器	写通道 2 基字节计数与当前字节计数寄存器
3	06H	读通道 3 当前地址寄存器	写通道 3 基地址与当前地址寄存器
3	07H	读通道 3 当前字节计数寄存器	写通道 3 基字节计数与当前字节计数寄存器
公用	08H	读状态寄存器	写命令寄存器
	09H	—	写请求寄存器
	0AH	—	写单个屏蔽位的屏蔽寄存器
	0BH	—	写工作方式寄存器
	0CH	—	写清除先/后触发器命令
	0DH	读暂存寄存器	写总清命令
	0EH	—	写清 4 个屏蔽位的屏蔽寄存器命令
	0FH	—	置 4 个屏蔽位的屏蔽寄存器

以下介绍各个功能寄存器的格式。

1. 工作方式寄存器

工作方式寄存器每个通道只有一个。其内容用来指定通道的工作方式，各数据位的作用如图 10.2.4 所示。

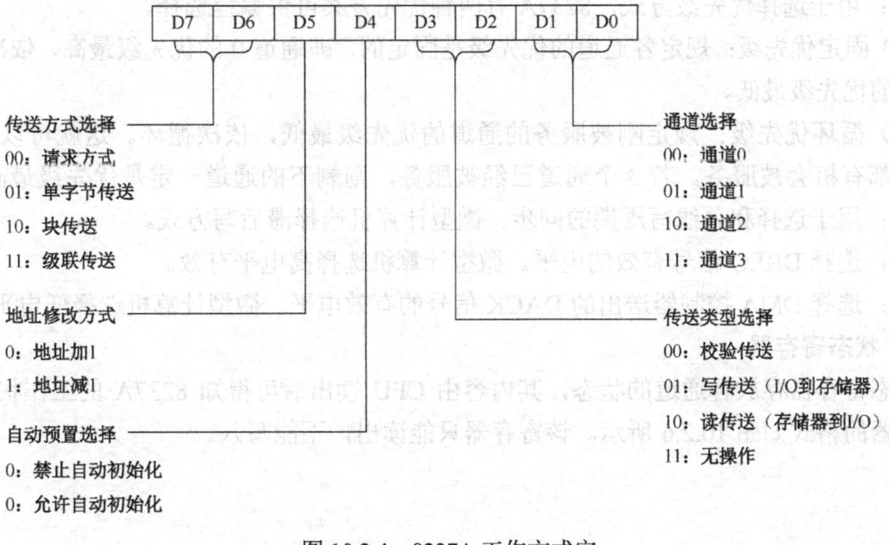

图 10.2.4　8237A 工作方式字

在图 10.2.4 中，所谓自动初始化就是指某一通道按要求将数据传送完后，又能自动预置初始地址和传送的字节数，为下一次 DMA 传送做好准备。

校验传送是一种空操作，实际上并不进行数据传送，其本身也不进行任何校验，它只产生地址并响应 EOP#，但不产生读写控制信号，外设可以利用这样的时序进行校验。

2. 命令寄存器

8237A 的命令寄存器是一个 8 位的寄存器，存放编程的命令字以控制 8237A 的工作，命令字各位的功能如图 10.2.5 所示。复位时，命令寄存器清零。

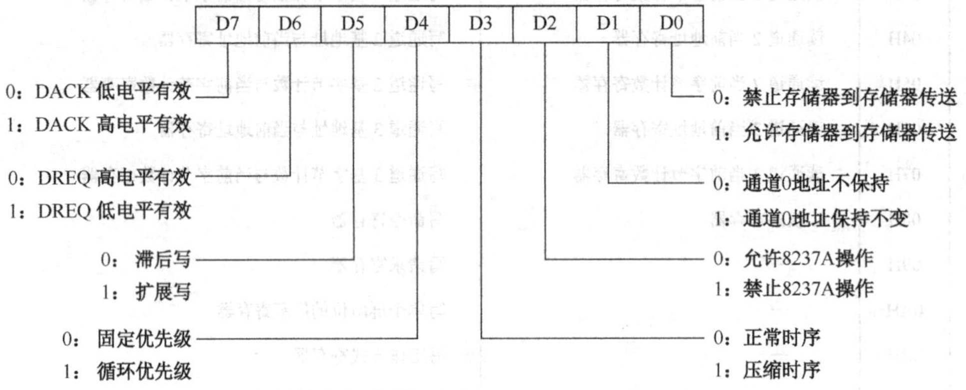

图 10.2.5　8237A 命令寄存器

D0：用于允许或禁止存储器到存储器的传送功能。当这种功能被允许时，通道 0 和通道 1 指定两个不同的存储块，可以在这两个存储块间传送数据。

D1：用于表征地址状态。

D2：用于启动或停止 8237A 工作。

D3：用于表征 8237A 的工作时序。正常时序采用标准时序，保持 S3 状态。压缩时序是指每个 DMA 周期包含 2～3 个时钟周期，在时钟周期 S2 改变地址，去掉 S3 状态，S4 形成读写。

D4：用于选择优先级方式，8237A 有两种优先方案可供编程选择。

（1）固定优先级：规定各通道的优先级是固定的，即通道 0 的优先级最高，依次降低，通道 3 的优先级最低。

（2）循环优先级：规定刚被服务的通道的优先级最低，依次循环。这就可以保证 4 个通道都有机会被服务。若 3 个通道已经被服务，则剩下的通道一定是优先级最高的。

D5：用于选择和总线写周期的同步。微型计算机选择滞后写方式。

D6：选择 DREQ 信号有效的电平。微型计算机选择高电平有效。

D7：选择 DMA 控制器送出的 DACK 信号的有效电平。微型计算机选择低电平有效。

3. 状态寄存器

状态寄存器存放各通道的状态，其内容由 CPU 读出后可得知 8237A 的工作状态。状态寄存器的格式如图 10.2.6 所示。该寄存器只能读出，不能写入。

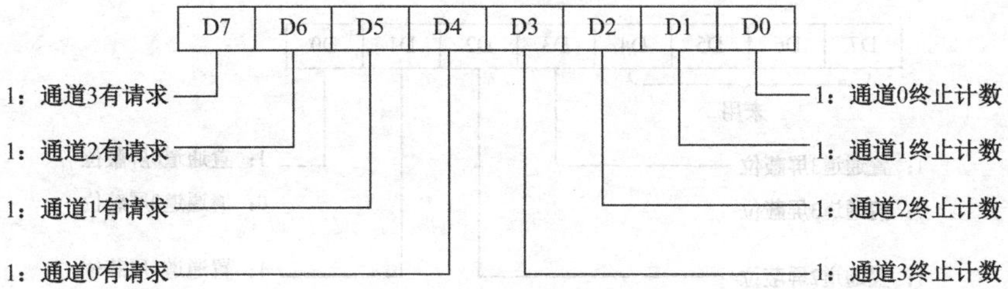

图 10.2.6　8237A 状态寄存器

4．请求寄存器

请求寄存器用于在软件控制下产生一个 DMA 请求，如同外部的 DREQ 请求一样。这种请求只用于数据块传送方式。通过对请求寄存器的编程，决定启动哪一个通道的 DMA 请求。这种启动方式为软件启动。请求传送方式传送结束后，信号会清除相应的请求位，RESET 信号清除整个请求寄存器，请求位不能被屏蔽。请求寄存器的格式如图 10.2.7 所示。

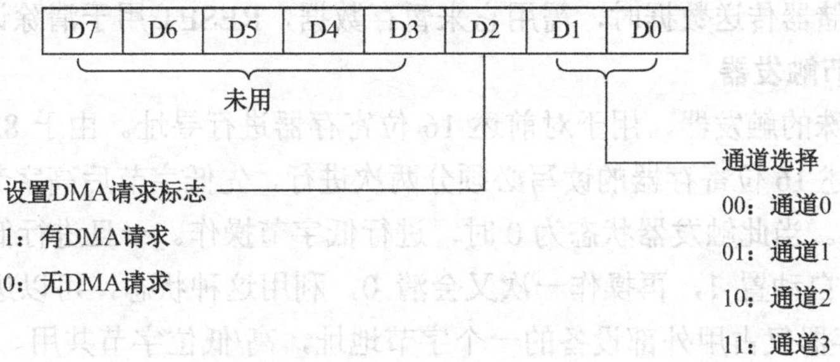

图 10.2.7　请求寄存器格式

5．屏蔽寄存器

8237A 屏蔽字有 3 种控制形式：单通道屏蔽字、四通道屏蔽字和总清除屏蔽字。它们分别用 3 个 I/O 端口地址写入。

1）单通道屏蔽字

单通道屏蔽字的格式如图 10.2.8 所示。利用这个屏蔽字，每次只能选择一个通道。其中，D1D0 为 DMA 通道选择位，D2 为屏蔽控制位，当 D2=1 时表示相应通道屏蔽置位，禁止该通道接收 DREQ 请求；当 D2=0 时，相应通道屏蔽复位，允许 DREQ 请求。

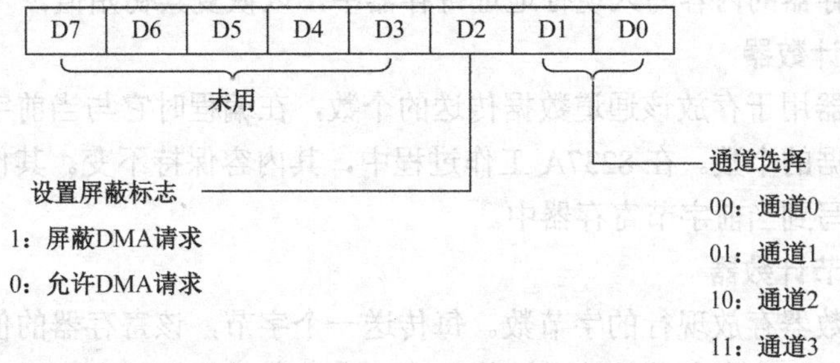

图 10.2.8　8237A 单通道屏蔽字

2）四通道屏蔽字

利用此屏蔽字可以同时对 8237A 的 4 个 DMA 通道的屏蔽进行控制。该屏蔽字的格式如图 10.2.9 所示。

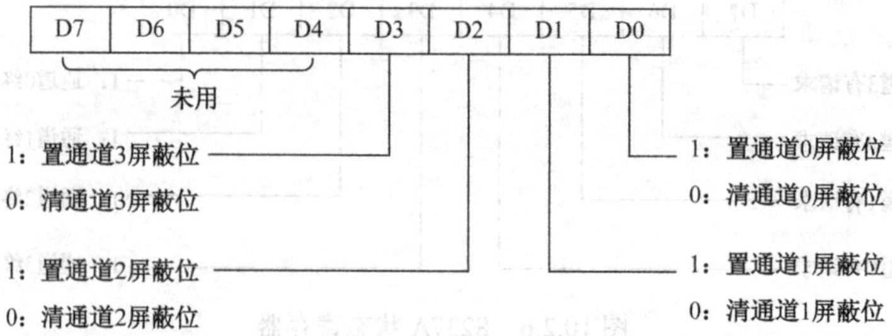

图 10.2.9　8237A 四通道屏蔽字

3）总清除屏蔽字

用上述单通道屏蔽字或四通道屏蔽字两种方式设置的屏蔽状态均可通过写总清除屏蔽字命令（写地址 0EH），来清除所有通道的屏蔽位。写入地址 0EH 的内容可为任意值。

6．暂存寄存器

存储器到存储器传送数据时，需用它来暂存数据，RESET 用于清除该寄存器的内容。

7．高/低字节触发器

这是一个特殊的触发器，用于对前述 16 位寄存器进行寻址。由于 8237A 的数据总线只有 8 位，对前述 16 位寄存器的读写必须分两次进行，先低字节后高字节，因此，应利用高/低字节触发器。当此触发器状态为 0 时，进行低字节操作。一旦进行低字节操作后，高/低字节触发器会自动置 1，再操作一次又会清 0，利用这种状态，可以进行多字节操作。所以，16 位寄存器仅占用外部设备的一个字节地址，高/低位字节共用。这就是利用高/低字节触发器的状态来加以区分的。

8．基地址寄存器

基地址寄存器用于存放 16 位地址初值。在编程时，它与现行地址寄存器被同时写入某一初始地址，在 8237A 工作过程中不变化。其作用是在自动初始化时将其内容写到现行地址寄存器中。

9．当前地址寄存器

当前地址寄存器用于寄存 DMA 传送期间的地址值。每次传送后自动加 1 或减 1。CPU 可以对其进行读写操作。当选择自动初始化时，每次字计数为 0 或外部 EOP#发生时，都会自动将基地址寄存器的内容写入现行地址寄存器中，以恢复其初始值。

10．基字节计数器

基字节计数器用于存放该通道数据传送的个数，在编程时它与当前字节计数器同时被写入要传送的数据的个数。在 8237A 工作过程中，其内容保持不变。其作用就是在自动初始化时将其内容写到当前字节寄存器中。

11．当前字节计数器

当前字节计数器存放现行的字节数。每传送一个字节，该寄存器的值自动减 1，即该寄存器保存着传送过程中字节数的中间值。当这个寄存器的值减为 0 时，表示传送完毕，并产生终止计数信号 TC（该信号为 EOP#的反相信号，在微型计算机系统总线上有引出脚）。在自动预置下，当计数减为 0 或外部 EOP#产生时，会自动将基字节计数器的内容写入该寄存器，以恢复其初始值。

10.2.5 DMA 控制器 8237A 的编程

8237A 工作前应先对其进行初始化，既要设定通道计数初值，又要设定通道的功能：如 4 种工作方式、3 种传输类型、2 种优先级选择、2 种工作时序、自动初始化等一系列操作功能。

DMAC 8237A 的编程步骤如下。

（1）输出主清除命令，使 8237A 复位。

（2）写入基地址和当前地址寄存器，确定起始地址。

（3）写入基字计数和当前计数寄存器，确定传送的字节数。

（4）写入方式寄存器，确定工作方式。

（5）写入屏蔽寄存器，确定允许哪个通道发出 DMA 请求。

（6）写入命令寄存器，确定有效电平等规定。

（7）写入请求寄存器，用软件使 DMA 发出请求（需要软件控制时）。

10.3 微型计算机的 DMA 技术

10.3.1 微型计算机中的 DMA 传送过程

如前所述，PC 系列微型计算机采用 8237A 作为 DMA 控制器，从外部设备提出 DMA 请求到开始 DMA 传送再到数据传送结束。其操作过程如下。

1．初始化编程

在进行 DMA 操作前必须对 8237A 控制器进行初始化编程，其主要内容如下。

（1）选择从存储器读还是写。

（2）设置 DMA 传送的方式，规定是单字节传送方式、块传送方式还是请求传送方式。

（3）设定要传送的字节数。

（4）确定各 DMA 通道的优先级形式。

（5）设置 DMA 传送开始的存储器地址。

（6）允许通道接收外部设备的 DMA 操作请求。

微型计算机的 BIOS 在启动时，已对 8237A 做了初始化，因此，微机中 DMA 应用应遵循如下基本前提。

（1）固定优先级，通道 0 最高，通道 3 最低。

（2）DERQ 高电平有效，DACK 低电平有效。

（3）只能采用单字节传送方式。

（4）只能在存储器和 I/O 之间进行 DMA 传送，禁止存储器和存储器之间的 DMA 传送。

2．外设发出 DMA 请求

外部设备经接口电路送出 DMA 请求 DREQ 给 8237A 控制器，表示要在指定的通道上请求 DMA 传送。

3．总线请求

8237A 控制器将收到的 DMA 请求信号和从其他通道来的请求信号进行优先级比较，并送出一个 HRQ（总线控制权请求）给 CPU，请求占用系统总线，进行 DMA 操作。

4. CPU 让出总线

CPU 将正在执行的总线周期执行完就让出总线的控制权，并向 DMA 控制器送出对其发出的总线请求信号的回答 HLDA 信号，表示总线已让出。

5. 8237A 控制总线

8237A 控制器检测到 HLDA 信号便给请求服务的外部设备送出一个回答信号 DACK，这个信号将把外部设备同系统总线连通。

6. DMA 传送

8237A 控制器将要传送的存储单元地址送入系统总线，指明要对它进行数据传送，8237A 获得对总线的 MEMR#、MEMW#、IOR#、IOW#信号的控制，并在系统总线上执行具体的读写操作，即 DMA 传送开始。

7. DMA 周期结束

外部设备在接收到 DACK 信号后，立即撤销请求信号 DREQ，在 DMA 操作周期完毕后，8237A 控制器撤销发给 CPU 的 HRQ 信号，CPU 撤销发给 8237A 控制器的 HLDA 信号，并重新获得对总线的控制权。至此，DMA 传送过程结束。

10.3.2 DMA 控制器 8237A 应用编程实例

如前所述，PC 系列微型计算机选用 Intel 公司的 8237A 集成电路作为 DMA 控制器。在 8088/8086 微型计算机中使用单片 8237A，在 286 以上微型计算机中使用两片 8237A 级联。

8237A 在 8086/8088 微型计算机中有 4 个通道，3 个已被系统使用，只有通道 1 为用户保留，可为用户开发 DMA 接口使用。

下面给出微型计算机对 8237A 通道 2 的初始化程序，作为 8237A 的编程应用实例。

微型计算机 DMA 通道 2 用来在软盘与存储器之间传送数据，软盘中的数据有写入、读出和校验等工作方式。所以 DMA 通道 2 设置成单字节传送方式（因为软盘的读写速度并不是很高），读或写方式，且非自动预置，将它设置成读方式，在以后进入其他方式工作时，再根据需要重新设置。其读软盘时的初始化程序段如下。

```
OUT   0CH, AL          ；清高/低字节触发器
MOV   AL, 46H
OUT   0BH, AL          ；方式字，单字节传送，写入，非自动预置，地址增量
MOV   AX, XXXX         ；16位存储器地址
OUT   04H, AL          ；置地址低8位
MOV   AL, AH
OUT   04H, AL          ；置地址高8位
MOV   AL, XX           ；存储器高4位地址，给页面寄存器
AND   AL, 0FH          ；送出A19～A16
OUT   81H, AL
MOV   AX, XXXX
OUT   05H, AL          ；置计数值低8位
MOV   AL, AH
OUT   05H, AL          ；置计数值高8位
MOV   AL, 02H
OUT   0AH, AL          ；清通道2屏蔽，启动8237A
```

习 题

10.1 什么是 DMA 方式？DMA 方式的特点是什么？主要用于什么场合？

10.2 简述 DMA 控制器 8237A 的主要功能。

10.3 DMA 传送方式为什么能实现高速传送？

10.4 DMA 控制器 8237A 什么时候可作为主设备工作？什么时候可作为从设备工作？在这两种情况下，系统总线的 IOR#、IOW#、MEMR#、MEMW#及地址线各处于什么状态？系统总线中哪个信号可以区分 8237A 处于哪种工作情况？

10.5 DMA 控制器 8237A 的工作方式有哪 4 种？各种工作方式的特点和应用场合是什么？

10.6 简述 8237A 单字节 DMA 传送数据的全过程。

10.7 DMA 控制器 8237A 单字节 DMA 传送与数据块 DMA 传送有什么不同？

10.8 DMA 控制器 8237A 选择存储器到存储器的传送模式必须具备哪些条件？有什么特点？

10.9 简述 8237A 初始化编程的内容与步骤。

10.10 利用 8237A 的通道 2，由一个输入设备输入一个 32KB 的数据块至内存中，内存的首地址为 34000H，采用增量、块传送方式，传送完后不自动初始化，输入设备的 DREQ 和 DACK 都是高电平有效。试编写初始化程序。

10.11 设 DMA 控制器 8237A 的端口地址为 00H～0FH，使 0 号通道工作于块传输模式，地址加 1 变化，自动设置功能；把内存 2500H:0000H 开始的 1024 字节传送给外设端口；DACK 为高电平有效；DREQ 为低电平有效，固定优先级方式，正常时序，不扩展写信号，其他通道无存储器到存储器传输模式。试设计 8237A 的初始化程序。

第 11 章　存储系统及存储器接口技术

11.1　存储器的概念、分类及技术指标

11.1.1　存储器的概念及分类

存储器是信息存放的载体，是计算机系统的重要组成部分。存储器是计算机系统中的记忆部件，用来存放程序和各种数据信息，或者更确切地说，它是用来存放二进制编码信息的硬件装置。根据微处理器的控制指令将这些程序或数据提供给计算机使用。在计算机开始工作以后，存储器还要为其他部件提供信息，同时可以保存中间结果和最终结果。存储器是计算机记忆功能的实体，是计算机自动地依照存储程序工作的基础。

存储器的种类很多，可以从不同角度对其进行分类。常见的方法有按存储器在计算机中的作用分类、按存储器所使用的存储介质分类、按存储器的存取方式分类。

从存储器在计算机系统中的作用来看，存储器主要分为主存储器（或称内存储器，简称内存）、辅助存储器（或称外存储器，简称外存）和高速缓冲存储器（Cache）。

内存是直接与 CPU 相联系的存储设备，是微型计算机工作的基础，位于主板上。它和微处理器一起构成了微机的主机部分，它用来存放 CPU 当前使用的或经常使用的程序和数据，CPU 可以通过系统总线直接访问内存，因此其工作速度很快。因此，内存是计算机的工作舞台。一般计算机系统中的内存容量总是有限的，远远不能满足用户存放数据的需求。另外，内存不能长时间地保存数据，断电后信息就会丢失。

通常，计算机系统还要配置大容量且能长期保存数据的存储器，即外存储器。CPU 不能直接访问外存，需要通过 I/O 接口电路才能访问。外存用于存放暂时不用的程序和数据，外存由磁表面存储器构成。它的特点如下：存储容量大，价格低，速度慢，CPU 不能直接访问，要由专用设备（如磁盘驱动器）来管理。目前，主要使用的外存储器有硬盘、光盘、USB 闪存盘等。外存储器的容量可以很大，如目前的普通硬盘容量已达几百吉字节，而且其容量还在增加，故也称外存为海量存储器。外存常用来存放系统软件和大型数据文件及数据库或不经常使用的数据和程序。通常，将外存储器归入到计算机外部设备一类，外存所存放的信息只有调入内存后 CPU 才能使用。

高速缓冲存储器是设置在 CPU 与内存之间的存储器，用于解决高速处理器与低速存储器之间的矛盾。

从存储特性来看，存储器分为易失性存储器和非易失性存储器。按寻址方式来看，分为随机存储器、只读存储器和串行访问存储器。

凡是具有两种不同物理状态的物质和元器件都可以用来作为存储器的存储介质，以记

忆“0”和“1”。目前使用的存储介质主要是半导体器件、磁性材料和光盘存储器。用半导体器件做成的存储器称为半导体存储器。用磁性材料做成的存储器称为磁介质存储器，如磁盘存储器和磁带存储器。光盘存储器是一种采用光存储技术存储信息的存储器，它采用聚焦激光束在盘式介质上非接触地记录高密度信息，以介质材料的光学性质（如反射率、偏振方向）的变化来表示所存储信息的“1”或“0”。由于容量大、价格低、携带方便及交换性好等特点，光盘存储器是计算机中一种重要的外存储器。按光盘可擦写性分类主要包括只读型光盘和可擦写型光盘。

微型计算机的内存由半导体存储器组成。半导体存储器按功能可分为随机存取存储器（Random Access Memory，RAM）和只读存储器（Read Only Memory，ROM）两大类。

RAM 也称读写存储器，即 CPU 在运行过程中能随时进行数据的读出和写入。RAM 中存放的信息当关闭电源时会全部丢失，所以，RAM 是易失性存储器，只能用来暂时存放输入/输出数据、中间运算结果和用户程序，也常用它来与外存交换信息或用做堆栈。通常人们所说的微机内存容量指的就是 RAM 的容量。

按照 RAM 存储信息的电路原理的不同，RAM 又分为静态 RAM 和动态 RAM。

静态 RAM 简称 SRAM。组成 SRAM 的每个基本存储单位的电路相对比较复杂、工作速度较快、工作状态稳定，只要不断电所存信息就不会丢失。由于电路复杂，所需的晶体管数较多，因而集成度不易做得很高，功耗也较大。目前，SRAM 常用做微型计算机系统的高速缓冲存储器。

动态 RAM 简称 DRAM。相对 SRAM 来说，组成 DRAM 每个基本存储单位的电路相对简单，但电路状态很不稳定，时间长了，DRAM 中的信息会自动消失，为保持 DRAM 所存信息不变，必须周期性地对 DRAM 进行重写（刷新）。由于电路简单，所需晶体管数很少，因而集成度可做得很高，功耗也很小；但因 DRAM 需外加刷新电路，它的工作速度要比 SRAM 慢一些。目前 PC 的内存使用的都是 DRAM。

ROM 是一种当写入信息后，就只能读出而不能改写的固定存储器。断电后，ROM 中所存的信息仍保持不变，所以，ROM 是非易失性存储器。因此，微机系统中常用 ROM 来存放固定的程序和数据，如监控程序、操作系统中的 BIOS 等用户需要固化的程序。

按照构成 ROM 的集成电路内部结构的不同，ROM 又可分为掩膜 ROM、可编程 ROM（Programmable ROM）、可擦除可编程 ROM（Erasable PROM）、电可擦除可编程 ROM（Electrically Erasable PROM）。

掩膜 ROM 是厂家在制造集成电路芯片的最后，对用户定做的 ROM 进行的编程。一旦做好，信息就固化在其中，不能改变。因此，它只适用于存储成熟的固定程序和数据，大批量生产时成本很低。

可编程 ROM 在出厂时器件中不存入任何信息，是空白存储器，由用户根据需要，利用特殊方法一次性写入所需程序和数据，只能写入一次，以后就不能更改了。它类似于掩膜 ROM，适合小批量生产。

可擦除可编程 ROM 允许用户按规定的方法和设备进行多次编程，若编程之后想修改，则可用紫外线灯制作的抹除器持续照射一段时间，使存储器全部复原，用户可再次写入新的内容。这对于工程研制和开发而言特别方便，应用较广，但写入的速度较慢。

EEPROM 的特点如下：能以字节为单位进行擦除和改写，而不是像 EPROM 那样整体擦除，也不需要把芯片从用户系统中拔下来用编程器编程，在用户系统上即可进行。随着技术的发展，EEPROM 的擦写速度将不断加快，容量将不断提高，可作为非易失性的 RAM 使用。

存储器的分类如图 11.1.1 所示。

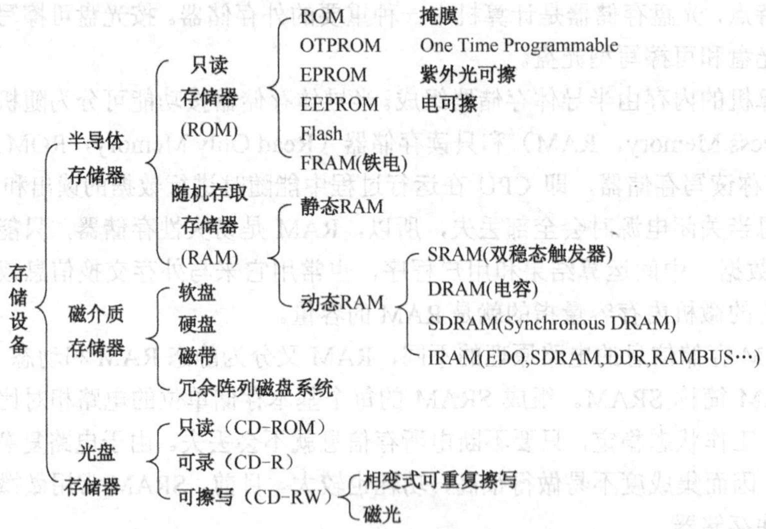

图 11.1.1　存储器分类

11.1.2　存储器的性能指标

衡量存储器性能的指标很多，如可靠性、功耗、容量、存取速度、集成度、性价比等，但最主要的性能指标是存储容量和存取时间。

1．存储容量

存储容量是存储器的一个重要指标。存储容量是反映存储器可存储的信息总量的性能指标，它指的是存储器（或存储器芯片）能够存放的二进制信息的总量，一般用能存储的字节数来表示，存储容量是反映存储器存储能力的指标。目前，PC 中 DRAM 的容量常为 4GB，而硬盘的存储容量达到数百吉字节或更多。

2．存取时间

存储器从接收 CPU 发来的地址信息和读写控制信号到被读出的信息稳定地出现在数据总线上或把总线上的数据写入存储器单元所经历的时间称为存取时间。也就是说，存取时间是指从 CPU 给出的有效存储器地址，启动一次存储器读写操作，到该操作完成所经历的时间，称为存取时间。具体来说，对一次读操作的存取时间就是读出时间，即从地址有效到数据输出有效之间的时间，显然，存取时间越短越好。目前，DRAM 的存取时间已在 10ns 之内，SRAM 的存取时间更短。

存储器的存取时间与计算机的工作速度直接相关。若要知道与 CPU 接口的存储器是否与 CPU 的工作速度相匹配，则主要考察存储器的这项指标。

3．存取周期

存取周期是指连续启动两次独立的存储器读写操作所需要的最小间隔时间。通常，存取周期要大于存取时间，因为存储器在读出数据之后还要用一定的时间来完成内部操作，这一时间称为恢复时间。读出时间和恢复时间加起来才是读周期。所以，存取时间和存取周期是两个不同的概念。

4. 可靠性

可靠性是指存储器对电磁场、温度、环境等变化的适应能力，一般用平均无故障时间来衡量。能让用户接受的存储器平均无故障时间应在 10000h 以上。

5. 集成度

集成度指在一块存储芯片内能集成多少个基本存储电路，每个基本存储电路存放一位二进制信息，用位/片来表示。

6. 性能/价格比

性能/价格比（简称性价比）是衡量存储器经济性能好坏的综合指标，它关系到存储器的实用价值。其中，性能包括前述的各项指标，而价格指存储单元本身和外部电路的总价格。

7. 功耗

功耗反映了存储器耗电的多少，同时也反映了其发热的程度。

在上述指标中，有些是互相矛盾的。这就需要在设计和选用存储器时，根据实际需要，尽可能满足主要要求且兼顾其他。

11.1.3 存储系统的层次结构

1. 微机存储系统

由于 CPU 制造技术与存储器制造技术发展不平衡，因此导致 DRAM 的速度一直与 CPU 的速度相差一个数量级，如果 CPU 所需的指令和数据都直接来自 DRAM，则势必影响 CPU 的效率。基于 CPU 对所执行程序和数据的局部性特点，目前的 PC 存储器可分为两个层次：主存-辅存（外存）层次与 Cache-主存层次。这种层次结构不但解决了 CPU 与 DRAM 之间的速度不匹配问题，而且解决了 DRAM 容量无法满足实际应用需要的矛盾。微机存储系统如图 11.1.2 所示。

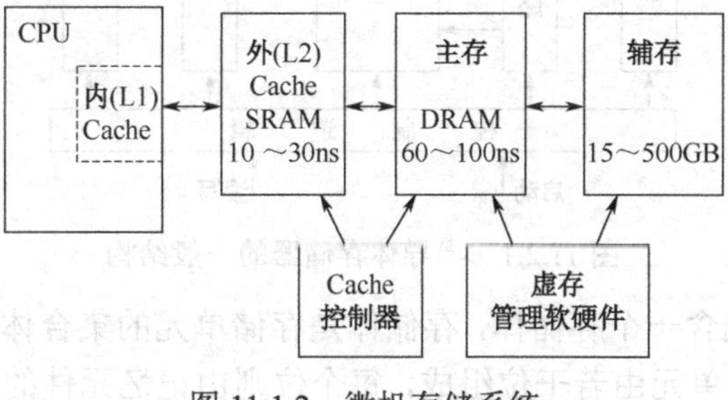

图 11.1.2 微机存储系统

2. 主存-辅存层次

在主存-辅存层次中，CPU 把正在使用或即将使用的程序和数据存放在速度快、容量有限的主存中；而把暂时不用的程序和数据存放在速度慢、容量大的辅存（硬盘）中，等需要时再从辅存中调入主存。在这种结构中，每次调入的程序和数据量不太大，而且是由硬件电路自动完成的。

从用户的角度看，这种结构中系统的执行速度基本上是主存的速度，而存储容量则是辅存的容量。

3. Cache-主存层次

由于主存的速度比 CPU 的工作速度慢一个数量级，因此，主存-辅存层次结构并不能充分发挥 CPU 的工作效能。为此，可在 CPU 和主存储器之间增设一级或两级高速、小容量的存储器，称之为高速缓冲存储器，即 Cache。

Cache 是介于 CPU 和主存之间的小容量存储器，存取速度比主存快。它能高速地向 CPU 提供指令和数据，加快程序的执行速度。它是为了解决 CPU 和主存之间速度不匹配而采用的一项重要技术。

同样，在这种结构中，CPU 把正在使用或即将要使用的程序和数据从主存调入 Cache 中，只是每次调入的数据量更小。这一过程也是由硬件电路自动完成的。

目前，CPU 生产厂商在制造 CPU 的同时，将 Cache 也一同制造出来，由于 CPU 与 Cache 在同一块晶片中，因此速度与 CPU 的速度基本相当。

在现代计算机中，基本都采用了 Cache-主存-辅存层次结构，在这种结构中速度接近于 Cache，而容量则是辅存的容量。

11.2 半导体存储器

11.2.1 半导体存储器的一般结构

图 11.2.1 所示为半导体存储器的一般结构。它由存储体、地址寄存器、译码驱动电路、读写电路、数据寄存器和控制逻辑等 6 部分组成。

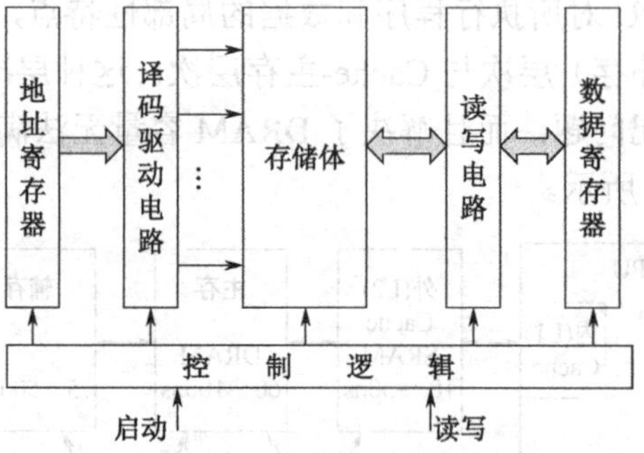

图 11.2.1 半导体存储器的一般结构

一个存储器通常包含一个存储体，存储体是存储单元的集合体。存储体可以包含许多个存储单元，每个存储单元由若干位组成，每个位则由记忆元件的基本存储电路构成，并由这些基本存储电路记忆“0”或者“1”信息。为了减少存储器芯片的封装引线数和简化译码器的结构，存储体总是按照二维矩阵的形式来排列存储单元电路的。存储矩阵是存放数据信息的地方，它由许多个存储单元按一定顺序排列而成。为了区分不同的存储单元和便于读写操作，将每个存储单元按一定的顺序编号，并将每个单元的编号作为它们的地址。每个存储单元有一个地址（称为存储单元地址），CPU 访问时按地址访问。

地址寄存器用来存放 CPU 访问存储单元的地址，经译码驱动后指向相应的存储单元。通常在微型计算机中，访问地址由地址锁存器提供，存储单元地址由地址锁存器输出后，经地址总线送到存储器芯片内直接译码。

存储器中的地址译码器用来对处理器送来的地址进行译码，使存储器中某一个单元可以进行读写操作。译码驱动电路实际上包含译码器和驱动器两部分。译码器将地址总线输入的地址码转换成与它对应的译码输出线上的高电平或低电平，以表示选中了某一单元，并由驱动器提供驱动电流去驱动相应的读、写电路，完成对被选中单元的读写操作。

读写电路——包括读出放大器、写入电路和读写控制电路，用以完成对被选中单元中各位的读出和写入操作。存储器的读写操作是在 CPU 的控制下进行的，只有当接收到来自 CPU 的读写命令 RD#和 WR#后，才能实现正确的读写操作。

数据寄存器用来暂时存放从存储单元读出的数据或从 CPU 或 I/O 端口送出的要写入存储器的数据，暂存的目的是协调 CPU 和存储器间在速度上的差异，故又称之为存储器数据缓冲器。三态数据缓冲器用于连接存储器和系统数据总线。

控制逻辑接收来自 CPU 的启动、片选、读/写及清除命令，经控制电路综合和处理后，发出一组时序信号来控制存储器的读写操作。

例如，有一个容量为 16×8bit 的存储器，存储单元为 16 个，每个存储单元可记忆 8 位二进制信息，它具有 4 条地址线 A3～A0，8 条数据线 D7～D0。于是，A3～A0 的全部组合将产生 16（2^4）个地址码，它们分别一一对应存储器的 16 个存储单元。根据这 16 个地址码，CPU 可对这 16 个存储单元进行读或者写操作。这样的一次地址选中，便可通过 8 条数据线同时对被选中的地址单元的 8 位二进制信息进行读出或写入操作。

虽然在任何存储器结构中都保留着这 6 部分，但随着集成电路技术的发展，存储器的使用方法越来越简单，使用越来越方便。

11.2.2 随机存取存储器

通常计算机内存中的大部分是由随机存取存储器组成的。内存按地址访问，给出地址即可得到相应内存单元里的信息，CPU 可以随机地访问任何内存单元的信息。而且，目前采用的存储芯片的访问时间与所访问的存储单元的位置并没有什么关系，完全是由芯片设计、生产技术及芯片之间的互连技术决定的。这种访问时间不依赖所访问的地址的访问方式称为随机访问方式。按照 RAM 芯片内部基本存储电路结构的不同，又可分为静态 RAM（即 SRAM）和动态 RAM（即 DRAM）两类。

1．静态 RAM

1）基本的存储电路

静态 RAM 的基本存储电路通常是由 6 个 MOS 晶体管组成的触发器电路。

在此电路中，T1～T4 组成双稳态触发器，T1、T2 为放大管，T3、T4 为负载管，若 T1 截止，则 *A* 点为高电平，它使 T2 导通，于是 *B* 点为低电平，这又保证了 T1 的截止。同样，T1 导通而 T2 截止，这是另一个稳定状态，因此可用 T1 管的两种状态表示“1”或“0”。由此可知静态 RAM 保存信息的特点是和这个双稳态触发器的稳定状态密切相关的。显然，仅仅能保持这两个状态是不够的，还要对状态进行控制，于是加上了控制管 T5、T6。

当地址译码器的某一个输出线送出高电平到 T5、T6 控制管的栅极时，T5、T6 导通，于是 *A* 点与数据线 D 线相连，*B* 点与数据非线 D#线相连。此时如果要写“1”，则 D 线为“1”，D#线为“0”。它们分别通过 T5、T6 与 *A*、*B* 点相连，即 *A*=“1”，*B*=“0”，使 T1

截止，T2 导通。而当写入信号和地址译码信号消失后，T5、T6 截止，该状态仍能保持。如果要写入“0”，则 D 线为“0”，D#线为“1”，这使 T1 导通，T2 截止，只要不掉电，这个状态会一直保持，除非重新写入一个新的数据。

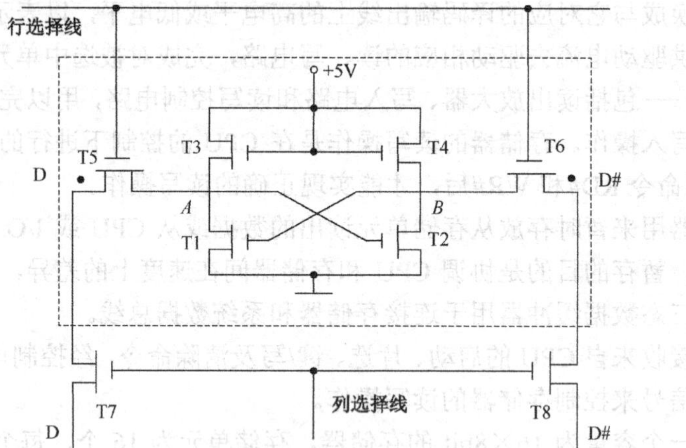

图 11.2.2　6 管 SRAM 存储电路

对所存的内容读出时，仍需地址译码器的某一输出线送出高电平到 T5、T6 的栅极，即此存储单元被选中，此时 T5、T6 导通，于是 T1、T2 的状态被分别送至 D 线、D#线，这样就读取了保存的信息。显然，存储的信息被读出后，存储的内容并不改变，除非重新写入一个新的数据。

由于在 SRAM 存储电路中，MOS 晶体管数目多，故集成度较低，而 T1、T2 组成的双稳态触发器必有一个是导通的，功耗也比 DRAM 大，这是 SRAM 的两大缺点。其优点是不需要刷新电路，从而简化了外部电路。

2）静态 RAM 的逻辑结构

静态 RAM 通常由地址译码、存储矩阵、读写控制逻辑及三态数据缓冲器 4 部分组成。常用的静态 RAM 芯片有：6116（2K×8 位）、6264（8K×8 位）、62128（16K×8 位）、62256（32K×8 位）。下面以典型的 RAM 集成电路 6116 为例进行讨论。图 11.2.3 所示为静态 RAM 芯片 6116 的内部结构。

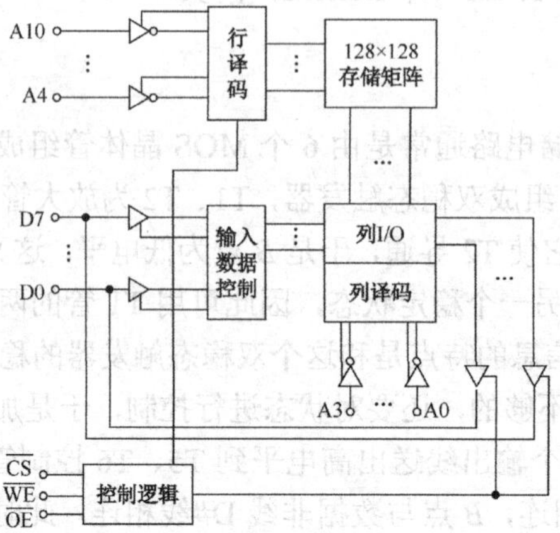

图 11.2.3　SRAM 芯片 6116 内部结构

（1）存储矩阵。存储矩阵通常排成二维矩阵形式，即将所有单元（2K 个）的同一位制作在同一芯片上，并排成 128×128 的方阵，即 16384 个存储体。2048 个单元需要 11 根地址线，7 根用于行地址译码输入，4 根用于列地址译码输入，每根列线控制 8 位。行、列同时选中的单元为所要访问的单元。这种结构的好处是芯片封装时引线较少。

（2）地址译码器。CPU 在访问一个存储单元时，当物理地址送到地址总线上后，先由译码器产生片选信号（CS#）选中某一芯片，然后由片内地址译码器译码选中所需的存储单元，最后在 CPU 的读写命令控制下完成对该单元的读出或写入。通常的译码方式有两种：线性译码和复合译码。线性译码是把所有地址都输入到一个译码器中进行译码，若地址为 n 位，则要求译码器有 2^n 个输出，结构较复杂。复合译码是将所有地址线分为行 X、列 Y 两个方向进行译码，只有行列方向同时选中的单元才是所要访问的单元，复合译码可简化译码器结构。

（3）读写控制与三态数据缓冲器。存储器的读写操作是由 CPU 控制的，在 CPU 送出的访问地址中，用高位部分经译码后送到读写控制逻辑的输入端，作为片选信号，表示该芯片被选中，允许对其进行读写。当读写命令送入存储器芯片的读写控制电路的读写控制端时，被选中存储单元中的数据经三态 I/O 数据缓冲器的 D7～D0 端送入数据总线（读操作时）或将数据总线上的数据经三态 I/O 数据缓冲器写入被选中的存储单元（写操作时）。

Intel 6116 存储器芯片的工作过程如下。

（1）读出时，地址输入线 A10～A0 送来的地址信号经过译码器送到行、列地址译码器中，经译码后选中一个存储单元（其中有 8 个存储位），由 CS#、OE#、WE#构成读出逻辑（CS#=0、OE#=0、WE#=1），打开右边的 8 个三态门，被选中单元的 8 位数据经 I/O 电路和三态门送到 D7～D0 输出。

（2）写入时，地址选中某一存储单元的方法和读出时相同，但此时 CS#=0、OE#=1、WE#=0，打开左边的三态门，从 D7～D0 端输入的数据经三态门和输入数据控制电路送到 I/O 电路，从而写到存储单元的 8 个存储位中。

（3）当没有读写操作时，CS#=1，即片选处于无效状态，输入/输出三态门呈高阻状态，从而使存储器芯片与系统总线“脱离”。6116 的存取时间为 85～150ns。

2．动态 RAM

1）动态 RAM 的基本存储电路

最简单的动态 RAM 基本存储单元电路是由一个 MOS 晶体管和一个电容 C 组成的，如图 11.2.4 所示。在这个电路中，存储信息依靠电容 C，电容 C 上有电荷时表示逻辑“1”，没有电荷时表示逻辑“0”。由于 MOS 器件的栅源极间电阻甚大，所以，存储在 C 上的电荷（信息）是能得到维持的。该电路的工作过程如下。

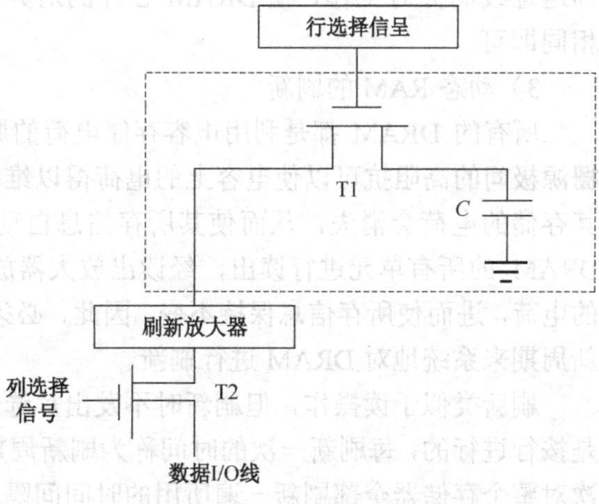

图 11.2.4　动态 RAM 单元结构

写入时：行、列选择信号线为“1”，行选管 T1 导通，该存储单元被选中，若写入“1”，则经数据 I/O 线送来的写入信号为高电平，经 T2 管（列选管）和刷新放大器向 C 充电，C 上有电荷，表示写入了“1”；若写入“0”，则数据 I/O 线上为“0”，C 经 T1 放电，C 上便无电荷，表示写入了“0”。

读出时：先对行地址译码，产生行选择信号（为高电平），该行选择信号使本行上所有基本存储元电路中的 T1 均导通，于是连接在列线上的刷新放大器读取对应电容 C 上的电压值，由于刷新放大器具有很高的灵敏度和放大倍数，并且能从电容上读取电压值（此值与 C 上所存“0”或“1”有关）折合为逻辑“0”或逻辑“1”。若此时列地址（较高位地址）产生列选择信号，则行和列均被选通的基本存储元电路得以驱动，从而读出数据送入数据 I/O 线。

当读出操作完毕，电容 C 上的电荷被释放完，而且选中行上所有基本存储电路中的电容 C 都受到干扰，故是破坏性读出，为使 C 在读出后仍能保持原存储信息（电荷），刷新放大器又对这些电容进行重写操作，以补充电荷使之保持原信息不变。所以，读出过程实际上是读、回写过程。回写也称为刷新。

这种单管动态存储电路的优点是结构简单、集成度高、功耗小。其缺点是列线对地间的寄生电容大，噪声干扰也大。因此，要求 C 值做得较大，刷新放大器应有较高的灵敏度和放大倍数。

2）动态 RAM 的结构

动态 RAM 和静态 RAM 一样，也是由许多基本存储单元电路按行、列排列组成的二维存储矩阵。为了降低芯片的功耗，保证足够高的集成度，减少芯片对外封装引脚数目和便于刷新控制，DRAM 芯片都设计成位结构形式，即每个存储单元都只有一位数据位，一个芯片上含有若干字，如 4K×1 位、8K×1 位、16K×1 位、64K×1 位或 256K×1 位等。存储体这一结构形式是 DRAM 芯片的结构特点之一。

DRAM 存储体的二维矩阵结构也使得 DRAM 的地址总线总是分成行地址线和列地址线两部分，芯片内部设置了行、列地址锁存器，在对 DRAM 进行访问时，总是先由行地址选通信号（CPU 产生）把行地址打入内置的行地址锁存器，再由列地址选通信号把列地址打入内置的列地址锁存器中，而由读写控制信号控制数据的读出/写入。所以，访问 DRAM 时，访问地址要分两次打入，这也是 DRAM 芯片的特点之一。行、列地址线的分时工作，使 DRAM 芯片的对外地址线引脚大大减少了，仅需与行地址线相同即可。

3）动态 RAM 的刷新

所有的 DRAM 都是利用电容存储电荷的原理来保存信息的，虽然利用 MOS 晶体管栅源极间的高阻抗可以使电容上的电荷得以维持，但由于电容总存在泄漏现象，时间长了其存储的电荷会消失，从而使其所存信息自动丢失。所以，必须不断地每隔一段时间对 DRAM 的所有单元进行读出，经读出放大器放大后，再重新写入原电路，以维持电容上的电荷，进而使所存信息保持不变。因此，必须设置专门的外部控制电路和安排专门的刷新周期来系统地对 DRAM 进行刷新。

刷新类似于读操作，但刷新时不发出片选信号或不发出列地址。对 DRAM 的刷新，是按行进行的，每刷新一次的时间称为刷新周期。从上一次对整个存储器刷新结束到下一次对整个存储器全部刷新一遍所用的时间间隔称为最大的刷新时间间隔。

刷新和 CPU 访问存储器有时会产生冲突，一般的裁判原则是读写请求优先于刷新请求，解决冲突的方法通常有 3 种：异步控制、同步控制和非同步控制，具体由刷新控制器来完成。

11.2.3 只读存储器

只读存储器的特点如下：其内容是预先写入的，而且一旦写入，使用时只能读出不能改变，掉电时也不会丢失；ROM 器件也具有结构简单、信息度高、价格低、非易失性和可靠性高等特点。对 ROM 内容的设定（写入）称为编程，根据编程方式的不同，ROM 可分为 4 类：掩膜 ROM、可编程 ROM、可擦除可编程 ROM 和电可擦除可编程 ROM。

1．掩膜 ROM

掩膜 ROM 中的信息是由生产厂家根据用户要求（给定的程序和数据）对芯片图形掩膜后进行两次光刻而制成的，所以，生产第一片这样的 ROM 是很昂贵的，但复制同样内容的 ROM 很便宜，因而掩膜 ROM 用于成批生产定型产品，如用于存放 PC DOS 的 BIOS、BASIC 语言解释程序或系统监控程序等。

2．可编程 ROM

为了方便用户根据自己的需要确定 ROM 的内容，提供了一种可编程 ROM，它允许用户编程一次。

在可编程 ROM 中，通常用二极管或双极型晶体管作为存储单元。例如，用双极型晶体管作为存储单元电路时，在这种存储单元中，每一位晶体管的发射极上连接一个可熔金属丝，出厂时所有管子发射极上的熔断器是完整的，管子可将位线和字线连通，表示存有信息“0”（即整个芯片未使用前全为“0”），用户编程时，根据程序要求，对需要写入“1”的位，通以足够大的脉冲电流，使相应位的熔断器烧断，该位便存入信息“1”。未被熔断的位仍为“0”，从而实现了信息的一次性写入。虽然可编程 ROM 可由用户自由编程写入信息，但由于熔断器一旦编程烧断就无法恢复，所以，可编程 ROM 只允许用户编程一次，这对需要经常修改程序内容的场合是很不方便的。

3．可擦除可编程 ROM

上述的掩膜 ROM 和可编程 ROM 中的内容一旦写入就无法再改变，而 EPROM 由于以浮栅型 MOS 晶体管作为存储单元，它里面存储的内容可以通过紫外线光的照射而被擦除，而且可再用电流脉冲对其重新编程写入程序或数据，还可进行多次擦除和重写，故称为可擦除可编程 ROM，因而 EPROM 得到了广泛的使用。

一块 EPROM 芯片在初始状态下，若要消除浮栅电荷，即擦除 0 信息（即写入“1”信号），只能利用紫外线照射，即用高能光子将浮栅上电子驱赶，使之获得能量形成光电源从浮栅流入基片，从而使浮栅恢复初态。EPROM 芯片上方有一个石英窗口，只要将 EPROM 芯片放入紫外光抹除器中，一般照射 20min，这时再读出芯片内容全为“1”，说明 EPROM 已被擦除。

EPROM 集成电路有多种型号，常用的有 2716（2K×8 位）、2732（4K×8 位）、2764（8K×8 位）、27128（16K×8 位）、27256（32K×8 位）和 27512（64K×8 位）等。下面以 2764（8K×8 位）芯片为例，说明 EPROM 的性能和工作方式。对于其他的 EPROM 集成电路，在使用上与 2764 是十分类似的。Intel 2764 是 8K×8 的 EPROM，图 11.2.5 所示为 Intel 2764 的引脚图。

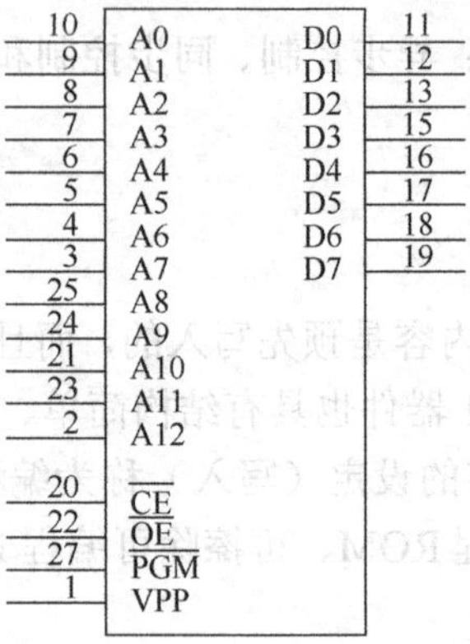

图 11.2.5　2764 引脚图

Intel 2764 的引脚定义如下。

A12～A0：地址线，13 位（对应 8K 存储单元），输入，连接系统地址总线。

D7～D0：数据线，8 位，双向，编程时作为数据输入线，读出时作为数据输出线，连接数据总线。

CE#：片选信号，输入，低电平有效，连接地址译码器输出端。

OE#：输出允许，输入，低电平有效，连接读信号。

PGM#：编程脉冲控制端，输入，连接编程控制信号。

VPP：编程电压的输入端。

VCC：电源电压，+5V。

2764 有 4 种工作方式：读方式、备用方式、编程方式和校验方式。

（1）读方式。这是 2764 最常使用的方式，此方式用于读取 2764 中所存放的数据或程序代码。在读方式下，片选信号 CE#和输出允许信号 OE#有效，VCC 和 VPP 均连接+5V 电压，从地址线 A12～A0 接收 CPU 送来的所选单元地址，经过一个时间间隔，所选单元的内容即可读到数据总线 D7～D0 上。当 2764 芯片未被选中时（片选无效），不能选中 2764 存储单元且读取 2764 中的数据。

（2）备用方式，即 2764 工作于低功耗方式，该方式与芯片未选中时类似，这时芯片从电源所取的电流从 100mA 下降到 40mA，功耗降为读方式的 25%。只要使 PGM#端输入一个 TTL 高电平信号，即可使 2764 工作于备用方式，该方式使数据输出呈高阻态。由于读方式时 CE#和 OE#是连接在一起的，所以，当某芯片未被选中时，CE#和 PGM#处于高电平状态，此芯片相当于处于备用方式，可大大降低功耗。

（3）编程方式。在这种方式下，只要将 VPP 接 25V（不同型号芯片所加电压不同，有的芯片仅须加 12.5V 电压，电压不正确会烧坏芯片，应注意器件说明），VCC 加+5V 电压，CE#端和 OE#端为高电平，从地址线 A12～A0 上输入需要编程的单元地址，从数据线 D7～D0 上输入编程数据，在 PGM#端加入编程脉冲，宽度为 50ms，幅度为 TTL 高电平，便可实现编程（写入）功能。应注意，必须在地址和数据稳定之后，再加入编程脉冲。

（4）校验方式。这种方式总是与编程方式配合使用的，以便在每次写入 1 个数据字节后，再将写入的数据读出，以检查写入的信息是否正确。在校验方式下，VPP 和 VCC 与编程方式时的接法一样，CE#、OE#端为低电平，PGM#端也是低电平。

4．电可擦除可编程 ROM

EPROM 的优点是一块芯片可以多次反复使用，但是它有两个明显的缺点：一是每次编程要从电路中拔下来，先用紫外线抹除器擦除原内容，然后进行编程，这很麻烦；它的擦除是对芯片整体进行擦除，哪怕只需要改一个字节，甚至一位，也必须把整个芯片内容都擦除，然后重新写入，这是很不方便的。

为了克服 EPROM 的这两个缺点，产生了电可擦除可编程 ROM，即 EEPROM。EEPROM 是一种在线可编程只读存储器。它能像 RAM 那样随机地进行改写，又能像 ROM 那样在掉电的情况下所存信息不丢失，即 EEPROM 兼有 RAM 和 ROM 的双重特点，因此，其使用起来很方便。

11.2.4 存储器芯片与 CPU 的连接

1．存储器与 CPU 的连接

对于使用人员来说，在了解了存储器芯片的外部特性之后，重要的是掌握存储器与 CPU 的连接。CPU 对存储器进行访问时，先要在地址总线上发出地址信号，选择要访问的存储单元，再向存储器发出读/写控制信号，最后在数据总线上进行信息交换。因此，存储器与 CPU 的连接实际上就是存储器与三总线中相关信号线的连接。

1）数据总线的连接

数据线的连接构成数据总线所需的位数。对于不同型号的 CPU 而言，数据总线的数目不一定相同，连接时要特别注意。同时，存储芯片的数据线数量不相同，有 1 位数据线、2 位数据线、4 位数据线、8 位数据线。存储器芯片的数据线和存储容量有限，单片存储器芯片通常无法满足计算机存储器系统的要求，需要进行存储器芯片的扩展。此时，首先考虑 CPU 数据总线宽度和存储芯片数据线数量是否匹配，如果不匹配，则需要进行存储位数的扩展，以满足系统数据总线宽度的要求。

2）地址总线的连接

一般来说，存储芯片的容量不能直接满足微机系统的存储容量要求，需要进行存储单元数的扩展，即采用多片或多组（位扩展后的组）构成微机的存储器。在构成存储器系统时，若存储芯片的字数不够，则需用若干芯片组成容量更大的存储器，称为字数扩展。

CPU 的地址输出信号，原则上每次只能寻址到一个存储单元，到底一个地址信号实际上能够寻址到哪个芯片（或几个芯片共同组成一个 8 位的单元）上的哪一个单元，要由地址译码器来确定。它将 CPU 的高位地址信号按一定的规则译码成某些芯片的片选信号，按各芯片在存储空间分配中所占的编址范围分送各芯片，被选中的芯片即 CPU 寻址的芯片。低位地址线直接送各芯片，以选择片内的某个单元。当 CPU 向存储器送出某个地址码时，只有一个片选信号有效，选中某个芯片；而低位地址在芯片内译码选中某个单元。译码器在 CPU 寻址时所起的作用十分重要，如常用的译码器芯片 74LS138。

3）控制总线的连接

控制信号的连接主要是存储器读信号 MEMR#和存储器写信号 MEMW#。存储芯片的相应控制端通常称为输出允许信号 OE#和写允许信号 WE#。可根据 CPU 的读写控制信号线类型和存储芯片的读写控制信号线类型，分别连接。

存储器芯片的外部引脚按功能分为数据总线、地址总线和控制总线。CPU 对存储器的读写操作首先是向其地址线发出地址信号，然后向控制线发出读写控制信号，最后再在数据线上传送数据信息。同时，每一块存储器芯片，其地址总线、数据总线和控制总线都必须和 CPU 建立正确的连接，才能进行正确的读写操作。

2．存储芯片与 CPU 连接时应注意的问题

存储芯片与 CPU 总线连接时应考虑以下几个问题。

1）CPU 总线的负载能力

CPU 总线的负载能力是有限的。当 CPU 和大容量的标准 ROM、RAM 一起使用或扩展成一个多插件系统时，必须用接入缓冲器或总线驱动器等方法增加 CPU 总线的驱动能力。地址总线只需接入单向的驱动器，如 74LS244、74LS373 及 Intel 8282、Intel 8283 等，数据总线需要接入双向驱动器，如 74LS245 或 Intel 8286、Intel 8287 等。

2）CPU 时序与存储器存储速度的配合

CPU 严格按照存储器读写周期的时序进行读写操作，在选择存储器芯片时，必须考虑它的存取时间与 CPU 的固定时序之间的匹配问题，即时序配合问题。当存储器速度跟不上 CPU 时序时，设计系统时应注意插入等待周期 Tw。但随着大规模集成电路的发展，目前存储器芯片与 CPU 的速度匹配已不是大问题。

3）存储器组织、地址分配

内存通常分为 RAM 和 ROM 两大部分，而 RAM 又分为系统区（即机器的监控程序或操作系统占用的区域）和用户区，所以内存的地址分配是一个重要的问题。

存储器芯片的单片容量有限，通常由多片存储器芯片扩展组成一个存储器系统。存储器容量的扩展关键是存储单元地址的分配和片选信号的处理，其基本原则如下：地址安排不要重叠，也不要间断，最好是连续的，因为这样的存储器容量和 CPU 地址资源的利用率最高，也便于编程。

3．存储器的扩展

存储芯片的扩展包括位扩展、字扩展和字位同时扩展等 3 种情况。

1）位扩展

在微机系统中，存储器是按字节来构成的，而所选择的存储器芯片的字长不足 8 位时，用这样的存储器芯片构成系统所需的存储器子系统电路，就必须进行位扩展，即用几片存储器芯片并联起来，以增加存储字长。

位扩展的一个典型的例子是 PC/XT 型微机，其主存容量为 1M×8 位，即 1MB，多采用 8 片 1M×1 的存储芯片拼接而成（不考虑奇偶校验时）。为了实现位扩展，各芯片的数据线（输入/输出）拼接为 8 位。对于编址空间相同的这一组拼接芯片，其地址线相同，共用一个片选信号。当 CPU 向存储器送出某一地址码时，8 块存储芯片的某个对应单元同时被选中，各写入 1 位或读出 1 位，共 8 位。

图 11.2.6 给出了使用 8 片 8K×1 位的 RAM 芯片通过位扩展构成 8K×8 位的存储器系统的连线图。位扩展连接时将各芯片的地址线、片选 CS#、读/写控制线相应并联，而数据线要分别引出。

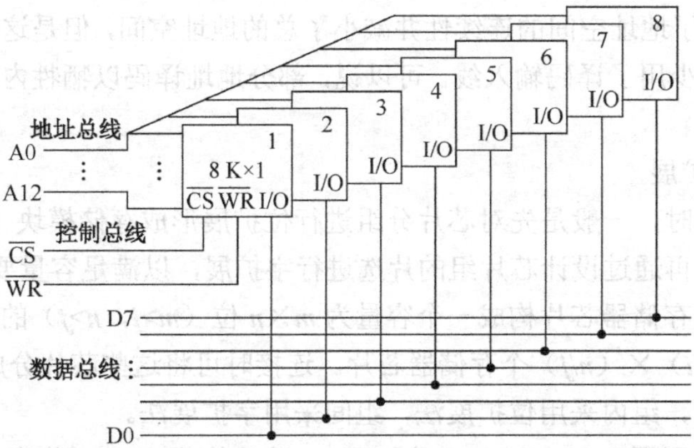

图 11.2.6　用 8K×1 位芯片组成 8K×8 位的存储器

2）字扩展

字扩展也是地址空间扩展，用于存储芯片的字数不够的情况，是对存储单元数量的扩展。进行字扩展时，模块中所有芯片的低位地址线、控制线和数据线互连形成整个模块的低位地址线、控制线和数据线。CPU 的高位地址线（扩展的字线）被用来译码以形成对各个芯片的选择线，即片选线。

片选信号由存储器芯片的外部译码电路产生。片选信号的译码方式有全译码、部分译码和线选 3 种。下面将分别介绍这 3 种译码方法。

（1）线选法：这种方法直接用 CPU 地址总线中某一高位线作为存储器芯片的片选信号。线选法的优点是连接简单，片选信号的产生不需要复杂的逻辑电路，只用一条高位地址线连接 CS#片选信号即可。例如，某一计算机系统共有 16 条地址，现只需接入 1KB 的 RAM 和 1KB 的 ROM，因此可以确定，字选线为 10 条，可用 A0～A9 充当；若用 A10 作为片选，则 RAM 和 ROM 的地址分别为 0400H～07FFH、0000H～03FFH；若用 A11 作为片选，则地址分别为 0800H～0BFFH、0000H～03FFH。

显然，线选法简单，但地址空间不连续且有重叠。当采用线选法时，若低位地址线用做字选，高位地址线用做线选，当高位地址未全部用完、而又没有对其控制时，会出现地址的不连续性和多义性，这是线选法的两大缺点。线选法还有另一种局限：即使所有高位地址线都用做线选，其能寻址的存储空间十分有限。在大系统中，线选法有限的寻址能力限制了存储器系统的扩展，这也是它的一个弱点。

（2）全译码法：全译码法将高位地址线全部作为译码器的输入，用译码器的输出作为片选信号。在这种寻址方法中，低位地址线用做字选，与芯片的地址输入端直接相连；高位地址线统统连接译码电路，用来生成片选信号。全译码方式充分发挥了 CPU 的寻址能力（不浪费存储地址空间），所有的地址线均参与片内或片外的地址译码，存储器芯片中的每一个单元都有一个唯一确定的地址，不会出现部分译码方式和线选方式中的地址重叠、地址不连续现象。但译码电路较复杂，需要的元器件也较多。

（3）部分译码方式：部分译码方式是将高位地址线中的几位经过译码后作为片选控制，它是线选法与全译码法的混合方式。

由于这种方式少用了地址线参与译码，因此存在芯片占据多个地址空间情况，产生了地址重叠区，破坏了地址空间的连续性并减小了总的地址空间，但是这样的地址译码方式译码器比较简单，少用了译码输入线。可以说，部分地址译码以牺牲内存空间为代价换得译码上的简单。

3）字位同时扩展

字位同时扩展时，一般是先对芯片分组进行位扩展形成存储模块（存储芯片组），以实现按字节编址，再通过设计芯片组的片选进行字扩展，以满足容量要求。

若使用 $i \times j$ 位存储器芯片构成一个容量为 $m \times n$ 位（$m>i$，$n>j$）的存储器，那么这个存储器共需要（m/i）×（n/j）个存储器芯片。连接时可将这些芯片分成（m/i）个组，每组有（n/j）个芯片，组内采用位扩展法，组间采用字扩展法。

图 11.2.7 给出了用 2114（1K×4 位）RAM 芯片构成 4K×8 位存储器的连接方法。将 8 片 2114 芯片分成了 4 组（RAM1、RAM2、RAM3 和 RAM4），每组 2 片。组内用位扩展法构成了 1K×8 位的存储模块，4 个这样的存储模块用字扩展法连接便构成了 4K×8 位的存储器。用 A9～A0 共 10 根地址线对每组芯片进行片内寻址，同组芯片应被同时选中，故同组芯片的片选端应并联在一起。本例用 2–4 译码器对两根高位地址线 A11、A10 进行译码，产生 4 根片选信号线，分别与各组芯片的片选端相连。

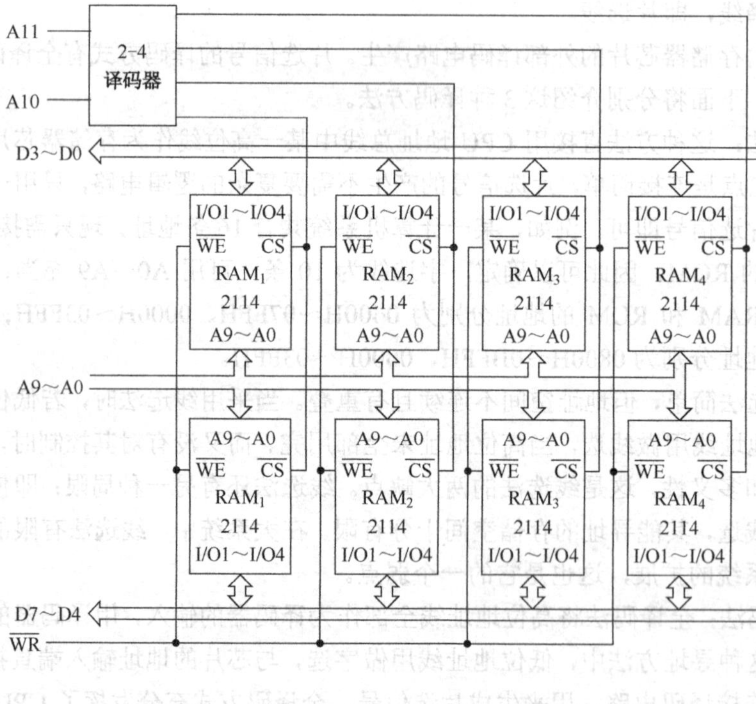

图 11.2.7　用 2114 芯片构成的 4K×8 位存储器

11.2.5　PC 系列微机中的主存储器

1．PC 系列微机中主存的基本情况

PC 系列微机不断发展，其主存容量、速度和使用器件等方面经常会有变化，但当前使用的多种 PC 仍有一些共同的特点。

（1）主存采用动态 RAM，Cache 采用静态 RAM。

（2）作为通用微型计算机，主存仅有少量的 ROM（几十千字节），留有一定的用户 ROM 空间，但有大量的 RAM 器件，供多用户多任务使用。

2．专用存储器

1）显示存储器

显示卡上都设有一块与屏幕显示位置对应的存储区，称为显示缓存（VRAM），它实际上是一块动态随机存取存储器，用来存放当前屏幕显示的数据。也就是说，显示缓存中某一地址的数据，决定了当前屏幕上某一点的色彩属性。因此，显示存储器的容量决定了最大显示分辨率及显示深度。

2）CMOS RAM

CMOS RAM 采用 CMOS 工艺制成，功耗很小。在断电后，它由电容电池（或纽扣电池）等供电，维持内存信息。开机后，由 CPU 读取以明确硬件环境，便于正常工作。

由于 CMOS RAM 可读可写，因此在开机后由启动设置程序（SETUP）等软件支持，选择或改变系统配置参数。当出现由于某种原因引发 CMOS RAM 内容出错，造成主机无法正常启动时，可在断电后，短接电容电池，使其放电，清除 CMOS RAM 内容，以后使用专门软盘启动后再重写 CMOS RAM 内容。

值得注意的是，CMOS RAM 不占用内存空间地址，而在具体操作时被作为 I/O 接口处理。

3）ROM BIOS

ROM BIOS 用于存放基本的输入/输出系统程序，是操作系统驻留在内存中的最基本部分，其主要用于以下场合。

（1）开机后的自检。检测对象涉及计算机系统的各主要功能部件，包括 CPU、ROM、RAM、系统接口电路和键盘，以及软、硬盘等外设。

（2）读取 CMOS RAM 中的设备配置，确定硬件运行环境。

（3）系统引导、启动。

（4）基本的输入/输出控制程序。

（5）存储一些重要的数据参数。

（6）部分机器还含有硬化的部分操作系统。

CMOS 与 BIOS 是两个相关但不同的概念。CMOS 是互补金属氧化物半导体的英文缩写。其本意是指制造大规模集成电路芯片用的一种技术或用这种技术制造出来的芯片。这里通常是指微机主板上的一块可读写的 RAM 芯片。它存储了微机系统的时钟信息和硬件配置信息等，共计 128 个字节。系统在加电引导机器时，要读取 CMOS 信息，用来初始化机器各个部件的状态。它依靠系统电源和后备电池来供电，系统掉电后其信息不会丢失。

BIOS 是基本输入/输出系统的英文缩写，指集成在主板上的一个 EPROM 或 EEPROM 芯片，其中保存了微机系统最重要的基本输入/输出程序、系统开机自检程序等。它负责开机时，对系统各项硬件进行初始化设置和测试，以保证系统能够正常工作。

由于 CMOS 与 BIOS 都与微机系统设置密切相关，所以才有 CMOS 设置和 BIOS 设置的说法。

CMOS RAM 是系统参数存放的地方，而 BIOS 中系统设置程序是完成参数设置的手段。因此，准确的说法应是通过 BIOS 设置程序对 CMOS 参数进行设置。

现在的厂商把 CMOS 程序做到了 BIOS 芯片中，当开机时可按特定键进入 CMOS 设置程序对系统进行设置，所以又被人们称为 BIOS 设置。

11.2.6 闪速存储器

闪速存储器（Flash Memory）又称为快闪存储器，简称闪存或闪盘，俗称 U 盘，是一种移动存储设备，简单地说，它是一种将电子记忆芯片挂接到计算机的 USB 等开放式标准接口上，完成数据的传输和存储功能的产品。

1．闪速存储器的特点

（1）可靠性极高，采用闪速存储器为存储介质，可以确保 100 万次以上的可靠写入。

（2）存储速度快，读出速度 1000KB/s，写入速度 680KB/s，是普通软驱传输速度的 30 倍以上。

（3）体积小，质量轻，携带方便，支持热插拔。

（4）兼容性好，是标准的磁盘驱动器，在 Windows 2000 以上操作系统中不需要驱动程序即可直接使用。

（5）容量大，存储密度高，目前有 16MB～128GB 等多种规格。

（6）具有磁盘写保护功能，可以防止意外的数据丢失和磁道损坏。

（7）支持 HDD BIOS 启动，可作为防病毒系统引导盘。

（8）支持软加密，可实现对整个盘的加密设置，只有在正确输入密码之后，才能浏览文件。

（9）支持错误处理，可避免数据丢失，数据至少可保存 10 年。

（10）抗震、防潮、耐高低温，适用性强。

2．闪速存储器的结构与原理

U 盘的内部是半导体结构，由大量有序排列的晶体管组成，用于存储数据资料，但和 DRAM 不同，Flash 芯片掉电后数据不会消失，可以反复擦写。

U 盘的结构主要由外壳、PCB、IC 控制芯片和 Flash 存储芯片 4 部分组成。其中，IC 控制芯片是 U 盘的大脑，不同的 IC 控制芯片关系到 U 盘的各种特殊功能，如 U 盘是否可以加密、是否能够当做驱动盘使用等。

虽然很多 USB 闪存盘标称可擦写 100 万次，数据至少可以保存 10 年。但这和 Flash 存储芯片的材质有一定关系，闪存盘在工作时是通过二氧化硅形状的变化来记忆数据的，如果 Flash 的材质不好，则 U 盘使用一段时间后可能出现容量变小的情况。

3．闪速存储器的技术分类

目前市场上的 Flash 存储芯片主要由 AMD、Intel、SAMSUNG、SST 等几大公司生产。按产品的生产技术可分为以下几种。

1）NOR 技术闪速存储器

NOR 技术（亦称为 Linear 技术）闪速存储器是最早出现的 Flash Memory，它源于传统的 EPROM 器件，与其他 Flash Memory 技术相比，具有可靠性高、随机读取速度快的优势；但它的擦除和编程速度较慢，尺寸也较大。

因此，NOR 技术闪速存储器比较适合应用在擦除和编程操作较少而直接执行代码的场合，尤其是在纯代码存储的应用中广泛使用，如 PC 的 BIOS 固件、移动电话、硬盘驱动器的控制存储器等。

2）NAND 技术闪速存储器

NAND 技术闪速存储器具有芯片尺寸小、引脚少的特点，它是以串行方式、按页为单位读写数据的。因此，它适用于纯数据存储和文件存储，主要作为 Smart Media 卡、Compact Flash 卡、固态盘的存储介质，并正成为闪速磁盘技术的核心。

3）AND 技术闪速存储器

AND 技术是在数据和文档存储领域中的另一种重要存储技术。AND 技术的 Flash 闪速存储器具有芯片尺寸更小、存储容量更大、功耗更低的特点。由于它的内部有一块与闪速大小一致的 RAM 缓冲区，使得它的写入性能大幅提高。AND 技术闪速存储器主要用于智能电话、个人数字助理、掌上电脑、数字照相机、便携式摄像机、便携式音乐播放机等。

4．闪速存储器的发展趋势

存储器的发展都具有更大、更小、更低的趋势，这在闪速存储器行业表现得更为明显。随着半导体制造工艺的发展，主流闪速存储器厂家采用 0.18μm，甚至 0.15μm 的制造工艺。借助于先进工艺的优势，Flash Memory 的容量可以更大，如 NOR 技术已有 256MB 的器件，NAND 和 AND 技术已经有 1GB 的器件；芯片的封装尺寸更小，如从最初 DIP 封装，到 PSOP、SSOP、TSOP 封装，再到 BGA 封装，Flash Memory 已经变得非常纤细小巧；先进的工艺技术也决定了存储器的低电压的特性，从最初 12V 的编程电压，一步步下降到 5V、3.3V、2.7V、1.8V 单电压供电。这符合国际上低功耗的潮流，更促进了便携式产品的发展。

另一方面，新技术、新工艺也推动了 Flash Memory 的位成本大幅度下降，使其具有了取代传统磁盘存储器的潜质。

世界闪速存储器市场发展十分迅速，其规模接近 DRAM 市场的 1/4，与 DRAM 和 SRAM 一起成为存储器市场的三大产品。Flash Memory 的迅猛发展归因于资金和技术的投入，高性能、低成本的新产品不断涌现，刺激了 Flash Memory 更广泛的应用，推动了行业的向前发展。

11.3 Cache

11.3.1 Cache 的工作原理

设置 Cache 的目的就是解决 CPU 和主存之间速度不匹配问题。根据局部性原理，可以在主存和 CPU 之间设置一个高速的、容量相对较小的存储器，在其中存放 CPU 当前正在执行的程序和使用的数据，以及一个较短的时间内将要使用的程序和数据。当程序运行时，不必从主存中取指令和数据，而直接访问这个高速存储器即可，这样可大大加快 CPU

访问存储器的速度，提高机器的运行效率。

设置 Cache 的基本思路如下：把 CPU 最近最可能用到的少量信息（数据或指令）从主存复制到 Cache 中，当 CPU 下次再用到这些信息时，它不必访问慢速的主存，而直接从快速的 Cache 中得到，从而提高了速度。从微机系统来看，增加 Cache 的目标，就是要在性能上使主存的平均访问时间尽可能接近 Cache 的访问时间，即保证在大多数情况下，CPU 访问 Cache，而不是访问主存。

评价 Cache 性能的关键指标是命中率。当 CPU 需用主存中的数据时，多数情况下可以直接从 Cache 中得到，尽量少读主存储器，即提高命中率。在某一程序执行期间，设 N_c 表示 CPU 访问 Cache 的总次数，N_m 表示 CPU 访问主存的总次数，h 为命中率，则命中率 h 为

$$h = \frac{N_c}{N_c + N_m}$$

设置 Cache 的理论基础是程序访问的局部性。所谓程序访问的局部性，是指在一个较短的时间内，程序或数据往往集中在很小的存储器地址范围内。其包括指令地址访问的局部性和数据地址访问的局部性。程序地址的分布是连续的，再加上循环程序和子程序段要重复执行多次，因此，对程序地址的访问就自然地具有相对集中的倾向。数据分布的这种集中倾向不如指令明显，但对数组的存储、访问及工作单元的选择都可以使存储器地址相对集中。

实现 Cache 的基本原理如下：将 Cache 与主存都分成块，每块由多个字节组成，大小相等。在一个时间段内，Cache 的某块中放着主存中某块的全部信息，即 Cache 的某一块是主存某块的副本（或称映射）。

设主存地址为 n 位，有 2^n 个单元。将主存分块（Block），每块 $B=2^b$ 字节，共分 $M=2^m=2^n/B=2^{n-b}$ 块。其中 b 是块内地址位数，$n=m+b$ 是主存地址位数。

Cache 分成同样大小的块，即每块 $B=2^b$ 字节，由于 Cache 容量小，所以块的数目小得多。设 Cache 的地址有 $k=c+b$ 位，则 Cache 中的块数为 $C=2^c=2^k/B$，Cache 的每一块都有一个标记。主存中只有一小部分块的内容可放在 Cache 中。

块号与地址结构如图 11.3.1 和图 11.3.2 所示。图 11.3.1 是主存的地址结构，图 11.3.2 是 Cache 的地址结构。主存与 Cache 的分块结构如图 11.3.3 所示。

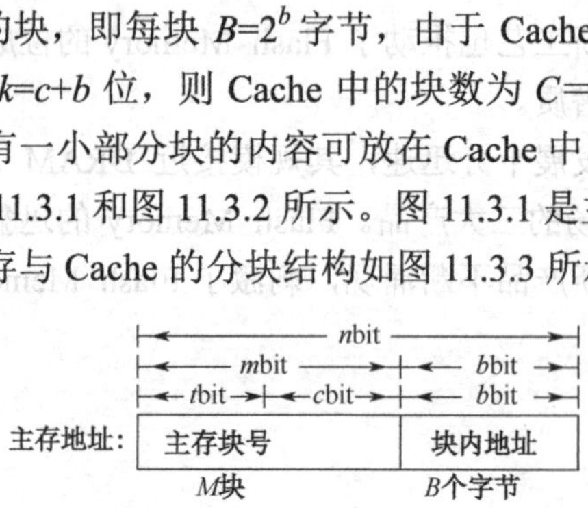

图 11.3.1　主存地址结构

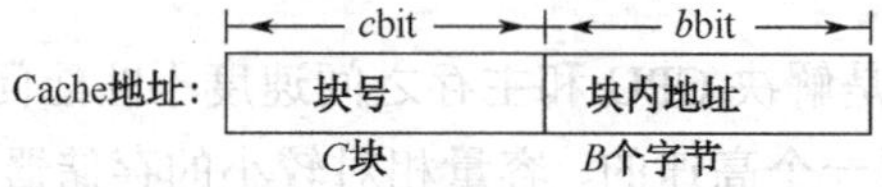

图 11.3.2　Cache 地址结构

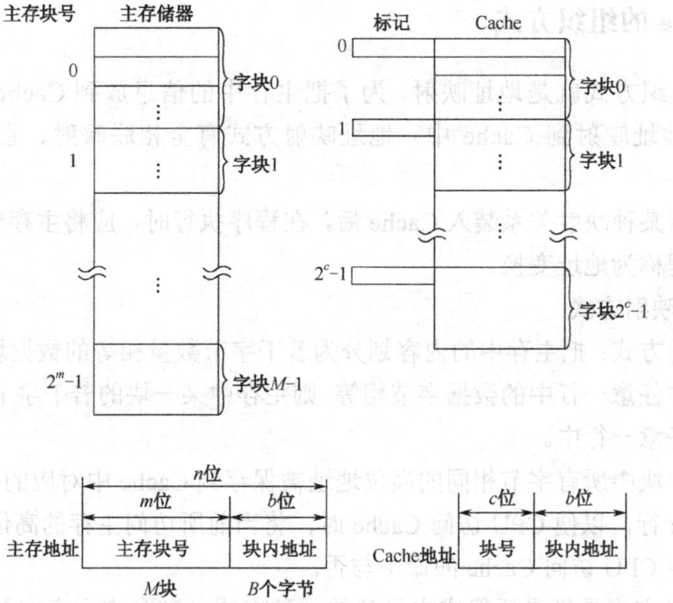

图 11.3.3　主存与 Cache 的分块结构

当 CPU 发出读请求时，将主存地址 m 位（或 m 位中的一部分）与 Cache 某块的标记相比较，根据其比较结果是否相等而分为以下两种情况。

当比较结果相等时，说明需要的数据已在 Cache 中，直接访问 Cache 即可，在 CPU 与 Cache 之间，通常一次只能传送一个字。

当比较结果不相等时，说明需要的数据尚未调入 Cache，那么要把该数据所在的整个字块从主存中一次性调入 Cache。

前一种情况称为访问 Cache 命中（Hit），后一种情况称为访问 Cache 不命中（Miss）。

Cache 中保存的字块是主存中相应字块的一个副本，如果程序执行过程中要对该字块的某个单元进行写操作，则会遇到如何保持 Cache 与主存的一致性问题。通常有以下两种写入方式。

第一种方式是暂时只向 Cache 写入，并用标志加以说明，直到经过修改的字块被从 Cache 中替换出来才一次写入主存，即 Write Back。Write Back 称为写回法，或回写法。

第二种方式是每次写入 Cache 的同时写入主存，使 Cache 和主存保持一致，即 Write Through。Write Through 称为写直达法，或全写法，或写通过法。

当被修改的单元根本就不在 Cache 中时，写操作直接对主存进行，而不写入 Cache。

Cache 的读写原理如图 11.3.4 所示。

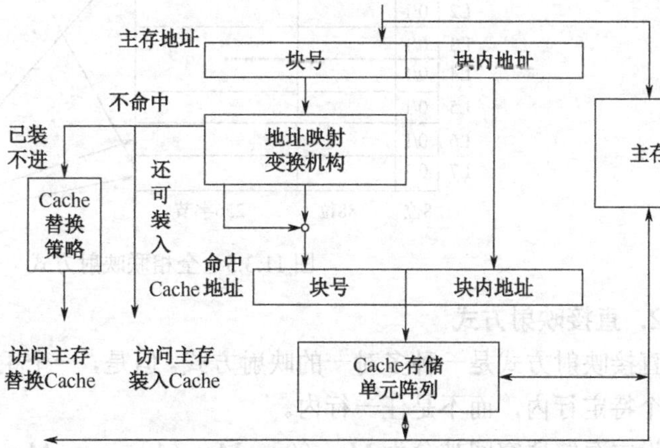

图 11.3.4　Cache 读写原理

11.3.2 Cache 的组织方式

Cache 的组织方式就是地址映射。为了把主存中的信息放到 Cache 中，必须应用某种函数把主存地址映射到 Cache 中。地址映射方式有全相联映射、直接映射、组相联映射等。

在信息按照某种映射关系装入 Cache 后，在程序执行时，应将主存地址变换成 Cache 地址，这个过程称为地址变换。

1．全相联映射方式

全相联映射方式：把主存中的内容划分为若干字节数量相等的数据块，每块存储的字节数与 Cache 中任意一行中的数据字节相等，则主存中某一块的若干字节可以复制（映射）到 Cache 中的任意一行中。

主存的某一块中所有字节相同的高位地址被保存到 Cache 中对应的那一行，即作为标记存入该 Cache 行，以便 CPU 访问 Cache 时，将当前所访问主存的高位地址与标记进行比较，从而确定 CPU 访问 Cache 的命中与否。

全相联映射方式是最灵活但成本最高的一种方式，它允许主存中的每一字块映射到 Cache 的任何一个字块位置上，也允许从确实已被占满的 Cache 中替换出任何一个旧字块。其主要问题是在访问 Cache 时，需要和 Cache 的全部标记进行“比较”才能判断出所访问的主存地址的内容是否已在 Cache 中。由于 Cache 速度要求高，所以全部“比较”操作都要用硬件实现，通常由“按内容寻址的”相联存储器完成。

全相联映射方式的组织方式如图 11.3.5 所示。

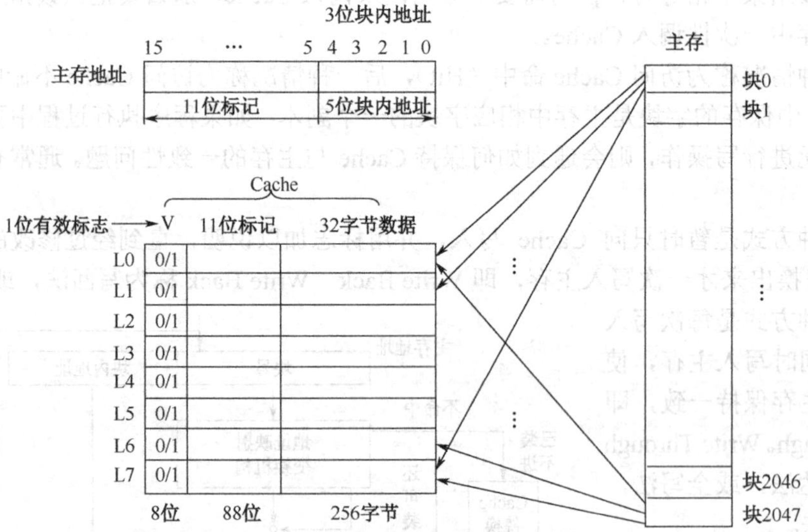

图 11.3.5 全相联映射方式

2．直接映射方式

直接映射方式是一种多对一的映射方式。但是，一个主存块只能复制（映射）到 Cache 的一个特定行内，而不是任一行内。

设主存储器空间被分为 Mm（0），Mm（1），…，Mm（i），…，Mm（2^m-1），共 2^m

块，Cache 存储空间被分为 Mc（0），Mc（1），…，Mc（j），…，Mc（2^c-1），共 2^c 块，字块大小相同，为 2^b 个字。

例如，386 微机的主存（1G word）与 Cache（8K word）分块如下：1G word 的主存分为 2^{17} 页×[2^{10} 字块/页×2^3word/块]＝2^t 页×[2^c 字块/页×2^bword/块]＝2^{t+c} 字块×2^bword/块＝2^m 字块×2^bword/块。8K word 的 Cache 分为 2^{10} 字块×2^3word/块＝2^c 字块×2^bword/块

直接映射方式采用如下直接映射函数：

$$j= i \bmod 2^c$$

其中，i 为主存字块号，j 为 Cache 字块号，2^c 为 Cache 字块数，等于主存每页字块数。

在这种映射方式中，主存的第 0 块，第 2^c 块，第 2^c+1 块，…，只能映射到 Cache 的第 0 块；而主存的第 1 块，第 2^c+1 块，第 $2^{c+1}+1$ 块，…，只能映射到 Cache 的第 1 块；以此类推。直接映射方式的原理如图 11.3.6 所示。

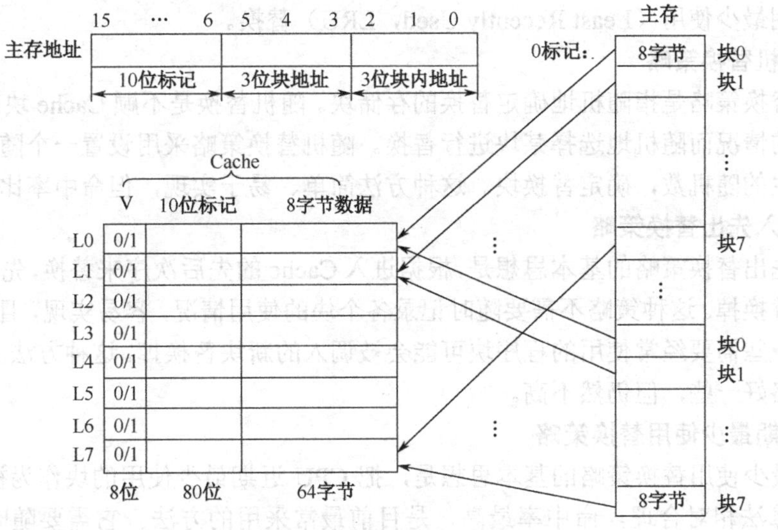

图 11.3.6　直接映射方式

主存地址末 b 位是字块内地址（假定为字地址）；中间 c 位是 Cache 字块地址；高（$m-c$）t 位就是主存字块标记，即记录在相应 Cache 块标记中的内容，当有效位为“1”时，它表明该数据块是主存中哪一块数据的副本。

Cache 在接收到 CPU 送来的主存地址和读/写命令后，只需根据中间 c 位字段找到 Cache 存储器字块，然后看其标记是否与主存地址高 t 位符合，如果符合且有效位为“1”，则可根据 b 位块内地址，从 Cache 中取得所需指令或数据；如果不符合或有效位为“0”，则从主存读入新的字块来替换旧的字块，并将 CPU 所需数据送往 CPU，同时修改 Cache 标记（将有效位由“0”改为“1”）。

直接映射方式的优点是实现简单、花费少，缺点是不够灵活、Cache 利用率不高。

3．组相联映射方式

从以上全相联映射和直接映射两种方式中可以看出，这两种映射方式的优缺点正好相反，全相联映射方式 Cache 中存放的位置灵活、命中率高，而直接映射方式的比较电路简单，硬件开销少。因此，人们设计出了一种适度兼有二者优点而又尽量避免二者缺点的折中映射方式，即目前微机中普遍采用的组相联映射方式。

组相联映射方式将 Cache 分成 u 组，每组有 v 行，主存块存放到哪一组是固定的，至于存放到哪一行是任意的，设 Cache 行的总数量为 C，组号为 q，主存块号为 i，则有如下函数关系。

$$C = u \times v$$
$$q = i \mod u$$

按这种映射方式，组间为直接映射方式，而组内的字块为全相联映射方式。

11.3.3 Cache 的 3 种替换策略

当 Cache 已经装满后，主存储器中新的数据还要不断地替换掉 Cache 中过时的数据，这就产生了 Cache 块数据的替换策略。那么替换哪些 Cache 块才能提高命中率呢？理想的替换策略应该使 Cache 中总是保存着最近将要使用的数据，不用的数据则被替换掉，这样才能保证很高的命中率。目前，使用较多的是随机替换、先入先出（First In First Out，FIFO）替换与近期最少使用（Least Recently Used，LRU）替换。

1．随机替换策略

随机替换策略是指随机地确定替换的存储块。随机替换是不顾 Cache 块过去、现在及将来使用的情况而随机地选择某块进行替换。随机替换策略采用设置一个随机数产生器，依据所产生的随机数，确定替换块。这种方法简单、易于实现，但命中率比较低。

2．先入先出替换策略

先入先出替换策略的基本思想是，根据进入 Cache 的先后次序来替换，先调入的 Cache 块被首先替换掉。这种策略不需要随时记录各个块的使用情况，容易实现，且系统开销小。其缺点是一些需要经常使用的程序块可能会被调入的新块替换掉。这种方法的命中率比随机替换策略好一些，但仍然不高。

3．近期最少使用替换策略

近期最少使用替换策略的基本思想是，把 CPU 近期最少使用的块作为被替换的块。这种替换算法相对合理，命中率最高，是目前最常采用的方法。它需要随时记录 Cache 中各块的使用情况，以便确定哪个块是近期最少使用的块，实现起来比较复杂，系统开销较大。

LRU 策略依据各块使用的情况，总是选择那个最近最少使用的块被替换。这种方法比较好地反映了程序的局部性规律。实现 LRU 策略的方法有计数器法、寄存器栈法及硬件逻辑比较法等。计数器法的实现思想是，为每行设置一个加计数器，Cache 每命中一次，命中行的计数器清零，而其他行的计数器加 1，显然，计数值最大的行近期最少使用，当需要替换时，比较特定行的计数值，将计数值最大的行替换出去。

LRU 算法的特点是保护了刚复制了有主存数据的 Cache 行，正好符合 Cache 的工作原理，因而可以提高 Cache 的命中率。

11.4 虚拟存储器

11.4.1 虚拟存储器概述

程序和数据最初都存放在某个大容量的辅存中（如硬盘），当需要时才把它们从辅存中传到内存中并执行。常规存储器管理方式要求作业运行前全部装入内存，作业装入内存后一直驻留内存直至运行结束。有时，一个程序及数据要比主存的容量还大，这样无法运行。这种存储管理方式限制了大作业的运行。而物理扩充内存会增加成本，故应从逻辑上扩充内存，因此产生了虚拟存储器。

1．虚拟存储器的基本原理

为解决存储器容量不足问题，采用了硬件和软件的综合技术——虚拟存储器（Virtual Memory）技术。它将主存和辅存的地址空间统一编址，形成一个庞大的存储空间。从效果上看，这样的计算机系统好像为用户提供了一个存储容量比实际内存大得多的存储器，这个存储器被称为虚拟存储器。

程序运行时，允许存在虚拟存储器中的数据或程序只有一部分调入主存，CPU 以虚地址访问主存，硬件和软件找出虚地址和物理地址的对应关系，判断这个虚地址指示的存储单元内容是否已装入内存。

如果在主存，CPU 就直接执行程序块并从辅存调入主存，并把程序虚地址变成实地址，覆盖原先存在的一部分程序后继续运行。这种调度是以程序块为单元进行的。

虚拟存储器允许用户把主存、辅存视为一个统一的虚拟内存。用户可以对海量辅存中的存储内容按统一的虚地址编排，在程序中使用虚地址。当程序运行，CPU 访问虚地址内容时，发现已存于主存中（命中），可直接利用；若发现未在主存中（未命中），则仍需调入主存，并存在适当空间，有了实址后，CPU 可以真正访问使用。此外，操作系统将内存中暂时不使用的内容换出到外存中，从而腾出空间存放将要调入内存的信息。

2．虚拟存储器的本质

虚拟存储器的本质是将程序的访问地址和内存的可用地址分离，为用户提供一个大于实际主存的虚拟存储器。

虚拟存储器是指具有请求调入和置换功能，能从逻辑上对内存容量加以扩充的一种存储器系统。

虚拟存储器指的是“主存-辅存”层次，它能使计算机具有辅存的容量，接近于主存的速度和辅存的每位成本，使得程序员可以按比主存大得多的空间来编制程序，即按虚存空间进行编址。

3．虚拟存储器的实现基础

与 Cache 的理论基础一样，虚拟存储器的理论基础是程序执行时的局部性原理。局部性原理是指程序在执行过程中一个较短时间内，程序所执行的指令地址和操作数地址分别局限于一定区域内。

局部性体现为时间局部性和空间局部性两方面。时间局部性是指一条指令的一次执行和下次执行、一个数据的一次访问和下次访问，都集中在一个较短时间内。空间局部性是指当前执行的指令和将要执行的指令、当前访问的数据和将要访问的数据，都集中在一个较小范围内。

实现虚拟存储技术的物质基础包括 3 个方面，一是相当数量的外存，足以存放多个用户的程序；二是一定容量的内存，在处理机上运行的程序必须有一部分信息存放在内存中；三是地址变换机构，能够动态实现逻辑地址到物理地址的变换。

11.4.2 虚拟存储器的实现技术

1. 段式存储管理技术

1）段的概念

段是程序模块化设计的结果，即把程序中逻辑上相对独立的部分（如过程、函数、数据表等）设计为不同的段，再经过连接程序连接成更大的程序。

段是利用程序的模块化性质，按照程序的逻辑结构和功能结构划分成的多个相对独立的程序段部分。可用段名或段号来标明程序段，每个段的长度是随意的，由指令的条数确定。段作为独立的逻辑单位可以被其他程序段调用，这样就形成了段间连接，产生了规模较大的程序。

2）段式存储管理

当运行由若干段组成的程序时，把主存按段进行分配与管理，以段作为信息单位，实现在主存-辅存之间的传送。这种管理方式称为段式存储管理。

3）段表

段式存储管理的核心问题是，将逻辑地址中的逻辑段号改为主存中的一个存储区的起始地址，这是通过在系统中（一般在主存中）设置一个段表来完成的。

段表用来指明各段在主存中的位置，每段都有它的名称、段起点、段长、段的装入位等。段表本身也是主存储器的一个可重定位段。

4）段式虚拟存储器的特点

段式管理系统的优点是段的分界与程序的自然分界相对应，段的逻辑独立性使它易于编译、管理、修改和保护，也便于多道程序共享，段长动态可变。

其缺点是段长各不相同，起点、终点不定；空间分配困难，容易在段间留下许多空余的零碎存储空间，造成浪费。

2. 页式存储管理技术

1）页式管理

页式管理系统的信息传送单位是定长的页，主存的物理空间也被划分为等长的固定区域，称为页面。新页调入主存也容易掌握，只要有空白页面就可能造成浪费的是程序最后一页的零头，是不能利用的页内空间，它比段式管理系统的空间浪费要小得多。

页式管理系统的缺点正好和段式管理系统相反，由于页不是逻辑上独立的实体，所以处理、保护和共享都不如段式方便。

在页式虚拟存储系统中，把虚拟空间分成页，主存空间也分成同样大小的页，称为实页或物理页，而把前者称为虚页或逻辑页。

假设虚页号为 0，1，2，…，m，实页号为 0，1，2，…，l，显然有 $m>l$。由于页的大小都取 2 的整数幂个字，所以，页的起点都落在低位字段为零的地址上。可把虚拟地址分为两个字段，高位字段为虚页号，低位字段为页内字地址。

2）页表

虚拟地址到主存实地址的变换是由页表来实现的。在页表中，每一个虚存页号对应一个表目，表目内容至少要包含该虚页所在的主存页面地址（页面号），用它作为实（主）存地址的高字段；与虚拟地址的字地址字段相拼接，就产生了完整的实主存地址，据此即可访问主存。

通常，在页表的表项中还包括装入位（有效位）、修改位、替换控制位和其他保护位等组成的控制字。如装入位为“1”，表示该虚页已从辅存调入主存；如装入位为“0”，表示对应的虚页尚未调入主存，如访问该页会产生页面失效中断，启动I/O系统，根据外页表项目中查得的辅存地址，从磁盘等辅存中读出新的页到主存中。修改位指出主存页面中的内容是否被修改过，替换时是否要写回辅存。替换控制位指出需替换的页等。

把页表的最活动部分存放在快速存储器中组成快表，这是减小时间开销的一种方法。此外，在一些影响工作速度的关键部分引入了硬件支持。例如，采用按内容查找的相连存储器并行查找，也是可供选择的技术途经。快表由硬件组成，通常称为转换旁路缓冲器，它比页表小得多，一般为16～128行，快表只是慢表（指主存中的页表）的小副本。

如果页式虚拟存储器中，虚存空间比较大，而页面比较小，于是页表比较长，当页表长度超过一个页面的大小时，页表就可能分成几页，可分存于几个不连续的主存页面中，然后将这些页表的起始地址放入一个新页表。这样就形成了二级页表层次。

一个大的程序可能需要多级页表层次。程序运行时，除了第一级页表需驻留在主存中外，整个页表中只需有一部分在主存中，大部分可存于辅存，需要时再由第一级页表调入，从而可减少每道程序占用的主存空间。

3．段页式存储管理技术

段式和页式存储管理各有其优缺点，可以采用段和页结合的段页式存储管理系统。它先把程序按逻辑单位分为段，再把每段分成固定大小的页。操作系统对主存的调入调出是按页面进行的，仍以页为信息传送单位，用段表和页表（每段一个页表）进行两级管理，但它又可以按段实现共享和保护，可以兼取页式和段式系统的优点。它的缺点是在地址映射过程中需要多次查表，在这种系统中，虚拟地址转换成物理地址是通过一个段表和一组页表来进行定位的。

段表中的每个表目对应一个段，每个表目有一个指向该段的页表的起始地址（页号）及该段的控制保护信息。

由页表指明该段各页在主存中的位置及是否已装入、已修改等标志。

4．虚拟存储管理技术与Cache管理技术的异同

虚拟存储管理技术与Cache管理技术都是以存储器访问的局部性为基础的，采用的替换调度策略相同，对用户都是透明的。

虚拟存储器与Cache对比，Cache弥补了主存与CPU间的速度差距，虚存弥补主存与辅存间的容量差距。CPU可以直接访问Cache，但不能直接访问辅存。虚拟存储管理技术与Cache管理技术中划分的信息块的长度不同。Cache技术由硬件实现，而虚拟存储器由操作系统的存储管理软件和辅助硬件实现。

习　题

11.1　什么是计算机主存？什么是计算机辅存？计算机的主存和辅存有什么区别？

11.2　半导体存储器有哪些优点？

11.3　RAM与CPU的连接主要有哪几部分？

11.4　半导体存储器（RAM和EPROM）与CPU连接时应注意哪些方面？

11.5　在对存储器芯片进行片选时，全译码方式、部分译码方式和线选方式各有何特点？

11.6 某 ROM 芯片有 11 根地址线、8 根数据线，该芯片的存储容量是多少？

11.7 某 ROM 存储容量为 16K×1 位，芯片应该有多少根地址线、多少根数据线？

11.8 下列 RAM 芯片各需要多少根地址输入线、多少根数据线？

（1）128×1 位； （2）256×1 位； （3）512×4 位；
（4）1K×1 位； （5）1K×4 位； （6）1K×8 位；
（7）4K×1 位； （8）16K×1 位； （9）64K×1 位。

11.9 下列 ROM 芯片各需要多少根地址输入线、多少根数据线？

（1）16×4 位； （2）32×8 位；
（3）256×4 位； （4）512×8 位。

11.10 已知某微机控制系统中的 RAM 容量为 4K×8 位，首地址为 4800H。求其最后一个单元的地址。

11.11 某微机系统中内存的首地址为 3000H，末地址为 63FFH。求其内存容量。

11.12 某微机系统中 ROM 为 6KB，最后一个单元的地址为 9BFFH，RAM 为 3KB。已知其地址是连续的，且 ROM 在前（低地址端），RAM 在后（高地址端），求该存储器的首地址和末地址。

11.13 设有一个具有 14 位地址和 8 位数据的存储器，问：

（1）该存储器能存储多少字节的信息？
（2）如果存储器由 8K×4 位 RAM 芯片组成，则需要多少片？
（3）需要多少位地址做芯片选择？

11.14 利用全译码方式将 6264 芯片接在 8086 系统总线上，地址为 BE000H～BFFFFH，试画出连接电路图。

11.15 什么是高速缓冲器？计算机中为什么要采用高速缓冲器？

11.16 Cache 有哪几种组织方式？它们各有什么特点？

11.17 什么是虚拟存储器？虚拟存储器的作用是什么？

第12章 串行通信与串行接口

12.1 串行通信

12.1.1 串行通信的基本概念

计算机与外部的信息交换统称为通信。通信的基本方式分为并行通信方式与串行通信。

并行通信是指利用多条数据传输线将一个数据的各位同时进行传送。在并行通信方式中，并行传输的数据各位同时传输，数据有多少位，传输线至少就要有多少根。并行通信的特点是传输速度快，适用于短距离通信。

串行通信是指利用一条传输线将数据的各位一位一位地进行顺序传送。串行通信又可分为异步串行通信和同步串行通信。串行通信的特点是通信线路简单，利用电话或电报线路即可实现通信，成本低，适用于远距离通信，但传输速度慢。

随着串行通信技术与高速串行通信接口的迅速发展，串行通信基本上覆盖了整个通信领域。对于一个通信系统，必须要考虑的问题有以下几个：信道的带宽和数据的传输速率、信号的调制与解调、串行通信的信号格式等。

PC系列微机中有两个串行异步通信接口。键盘、鼠标与主机间采用串行数据传送。

12.1.2 串行通信的数据传送方式

按串行通信的数据传送方向，串行通信可分为单工方式、半双工方式、全双工方式3种方式，如图12.1.1所示。

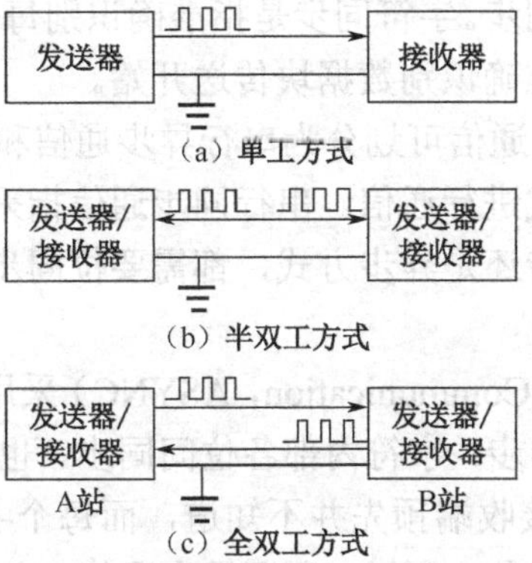

图12.1.1 串行通信数据传送方式示意图

1. 单工方式

单工方式只允许数据按一个固定的方式传送，如图12.1.1（a）所示。图12.1.1（a）

中 A 方只能发送，称为发送器；B 方只能接收，称为接收器。数据只能从发送器 A 传到接收器 B，而不能反过来。单工通信采用了两条线，即一条信息线，一条地线。

2．半双工方式

半双工方式如图 12.1.1（b）所示。数据既能从 A 传到 B，又能从 B 传到 A，因此 A 方、B 方都既可作为发送器，又可作为接收器，通常称为收发器。从这个意义上说，这种方式属于双向工作方式。但是，收发器 A、B 之间只有一根传输线，信号只能分时在两个站点之间传输，不能同时双向传输，所以才称为“半双工”方式。在这种方式下工作时，要么 A 发送，B 接收；要么 B 发送，A 接收。但不工作时，一般使 A、B 方都处于接收方式以便随时响应对方的呼叫，组成一个单方向传输的通信线路。半双工通信采用两条线，即一条信息线，一条地线。

3．全双工方式

全双工方式如图 12.1.1（c）所示。A、B 双方都既是发送器，又是接收器，且由于互相间有两根信号传输线，A 方、B 方可以同时发送或接收。显然，为了实现这种全双工传输，两个方向的资源必须完全独立，A 方和 B 方必须具有独立的发送器和接收器，两个方向的数据通道必须完全分开。这样，在 A、B 控制逻辑的协调下，才可以同时 A 向 B 发送，B 向 A 发送。这种全双工方式在通信线路和通信机理上都相当于将两个方向相反的单工方式组合在一起。全双工通信采用 3 条线，即两条信息线，一条地线。

这 3 种数据传输方式尽管在收发控制上有差别，但作为数据发送和接收的基本原理是相同的。

12.1.3　串行通信的数据格式

在数据通信中，传输的对象是一系列的 0 和 1，这些 0、1 在不同的位置有不同的含义，这些含义都要事先约定好。按数据格式来划分，串行通信分为异步通信方式和同步通信方式两种。这两种最基本的通信方式都有各自的数据格式约定。

在数据的传送过程中，为了保证接收数据可靠准确，接收方必须与发送方所发送的数据保持正确的速率和相位关系，即收发双方的同步。

数据同步有 3 种基本方式，即位同步、字符同步、数据组（数据包）同步。位同步是指每个数据位都需要准确的同步。字符同步是指准确识别每个数据传送开始(字节、字符)。数据组（数据包）同步是指准确识别数据块传送开始。

根据数据同步方式，串行通信可划分为串行异步通信和串行同步通信两种。串行异步通信指采用数据字符同步方式进行通信。串行同步通信指采用数据组同步方式进行通信，并实现字符同步。不管是同步还是异步方式，都需要位同步。

1．异步通信数据格式

异步通信（Asynchronous Communication，ASYNC）采用数据字符同步方式进行通信。在通信的数据流中，字符间异步，字符内部各位间同步。也就是说，每个字符出现在数据流中的相对时间是随机的，接收端预先并不知道，而每个字符一开始发送，收/发双方则以预先固定的时钟速率传送各位。所以，所谓异步通信，主要指字符与字符间的传送是完全异步的，字符内部的位与位之间还是同步传送的。异步通信时，收/发双方必须统一字符格式和传输速率。“异步”体现在字符与字符之间通信没有严格的定时要求。异步通信方式也可称为字符同步通信方式。

图 12.1.2 给出了异步串行通信中一个字符的传送格式。开始前，线路处于空闲状态，送出连续“1”。传送开始时首先以一个“0”作为起始位，然后出现在通信线上的是字符的二进制编码数据。每个字符的数据位长可以约定为 5 位、6 位、7 位或 8 位，一般采用 ASCII 编码。后面是奇偶校验位，根据约定，用奇偶校验位将所传字符中的“1”的数据凑成奇数个或偶数个。也可以约定不要奇偶校验，即取消奇偶校验位。最后是表示停止位的“1”信号，这个停止位可以约定持续 1 位、1.5 位或 2 位的时间宽度。至此，一个字符传送完毕，线路又进入空闲，持续为“1”。经过一段随机的时间后，下一个字符开始传送并发出起始位。

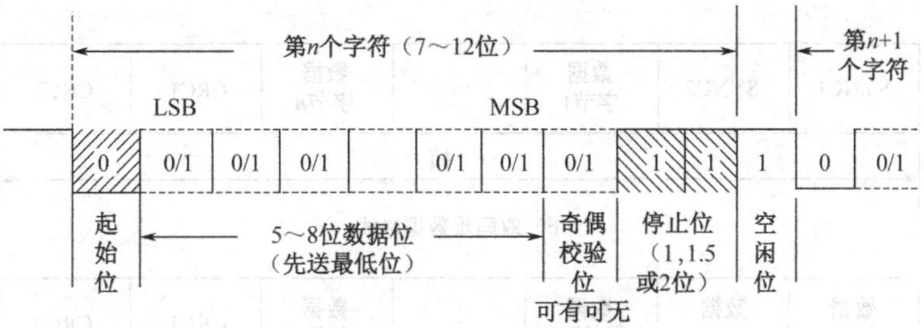

图 12.1.2　异步通信数据格式

2. 同步通信数据格式

同步通信（Synchronous Communication，SYNC）采用数据组（数据包）方式进行通信。在异步传送中，每一个字符要用起始位和停止位作为字符的开始和结束，占用了时间，所以在数据块传送时，为了提高速度，去掉这些标志即可，采用同步传送。

在同步传输中，去掉这些控制位，把字符或数据位顺序地连接起来，可组成一个数据组。以一组数据（几百～几千字节）为单位进行传输，利用特殊的字符或比特组合标志数据组传输的开始和结束，实现收发双方的同步。这样的数据组称为数据块、数据包或数据帧。同步字符的格式和个数根据需要而定。

同步传送时，以固定的时钟节拍来发送数据信号，因此，在一个串行数据流中，各信号码元间隔一定，数据字符间隔一定。数据的发送一般以组（或帧）为单位，采用帧同步方式，并实现字符同步。同步通信的优点是不需要每个字符单独加起始位和停止位，故具有较高的传输效率。由于同步通信效率高，速度快，因此广泛应用于大批量、高速率数据通信场合。同步通信的缺点是，在数据块开始处要用同步字符来指示，并在发送端和接收端之间用时钟来实现同步，故硬件较为复杂。

同步通信控制规程可分为两类：面向字符型和面向位型。

1）面向字符型的数据格式

面向字符型的数据格式如图 12.1.3 所示。面向字符型的控制规程的特点是规定一些字符作为传输控制使用，信息长度为 8 的整数倍位，传输速率为 200～4800 b/s。面向字符型的数据格式又有单同步、双同步和外同步之分。

单同步是指在传送数据块之前先传送一个同步字符 SYNC，接收端检测到该同步字符后开始接收数据；双同步则是安排两个同步字符；外同步格式中数据之前不含同步字符，而使用一条专用控制线来传送同步字符，以实现收发双方的同步操作，每帧信息都以两个字节的循环冗余校验码结束。

同步通信的特点是不仅字符内部保持“同步”，字符与字符之间也是同步的。在这种通信方式下，收发双方必须建立准确的位定时信号，即收发时钟的频率必须严格一致。每个字符不增加任何附加位，而是连续发送的，以字符作为信息单位。字符是 EBCD 码或 ASCII 码。

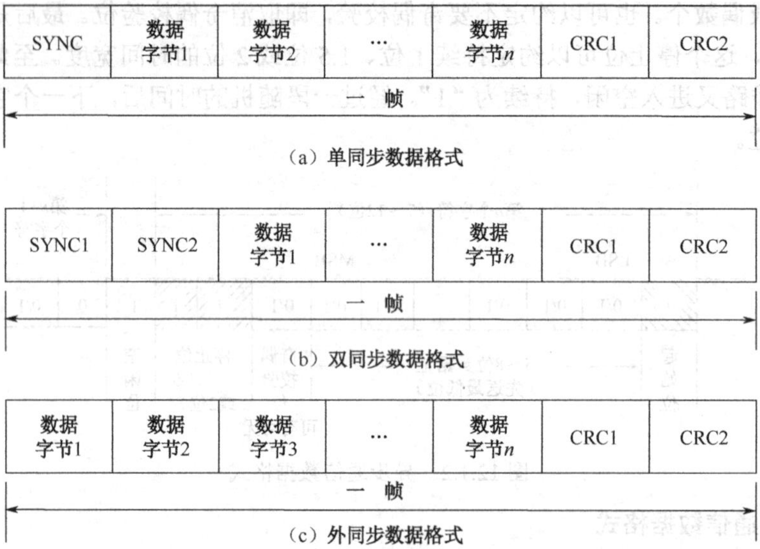

（a）单同步数据格式

（b）双同步数据格式

（c）外同步数据格式

图 12.1.3　面向字符型同步通信数据格式

2）面向位型的数据格式

面向位型控制规程的概念是由 IBM 公司在 1969 年提出的。它的特点是未采用传输控制字符，而采用某些位组合作为控制，其信息长度可变，传输速率在 2400 波特以上。

这一类型中最有代表性的规程是 IBM 的同步数据链路控制（Synchronous Data Link Control，SDLC）规程，国际标准化组织（International Standards Organization，ISO）的高级数据链路控制（High Data Link Control，HDLC）规程。

12.1.4　串行通信的数据传输速率

串行通信的数据传输速率通常用波特率（Baud Rate）来表示。所谓波特率，是指单位时间内传送二进制数据的位数，以位/秒（b/s）为单位，所以有时也称数据位率，它是衡量串行数据传送速度快慢的重要指标和参数。如有人说将某终端的波特率调到 4800 或 9600，即指把它的传送速度调到 4800 或 9600 b/s。有时也用“位周期”来表示传送速度，位周期就是每一个数据位的宽度，它等于传送波特率的倒数。在微机异步串行通信中，常用的波特率系列为 50、75、110、150、300、600、1200、1800、2400、4800、9600、19200、38400、57600、115200、230400、460800、921600 b/s。

有效数据（如字符）的传送速率与通信数据格式（协议）有关。假设使用异步通信数据格式，设起始位为 1bit、数据位为 7bit、奇偶校验位为 1bit、停止位为 1bit，则 Band=1200，而字符速率最大为 1200/10=120 个。

若采用同步传输，用 1200b/s 的波特率工作，用 4 个同步字符作为信息帧头部，但不用奇偶校验，则传输 100 个字符所用的时间为 7（100+4）/1200＝0.6067s，这就是说，每秒能传输的字符数可达到 100/0.6067＝165 个。

可见，在同样的传输率下，同步传输时实际字符传输率比异步传输时高。

12.1.5　串行通信的实现方法

串行传送时数据是一位一位依次传送的，而在计算机中数据是并行的，所以当数据由计算机送至数据终端时，要先把并行的数据转换为串行的数据再传送，而当计算机接收由终端送来的数据时，要先把串行的数据转换为并行的数据才能处理加工。这样的转换可用软件实现，也可用硬件来实现。

1．串行通信软件实现方法

CPU 的并行数据要串行输出，或串行输入的数据在 CPU 内部要变成并行的，可以由 CPU 通过软件来实现。例如，CPU 的数据通过电传打字机串行输出，一个字符用 7 位 ASCⅡ码表示，加一位奇偶校验位、一位起始位、两位停止位，共有 11 位。若电传打字机的速度为 110 波特，端口地址为 20H（每次接收最低有效位），且要输出的字符已在寄存器 DL 中，则用软件来实现串行输出的程序如下。

```
TYOU:  MOV    CL，0BH        ；设置输出位数
       MOV    AL，DL
       OR     AL，AL         ；清除进位标志C
       RCL    AL，1          ；C到AL的最低位，即设置起始位
MORE:  OUT    20H，AL
       CALL   DLY            ；与110波特相配合
       RCR    AL，1          ；恢复原来字符
       STC                   ；1→C ，设置停止位
       DEC    CL
       JNE    MORE
       RET
DLY:   MOV    DL，6
DL0:   MOV    DH，0B8H
DL1:   DEC    DH
       JNE    DL1
       DEC    DL
       JNE    DL0
       RET
```

所以，串→并或并→串转换完全可由 CPU 通过软件来实现，外部只要增加简单的电平转换电路即可。但是，CPU 要用相当多的时间来进行串→并、并→串的转换任务，以降低 CPU 的利用率。为了减轻 CPU 的负担，可用硬件来实现。

2．串行通信硬件实现方法

更方便也更常用的串行通信实现方法是使用硬件接口电路，再加上必要的软件驱动程序。目前，微处理机串行接口常用的 LSI 芯片有以下几类：① UART——通用异步收/发器（Universal Asynchronous Receiver/Transmitter）；② USRT——通用同步收/发器

（Universal Synchronous Receiver/Transmitter）；③ USART——通用同步/异步收/发器（Universal Synchronous/Asynchronous Receiver/Transmitter）；④ ACIA——异步通信接口适配器（Asynchronous Communication Interface Adapter）。INS 8250、Intel 8251A 就是这样的芯片。不管哪一类芯片，它们都有实现串/并转换和位计数的基本功能。正是这些串行接口芯片弥补了串行通信技术比较复杂的缺陷。

12.1.6 串行通信的信号调制与解调

数据通信传输的是数字信号，即传送的数据都是以“0”、“1”序列组成的数字信号。这种数字信号的频谱包含了从低到高的极其丰富的谐波分量，其传送要用的传输线的频带很宽。在远距离传送时，若直接传输数字信号，信号就会发生畸变。因此，在远距离传送时，需用调制器将数字信号转换成模拟信号后进行传输，接收端再用解调器将其转换成数字信号，如图 12.1.4 所示。

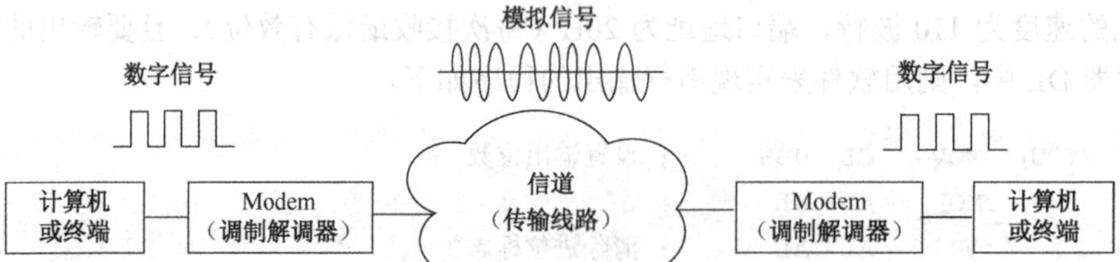

图 12.1.4 调制与解调示意图

调制（Modulation）就是用一个信号控制另一个信号（载波）的某个参数随之变化的过程。这两个信号分别叫调制信号和被调信号，被调信号只作为传输过程中信息的载体，也称载波。在串行通信中，调制信号就是要被传送的数字信号。即将数字信号调制成模拟信号的过程称为调制。

解调（Demodulation）就是将已经调制的模拟信号恢复成原来的数字信号的过程（从已调信号中提取调制信号）。

调制与解调通常做在装置中，称为调制解调器（Modem）。不同的传输方式和传输介质，使用的调制解调器工作原理也不相同，但都用于实现信号的转换。

调制的方法很多，按照调制技术的不同，有调频（FM）、调幅（AM）和调相（PM）3 种基本方法。它们分别按传输数字信号的变化规律去改变载波信号的 $A\sin(2\pi ft+\phi)$ 的频率 f、幅度 A 或相位 ϕ，使之随数字信号的变化而变化。在数字调制中，由于数字信号离散取值的特点，一般用数字电路组成的电子开关，像扳键一样来控制载波的频率、振幅或相位的变化。因此，在数据通信中又常将调频、调幅、调相分别称为频移键控（Frequency Shift Keying，FSK）法、幅移键控（Amplitude Shift Keying，ASK）法和相移键控（Phase Shift Keying，PSK）法。

这 3 种基本调制方法的简单原理如图 12.1.5 所示。调幅采用载波信号的不同幅度代表“1”和“0”。调频采用载波信号的不同频率代表“1”和“0”。调相采用载波信号的相位变化代表“1”和“0”（有变化为“1”）。

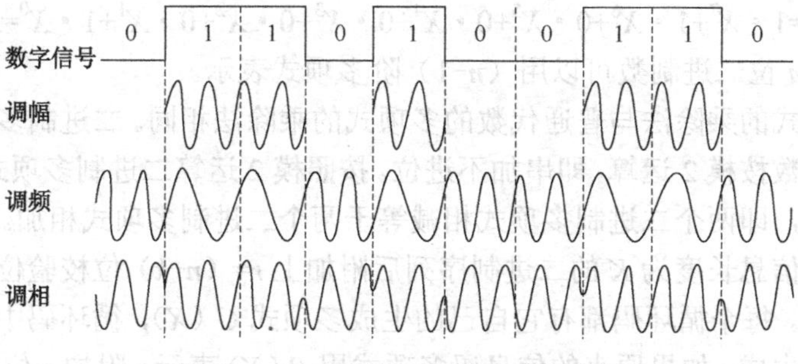

图 12.1.5　3 种基本调制方式的原理

12.1.7　串行通信的校验方法

串行通信主要适用于远距离通信，因而噪声和干扰较大，为了保证高效而无差错地传送数据，对传送的数据进行校验就成了串行通信中必不可少的重要环节。常用的校验方法有奇偶校验、循环冗余校验（Cyclic Redundancy Check，CRC）。

1．奇偶校验方法

奇偶校验方法主要用于对一个字符的传送过程进行校验。在发送时，在每一个字符的最高位之后（发送总是最低有效位 D0 先发送）都附加一个奇偶校验位，这个校验位本身有可能是“1”或“0”，若加上这个校验位后，所发送的任何字符中的“1”的个数始终为奇数，则被称为奇校验，若为偶数则为偶校验。接收时，检查所接收的字符连同这个奇偶校验位，其“1”的个数是否符合规定，若不符合规定，则置出错标志，供 CPU 查询及处理。

简言之，奇校验就是数据位与校验位中“1”的总个数为奇数，偶校验就是数据位与校验位中“1”的总个数为偶数。

通信双方约定采用一致的奇偶校验方式，由发送方设置校验位，由接收方负责校验。奇偶校验码编码效率较高，能检测出一个码字内的所有奇数个错误，但不能发现偶数个错误，也不能纠错。奇偶校验干扰持续时间很短。

根据国际电报电话咨询委员会的建议：在异步操作中使用偶校验，而在同步操作中使用奇校验。

奇偶校验的产生和检验可用软件或硬件方法实现。目前，现有单片的、专门的、奇偶发生器/校验器可对 7 位或 8 位字符进行奇偶校验。这是一种中规模 TTL 集成电路。例如，SN54/74LS280 为 9 位奇偶发生器/校验器（8 位数据位加 1 个校验位），SN54/74LS180 为 8 位奇偶发生器/校验器（7 位数据位加 1 个校验位）。一些可编程的串行通信接口芯片中包含了奇偶校验和产生电路（如 INS 8250、Intel 8251A）

2．循环冗余校验方法

这是另一种常用的校验方法，它用于对一个数据块进行校验，主要用于同步方式或 SDLC 方式。

1）CRC 校验原理

一个二进制序列是由若干个“0”或“1”组成的。一个 8 位二进制数（$B7B6B5B4B3B2B1B0$）可以用一个 7 次二进制码多项式 $B7 \cdot X^7+B6 \cdot X^6+B5 \cdot X^5+B4 \cdot X^4+B3 \cdot X^3+B2 \cdot X^2+B1 \cdot X^1+B0 \cdot X^0$ 表示。例如，11000001 可表示为

$$B(X)=1\cdot X^7+1\cdot X^6+0\cdot X^5+0\cdot X^4+0\cdot X^3+0\cdot X^2+0\cdot X^1+1\cdot X^0=X^7+X^6+1$$

一般来说，n 位二进制数可以用（$n-1$）阶多项式表示。

二进制多项式的乘除法与普通代数的多项式的乘除法相同。二进制多项式的加减法就是将对应项的系数按模 2 运算，即串加不进位。按照模 2 运算二进制多项式的加法和减法，其结果是一样的，即两个二进制多项式相减等于两个二进制多项式相加。

可以在一个信息长度为 K 的二进制序列后附加上 $r=(n-k)$ 位校验位组成一个总长度为 n 位的循环码。每个循环码都有它自己的生成多项式 $G(X)$，循环码中的每一位都可由这个生成多项式生成。如果原来的信息码多项式用 $B(X)$ 表示，附加 r 位校验码后，$B(X)$ 提高了 X^r 阶，成为 $X^r\cdot B(X)$，$X^r\cdot B(X)$ 被生成多项式 $G(X)$ 除，可以得商多项式 $Q(X)$ 加上余数多项式 $R(X)$，这时有：

$$X^r\cdot B(X)/G(X)=Q(X)+R(X)/G(X)$$

$$X^r\cdot B(X)=Q(X)G(X)+R(X)$$

$$X^r\cdot B(X)-R(X)=Q(X)G(X)$$

若前所述多项式相减的结果与相加一样，则：

$$X^r\cdot B(X)+R(X)=Q(X)G(X)$$

这说明信息码多项式 $B(X)$ 和余数多项式 $R(X)$ 可以合成一个新的多项式 $V(X)$，则这个多项式是生成多项式 $G(X)$ 的整数倍，能够被 $G(X)$ 除尽。而信息位和校验位是分开的，附加一个余数多项式不会破坏信息码多项式。整个循环码多项式 $V(X)=X^r\cdot B(X)+R(X)$ 中，高次多项式 $X^r\cdot B(X)$ 的系数仍是原信息码，而低次多项式就是余数多项式 $R(X)$，它的各项系数作为校验码，这就是 CRC 校验码。所以循环冗余校验码要附加到信息位（数据位）之后，并且等于余数多项式 R（X）系数的附加字节。

在同步串行通信中，通常采用以下两种生成多项式。

① CRC-16：$X^{16}+X^{15}+X^2+1$。

② CCITT：$X^{16}+X^{12}+X^5+1$。

在 SDLC 通信中，通常采用后一多项式，所以此多项式又称为 SDLC 多项式。

显然，发送方和接收方必须选用同一生成多项式。发送方在发送信息位的同时，用信息除以生成多项式。在信息发送完之后，再发送计算所得的余数。接收方在接收信息位的同时，用接收的信息位除以同一个生成多项式。当信息位接收完之后，再接收 CRC 码，余数应为 0，如果结果不为 0，则传送出错。

2）CRC 的实现

可以用软件也可以用硬件来实现 CRC。有些串行接口芯片内部包含 CRC 的硬件电路，只要适当编程即可。

12.1.8　串行通信的接口标准

1. RS-232C 接口

RS-232C 是异步串行通信中应用最广的标准总线。RS-232C 是美国电子工业协会（Electronic Industry Association，EIA）制定的一种串行物理接口标准。RS 是英文“推荐标准（Recommended Standard）”的缩写，232 为标识号，C 表示修改版本（1969）。RS-232C 总线标准设有 25 条信号线，包括一个主通道和一个辅助通道。1962 年公布了 EIA RS-232，1969 年修订，1987 年 1 月正式改名为 EIA RS-232D。它包括了按位串行传输的连接电缆和机械特性、电气特性、信号功能及传送过程等方面的规定，适用于数据终端设备（Data Terminal Equipment，DTE）和数据通信设备（Data Communication Equipment，DCE）之间的接口，可实现远距离通信，也可近距离连接两台微机。RS-232C 属于网络层次结构中的物理层。

RS-232C 是 DTE 与 DCE 之间相互连接的标准接口。这个标准的制定，并未考虑计算机系统的应用要求。但后来广泛地被借来用于计算机（更准确地说，是计算机接口与终端或外设之间的近端连接标准）。后来 IBM 的 PC 将 RS-232C 简化成了 DB-9 连接器，从而成为事实标准。而工业控制的 RS-232C 接口一般只使用 RXD、TXD、GND 三条线。

一个完整的 RS-232C 接口有 22 根信号线，采用标准的 D 形 25 针连接器（DB-25 连接器）及 D 形 9 针连接器（DB-9 连接器）。RS-232C 信号引脚定义说明如表 12.1.1 所示。其中，15 根引线（表中标注*者）组成主信道通信，其他则为未定义和供辅信道使用的引线。辅信道也是一个串行通道，但其速率比主信道低得多，一般不使用。如果要使用，则主要是传送通信线路两端所接的调制解调器的控制信号。

表 12.1.1　RS-232C 引脚（DB-25）信号定义

DB-25 引脚号	DB-9 引脚号	信号符号	信号定义
1*			保护地
2*	3	TxD	发送数据
3*	2	RxD	接收数据
4*	7	RTS	请求发送
5*	8	CTS	允许发送或清除发送
6*	6	DSR	DCE 准备好
7*	5	GND	信号地
8*	1	DCD	接收线信号检测
9*			保留，用于数据设备测试
10			保留，用于数据设备测试
11			未定义
12		DCD（S）	辅信道信号检测
13		CTS（S）	辅信道允许发送
14		TxD（S）	辅信道发送数据
15*			发送信号无定时（DCE 为源）
16		RxD（S）	辅信道接收数据
17			接收信号无定时（DCE 为源）
18			未定义
19		RTS（S）	辅信道请求发送
20*	4	DTR	数据终端准备好

续表

DB-25 引脚号	DB-9 引脚号	信号符号	信号定义
21*		SQ	信号质量检测
22*	9	RI	振铃指示
23*		DSRD	数据信号速率选择（DTE/DCE 为源）
24*			发送信号无定时（DTE 为源）
25			未定义

绝大多数设备只使用其中 9 个信号，所以就有了 DB-9 连接器。DB-9 连接器的主要引脚定义和功能简述如下。

TxD：发送数据，串行数据的发送端。

RxD：接收数据，串行数据的接收端。

RTS#：请求发送，当数据终端设备准备好送出数据时，就发出有效的 RTS 信号，用于通知数据通信设备准备接收数据。

CTS#：清除发送（允许发送），当数据通信设备已准备好接收数据终端设备的传送数据时，发出 CTS 有效信号来响应 RTS 信号。

RTS#和 CTS#信号逻辑 0 为有效状态，是数据终端设备与数据通信设备间用于数据发送的一对联络信号。

DTR#：数据终端准备好。通常，数据终端设备只要加电，该信号就有效，表明数据终端设备准备就绪。

DSR#：数据装置准备好。通常表示数据通信设备（即数据装置）已接通电源连到通信线路上，并处于数据传输方式。

DTR#和 DSR#信号逻辑 0 为有效状态，可用做数据终端设备与数据通信设备间的联络信号，如应答数据接收。

GND：信号地，为所有的信号提供一个公共的参考电平。

CD：载波检测（DCD）。当本地调制解调器接收到来自对方的载波信号时，该引脚向数据终端设备提供有效信号。

RI：振铃指示。在调制解调器接收到对方的拨号信号期间，该引脚信号作为电话铃响的指示、保持有效。

保护地：（机壳地）。起屏蔽保护作用的接地端，一般应参照设备的使用规定，连接到设备的外壳或大地。

由于 EIA RS-232C 是早期为促进公用电话网络进行数据通信而制定的标准，其逻辑电平对地是对称的，与 TTL、CMOS 逻辑电平不同。EIA RS-232C 电平采用逻辑 0 电平规定为+3～+15V，逻辑 1 电平为-15～-3V。而标准 TTL 电平规定逻辑 1 电平（高电平）为+2.4～+5V，逻辑 0 电平（低电平）为 0～0.4V。EIA RS-232C 电平与 TTL、CMOS 逻辑电平不兼容，二者通常需加电平转换电路。因此，为了能够同计算机接口或终端的 TTL 器件连接，必须在 EIA RS-232C 与 TTL 电路之间进行电平和逻辑关系的变换。实现这种变换的方法可用分立元器件，也可用集成电路芯片。目前已较为广泛地使用集成电路转换器件，如 MC1488、SN75150 芯片可完成 TTL 电平到 EIA 电平的转换，而 MC1489、SN75154 可实现 EIA RS-232C 电平到 TTL 电平的转换。MAX232 芯片可完成 TTL←→EIA RS-232C 双向电平转换，而且仅用+5V 供电的电平转换芯片。MAX232 和 MAX232A（高速）是双组 RS-232C 发送器和接收器，其原理如图 12.1.6 所示。

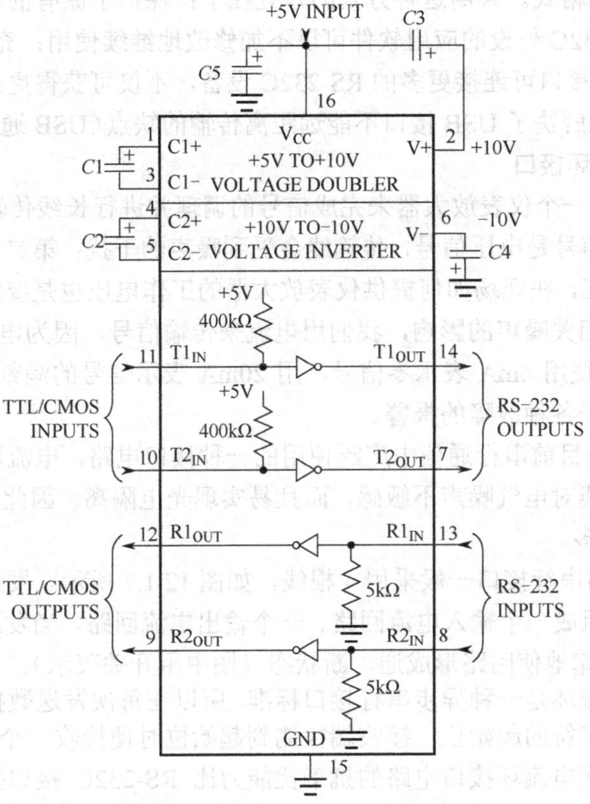

图 12.1.6　MAX232 工作原理图

由于 RS-232C 发送器和接收器之间具有公共信号地，不可能使用双端信号，因此，共模噪声会耦合到信号系统中。这是迫使 RS-232C 使用较高传输电压的主要原因，即便如此，该标准的信号传输速率也只能达到 20kb/s，而且最大距离仅 15m，只有在这种条件下才能可靠地进行数据传输。

人多数计算机应用系统或智能单元之间只需要使用 3～5 根信号线即可工作。

RS-232C 应用范围广泛、价格便宜、编程容易，并且可以比其他接口使用更长的导线。但其缺点也是明显的。

（1）接口的信号电平值较高，易损坏接口电路的芯片，又因为与 TTL 电平不兼容，所以需使用电平转换电路方能与 TTL 电路连接。

（2）传输速率较低，在异步传输时，波特率最大为 20Kb/s。

（3）接口使用一根信号线和一根信号返回线构成共地传输形式，这种共地传输容易产生共模干扰，所以抗噪声干扰性弱。

（4）传输距离有限，最大传输距离标准值为 50 英尺（约 15.24m），实际上也只能用于 15m 左右。

随着 USB 端口的普遍应用，将会出现更多的将 USB 转换成 RS-232C 或其他接口的转换装置。但是 RS-232C 和类似的接口仍将在诸如监视和控制系统等应用中得到普遍使用。习惯使用 RS-232C 的开发者和产品可以考虑设计 USB/RS-232C 转换器，通过 USB 总线传输 RS-232C 数据，即 PC 端的应用软件依然是针对 RS-232C 串行端口编程的，外设也是以 RS-232C 为数据通信通道的，但从 PC 到外设之间的物理连接却是 USB 总线，其上的数据通信也是 USB 数据格式。采用这种方式的好处在于：保护了原有的软件开发投入，已开发成功的针对 RS-232C 外设的应用软件可以不加修改地继续使用；充分利用了 USB 总线的优点，通过 USB 接口可连接更多的 RS-232C 设备，不仅可获得更高的传输速度，实现真正的即插即用，还解决了 USB 接口不能远距离传输的缺点（USB 通信距离在 5m 以内）。

2．20mA 电流环接口

在工业现场，用一个仪表放大器来完成信号的调理并进行长线传输，会产生以下问题：第一，由于传输的信号是电压信号，传输线会受到噪声的干扰；第二，传输线的分布电阻会产生电压降；第三，在现场如何提供仪表放大器的工作电压也是要解决的问题。为了解决上述问题和避开相关噪声的影响，我们用电流来传输信号，因为电流对噪声并不敏感。4～20mA 的电流环使用 4mA 表示零信号，用 20mA 表示信号的满刻度，而低于 4mA 高于 20mA 的信号用于各种故障的报警。

20mA 电流环是目前串行通信中广泛使用的一种接口电路，电流环串行通信接口的最大优点是低阻传输线对电气噪声不敏感，而且易实现光电隔离，因此，长距离通信时，其比 RS-232C 优越得多。

20mA 电流环路串行接口一般采用 4 根线，如图 12.1.7 所示。发送正、发送负、接收正、接收负 4 根线组成一个输入电流回路、一个输出电流回路。当发送数据时，根据数据的逻辑 1、0，有规律地使回路形成通、断状态（图中用开关表示）。

由于 20mA 电流环是一种异步串行接口标准，所以在每次发送数据时必须以无电流的起始位作为每一个字符的起始位，接收端检测到起始位时便接收一个字符数据。

尽管这种直通式电流环接口电路的抗干扰能力比 RS-232C 接口强，但由于其两端之间是共地的，仍难免产生干扰信号。所以，在通信距离较远时，特别是在干扰源较多、干扰信号较强的工业现场应用情况下，大都在收发两端之间采用光电隔离技术。采用光耦隔离电路的 20mA 电流环路串行通信接口的原理如图 12.1.8 所示。

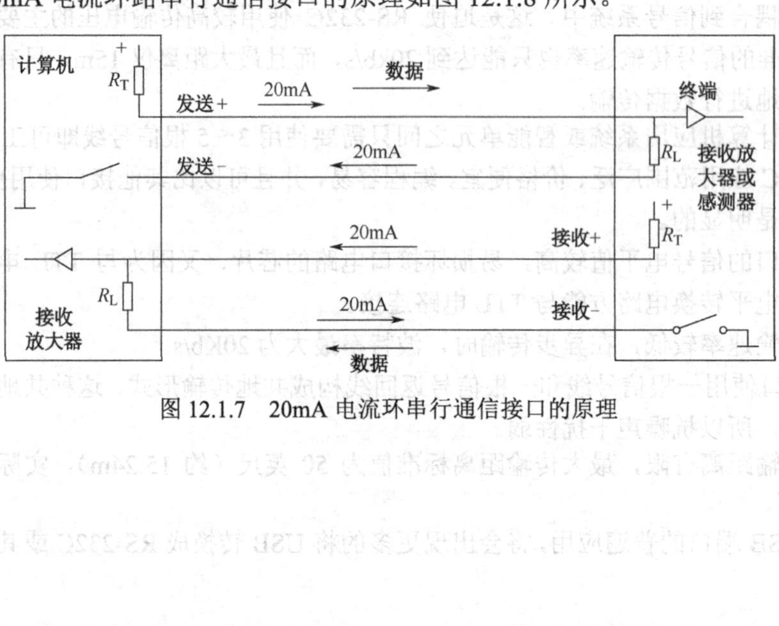

图 12.1.7　20mA 电流环串行通信接口的原理

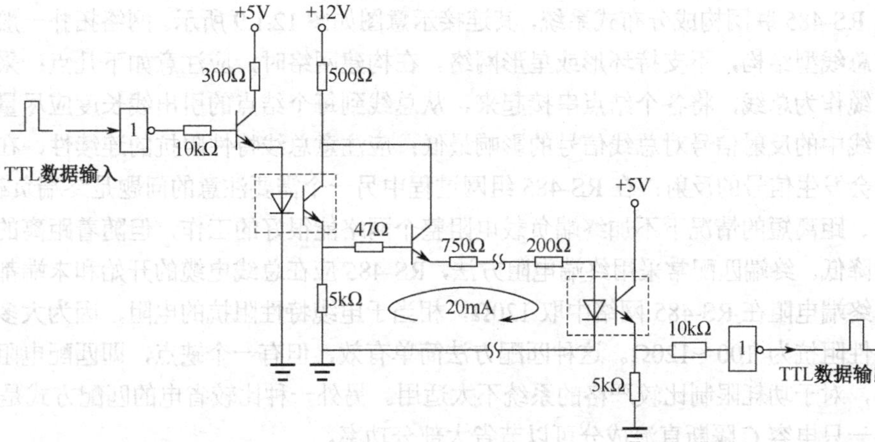

图 12.1.8　光电隔离 20mA 电流环路串行通信接口

3. RS-485 接口

在许多工业控制及通信联络系统中，往往有多点互连而不是两点直连，而且在大多数情况下，在任一时刻只有一个主控模块（点）发送数据，其他模块（点）处于接收数据的状态，于是便产生了主从结构形式的 RS-485 标准。RS-485 总线因其接口简单、组网方便、传输距离远等特点而在工业控制场合中得到广泛应用。RS-485 和 RS-232C 一样都是基于串口的通信接口，数据收发的操作是一致的。但是它们在实际应用中的通信模式却有着很大的区别，RS-232C 接口为全双工数据通信模式，而 RS-485 接口为半双工数据通信模式，数据的收发不能同时进行，为了保证数据收发的不冲突，硬件上是通过方向切换来实现的，也要求软件上必须将收发的过程严格地区分开。

RS-485 接口组成的半双工网络，一般是两线制（以前有四线制接法，只能实现点对点的通信方式，现在已很少采用），多采用屏蔽双绞线传输。这种接线方式为总线式拓扑结构，在同一总线上最多可以挂接 32 个节点，即 RS-485 标准一般允许并联 32 台驱动器和 32 台接收器。在 RS-485 通信网络中一般采用的是主从通信方式，即一个主机带多个从机。很多情况下，连接 RS-485 通信链路时只是简单地用一对双绞线将各个接口的“A”、“B”端连接起来。RS-485 接口连接器采用 DB-9 的 9 芯插头座，与智能终端 RS-485 接口采用 DB-9（孔），与键盘连接的键盘接口 RS-485 采用 DB-9（针）。

RS-485 的电气特性如下：逻辑“0”以两线间的电压差为+（2～6）V 表示；逻辑“1”以两线间的电压差为-（2～6）V 表示。RS-485 接口信号电平比 RS-232C 降低了，因而不易损坏接口电路的芯片，且该电平与 TTL 电平兼容，可方便与 TTL 电路连接。

RS-485 接口采用了平衡驱动器和差分接收器的组合，抗共模干扰能力增强，即抗噪声干扰性好。

RS-485 最大的通信距离为 4000 英尺（约为 1219m），最高数据传输速率为 10Mb/s，传输速率与传输距离成反比，在 100kb/s 的传输速率下，才可以达到最大的通信距离，如果需传输更长的距离，需要加 485 中继器。RS-485 总线一般最大支持 32 个结点，如果使用特制的 RS-485 芯片，可以达到 128 个或者 256 个结点，最大的可以支持到 400 个结点。也就是说，RS-485 具有多站能力，这样用户可以利用单一的 RS-485 接口方便地建立设备网络。

采用 RS-485 联网构成分布式系统，其连接示意图如图 12.1.9 所示。网络拓扑一般采用终端匹配的总线型结构，不支持环形或星形网络。在构建网络时，应注意如下几点：采用一条双绞线电缆作为总线，将各个结点串接起来，从总线到每个结点的引出线长度应尽量短，以便使引出线中的反射信号对总线信号的影响最低；应注意总线特性阻抗的连续性，在阻抗不连续点就会发生信号的反射；在 RS-485 组网过程中另一个需要注意的问题是终端负载电阻，在设备少、距离短的情况下不加终端负载电阻整个网络能很好的工作，但随着距离的增加，其性能将降低。终端匹配常采用终端电阻方法，RS-485 应在总线电缆的开始和末端都并接终端电阻。终端电阻在 RS-485 网络中取 120Ω，相当于电缆特性阻抗的电阻，因为大多数双绞线电缆特性阻抗为 100～120Ω。这种匹配方法简单有效，但有一个缺点，即匹配电阻要消耗较大功率，对于功耗限制比较严格的系统不太适用。另外一种比较省电的匹配方式是 *RC* 匹配，利用一只电容 *C* 隔断直流成分可以节省大部分功率。

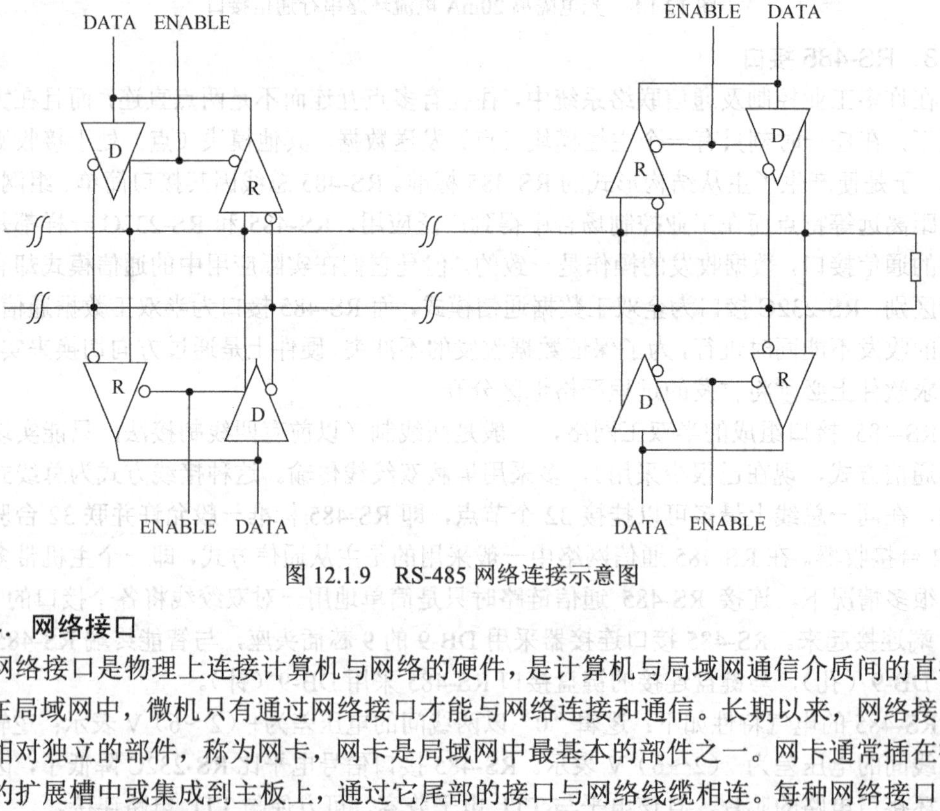

图 12.1.9　RS-485 网络连接示意图

4．网络接口

网络接口是物理上连接计算机与网络的硬件，是计算机与局域网通信介质间的直接接口。在局域网中，微机只有通过网络接口才能与网络连接和通信。长期以来，网络接口是一个相对独立的部件，称为网卡，网卡是局域网中最基本的部件之一。网卡通常插在微机主板的扩展槽中或集成到主板上，通过它尾部的接口与网络线缆相连。每种网络接口的设计都针对一种特定的网络，如以太网、令牌环网、FDDI 等。现今正在使用的网络接口主要是以太网接口。

网络接口的主要工作原理是将计算机的数据封装为帧，并通过网线或电磁波将数据发送到网络上。网络接口的带宽（传输速度）有 10Mb/s、100Mb/s 网卡、10/100Mb/s 自适应网卡、1000Mb/s、10000Mb/s 等。

常见的以太网接口连接器类型有 RJ-45 接口、RJ-11 接口、SC 光纤接口、FDDI 接口、AUI 接口、BNC 接口、Console 接口等。RJ-45 接口就是现在最常见的网络设备接口，俗称“水晶头”，专业术语为 RJ-45 连接器，属于双绞线以太网接口。RJ-45 插头只能沿固定方向插入，设有一个塑料弹片与 RJ-45 插槽卡住以防止脱落。这种接口在 10Base-T 以太网、100Base-TX 以太网、1000Base-TX 以太网中都可以使用，传输介质都是双绞线，但根据带宽的不同，其介质也有不同的要求，特别是 1000Base-TX 千兆以太网连接时，至少要使用超 5 类线，要保证稳定高速的话应使用 6 类线。

10/100Base-TX RJ-45 接口引脚定义如表 12.1.2 所示。

表 12.1.2 RJ-45 接口引脚定义

Pin	Name	Description
1	TX+	Tranceiver Data+ （发信号+）
2	TX-	Tranceiver Data- （发信号-）
3	RX+	Receive Data+ （收信号+）
4	n/c	Not connected （空脚）
5	n/c	Not connected （空脚）
6	RX-	Receiver Data- （收信号-）
7	n/c	Not connected （空脚）
8	n/c	Not connected （空脚）

12.2 可编程异步通信接口 INS 8250

12.2.1 INS 8250 简介

在串行传输数据过程中，需要完成并行数据到串行数据和串行数据到并行数据的转换，并按照传输协议发送和接收每个字符（或数据块），这些工作可用软件实现，也可用硬件实现。显然，采用专用硬件电路实现效率高、效果好。IBM PC/XT 采用的通用异步接收发送器 UART 芯片是 INS 8250。8250 是计算机系统中常用的可编程串行接口芯片，它的功能比较强，设置也比较复杂，它的基本任务还是串行/并行的转换。它可以是 PC 内部的一个组件，也可以与单片机相连，用途很广。PC 后来使用了 INS 16550，16550 则是 8250 的升级版本，它在引脚上与 8250 完全一致，在功能上向下兼容 8250。在高档微机中，8250 的功能已被一些多功能芯片取代。

INS 8250 具有全双工、双缓冲器发送器和接收器，具有标准的异步通信功能，不具备同步通信功能，可编程能力强，通过编程可设置其工作方式。8250 的主要功能如下。

（1）其支持异步串行通信规程，发送时可自动插入起始位、停止位和奇偶校验位，接收时能自动删除。

通信字符可选择的数据位为 5～8 位，停止位可选择 1、1.5 或 2 位，可进行奇偶校验，具有奇偶、帧和溢出错误检测电路。

（2）其内部具有可编程的时钟产生电路，可对外部时钟进行 1～65535 次分频。8250 支持的数据传输速率为 50～9600b/s。

（3）其内部有调制解调器控制器，可直接和调制解调器相连。

（4）其具有优先级排队的中断系统，有多种中断源。CPU 可用查询、中断方式与之交换信息。

（5）其发送和接收都采用双缓冲结构（数据稳定）。

12.2.2　INS 8250 的引脚

INS 8250 外部结构采用双列直插式 40 引脚。引脚包括与 CPU 之间的连线引脚和与串口外设的连线引脚两大类。与 CPU 之间的连线引脚有：片选线、地址选通线、数据输入/输出选通线、驱动器禁止线、复位、基准时钟线。与串口外设的连线引脚有：串行数据输入/输出线、串行时钟输入/输出线、控制联络线、用户指定的输出线。其引脚定义如图 12.2.1 所示。

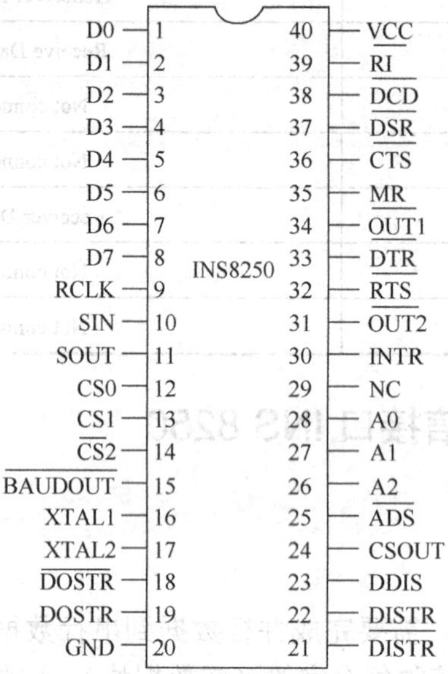

图 12.2.1　INS 8250 引脚图

INS 8250 引脚功能说明如下。

数据线 D7～D0：在 CPU 与 8250 之间交换信息。

地址线 A2～A0：寻址 8250 内部寄存器。

片选线：8250 设计了 3 个片选输入信号（CS0、CS1、CS2#）和一个片选输出信号（CSOUT）。3 个片选输入都有效时，才选中 8250 芯片，同时 CSOUT 输出高电平有效。

地址选通信号 ADS#：当该信号为低电平时有效，锁存上述地址线和片选线的输入状态，保证读写期间的地址稳定。

读控制线：数据输入选通 DISTR（高电平有效）和 DISTR#（低电平有效）有一个信号有效时，CPU 从 8250 内部寄存器读出数据，相当于 I/O 读信号。

写控制线：数据输出选通 DOSTR（高电平有效）和 DOSTR#（低电平有效）有一个有效时，CPU 就将数据写入 8250 内部寄存器，相当于 I/O 写信号。

8250 读写控制信号有两对，每对信号作用完全相同，只是有效电平不同而已。

驱动器禁止信号 DDIS：CPU 从 8250 读取数据时，DDIS 引脚输出低电平，用来禁止外部收发器对系统总线的驱动；其他时间的 DDIS 为高电平。

主复位线 MR：硬件复位信号 RESET。

中断请求线 INTR：8250 有 4 级共 10 个中断源，当任一个未被屏蔽的中断源有请求时，INTR 输出高电平向 CPU 请求中断。

时钟类信号：包括 XTAL1、XTAL2、BAUDOUT#、RCLK。时钟输入引脚 XTAL1：8250 的基准工作时钟。时钟输出引脚 XTAL2：基准时钟信号的输出端。波特率输出引脚 BAUDOUT#：基准时钟经 8250 内部波特率发生器分频后产生发送时钟。接收时钟引脚 RCLK：接收外部提供的接收时钟信号；若采用发送时钟作为接收时钟，则只要将 RCLK 引脚和 BAUDOUT#引脚直接相连即可。

串行异步接口引脚：包括数据输入/输出及其控制线，即 SIN、SOUT、DSR#、DTR#、RI#、DCD#、RTS#、CTS#。SIN：串行数据输入。SOUT：串行数据输出。DSR#：数据设备就绪，输入线。DTR#：数据终端就绪，输出线。RI#：振铃指示，输入线。DCD#：接收线路信号检测，输入线。RTS#：请求发送，输出线。CTS#：清除发送，输入线。

输出线 OUT1#和 OUT2#：两个一般用途的输出信号，由调制解调器控制寄存器的 D2 和 D3 使其输出低电平有效信号，复位使其恢复为高。

12.2.3 INS 8250 的内部结构与寄存器

1. INS 8250 的内部结构

INS 8250 内部结构如图 12.2.2 所示。INS 8250 由数据总线缓冲器、地址选择和控制逻辑、接收/发送移位寄存器、Modem 控制逻辑和可编程寄存器等组成。

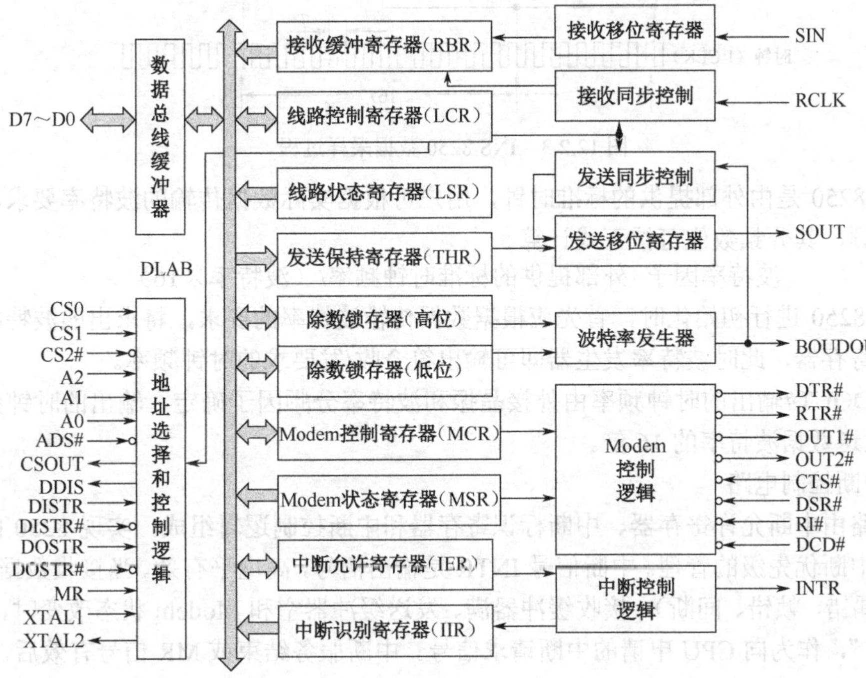

图 12.2.2 INS 8250 内部结构

1）数据总线缓冲器

它是一个 8 位双向三态缓冲器，它是 8250 和微机系统数据总线连接的接口。CPU 通过数据总线缓冲器设置 8250 的工作方式，写入或读取 8250 发送或接收的数据，以及当前工作的状态信息。

2）寻址与读/写控制逻辑

其接收微机系统输出的控制信号，如片选信号，确定当前 8250 的工作状态。

3）调制解调器控制逻辑电路

该电路输出信号 RTS#、CTS#、DTR#、DSR#等，使 8250 直接同 Modem 连接，实现微机远程通信。

4）发送器

其由发送缓冲寄存器、发送移位寄存器和发送同步控制器等组成。发送缓冲寄存器用于锁存 CPU 输出待发送的数据，发送数据通过发送缓冲寄存器自动进入发送移位寄存器，在发送时钟控制下，自动在发送的数据中插入起始位、奇偶校验位和停止位，通过 SOUT 输出。

5）接收器

其由接收移位寄存器、接收缓冲寄存器和接收同步控制器等组成，接收移位寄存器在接收时钟控制下，将从 SIN 端接收到的位数据中自动删除起始位、奇偶校验位和停止位后，再将串行的位数据转换为并行数据存入接收缓冲寄存器，待微机系统通过数据总线读取。

6）波特率发生控制电路

该电路由波特率除数寄存器（高字节、低字节锁存器）和波特率发生器组成，8250 规定收/发时钟的频率是数据传输率的 16 倍，如图 12.2.3 所示。

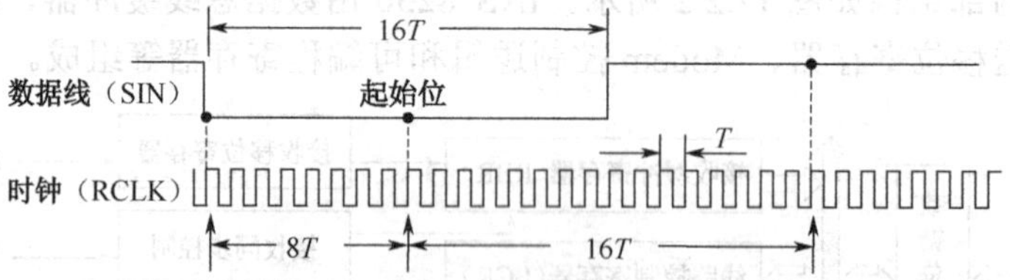

图 12.2.3　INS 8250 数据采样过程

由于 8250 是由外部提供的标准时钟，用户可根据实际数据传输的波特率要求，采用不同的分频，其分频数值可按下式计算。

波特率因子=外部提供的标准时钟频率/（波特率×16）

当对 8250 进行初始化时，首先应根据数据传输波特率的要求，将求出的波特率因子写入除数寄存器，此时波特率发生器即可输出符合收/发要求的时钟频率。

BAUDOUT#输出的时钟频率由外接晶振和波特率分频因子确定，输出的时钟频率应是 8250 发送数据波特率的 16 倍。

7）中断控制电路

该电路由中断允许寄存器、中断标识寄存器和中断控制逻辑组成，实现 8250 的中断请求和对中断优先级的管理。中断信号 INTR 是输出信号，高电平有效。当接收数据错（重叠错、奇偶错、帧错、间断）、接收缓冲器满、发送缓冲器空和 Modem 状态改变时，INTR 输出为“1”，作为向 CPU 申请的中断请求信号。中断服务结束或 MR 信号有效后，INTR 输出为“0”。

2. INS 8250 的寄存器组

8250 内部有 9 种可访问的寄存器，除数寄存器是 16 位的，占用两个连续的 8 位端口。内部寄存器用引脚 A2～A0 来寻址；同时，利用通信线路控制寄存器的最高位，即除数寄存器访问位 DLAB，来区分共用两个端口地址的不同寄存器。8250 内部寄存器及其控制如表 12.2.1 所示。

表 12.2.1 INS 8250 内部寄存器

CS0	CS1	CS2	A2	A1	A0	DLAB	COM1 地址	寄存器
1	1	0	0	0	0	0	3F8H	发送保持寄存器（写）
1	1	0	0	0	0	0	3F8H	接收缓冲寄存器（读）
1	1	0	0	0	0	1	3F8H	除数锁存器（低 8 位）
1	1	0	0	0	1	1	3F9H	除数锁存器（高 8 位）
1	1	0	0	0	1	0	3F9H	中断允许寄存器（IER）
1	1	0	0	1	0	×	3FAH	中断识别寄存器（MCR）
1	1	0	0	1	1	×	3FBH	通信线路控制寄存器（LCR）
1	1	0	1	0	0	×	3FCH	Modem 控制寄存器（MCR）
1	1	0	1	0	1	×	3FDH	通信线路状态寄存器（LSR）
1	1	0	1	1	0	×	3FEH	Modem 状态寄存器（MSR）
1	1	0	1	1	1	×	3FFH	（无效）

1）线路控制寄存器

线路控制寄存器是一个 8 位可读/写寄存器，用于设置串行通信的帧数据格式。线路控制寄存器的格式如图 12.2.4 所示。

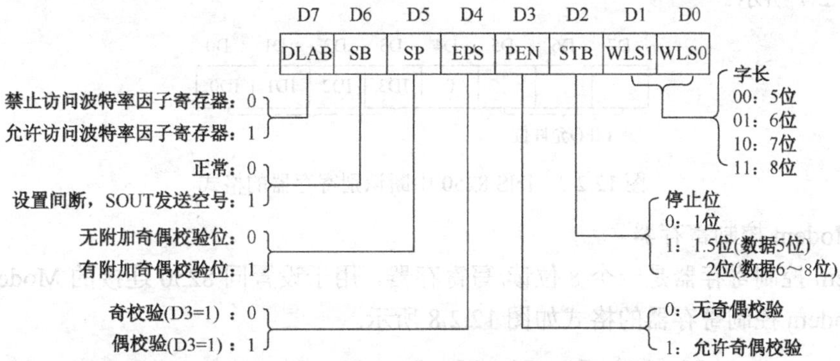

图 12.2.4 INS 8250 线路控制寄存器的格式

2）线路状态寄存器

线路状态寄存器是一个 8 位可读/写寄存器，用于表示 8250 收/发通信时的状态信息。线路状态寄存器的格式如图 12.2.5 所示。

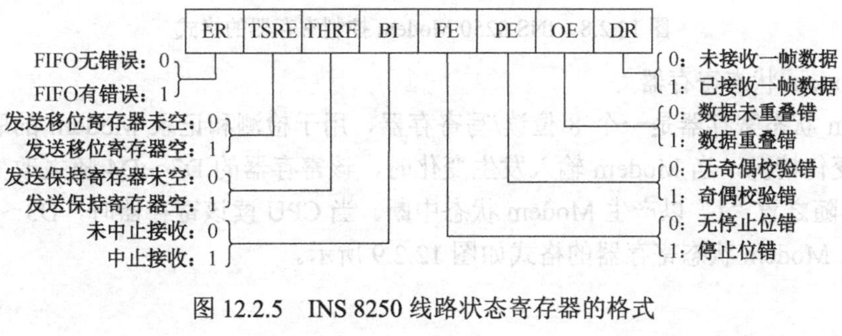

图 12.2.5 INS 8250 线路状态寄存器的格式

3）波特率除数寄存器

波特率除数寄存器是一个 16 位读/写寄存器。当 8250 输入时钟频率和数据传输波特率确定后，可求出相应的波特率因子，并将该因子写入波特率除数寄存器。注意，对波特率除数寄存器中的波特率因子的写入必须在 8250 初始化时完成。

4）中断允许寄存器

中断允许寄存器是一个 8 位读/写寄存器，当线路控制寄存器的 D7 位为“0”时，可对中断允许寄存器执行写入操作。8250 或 NS 16x50 内部中断源的中断请求是否被允许，由 D3～D0 位的状态确定。其格式如图 12.2.6 所示。

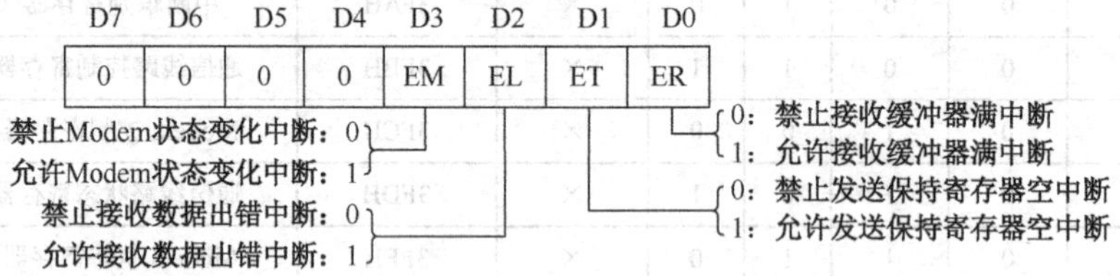

图 12.2.6　INS 8250 中断允许寄存器的格式

5）中断识别寄存器

中断识别寄存器是一个 8 位只读寄存器。8250 只有一个中断请求输出端 INTR，因此要求中断服务程序必须通过查询中断识别寄存器并确认当前中断源。中断识别寄存器的格式如图 12.2.7 所示。

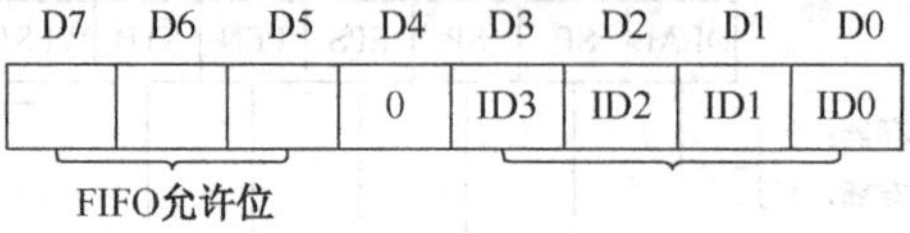

图 12.2.7　INS 8250 中断识别寄存器的格式

6）Modem 控制寄存器

Modem 控制寄存器是一个 8 位读/写寄存器，用于设置同 8250 连接的 Modem 的工作方式。Modem 控制寄存器的格式如图 12.2.8 所示。

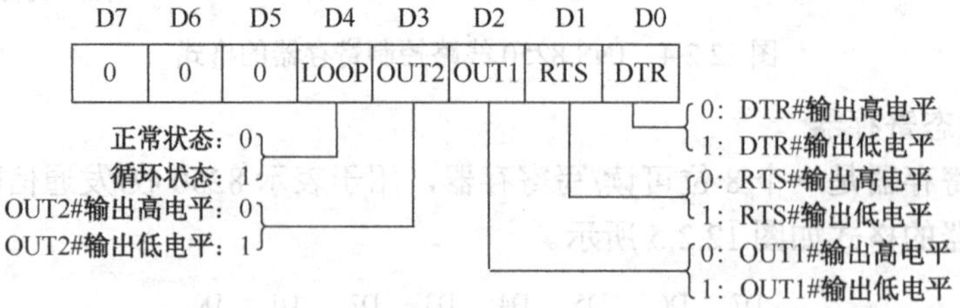

图 12.2.8　INS 8250 Modem 控制寄存器的格式

7）Modem 状态寄存器

Modem 状态寄存器是一个 8 位读/写寄存器，用于检测和记录 Modem 的联络控制信号及状态变化情况，当 Modem 输入发生变化时，该寄存器的 D7～D4 随之改变，此时，D3～D0 也随之置“1”以产生 Modem 状态中断。当 CPU 读该寄存器时，D3～D0 随之自动置“0”。Modem 状态寄存器的格式如图 12.2.9 所示。

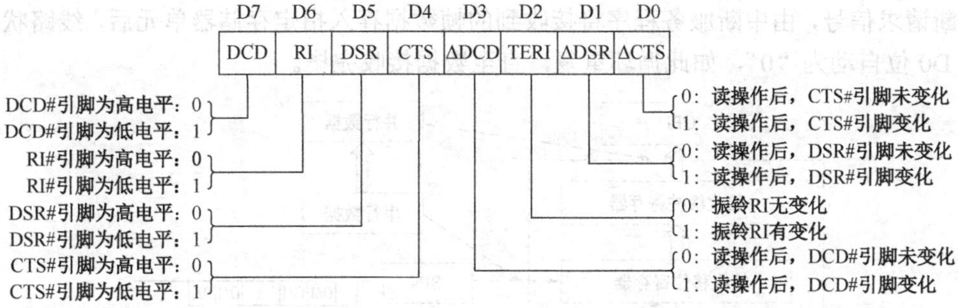

图 12.2.9　Modem 状态寄存器的格式

8）发送缓冲寄存器

发送缓冲寄存器是一个 8 位只写寄存器，用于暂存待发送的帧数据。发送缓冲寄存器采用双缓冲寄存器结构，即发送保持寄存器和发送移位寄存器，保证数据的连续发送。8250 发送过程如图 12.2.10 所示。

串行数据发送过程如下：CPU 执行 OUT 指令，将待发送的数据写入发送保持寄存器暂存，当发送移位寄存器空闲时自动装入，后者在发送器时钟控制下为并行数据添加起始位、校验位、停止位，然后在发送时钟控制下，从 SOUT 引脚一位一位地串行输出给接收方。当发送缓冲寄存器中的数据进入发送移位寄存器后，发送缓冲寄存器即为空，若线路状态寄存器 D5 位为“1”，即可通过 INTR 输出中断请求信号，由中断服务程序将新的帧数据写入发送缓冲寄存器后，线路状态寄存器 D5 位自动为“0”，如此循环重复，直至数据发送完毕。

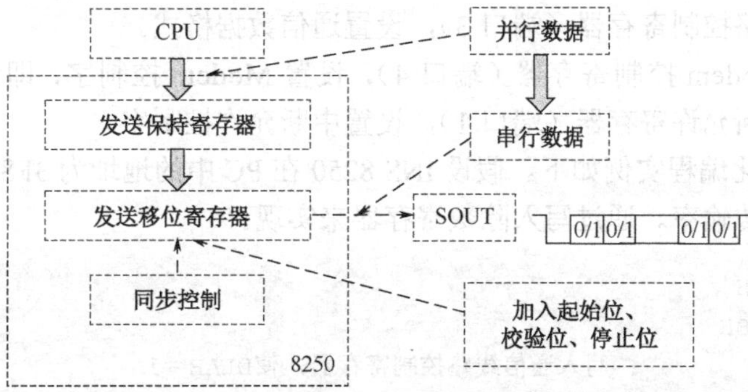

图 12.2.10　INS 8250 数据发送过程

9）接收缓冲寄存器

接收缓冲寄存器是一个 8 位只读寄存器，用于暂存接收的帧数据。8250 接收缓冲寄存器也采用了双缓冲寄存器结构，即接收移位寄存器和接收缓冲寄存器，保证数据的连续接收。8250 接收过程如图 12.2.11 所示。

8250 接收数据的过程如下：当 8250 初始化后进入允许接收和准备好接收数据状态时，监视 SIN 线。当检测到起始位后，接收器每隔 16 个波特率周期对 SIN 输入的数据进行采样。在接收器时钟控制下，接收移位寄存器一位一位地接收串行数据，自动去掉起始位、校验位、停止位，并转换成并行数据送到接收缓冲寄存器中暂存，在接收过程中对一帧数据自动进行校验。当 SIN 引脚在接收时钟的控制下，将接收到的数据通过移位寄存器转换为并行数据送入接收缓冲寄存器时，若线路状态寄存器 D0 位为“1”，则可通过 INTR 输出中断请求信号，由中断服务程序将接收到的帧数据存入指定存储器单元后，线路状态寄存器 D0 位自动为“0”，如此循环重复，直至数据接收完毕。

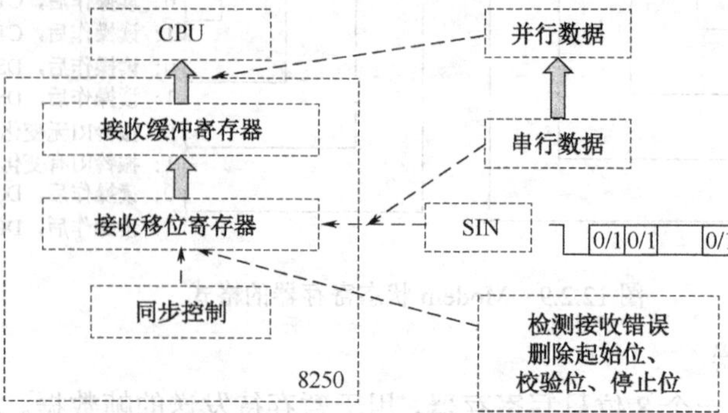

图 12.2.11　INS 8250 数据接收功能示意图

12.2.4　可编程异步通信接口 INS 8250 的编程

INS 8250 的编程包括初始化编程和工作编程两部分。

1. INS 8250 的初始化编程

INS 8250 初始化编程主要需完成波特率的设定、通信数据格式的设定、通信方式（查询、中断、自检）的确定工作。通过对 8250 的内部控制寄存器进行编程写入实现，包括如下 4 个内容。

（1）通过写除数寄存器（端口 0 和端口 1），设置波特率，即设置数据传输率。

（2）通过写线路控制寄存器（端口 3），设置通信数据格式。

（3）通过写 Modem 控制寄存器（端口 4），设置 Modem 控制字，即设置工作方式。

（4）通过写中断允许寄存器（端口 1），设置中断允许控制字。

INS 8250 初始化编程实例如下。假设 INS 8250 在 PC 中的地址为 3F8H～3FFH。

（1）设置数据传输率。通过写入除数寄存器来实现。

```
MOV AL，80H
MOV DX，3FBH
OUT DX，AL          ；写入通信线路控制寄存器，使DLAB＝1
MOV AX，96          ；分频系数：1.8432×10^6÷（1200×16）＝96D＝60H
MOV DX，3F8H
OUT DX，AL          ；写入除数寄存器低8位
MOV AL，AH
INC DX
OUT DX，AL          ；写入除数寄存器高8位
```

（2）设置字符格式。通过写入通信线路控制寄存器来实现。例如，设置 8250 通信的数据格式 8 位、1 位停止位、奇校验的初始化程序。

```
MOV AL，0BH
MOV DX，3FBH
OUT DX，AL          ；写入通信线路控制寄存器，使DLAB＝0
```

（3）设置工作方式。通过写入调制解调器控制寄存器来实现。

```
;设置查询通信方式
MOV AL，03H          ;控制OUT2#为高，DTR#和RTS#为低
MOV DX，3FCH
OUT DX，AL           ;写入调制解调器控制寄存器
;设置中断通信方式
MOV AL，0BH          ;控制为OUT2#低，允许INTR产生请求
MOV DX，3FCH
OUT DX，AL
```

（4）设置中断允许或屏蔽位。通过写入中断允许寄存器来实现。

```
MOV AL，0            ;禁止所有中断
MOV DX，3F9H
OUT DX，AL           ;写入中断允许寄存器（此时DLAB＝0）
```

2. INS 8250 的工作编程

INS 8250 的工作编程可以根据读者自己所长，选择汇编语言、C 语言、VC 或其他高级编程语言来实现。基于 INS 8250 的通信程序结构可以采用查询传输方式或中断传输方式。这里给出一个简单的查询方式串行通信程序设计实例，供大家参考。

本实例的基本功能如下：循环读取 8250 的通信状态寄存器，数据传输错误时显示一个问号“？”，如果接收到数据就显示出来，发送从键盘输入的字符（用户没有输入字符时不发送），如果按 Esc 键，则返回 DOS 操作系统。INS 8250 的 I/O 地址为 2F8H～2FFH。基于 INS 8250 的查询方式串行通信程序实例如下。

```
STATUE:  MOV  DX，2FDH        ;读通信线路状态寄存器
         IN   AL，DX
         TEST AL，1EH         ;接收有错误否?
         JNZ  ERROR           ;有错，则转错误处理
         TEST AL，01H         ;接收到数据吗?
         JNZ  RECEIVE         ;是，转接收处理
         TEST AL，20H         ;保持寄存器空吗?
         JZ   STATUE          ;不能，循环查询
         MOV  AH，0BH         ;检测键盘有无输入字符
         INT  21H
         CMP  AL，0
         JZ   STATUE          ;无输入字符，循环等待
         MOV  AH，01H         ;有输入字符，读取字符
         INT  16H             ;采用01号DOS功能调用，则有回显
         CMP  AL，1BH
         JZ   DONE            ;按Esc键，程序返回DOS
         MOV  DX，2F8H        ;将字符输出给发送保持寄存器
         OUT  DX，AL          ;串行发送数据
         JMP  STATUE          ;继续查询
RECEIVE: MOV  DX，2F8H        ;从输入缓冲寄存器读取字符
```

```
        IN   AL, DX
        AND  AL, 7FH         ; 传送标准ASCII码（7个数据位），所以仅取低7位
        PUSH AX              ; 保存数据
        MOV  DL, AL          ; 屏幕显示该数据
        MOV  AH, 02H
        INT  21H
        POP  AX              ; 恢复数据
        CMP  AL, 0DH         ; 数据是回车符吗？
        JNZ  STATUE          ; 不是，则循环
        MOV  DL, 0AH         ; 是，则进行换行
        MOV  AH, 02H
        INT  21H
        JMP  STATUE          ; 继续查询
```

习 题

12.1 什么是串行通信？串行通信与并行通信相比，有哪些基本特点？

12.2 在串行通信中有哪几种数据传送方式，各有什么特点？

12.3 全双工和半双工通信的区别是什么？在二线制电路上能否进行全双工通信？为什么？

12.4 什么是异步通信？什么是同步通信？异步通信的特点是什么？同步通信的特点是什么？

12.5 什么是波特率？试举出几种常用的波特率系列。

12.6 已知异步通信接口的帧格式由 1 个起始位、7 个数据位、1 个奇偶校验位和 1 个停止位组成。当该接口每分钟传送 3600 个字符时，其传送波特率是多少？位周期为多少？

12.7 为什么要调制？通常有哪几种调制方法？简述它们的调制原理。

12.8 RS-232C 总线的主要特点是什么？它的逻辑电平是如何定义的？

12.9 RS-232C 标准与 TTL 之间需要进行什么转换？如何实现这种转换？

12.10 RS-485 是什么？简述其作用和特点。

12.11 RS-232C、20mA 电流环和 RS-485 这 3 种接口有何异同？画出采用 RS-485 通信的计算机和终端连接图。

12.12 串行通信接口电路的基本功能有哪些？

12.13 简述可编程异步通信接口 INS 8250 的内部结构及工作过程。

12.14 INS 8250 中有多少个可访问的寄存器和多少个端口地址？请写出它们的对应关系。INS 8250 可编程接口芯片中是如何解决寄存器多、端口地址少的矛盾的？

12.15 INS 8250 的初始化编程的内容和步骤有哪些？

12.16 使用 INS 8250 作为串行接口时，要求以 1200 的波特率发送一个字符，字符格式为 7 个数据位、1 个停止位、1 个奇校验位。试编写 8250 的初始化程序（设 8250 的基地址为 2F8H）。

12.17 使用 INS 8250 芯片作为异步串行数据传送接口，若传送的波特率为 2400，则

发送器（或接收器）的时钟频率为多少？

12.18　要用 INS 8250 以 300 波特率发送汉字编码信息，编写 INS 8250 的初始化程序（地址自定）

12.19　甲乙两机进行串行通信，串行接口电路以 INS 8250 为核心。要求甲机接收字符，并将接收的字符求反，然后向乙机发送出去。数据格式如下：字符长度为 8 位、停止位为 1 位、奇校验位为 1 位、波特率系数为 16。试编写实现这一功能的通信程序。

第 13 章　模拟量输入/输出接口技术

13.1　模拟量输入/输出接口

13.1.1　模拟量接口的基本功能

一个包含 A/D 和 D/A 转换器的计算机闭环自动控制系统如图 13.1.1 所示。在图 13.1.1 中，A/D 转换器和 D/A 转换器是模拟量输入和模拟量输出通路中的核心部件。

在实际控制系统中，各种非电物理量需要由各种传感器把它们转换成模拟电流或电压信号后，才能加到 A/D 转换器中转换成数字量。一般来说，传感器的输出信号只有微伏或毫伏级，需要采用高输入阻抗的运算放大器将这些微弱的信号放大到一定的幅度，有时还要进行信号滤波，去掉各种干扰和噪声，保留所需要的有用信号。当送入 A/D 转换器的信号大小与 A/D 转换器的输入范围不一致时，还需进行信号预处理。

在计算机控制系统中，若测量的模拟信号有几路或几十路，考虑到控制系统的成本，可采用多路开关对被测信号进行切换，使各种信号共用一个 A/D 转换器。多路切换的方法有两种：一种是外加多路模拟开关，如多路输入一路输出的多路开关有 AD7501、AD7503、CD4097、CD4052 等；另一种是选用内部带多路转换开关的 A/D 转换器，如 ADC0809 等。若模拟信号变化较快，则为了保证 A/D 转换的正确性，还需要使用采样保持器。

在输出通道中，对那些需要用模拟信号驱动的执行机构，由计算机将经过运算决策后确定的控制量（数字量）送入 D/A 转换器，转换成模拟量后驱动执行机构动作，完成控制过程。

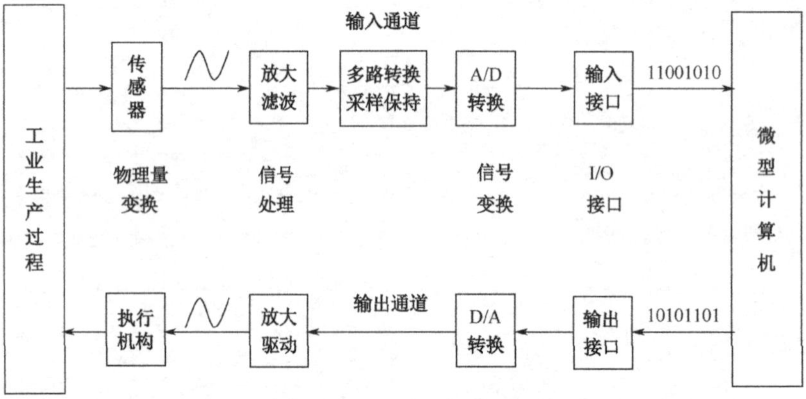

图 13.1.1　模拟量 I/O 通道的构成

对于数字信号而言，可以通过串行接口或并行接口直接送到微型计算机中进行分析处理，或者从这些接口中得到经微机分析处理的结果。但是，在许多情况下，如在测控系统和智能测量仪器中，计算机在数据采集和过程控制中，采集对象往往是连续变化的物理量（温度、压力、流量、位移、转速、电流、电压等），但计算机处理的是离散的数字量，因此需要对连接变化的物理量（模拟量）进行采样、保持，再把模拟量转换为数字量交给计算机处理、保存等。这一过程称为 A/D 转换。计算机输出的数字量有时需要转换为模拟量以控制某些执行元件（如声卡播放音乐等），这一过程称为 D/A 转换。因此，A/D 和 D/A 接口是计算机测控系统中不可缺少的接口电路。

A/D 转换的基本目的是便于计算机处理外部世界的物理量，即识别和计算外部世界。A/D 接口的功能是把外界模拟量变换成数字量。它是模拟系统与数字系统或计算机之间的接口。A/D 接口常称为 A/D 转换器，即 ADC。A/D 转换的原理很多，常见的有双积分式、逐次逼近式、计数式、并行比较式等。ADC 输出码制有二进制、BCD 码等，输出数据宽度有 8 位、12 位、16 位、20 位等（二进制）和 3 1/2 位、5 1/2 位等（BCD 码）。

D/A 转换的基本目的是便于控制驱动执行机构，控制与操作外部模拟设备。D/A 接口是把数字量变换为模拟量的电路。其作用是把计算机的数字信号转换为模拟设备中连续变化的模拟信号，以便计算机控制外部模拟设备。D/A 转换器的核心器件是“解码网络”，常用的解码网络有权电阻解码网络、T 形解码网络等。

13.1.2 A/D 与 D/A 转换器的主要性能参数

1. 分辨率

对于 A/D 转换器来说，分辨率用来表示 A/D 转换器对输入模拟量信号分辨的能力，它表示输出数字量变化一个相邻数码所需输入模拟电压的变化量，即可转换成数字量的最小电压（量化阶梯）。若 8 位 A/D 转换器满量程为 5V，则分辨率为 5000mV/256=20mV，即当模拟电压小于 20mV 时，A/D 转换器就不能分辨了。分辨率一般表示式如下。

$$分辨率=V_{ref}/2^N（单极性）或\ 分辨率=（V_{+ref}-V_{-ref}）/2^N（双极性）$$

对于 D/A 转换器来说，分辨率反映了输出模拟电压的最小变化量，即所能分辨的最小电压值。D/A 转换器的分辨率是指能分辨的最小电压增量，或 1 个二进制增量所代表的模拟量大小，即输入数字的最低有效位（LSB）变化 1，所引起的输出模拟量的变化。D/A 转换器分辨率的表示式如下。

$$分辨率=V_{ref}/2^N（单极性）或分辨率=（V_{+ref}+V_{-ref}）/2^N（双极性）$$

D/A 转换器分辨率也用输出模拟量的最小变化量相对于输出模拟量满刻度值的百分比表示，即

$$分辨率=1/2^N\times100\%$$

A/D 转换器和 D/A 转换器分辨率的高低取决于 A/D 转换器和 D/A 转换器的位数的多少。因此，通常用 A/D 转换器集成电路输出数字编码的二进制位数作为 A/D 转换器芯片分辨率参数的指标，而用 D/A 转换器能够转换的二进制位数作为 D/A 转换器芯片的分辨率参数指标，即常用数字量的位数来表示，如 8 位、10 位、16 位等。D/A 转换器的输入码和 A/D 转换器的输出码制有二进制、BCD 码两种。目前 A/D 转换器的最高分辨率已经超过 24 位。

2. 转换时间

转换时间是指完成一次转换所需的时间（包括稳定时间）。

对于 A/D 转换器来说，转换时间是指从启动转换信号开始到转换结束所得到的稳定的数字输出量为止的时间。常见 A/D 转换器有超高速（转换时间<1ns）、高速（转换时间<1μs）、中速（转换时间<1ms）和低速（转换时间<1s）等。如果采集对象是动态连续信号，则要求采集频率 f_c 大于或等于两倍信号频率 f_s，也就是说，必须在信号的一个周期内采集 2 个以上的数据，才能保证信号形态被还原（避免出现“假频”），这就是“最小采样”原理。若 f_s=20kHz，则 $f_c \geqslant$40kHz，其转换时间要求$\leqslant$25μs。

对于 D/A 转换器来说，其指数字量输入到转换完成、输出达到最终电压值并稳定为止所需的时间。一般电流型 D/A 转换器在几百微秒到几秒之内；而电压型 D/A 转换器转换较慢，取决于运算放大器的响应时间。

3．精度

精度用最大的静态转换误差的形式表示，这个转换误差应包括非线性误差、比例系数误差及漂移误差等综合误差，它反映了实际输出电压与理论输出电压之间的接近程度。

对 A/D 转换器来说，通常用量化精度来描述，即指 A/D 转换器实际输出与理论值之间的误差，一般采用数字量的最低有效位作为衡量单位（如±1/2LSB）。

对 D/A 转换器来说，指 D/A 转换器实际输出与理论值之间的误差，一般采用数字量的最低有效位作为衡量单位（如 1/2LSB）。若 D/A 分辨率为 20mV，则精度为±10mV。

4．线性度

通常用非线性误差的大小表示 A/D 转换器和 D/A 转换器的线性度。在 D/A 转换时，若数据连续转换，则输出的模拟量应该是线性的，即在理想情况下，D/A 转换器的转换特性应是线性的，实际转换中，把理想的输入/输出特性的偏差与满刻度输入之比的百分数，称为非线性误差。线性度表明当数字量变化时，D/A 转换器输出的模拟量按比例变化的程度。同理，线性度也表明当模拟量变化时，A/D 转换器输出的数字量按比例变化的程度。

13.2 D/A 转换器

13.2.1 D/A 转换器原理

1．D/A 转换基本原理

D/A 转换器是将输入的二进制数字量转换成模拟量，以电压或电流的形式输出，从而完成数字量至模拟量的转换过程。D/A 转换器实质上是一个解码器，其核心器件是“解码网络”。一般常用的线性 D/A 转换器，其输出模拟电压 V_o 或模拟电流 I_o 和输入数字量 D_N 间成正比关系。设参考电压为 V_{ref}，则输出电压 V_o 与输入数字量 D_N 的正比关系如下式所示。

$$V_O = D_N \times V_{ref}/2^n$$

将输入的每一位二进制代码按其权值大小转换成相应的模拟量，然后将代表各位的模拟量相加，则所得的总模拟量与数字量成正比，这样便实现了从数字量到模拟量的转换。

也就是说，D/A 转换器的输出电压 V_o，等于代码为 1 的各位所对应的各分模拟电压之和。数字量是由一位一位的二进制数码构成的，每位数码都代表一定的权。例如，11011001，最高位的权是 2^7，所以此位上的代码 1 表示数值 1×128；次高位的权是 2^6，所以此位上的代码 1 表示数值 1×64；最低位的权是 2^0，所以此位上的代码 1 表示数值 1

×1。因此，数字量 D_N 可以用每位的权乘以其代码值，然后各位相加，即

$$D_N = \mathrm{D}_{n-1}\times 2^{n-1} + D_{n-2}\times 2^{n-2} + \cdots + D_1\times 2^1 + D_0\times 2^0 = \sum_{i=0}^{n\text{-}1}\mathrm{D}_i 2^i$$

$$\begin{aligned}V_{\mathrm{o}} &= D_N V_{\mathrm{ref}}/2^n \\ &= (D_{n-1}\times 2^{n-1}\times V_{\mathrm{ref}} + D_{n-2}\times 2^{n-2}\times V_{\mathrm{ref}} + \cdots + D_1\times 2^1\times V_{\mathrm{ref}} + D_0\times 2^0\times V_{\mathrm{ref}})/2^n \\ &= (\sum_{i=0}^{n-1} D_i\times 2^i\times V_{\mathrm{ref}})/2^n\end{aligned}$$

D/A 转换器一般由数码缓冲寄存器、模拟电子开关、参考电压、解码网络和求和电路等组成，如图 13.2.1 所示。

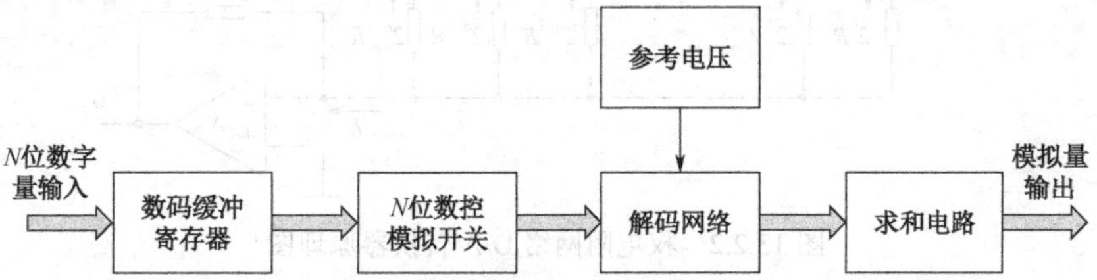

图 13.2.1　D/A 转换器基本原理

数字量以串行或并行方式输入，并存储在数码缓冲寄存器中；寄存器输出的每位数码驱动对应数位上的电子开关，将在解码网络中获得的相应数位权值送入求和电路；求和电路将各位权值相加，便得到与数字量对应的模拟量。

常用的解码网络有权电阻解码网络、T 形电阻解码网络等，简单的权电阻解码网络的原理如图 13.2.2 所示，T 形电阻解码网络的原理如图 13.2.3 所示。

2．权电阻网络 D/A 转换原理

图 13.2.2 是一个 n 位权电阻网络 D/A 转换器的原理图。开关 S_i 的位置受数据锁存器输出的数码 D_i 控制，当 D_i=1 时，S_i 将对应的权电阻接到参考电压 V_{ref} 上；当 D_i=0 时，S_i 将对应的权电阻接地。集成运算放大器作为求和权电阻网络的缓冲，并将电流转换为电压输出。运算放大器总的输入电流 I_{O} 为

$$\begin{aligned}I_{\mathrm{O}} &= I_{n-1} + I_{n-2} + \cdots + I_2 + I_1 + I_0 \\ &= \sum_{i=0}^{n\text{-}1} I_i = \sum_{i=0}^{n\text{-}1}\mathrm{D}_i\frac{V_{\mathrm{ref}}}{2^{n\text{-}1\text{-}i}\mathrm{R}} = \frac{V_{\mathrm{ref}}}{2^{n\text{-}1}\mathrm{R}}\sum_{i=0}^{n\text{-}1}\mathrm{D}_i 2^i\end{aligned}$$

运算放大器输出电压 V_{O} 为

$$V_{\mathrm{O}} = -R_{\mathrm{b}} I_{\mathrm{O}} = -R_{\mathrm{b}}\frac{V_{\mathrm{ref}}}{2^{n-1}R}\sum_{i=0}^{n-1} D_i 2^i$$

令 $R_{\mathrm{b}}=R/2$，则

$$V_{\mathrm{O}} = -\frac{V_{\mathrm{ref}}}{2^n}\sum_{i=0}^{n\text{-}1} D_i 2^i = -\frac{V_{\mathrm{ref}}}{2^n} D_n$$

也就是说，输出的模拟电压 V_{O} 正比于输入的数字量 D_n，从而实现了从数字量到模拟量的转换。当 $D_n=D_n-1\cdots D_0=00\cdots0$ 时，$V_{\mathrm{o}}=0$；当 $D_n=D_{n-1}\cdots D_0=11\cdots1$ 时，

$$V_{\mathrm{O}} = -\frac{2^n-1}{2^n}V_{\mathrm{ref}}$$

因而输出电压 V_O 的变化范围如下。

$$\left(0\sim-\frac{2^n-1}{2^n}V_{\text{ref}}\right)$$

权电阻网络 D/A 转换器的特点如下：结构简单，电阻元件数较少；但阻值相差较大，制造工艺复杂。

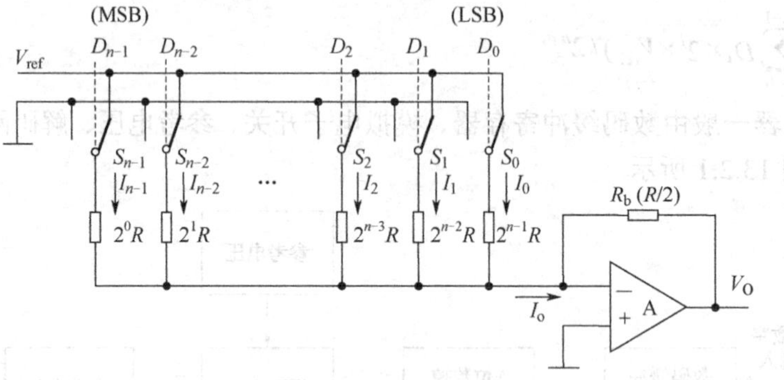

图 13.2.2　权电阻网络 D/A 转换器原理图

假设图 13.2.2 中的权电阻选择 4 个，则运放输入电流 I_o 如下。

$$\begin{aligned}I_O&=D_3*I_3+D_2*I_2+D_1*I_1+D_0*I_0\\&=D_3*\frac{V_{\text{ref}}}{R}+D_2*\frac{V_{\text{ref}}}{2R}+D_1*\frac{V_{\text{ref}}}{4R}+D_0*\frac{V_{\text{ref}}}{8R}\\&=\frac{2V_{\text{ref}}}{R}*(D_3*2^{-1}+D_2*2^{-2}+D_1*2^{-3}+D_0*2^{-4})\end{aligned}$$

运放输出电压 $V_o=-I_o*R_b$。设 $R_b=R/2$，$D_3D_2D_1D_0$=1000，V_{ref}=5V，则输出电压 V_o 如下。

$$V_O=-I_O*R_b=-\frac{2V_{\text{ref}}}{R}(1*\frac{1}{2}+0*\frac{1}{4}+0*\frac{1}{8}+0*\frac{1}{16})*\frac{R}{2}=-\frac{1}{2}V_{\text{ref}}=-2.5V$$

3. T 形电阻网络 D/A 转换原理

图 13.2.3 所示为 T 形电阻解码网络的原理示意图。

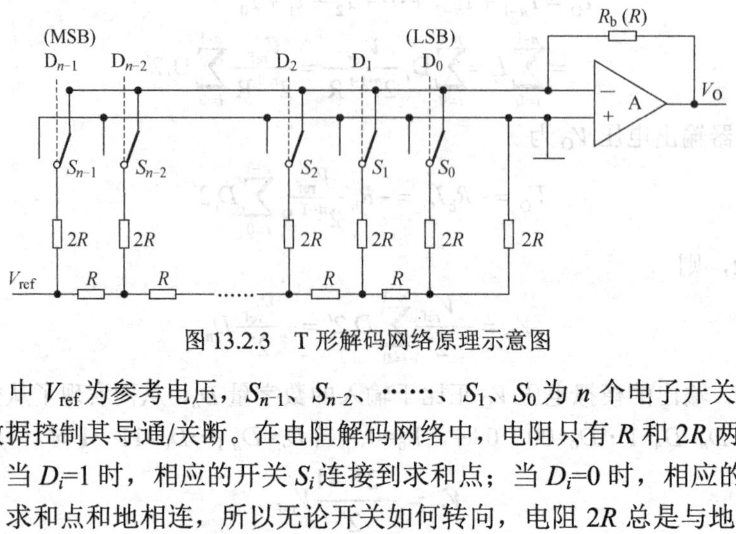

图 13.2.3　T 形解码网络原理示意图

图 13.2.3 中 V_{ref} 为参考电压，S_{n-1}、S_{n-2}、……、S_1、S_0 为 n 个电子开关，受计算机输出的二进制数据控制其导通/关断。在电阻解码网络中，电阻只有 R 和 $2R$ 两种，并构成 T 形电阻网络。当 D_i=1 时，相应的开关 S_i 连接到求和点；当 D_i=0 时，相应的开关 S_i 接地。但由于虚短，求和点和地相连，所以无论开关如何转向，电阻 $2R$ 总是与地相连。这样，

T 形网络的各结点向上看和向右看的等效电阻都是 2R，整个网络的等效输入电阻为 R。

用叠加原理分析输入到运算放大器中的总电流。参考电压 V_{ref} 输出的总电流如下。

$$I=\frac{V_{\mathrm{ref}}}{R}$$

依次假设 S_{n-1}～S_0 中只有一个电子开关接通 V_{ref}，其他电子开关接地，则流入求和点的各支路电流 I_i 如下。

$$D_i=1\text{时，}I_i=\frac{I}{2^{n-i}}=\frac{V_{\mathrm{ref}}}{2^n R}*2^i$$

$$D_i=0\text{时，}I_i=0$$

支电流 I_i 为

$$I_i=D_i*\frac{I}{2^{n-i}}=D_i*\frac{V_{\mathrm{ref}}}{2^n R}*2^i$$

流入求和点的总电流 I_{o} 为：

$$\begin{aligned}I_{\mathrm{o}}&=I_{n-1}+I_{n-2}+\cdots+I_1+I_0\\&=D_{n-1}\frac{I}{2^1}+D_{n-2}\frac{I}{2^2}+\cdots+D_1\frac{I}{2^{n-1}}+D_0\frac{I}{2^n}\\&=\frac{I}{2^n}(D_{n-1}2^{n-1}+D_{n-2}2^{n-2}+\cdots+D_1 2^1+D_0 2^0)\\&=\frac{I}{2^n}\sum_{i=0}^{n-1}D_i 2^i=\frac{V_{\mathrm{ref}}}{2^n R}\sum_{i=0}^{n-1}D_i 2^i\end{aligned}$$

运算放大器的输出电压为

$$V_{\mathrm{o}}=-I_{\mathrm{o}}*R_{\mathrm{b}}=-R_{\mathrm{b}}\frac{V_{\mathrm{ref}}}{2^n R}\sum_{i=0}^{n-1}D_i 2^i$$

令 $R_{\mathrm{b}}=R$，则

$$V_{\mathrm{o}}=-\frac{V_{\mathrm{ref}}}{2^n}\sum_{i=0}^{n-1}D_i 2^i=-\frac{V_{\mathrm{ref}}}{2^n}D_N$$

也就是说，输出的模拟电压 V_{o} 正比于输入的数字量 D_N，从而实现了从数字量到模拟量的转换。

T 形电阻网络 D/A 转换器的特点如下：电阻种类少，只有 R 和 2R，提高了制造精度，而且支路电流流入求和点不存在时间差，提高了转换速度。它是目前集成 D/A 转换器中转换速度较高且使用较多的一种，如 8 位 D/A 转换器 DAC0832 就采用了 T 形电阻网络。

13.2.2 D/A 转换器 DAC0832 的基本特性

1．主要性能

（1）分辨率 8 位。

（2）电流稳定时间 1μs。

（3）只需在满刻度下调整其线性度。

（4）具有双缓冲数据锁存器，可接为双缓冲、单缓冲或直通数据输入，逻辑电平输入与 TTL 电平兼容。

（5）输出为电流输出形式。

（6）单电源供电（+5～+15V），低功耗（20mW）。

2．DAC0832 的内部结构和引脚功能

图 13.2.4 所示为 DAC0832 的内部结构框图。由图可知，DAC0832 有两个数据缓冲寄存器：8 位输入锁存器和 8 位 DAC 锁存器。其转换结果以一组差动电流 I_{out1} 和 I_{out2} 输出。DAC0832 的 8 位输入锁存器输入端 DI7～DI0 可直接与系统总线中的数据总线相连接。两个数据缓冲寄存器的工作状态分别受 LE1#和 LE2#控制。当 LE1#=0（低电平）时，8 位输入数据锁存器的输出跟随输入变化。当 LE1#由低电平变为高电平时，即 LE1#=1 时，输入数据立即被锁存。同理，8 位 DAC 锁存器的工作状态受 LE2#的控制。这样，DAC0832 实际上有两级锁存器，8 位输入锁存器为第一级锁存器，8 位 DAC 锁存器为第二级锁存器。

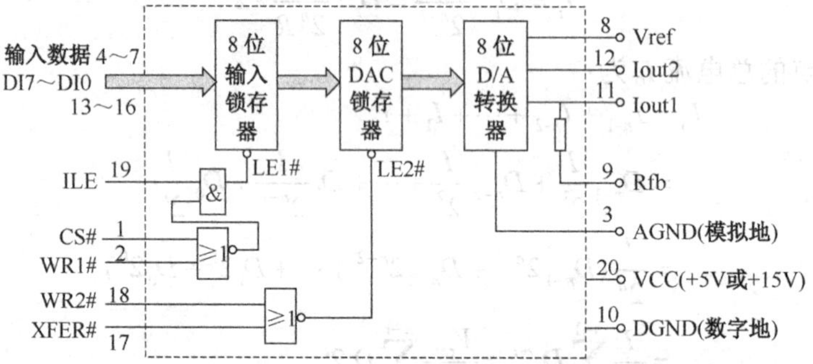

图 13.2.4　DAC0832 内部结构框图

DAC0832 共有 20 条引脚，如图 13.2.5 所示，各引脚定义如下。

DI7～DI0：D/A 转换器的数字量输入信号。其中，DI7 为最高位，DI0 为最低位。

CS#：片选信号，它和输入允许锁存信号 ILE 共同决定 WR1#是否起作用。

ILE：输入允许锁存信号。

WR1#：写输入寄存器信号，WR1#必须和 CS#、ILE 同时有效并作为第一级锁存信号将数据锁存到输入寄存器中。WR2#为写 DAC 寄存器信号，它将锁存在输入寄存器中的数据送入 8 位 DAC 寄存器中并进行锁存，此时，传送控制信号 XFER#必须有效。

XFER#：传送控制信号，用来控制 LE2#。

Iout1：模拟电流输出 1 端。当 DAC 锁存器中的数据全为 1 时，输出电流最大；DAC 锁存器中的数据全为 0 时，输出电流最小。Iout2：模拟电流输出 2 端，它为一个常数和 Iout1 的差，即 Iout1+Iout2=常数。

Rfb：反馈电阻引出端。DAC0832 集成电路内部在 Rfb 和 Iout1 间串联了一个反馈电阻 Rfb。它可直接接到外部运算放大器的输出端。

Vref：参考电压输入端，其值为-10～+10V。

VCC：集成电路供电电压，其值为+5～+15V。

AGND（引脚 3）：模拟量地，即模拟电路部分的接地端。

DGND（引脚 10）：数字量地，即数字电路部分的接地端。

DAC0832 输出可分电流输出和电压输出两种方式，电流输出 Iout1、Iout2 和反馈电阻 Rfb 外接运算放大器可转换为电压输出。按电压输出时，可分为单极性和双极性两种方式。

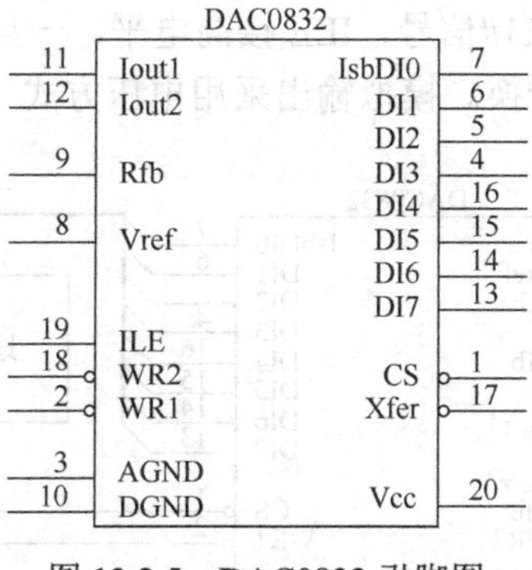

图 13.2.5　DAC0832 引脚图

3．DAC0832 的工作过程及工作方式

DAC0832 的工作过程如下：当输入锁存允许（ILE）、片选（CS#）和写控制 1（WR1#）同时有效时，从数据总线 DI7～DI0 送来的数据被锁存到输入寄存器中，当传送控制（XFER#）和写控制 2（WR2#）信号同时有效时，输入寄存器的内容锁存到 DAC 寄存器中，DAC 便开始对锁入的 8 位数据进行转换，经过约 1μs，在输出端（Iout1、Iout2）建立稳定的电流输出，若取电压输出，则可外接运放器。

DAC0832 可工作于下列几种方式。

（1）输入输出直通方式：即 CS#、WR1#、WR2#、XFER#接地，ILE 接高电平，使内部的两个寄存器都处于直通状态，输入数据直接送到 D/A 转换器中进行电流转换，模拟输出始终跟随输入变化。此方式不能直接与数据总线连接，需外加并行接口（如 74LS373、8255A 等）。

（2）单级锁存方式：也称单级缓冲方式。两级锁存器只锁存其一，另一级锁存器直通，如 WR2#、XFER#接地，DAC 寄存器不锁存。当 ILE 接高，CS#和 WR1#同时有效时，输入数据才能通过输入寄存器，并直通 DAC 寄存器。采用单级锁存方式时，CPU 只需一次写入即可开始转换，控制比较简单。

（3）两级锁存方式：也称双缓冲方式。两级锁存器均不直通。两级锁存器分别控制输入。当其有关控制信号电平有效时，依次开通输入锁存器 1 和 DAC 锁存器 2，进行 D/A 转换。转换时一般需要两个步骤，首先使 CS#=0、WR1#=0、ILE=1，将数据写入输入锁存器，然后使 WR2#=0、XFER#=0，将输入寄存器的内容写入 DAC 锁存器，并启动变换。这种方式的优点如下：数据接收和 D/A 转换可异步进行，可实现多个 DAC 同步转换输出，即分时写入同步转换。此时，一般需两个 I/O 端口地址。

在实际应用中，可视具体情况选择合适的工作方式，一般使用单级缓冲方式。

13.2.3　D/A 转换器 DAC0832 的应用实例

DAC 应用非常广泛，如模拟控制信号输出、可编程波形发生、函数发生等。在微型计算机系统中，DAC 必须通过系统总线才能与 CPU 连接，或者在总线和 DAC 之间加入其他接口电路（如 8255A）后再进行连接。

由于 DAC0832 内部含有数据锁存器，在与 CPU 相连时，使其可直接挂接在数据总线上。DAC0832 采用单缓冲方式与 CPU 的连接如图 13.2.6 所示。图中选择了单级锁存方式，只锁存了输入寄存器，而使 DAC 寄存器直通（WR2#=XFER#=0）。CS#由 I/O 端口地址译码电路而得到，IOW#控制 WR1#信号，ILE 接高电平，一旦向 DAC0832 写数据，便开通了输入寄存器而进行了 D/A 转换。模拟输出采用电压方式。

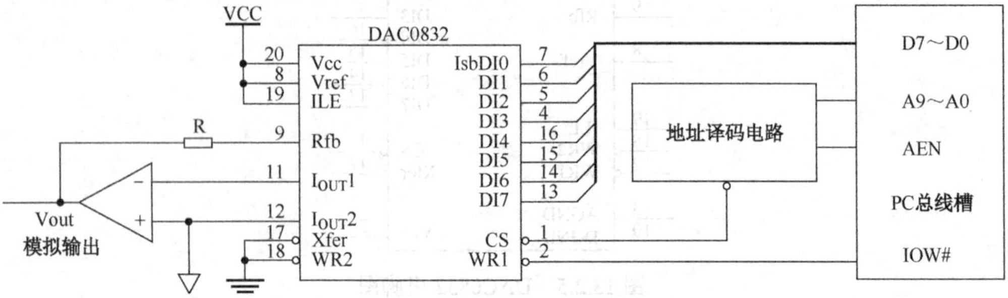

图 13.2.6　DAC0832 与系统总线的接口连接图

下面以图 13.2.6 为例，说明如何编写 D/A 转换程序。利用 DAC 可实现任意波形（如方波、锯齿波、三角波、正弦波等）的输出。假设 DAC0832 地址为 300H，参考电压与工作电压相同，设为 5V。利用 DAC0832 输出指定电压、方波、锯齿波、三角波的程序段如下。

1. 指定目标电压输出程序

（1）输出 0 V 电压程序。

```
MOV   AL，00H       ；设置输出电压值
MOV   DX，300H      ；DAC0832的端口地址
OUT   DX，AL        ；输出数据，使DAC0832输出端得到0V模拟电压输出
```

（2）输出 2V 电压程序。

```
MOV   DX，300H      ；DAC0832的端口地址
MOV   AL，66H       ；2V电压相应数据为255×2/5=102=66H
OUT   DX，AL        ；输出数据，使DAC0832输出端得到2V模拟电压输出
```

（3）输出 5V 电压程序。

```
MOV   DX，300H      ；DAC0832的端口地址
MOV   AL，0FFH      ；5V电压相应数据为255×5/5=255=0FFH
OUT   DX，AL        ；输出数据，使DAC0832输出端得到5V模拟电压输出
```

2. 方波电压输出程序

方波信号是应用广泛的周期性信号。利用 DAC0832 可以输出方波。设输出的方波电压的低电平为 0V、高电平为 5V，周期大于 1μs，方波周期个数为 65536。

```
      MOV    CX，0FFFFH     ；方波周期个数
      MOV    DX，300H       ；DAC0832的端口地址
      MOV    AL，00H        ；初始电平为0V
FB：  OUT    DX，AL         ；输出数据，使DAC0832输出端得到模拟电压输出
      NOT    AL             ；取非00H←→FFH
      CALL   DY1            ；调用延时程序，延时>1μs
      LOOP   FB             ；开始下一周期，如果波数无限长，则使用JMP  FB
DY1： MOV    BX，DYDA       ；延时程序段，延时常数为DYDA
DY0： DEC    BX             ；延时常数减1
      JNZ    DY0            ；时间未到，继续减1
      RET                   ；延时程序段结束
```

3. 锯齿波电压输出程序

产生锯齿波电压为0～5V，对应输出数据00H～FFH。锯齿波上升部分采用数据值加1的方法，使输出数据由00H变化到FFH。在下降时由FFH突变到00H，不需采用重新赋00H的方法，FFH加1自动变为00H。产生锯齿波信号的程序段如下。

```
        MOV     CX, 0FFFFH    ; 锯齿波周期个数
        MOV     DX, 300H      ; DAC0832的端口地址
        MOV     AL, 00H       ; 初始电平0V
JCB:    OUT     DX, AL        ; 输出数据，使DAC0832输出端得到模拟电压输出
        INC     AL            ; 数字量加1
        CALL    DY1           ; 调用延时程序，延时>1μs
        LOOP    JCB           ; 开始下一周期，如果波数无限长，则使用JMP  JCB
DY1:    MOV     BX, DYDA      ; 延时程序段，延时常数为DYDA
DY0:    DEC     BX            ; 延时常数减1
        JNZ     DY0           ; 时间未到，继续减1
        RET                   ; 延时程序段结束
```

4. 三角波电压输出程序

三角波电压为0～5V，对应输出数据00H～FFH。三角波上升部分从00H起加1，直到FFH。三角波下降部分从FFH起减1，直到00H。三角波形与锯齿波的区别在于下降部分，三角波是斜坡下降，锯齿波是垂直下降。产生三角波信号的程序段如下。

```
        MOV     CX, 0FFFFH    ; 锯齿波周期个数
        MOV     DX, 300H      ; DAC0832的端口地址
        MOV     AL, 00H       ; 初始电平0V
SJUP:   OUT     DX, AL        ; 输出数据，使DAC0832输出端得到模拟电压输出
        CALL    DY1           ; 调用延时程序，延时>1μs
        INC     AL            ; 数字量加1
        CMP     AL, 0FFH      ; 判断是否上升到最高电平
        JNZ     SJUP          ; 还没有到达最高峰，继续上升
SJDN:   OUT     DX, AL        ; 初始输出最高电平数据，然后输出下降数据
        CALL    DY1           ; 调用延时程序，延时>1μs
        DEC     AL            ; 数字量减1
        CMP     AL, 00H       ; 判断是否下降到最低电平
        JNZ     SJDN          ; 还没有到达最低点，继续下降
        LOOP    SJUP          ; 开始下一周期，如果波数无限长，则使用JMP  SJUP
DY1:    MOV     BX, DYDA      ; 延时程序段，延时常数为DYDA
DY0:    DEC     BX            ; 延时常数减1
        JNZ     DY0           ; 时间未到，继续减1
        RET                   ; 延时程序段结束
```

13.3 A/D 转换器

13.3.1 A/D 转换器原理

实现A/D转换的方法很多，常用的有计数式、逐次逼近式、双积分式、并行比较式等。

1．计数式 A/D 转换原理

计数式 A/D 转换原理如图 13.3.1 所示。计数式 A/D 转换基本原理如下：由计数器对固定频率信号 CLK 进行计数，计数输出值送入 DAC，DAC 的输出模拟量 V_{out} 与输入模拟量 V_{in} 在比较器中进行比较，随着计数的进行，V_{out} 不断增加，当 $V_{out}>V_{in}$ 时，计数器停止计数，此时的计数值即是模拟量 V_{in} 对应的数字量。

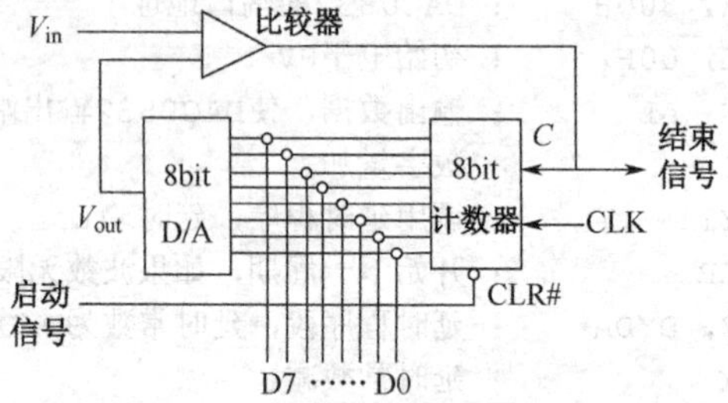

图 13.3.1　计数式 A/D 转换原理

计数式 A/D 转换基本过程如下。

（1）启动计数器对标准时钟信号进行计数，计数值从 00H 开始。

（2）将计数器的输出值送至 D/A 转换器。

（3）D/A 转换器输出模拟电压 V_{out} 送入比较器。

（4）比较器判断需转换的输入模拟电压 V_{in} 与 D/A 转换器输出模拟电压 V_{out} 的大小。如果 $V_{in}>V_{out}$，比较器输出控制信号 $C=1$，计数器计数值加 1 输出。继续重复步骤（2）～步骤（4），直到 $V_{in}<V_{out}$，比较器输出控制 $C=0$，计数器停止计数，同时发出 A/D 转换结束信号，此时，计数器的输出值即是模拟量 V_{in} 对应的数字量。

2．双积分式 A/D 转换原理

双积分式 A/D 转换器基本原理如下：先将模拟电压 V_{in} 转换成与其大小成正比的时间间隔 T，再利用基准时钟脉冲通过计数器将 T 变换成数字量。

双积分式 A/D 转换器原理如图 13.3.2 所示，其转换过程如下：首先对模拟量 V_{in} 进行固定时间的积分，然后用标准电压 V_{ref} 进行反向积分，直到返回起始值，反向积分时间 T 正比于 V_{in}。同时，用反向积分时间 T 控制计数器的计数进程，计数器最后输出的数字量即为 A/D 结果。

双积分式 A/D 转换器的最大优点是它具有较强的抗干扰能力。但由于输入信号积分的时间较长，转换速度相对较慢。这种转换器被广泛应用于要求精度较高而转换速度要求不高的仪器中。

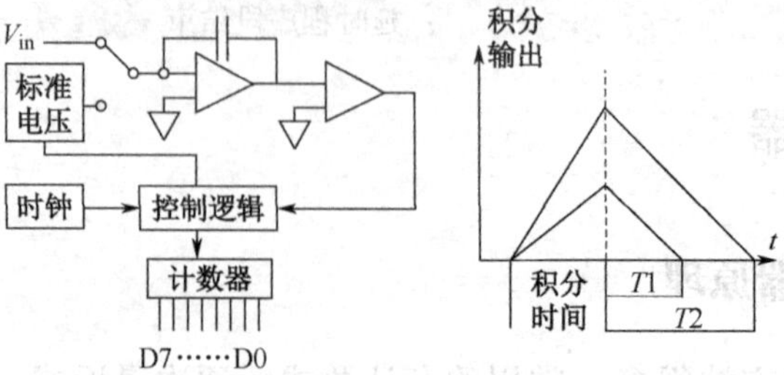

图 13.3.2 双积分式 A/D 转换器原理

3. 逐次逼近式 A/D 转换原理

采用逐次逼近式的 A/D 转换器是由一个比较器、D/A 转换器、缓冲寄存器及控制逻辑电路组成的，逐次逼近式 A/D 转换器原理结构如图 13.3.3 所示。它的基本原理是从高位到低位逐位试探比较，好像用天平称量物体，从重到轻逐级增减砝码进行试探。

逐次逼近式 A/D 转换过程如下：初始化时将逐次逼近寄存器各位清零；转换开始时，先将逐次逼近寄存器最高位置 1，使逐次逼近寄存器输出数字为 100…0，将此数码送入 D/A 转换器，经 D/A 转换后生成的模拟量 V_{out} 送入比较器，与送入比较器的待转换的模拟量 V_{in} 进行比较，若 $V_{out}<V_{in}$，该位 1 被保留，否则被清除；再置逐次逼近寄存器次高位为 1，将寄存器中新的数字量送入 D/A 转换器，输出的 V_{out} 再与 V_{in} 比较，若 $V_{out}<V_{in}$，该位 1 被保留，否则被清除。重复此过程，直至逼近寄存器最低位。转换结束后，将逐次逼近寄存器中的数字量送入缓冲寄存器，得到数字量的输出。逐次逼近的操作过程是在一个控制电路的控制下进行的。图 13.3.4 所示为一个 4 位逐次逼近式 A/D 转换器的转换过程。

逐次逼近式 A/D 转换器速度快、分辨率高、成本低，在计算机系统中得到了广泛应用。

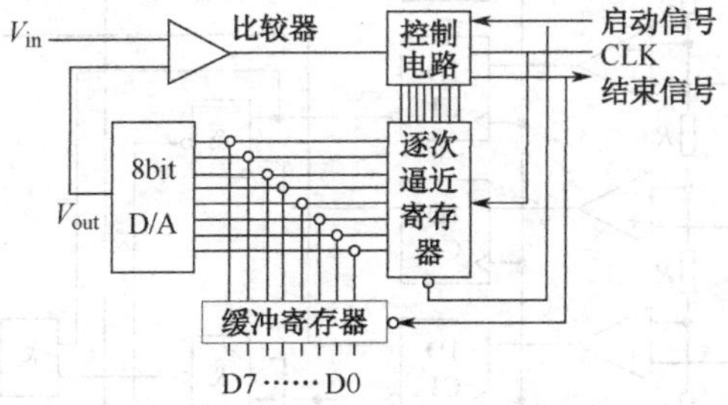

图 13.3.3　逐次逼近式 A/D 转换器原理结构

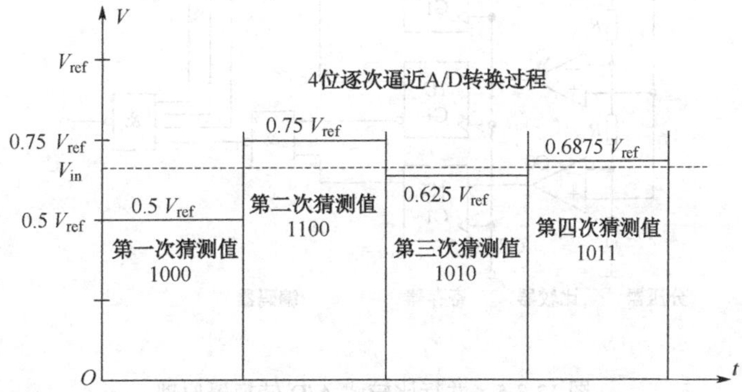

图 13.3.4　逐次逼近式 A/D 转换器的转换过程

4. 并行比较式 A/D 转换原理

并行比较式 A/D 转换器原理如图 13.3.5 所示。它由电阻分压器、比较器、寄存器及编码器组成。在图 13.3.5 中，8 个分压电阻将参考电压 V_{ref} 分成 8 个等级，其中 7 个等级的电压分别作为 7 个比较器 C6～C0 的参考电压，其数值分别为参考电压 V_{ref} /15、$3V_{ref}/15$、……、$13V_{ref}/15$。输入电压 V_{in} 的大小决定了各比较器的输出状态，V_{in}=0V 时，$0V<V_{ref}/15$，7 个比较器 C6～C0 的输出状态都为 0。又如，当 $3V_{ref}/15 \leqslant V_{in}<5V_{ref}/15$ 时，比较器 C1 和 C0 的输出为 1，C2～C6 比较器的状态均为 0。根据各比较器的参考电压值，可以确定输入模拟电压值与各比较器的输出状态的关系。比较器的输出状态由 *D* 触发器

存储，经编码器编码，得到数字量输出。

在并行比较式 A/D 转换器中，输入电压 V_{in} 同时加到所有比较器的输入端，从 V_{in} 加入到 3 位数字量稳定输出所经历的时间为比较器、D 触发器和编码器延迟时间之和。若不考虑上述器件的延迟，则可认为 3 位数字量是与 V_{in} 输入时刻同时获得的。所以它具有最短的转换时间。因此，并行比较式 A/D 转换器的最大优点是转换速度很快，故又称高速 A/D 转换器。并行比较式 A/D 转换器含有寄存器的 A/D 转换器兼有取样保持功能，所以它可以不用附加取样保持电路。并行比较式 A/D 转换器的缺点是电路复杂，对于一个 n 位二进制输出的并行比较式 A/D 转换器，需 2^n-1 个电压比较器和 2^n-1 个触发器，编码电路也随 n 的增大变得相当复杂，且转换精度受分压网络和电压比较器灵敏度的限制。因此，这种转换器适用于高速、精度较低的场合。

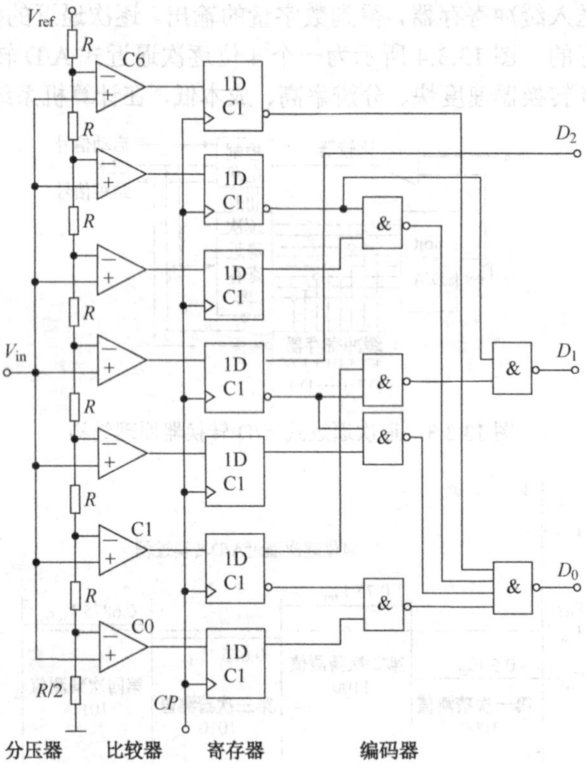

图 13.3.5　并行比较式 A/D 转换器原理

13.3.2　A/D 转换器 ADC0809 的基本特性

1．主要性能

ADC0809 是具有三态输出缓冲器的 8 位逐次逼近式的 A/D 转换器，是目前广泛使用且成本较低的 A/D 转换器集成电路。它具有 8 个模拟量输入通道，可在程序控制下对任意通道进行 A/D 转换，得到 8 位二进制数字量。它的主要性能如下。

（1）分辨率 8 位。

（2）转换时间 100μs。

（3）转换精度±1/2LSB，不需外加偏移和满刻度调整。

（4）输入模拟电压为 0～5V，内部集成了可锁存控制的 8 路开关。

（5）输出具有三态锁存器，逻辑电平与 TTL 电平兼容。

（6）单 5V 供电。

2. ADC0809 的内部结构

ADC0809 的内部结构如图 13.3.6 所示。ADC0809 由两大部分组成：模拟多路开关和 A/D 转换器。其核心是 8 位 A/D 转换器，它采用逐次逼近式，对 8 路模拟开关的一路进行转换。模拟多路开关包括 8 路模拟开关和 3 位地址锁存器与译码器，根据 3 位输入地址（ADDA、ADDB、ADDC）选择 8 路模拟输入中的一路送到 A/D 转换器中。

ADC0809 内部各单元的功能如下。

（1）通道选择开关：八选一模拟开关，实现分时采样 8 路模拟信号。

（2）通道地址锁存和译码：通过 ADDA、ADDB、ADDC 三个地址选择端及译码作用控制通道选择开关。

（3）逐次逼近式 A/D 转换器：包括比较器、8 位开关树形 D/A 转换器、逐次逼近式寄存器。转换的数据从逐次逼近式寄存器传送到 8 位锁存器后经三态门输出。

（4）8 位锁存器和三态门：当输出允许信号 ENABLE 有效时，打开三态门，将锁存器中的数字量经过数据总线送到 CPU 中。由于 ADC0809 具有三态输出，因而数据线可直接挂在 CPU 数据总线上。

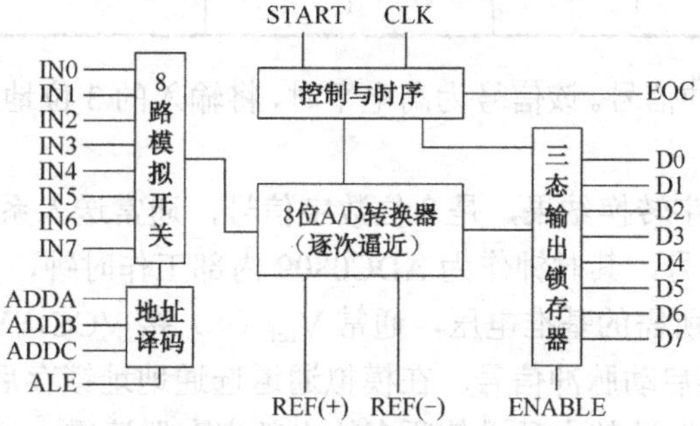

图 13.3.6　ADC0809 内部结构

3. ADC0809 的引脚及功能

ADC0809 的引脚排列图如图 13.3.7 所示。

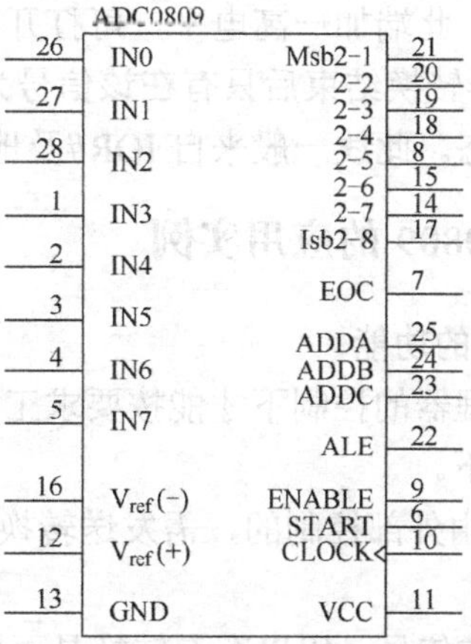

图 13.3.7　ADC0809 的引脚排列图

IN0～IN7：8 路模拟信号输入端，但某一时刻 ADC 只能进行某一路的转换，这通过地址锁存与译码来进行选择，不用的输入端应接地。

ADDA、ADDB、ADDC：通道转换地址选择线，用于指定 IN0～IN7 八路模拟输入信号的某一路。其中，ADDA 是 LSB 位，这 3 个引脚上所加电平的编码为 000～111，分别对应 IN0～IN7，例如，当 ADDC=0、ADDB=1、ADDA=1 时，选中 IN3 通道。ADDA、ADDB、ADDC 的通道选择如表 13.3.1 所示。

表 13.3.1　ADC0809 的通道选择

ADDC	ADDB	ADDA	选中的模拟通道
0	0	0	IN0
0	0	1	IN1
0	1	0	IN2
0	1	1	IN3
1	0	0	IN4
1	0	1	IN5
1	1	0	IN6
1	1	1	IN7

ALE：地址锁存脉冲信号。该信号为高电平时，将输入的 3 位地址信号 ADDA、ADDB、ADDC 锁存。

D0～D7：模拟/数字转换结果，是 8 位数字信号，通常送入系统数据总线。

CLK：时钟输入信号，其时钟作为 ADC0809 内部工作时钟，其频率不大于 650kHz。

Vref：A/D 转换器所需的基准电压，通常 V_{ref}（+）接 VCC，V_{ref}（−）接地。

START：A/D 转换启动脉冲信号。在模拟通道选通地址锁存后，向 START 端加一正脉冲，进行启动转换，脉冲的上升沿使所有的内部寄存器清零，下降沿使 A/D 转换开始。要求信号宽度>100ns。

EOC：转换结束信号，A/D 转换器转换结束，该信号即变为高电平，可以用它作为中断请求信号或作为结束状态信号供程序查询。

ENABLE：输出允许信号。此端加一高电平，可打开 ADC0809 的三态输出锁存器，使数据送到总线上。A/D 转换器转换结束后只有在该信号为高电平时读出的转换结果才有效，否则 D0～D7 处于高阻状态。此线一般来自 IOR#及地址译码信号。

13.3.3　A/D 转换器 ADC0809 的应用实例

1. A/D 转换器接口应具备的功能

A/D 转换器通常必须在处理器的控制下才能按要求工作，A/D 转换器接口或 A/D 转换器本身的接口应具备的功能如下。

（1）A/D 转换器的转换是由外部控制的，需发送转换启动信号启动 A/D 并进行 A/D 转换。

（2）读取“转换结束”状态信号，用以查询转换是否结束。也可将“转换结束”信号

EOC 产生中断请求或 DMA 请求，采用中断输入方式或 DMA 传送方式采集 A/D 转换结果数据。

（3）对多个模拟量输入通道进行通道寻址。基本方法是 CPU 通过数据总线或地址总线送出对应模拟通道的编号，选择相应模拟量输入通道。

（4）当需要时，发送采样和保持信号，以控制采样保持器进行采样与保持操作，实现稳定的 A/D 转换工作。

2．A/D 转换器与 CPU 接口方式

根据 A/D 转换器的特性不同，A/D 转换器与 CPU 接口方式主要有以下几种。

（1）与 CPU 直接相连。当 ADC 芯片内部带有数据输出锁存器和三态门时（如 ADC0809、AD574 等），它们的数据输出可直接与 CPU 或数据总线相连。

（2）用三态门与 CPU 相连。对于内部不带数据输出锁存器的 ADC 芯片（如 ADC1210、AD570 等）而言，需外接三态锁存器后才能与 CPU 或系统总线相连。

（3）通过 I/O 接口芯片与 CPU 相连。无论 ADC 内部有无数据锁存器，都可使用与 CPU 配套的并行 I/O 芯片与 ADC 相连，这样可简化接口电路，而且可使 A/D 的时序关系及电平与 CPU 保持一致，工作更可靠。

3．A/D 转换器与 CPU 接口要注意的问题

A/D 转换器芯片与 CPU 接口要注意的问题主要包括启动信号连接与产生，转换结束信号的连接、检测与使用，以及转换结果的读取。

（1）启动信号。各 A/D 转换芯片的特性不同，其启动命令也各不相同，具体使用时应注意，通常有电平启动和脉冲启动两种方式。电平启动信号：通过接口对 ADC 芯片发出启动信号，或用 *D* 触发器使启动信号保持有效。脉冲启动信号：用 CPU 执行输出指令时所发出的片选信号和写信号在片内产生启动脉冲，开始转换。

（2）转换结束与转换数据的读取。CPU 可以采用 4 种方式和 A/D 转换器进行联络来实现对转换结果数据的读取，即固定的延迟程序方式（无条件方式）、程序查询方式、中断方式和 DMA 方式。不同转换结果数据读取方式，转换结束信号的连接与检测方式也不同。采用无条件方式时，不用理睬转换结束信号 EOC，采取软件延时等待方式，直接读取转换结果。采用程序查询方式时，要求将转换结束信号 EOC 连接到系统中，通常通过数据总线连接，程序不断查询转换结束信号 EOC，当 EOC 有效时，用输入指令读取转换结果。采用中断方式时，要求转换结束信号 EOC 连接到系统中断请求输入端，其基本方法是 EOC 有效时，产生中断，然后 CPU 响应中断，执行输入指令，读取转换结果。采用 DMA 方式时，要求将 EOC 连接至系统 DMA 请求输入端，其基本方法是 EOC 有效时，产生 DMA 请求，CPU 响应 DMA 请求，然后 DMAC 控制总线，读取转换结果。

（3）位数问题。如果 A/D 转换芯片与系统总线的数据位数相同，则数据线直接相连，直接读取数据。如果 A/D 芯片数据位数少于总线数据位数，则有效数据线直接相连，读取后滤去无效位。如果 A/D 芯片数据位数多于总线数据位数，则接口中设置多个数据端口，多次读取并整合数据。

（4）电源和地线的连接问题。为增加系统的抗干扰能力，总体要求如下：模拟系统与数字系统分开连接，独立供电，同时，增加光电隔离或磁隔离电路，并增加去耦电路。

4. A/D 转换器接口设计实例

1）A/D 转换器接口电路

图 13.3.8 所示为一种 ADC0809 转换器接口电路示意图。ADC0809 的硬件连接比较简单。8 路模拟信号输入端直接来自外部设备待转换的模拟信号输入。8 位数据输出端直接与系统数据总线连接。8 路模拟输入通道选择线 ADDC～ADDA 连接到系统地址线 A2～A0，由 I/O 端口地址选择模拟通道。地址锁存脉冲信号 ALE 与 A/D 转换启动信号相连，由 I/O 端口地址译码电路输出和 I/O 写控制信号 IOW#共同控制。也就是说，当译码输出有效的片选低电平且 I/O 写控制信号 IOW#有效时，控制 ADC 的 ALE 和 START 端，将输入的 3 位地址信号 A2～A0 通过 ADDA、ADDB、ADDC 使 A/D 转换器锁存模拟通道地址，并启动转换过程。输出允许 OE 端受 I/O 端口地址译码输出和 IOR#控制，作为转换结束后的读出数据控制信号。系统时钟适当分频，作为 ADC0809 的工作时钟，分频器的输出信号频率不得大于 650kHz，一般采用 500kHz 左右。转换结束 EOC 信号连接到微型计算机总线的 IRQ*n* 上，可以直接用做中断请求信号，也可以不理睬此信号，采用无条件读取转换结果数据。参考电压直接与工作电源 VCC 相连。

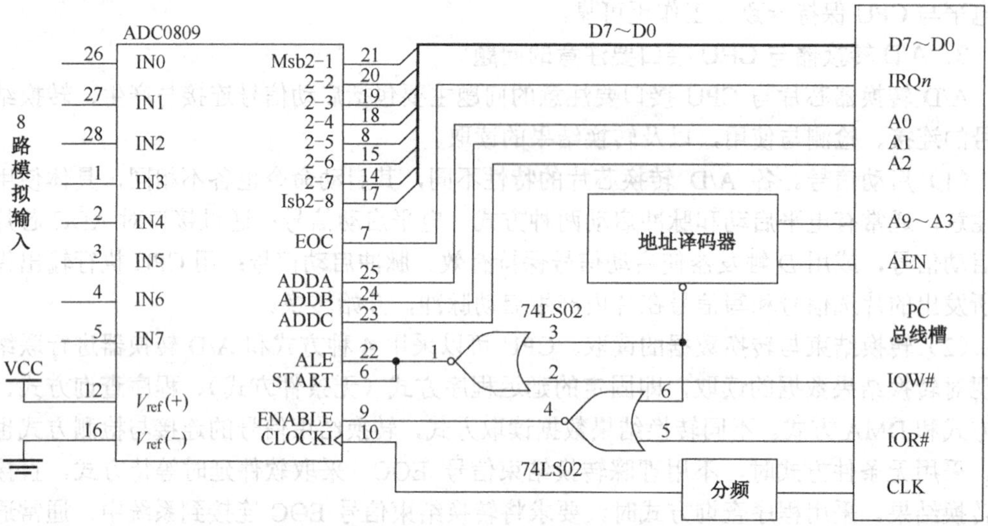

图 13.3.8　ADC0809 与系统总线连接实例

2）无条件方式数据采集程序

以图 13.3.8 为例，设 I/O 端口地址为 300H～307H，用延时等待（>100μs）方式，即不理睬 EOC 信号，依次采集 8 路外部模拟输入信号的 A/D 转换结果。数据采集的汇编程序段如下。

```
         MOV    DX, 300H      ; I/O端口地址
   AD8:  OUT    DX, AL        ; 启动模拟输入通道，与al内容无关
         CALL   DY15          ; 延时等待150μs
         IN     AL, DX        ; 口地址与启动地址相同
         MOV    [DI], AL      ; 保存数据到内存中
         INC    DX            ; 指向下一通道
         INC    [DI]          ; 指向下一存储单元
         MOV    AX, DX
         AND    AX, 0008H     ; 通道号=308H? 若是则结束操作
```

```
        JZ      AD8          ; 通道号<308H，再采集
DY15: MOV     CX, DYDA       ; 延时程序段，延时常数为DYDA
DY0:  LOOP    DY0            ; 时间未到，继续减1
        RET                  ; 延时程序段结束
```

3）中断方式数据采集程序

微处理器按 A/D 所占用的口地址执行一条输出指令。启动 A/D 转换以后，在等待转换完成期间，微处理器可以继续执行其他任务。当转换完成时，A/D 产生的状态信号 EOC 向微处理器申请中断。微处理器响应中断，在中断服务程序中对 A/D 占用的口地址执行一条输入指令，以获得转换的结果数据。中断响应法的特点是 A/D 转换完成后微处理器能立即得到通知，且不需花费等待时间，可提高 CPU 的利用率，接口硬件简单，一般来讲程序会稍复杂一些。每当 ADC 转换结束时，由 EOC 信号向 CPU 发出中断请求，CPU 响应中断，并在中断服务子程序中读取转换结果。程序流程如图 13.3.9 所示。

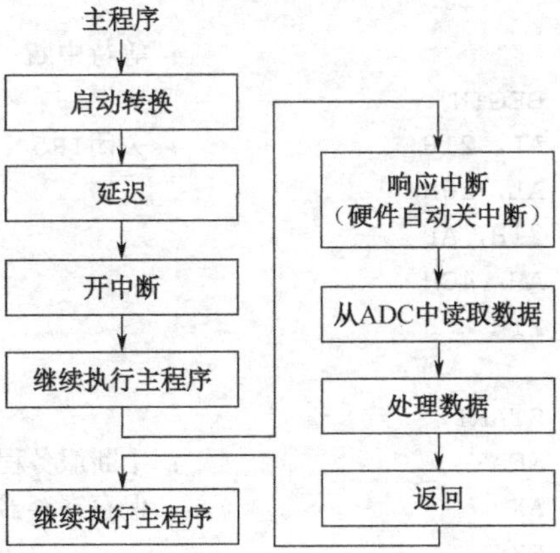

图 13.3.9　中断方式采集 A/D 转换结果的流程图

设 I/O 端口地址为 300H～307H，启动本 A/D 转换只需如下 3 条命令。

```
        MOV DX, ADPORT          ; ADPORT为ADC0809通道端口地址
        MOV AL, 00H             ; 此句不是必需的
        OUT DX, AL              ; 产生启动信号
```

读取 A/D 转换结果可使用下面两条指令。

```
        MOV DX, ADPORT          ; ADPORT为ADC0809通道端口地址
        IN  AL, DX              ; 读取转换结果数据
```

下面是基于图 13.3.8 电路的中断方式 ADC 转换的程序段。程序中假设只采集通道 0 的 A/D 转换结果。

```
DATA      SEGMENT
BUF       DB       100 DUP (?)
DATA      ENDS
CODE      SEGMENT
          ASSUME   CS:CODE, DS:DATA
START:    MOV      AX, DATA
          MOV      DS, AX
          IN       AL, 21H
          AND      AL, 11011111B      ; 设连接到IQ5，开放IRQ5
          OUT      21H, AL
```

```
        CLI
        CLD
        MOV     AX, 0
        MOV     ES, AX
        MOV     DI, 4*35H
        MOV     AX, OFFSET ADIN
        STOSW
        MOV     AX, SEG ADIN
        STOSW
        MOV     AX, DATA                ; 恢复数据段
        MOV     DS, AX
        MOV     DX, 300H                ; 启动转换
        MOV     AL, 00H
        OUT     DX, AL
BEGIN:  STI
        HLT                             ; 等待中断
        JNZ     BEGIN
        IN      AL, 21H                 ; 关闭IR5
        AND     AL, 20H
        OUT     21H, AL
        MOV     AH, 4CH
        INT     21H
CODE    ENDS
        END     START
ADIN    PROC    NEAR                    ; 中断服务程序，读取并保存A/D转换结果
        PUSH    AX                      ; 保存寄存器
        PUSH    DX
        PUSH    DI
        CLI
        MOV     DX, 300H                ; 读取转换结果
        IN      AL, DX
        NOP
        MOV     DI, BUF
        MOV     [DI], AL                ; 保存转换结果
        INC     DI
        MOV     BUF, DI
        MOV     AL, 20H                 ; 中断结束命令
        OUT     20H, AL
        MOV     DX, 300H                ; 开启转换
        MOV     AL, 00H
        OUT     DX, AL
        POP     DI                      ; 恢复寄存器内容
        POP     DX
        POP     AX
        STI
        IRET                            ; 中断返回
ADIN    ENDP
```

习　题

13.1　什么是模拟量接口？在微机的哪些应用领域中要用到模拟接口？

13.2　什么是A/D？什么D/A？A/D和D/A转换器在微型计算机应用中起什么作用？

13.3　什么是A/D转换精度？什么是转换速率？什么是分辨率？

13.4　D/A转换的基本原理是什么？

13.5　D/A转换器的主要参数有哪几种？反映了D/A转换器的什么性能？

13.6　A/D转换器的主要参数有哪几种？反映了A/D转换器的什么性能？

13.7　DAC0832有哪几种工作方式？每种工作方式适用于什么场合？

13.8　若一个D/A转换器的满量程（对应于数字量255）为10V。若输出信号不希望从0增长到最大，而是由一个下限2.0V增长到上限8.0V。分别确定上下限所对应的数字。

13.9　已知某DAC的输入为12位二进制数，满刻度输出电压V_{om}=10V，试求最小分辨率电压和分辨率。

13.10　画出采用PC控制DAC0832产生方波的电路原理示意图，并编写用PC控制DAC0832产生方波的汇编程序。

13.11　设计一个基于DAC0832的电路和相应程序，实现一个锯齿波发生器的功能，使锯齿波的量正向增长，并且锯齿波周期可调。

13.12　画出采用PC控制DAC0832产生三角波的电路原理示意图，编写用PC控制DAC0832产生三角波的汇编程序，要求三角波的最低电压为0V，最高电压为2.5V。

13.13　A/D转换器的基本转换原理是什么？

13.14　双积分式ADC的原理是什么？这种形式的ADC具有什么特点？适用于什么场合？

13.15　逐次逼近式ADC的原理是什么？这种形式的ADC具有什么特点？适用于什么场合？

13.16　假定某8位ADC输入电压是0～+5V，求出输入电压V_{in}等于0V、1V、1.5V、2V、3.75V、4V、5V时，输出的二进制编码等于多少？

13.17　比较逐次逼近式、双积分式、并行比较式ADC的优缺点。

13.18　ADC0809中的转换结束信号（EOC）有什么作用？如何使用该信号，以便读取转换结果？

13.19　ADC0809的接口设计需考虑哪些问题？

13.20　编制一段源程序。要求通过ADC0809，采用中断法，采集50个数据。

13.21　编制一段源程序。要求通过查询法，从ADC0809 A/D转换器的0～7通道轮流采集8路模拟信号的电压量，并把转换后的数据存入以0100H开始的单元。

第14章 人机接口技术

14.1 概述

人机交互设备是实现人与计算机之间建立联系、交流信息的输入/输出设备。这些输入/输出设备直接与人的运动器官（如手、口）或感觉器官（如眼、耳）有关。通过它们，人们把要执行的命令和数据送给计算机，又从计算机获得易于理解的信息。常用人机设备包括键盘、鼠标、显示器、打印机、触摸屏、话筒、扬声器等，而显示器又有发光二极管（Light Emitting Diode，LED）、液晶显示器（Liquid Crystal Display，LCD）、CRT显示器，而且发展趋势是触摸屏与显示器一体化。

连接人机交互设备与计算机（系统总线），实现人与计算机之间建立联系、交流信息的输入/输出及其控制电路称为人机接口。人机接口是操作人员与计算机之间相互交换信息的接口，通过这些接口，操作人员可以对计算机进行操作，并能实时了解到计算机控制的有关信息。这些设备的输入/输出是以计算机为中心，信息以二进制、十六进制码或ASCII码的形式进行传送的。

随着计算机多媒体技术的发展，人机交互设备种类也越来越多，如增加了图形数字化仪、图像扫描仪、光笔、声音输入/输出设备、数码照相机、触摸屏等。这些设备使计算机系统以更接近人类感知外部世界的方式输入或输出信息，使计算机更加人性化。

14.2 键盘原理及其接口技术

微型计算机的键盘是微型计算机不可缺少的标准输入设备。一个标准的通用键盘由排列成矩阵形式的按键、按键架、编码器和接口电路等主要部件组成，其基本功能就是将人击键的机械动作转换成计算机能够理解的编码，键盘输入的信息包括文本、数据等文字信息和程序、指令等控制信息。

14.2.1 键盘的分类及其特点

1. 键盘的分类

一般台式机键盘的分类可以根据击键数、按键结构、按键工作原理、键盘外形、用途等进行分类。键盘按键的数目从最早的83键发展到后来的101、102、104、108键。根据按键本身的结构方式可以分为触点式、无触点式、镭射式（镭射激光键盘）三大类，前两类借助于金属把两个触点接通或断开以输入信号，最后一类借助于霍尔效应开关（利用磁场变化）和电容开关（利用电流和电压变化）产生输入信号。从编码的功能上，键盘又可以分成全编码键盘和非编码键盘两类。按工作原理，可分为机械键盘、塑料薄膜式键盘、导电橡胶式键盘、无接点静电电容键盘。按键盘的外形，可分为标准键盘和人体工程学键盘。按照键盘的用途，还可分为通用键盘和专用键盘，也可按照应用分为台式机键盘、笔记本式计算机键盘、工控机键盘。常规的键盘有机械式按键和电容式按键两种。

2．键盘的特点

对于通用 PC 系列微机采用的键盘来讲，它具有两个基本特点：一是按键开关为无触点的电容开关，通过按键的动作，使电容量发生变化，来检测按键的断开与接通；二是键盘属于非编码键盘，PC 系列键盘不是由硬件电路输出按键所对应的 ASCII 码值，而由单片机扫描程序，识别按键的当前位置，再向键盘接口输出该键的扫描码。按键的识别、键值的确定及键代码存入键缓冲区等工作全部由软件完成。

14.2.2 键的识别

在目前微型机中，一般为了降低成本、简化硬件电路，大多采用非编码键盘。非编码键盘通常把键开关按行、列排列，形成二维矩阵开关的结构，如图 14.2.1 所示。

图 14.2.1　键盘矩阵结构

在键盘中，通常用硬件或软硬件结合的方法来识别键盘中的键的开合并提供键的代码等。常用的按键识别方法有行扫描法、行反转法、列扫描法。

1．行扫描法

行扫描法识别按键的过程如下：首先，判断是否有键被按下，即先进行全扫描，将所有行线置成低电平；其次，扫描全部列线，如果扫描的列值全是高电平，则说明没有任何一个键被按下，如果读入的列值不是全 1，则说明有键按下，再用逐行扫描的方法确定哪一个键被按下；再次，扫描第一行，即置该行为低电平，其他行为高电平，然后检查列线，如果某条列线为低电平，则说明第一行与该列相交的位置上的按键被按下，如果所有列线都是高电平，则说明第一行没有键被按下，接着扫描第二行，以此类推，直到找到被按下的键。

2．行反转法

行反转法又称线反转法。行反转法是利用可编程并行接口来实现的，在硬件上要求键盘的行、列线分别连接到两个双向并行接口。

行反转法的工作原理如下：将行线接一个并行口，先工作在输出方式，将列线接到另一个并行口，先工作在输入方式。经初始化编程使 CPU 通过输出端口向各行线全部送低电平，然后读入列线的值。如果有某个键被按下，则必有一条列线为低电平。再进行线反转，通过编程对两个并行端口进行方式设置，使连接行线的端口工作于输入方式，并将刚才读到的列线值通过所连接的并行口输出到列线上，然后读取行线的值，那么闭合键所对应的行线必为低电平。这样，当一个键被按下时，就可以读到一对唯一的列值和行值。

在键盘设计时除了对键码的识别外，还需要解决抖动和重键问题。按键开关在开闭过程中不可避免地会出现瞬态抖动，其时间长短为5～10ms。在抖动时检测键盘状态是不可靠的，因此要进行去抖动处理，去抖动可用硬件或软件实现。硬件去抖动电路通常由一个*RS*触发器或单稳态电路构成。软件去抖动的方法是在检测到有键按下时，先延迟10ms，再检测键是否仍保持闭合状态。重键是指在同一时刻有两个或多个键同时按下的情况，此时存在着是否给予识别或识别哪一个键的问题。对重键的处理，一般可以不予理睬，即认为重键是一次错误的按键。通常情况下，只承认先识别出来的键，对同时按下的其他键不做识别，直到所有键都释放以后，才读入下一个键。这种方法称为"连锁法"。此外，还可采用"巡回法"，其基本思想是等被识别的键释放以后，才对其他闭合键做识别，该方法比较适用于快速键入操作。

14.2.3 PC键盘接口

1．键盘接口功能

键盘接口电路的功能主要有以下几个。

（1）接收键盘输出的键扫描码。接收串行数据、完成串并转换、奇偶校验正确后，将串行接收键盘送来的接通扫描码和断开扫描码，转换成并行数据形式的系统扫描码，并保存到输出缓冲器中。

（2）收到一个完整的扫描码后，立即向主机发出中断请求。

（3）主机中断响应后读取扫描码，并转换成相应的ASCII码存入键盘缓冲区。对于控制键而言，应设置相应的状态。

（4）接收主机发来的命令，传送给键盘，并等候键盘的响应，自检时用以判断键盘的正确性。对键盘进行初始化、测试、复位等操作。

2．键盘接口的分类

目前PC常用的键盘接口有两种：一种是PS/2接口，另一种是USB接口。

1）PS/2键盘接口

1981年，IBM推出了IBM PC/XT键盘及其接口标准。该标准定义了83键，采用了5芯DIN连接器和简单的串行协议。1984年，IBM推出了IBM AT键盘接口标准，该标准定义了84～101键，采用了5芯DIN连接器和双向串行通信协议。1987年，IBM又推出了PS/2键盘接口标准，该标准定义了84～101键，采用了6芯mini-DIN连接器，该连接器在封装上更小巧，使用双向串行通信协议并且提供有可选择的第三套键盘扫描码集，同时支持17个主机到键盘的命令。

具有5芯DIN连接器的接口称之为AT键盘接口，而具有6芯mini-DIN连接器的接口称之为PS/2键盘接口。这两种连接器都只有4个脚有意义。它们分别是Clock（时钟脚）、Data（数据脚）、+5V（电源脚）和Ground（电源地）。6芯mini-DIN连接器的引脚定义如下：1是数据线Data、2是预留N/C、3是GND、4是VCC（+5V）、5是时钟线CLK、6是预留N/C。

目前，PC 上一般具有连接键盘的 PS/2 接口。PS/2 接口是目前应用最为广泛的接口之一，键盘的 PS/2 接口是紫色，而鼠标的 PS/2 接口是绿色的。

2）USB 键盘接口

由于 USB 设备具有即插即用、支持热插拔等优点，很多设备都采用了 USB 接口，键盘也不例外。选择 USB 接口的键盘先要考虑主机上是否具有空余的 USB 接口。

14.2.4 键盘中断调用

计算机系统通过两个中断与键盘发生联系：一个是硬件中断 09H，另一个是软中断 16H。

1．键盘 9 号中断调用

9 号中断是由按键动作引发的硬件中断，对键盘上所有的键给予定义。它对键盘上的 8 个特殊键——Ctrl、Alt、Shift+L、Shift+R、Num Lock、Scroll Lock、Caps Lock、Ins，只建立标志状态，控制后续键代码生成；对其他键均可以把键的扫描转换为两个字节的 ASCII 码或扩展码，送到内存 BIOS 数据区的键盘缓冲区中。

IBM-PC 主板上的键盘接口收到一个字节数据后，通过机内 8259A 的 IRQ1 向 CPU 请求中断，CPU 在中断允许的条件下（即 IF=1），响应类型码为 09H 的键盘中断，从而转入 BIOS 的键盘中断服务程序，主要处理的功能如下。

（1）从键盘接口读取键盘扫描码，判断是否合法；非法时结束中断，不予处理。

（2）如果是 8 个特殊键，则将状态存入 BIOS 数据区的键盘标志单元。

（3）将扫描码转换成 ASCII 码或扩展码，判断转换后的 ASCII 码是否合法。

（4）判断 RAM 中的键盘缓冲区是否已满，如果已经存满，则中断结束，调用 BEEP 程序使扬声器鸣响 1s，然后返回。键盘缓冲区未满时，将键的 ASCII 码存入键盘缓冲区，并修改它的指针，结束中断，正常返回。

（5）对于系统复位组合键、中止组合键、暂停、打印屏幕等可直接执行，完成其对应的操作功能。

9 号中断完成两种转换：一种是把键扫描码转换为 ASCII 码，则低字节为 ASCII 码，其高字节是系统的扫描码；另一种是把键扫描码转换为扩展码，其低字节为 0，高字节对应值为 0～255。通常，功能键和某些组合键对应的是扩展码。

2．BIOS INT 16H 中断调用

INT 16H 软中断用于检查是否有键输入，并完成从键盘缓冲区取出键值的操作。INT 16H 软中断共有 3 个子功能，包括从键盘读入字符、读取键盘状态、读取键盘标志。

键盘 9 号中断调用、BIOS INT 16H 中断调用各自独立的中断程序，借助于键盘缓冲区作为中间媒介来传递键符。

3．键盘缓冲区的作用

键盘缓冲区是由 16 个字组成的先进先出循环队列。键盘缓冲区的循环队列形式由软件实现。进队列由中断 9H 处理程序完成，出队列由 INT 16H 程序来完成。键盘缓冲区的作用有以下两个。

（1）实现键盘实时输入要求。用户按键完全是随机实时的，与主机运行是异步的。开辟键盘缓冲区可实现随机实时键入的要求。

（2）满足随机应用的需要。应用程序需要的键值时间不一定与按键同步。键盘缓冲区可事先存放应用程序所需的全部键符。此外，键盘缓冲区还可满足快速操作员键入的要求。

14.3 鼠标原理及其接口技术

鼠标是一种控制计算机显示器屏幕上光标位置的输入设备。由于它能在屏幕上实现快速精确的光标定位，因此能方便地将光标准确定位在要指定的屏幕位置，很方便地完成各种操作，如可用于屏幕编辑、菜单选择和屏幕作图等操作。在 Windows 操作系统中，鼠标是计算机图形界面人机交互必不可少的输入设备。

14.3.1 鼠标的工作原理与分类

1. 鼠标的工作原理

利用鼠标可方便地定位光标在显示屏幕上的位置。鼠标通常通过微机中的串行口与主机连接。当在平面上移动鼠标时，把鼠标移动的距离和方向转换成两个脉冲信号传送给计算机，计算机鼠标驱动程序将脉冲个数转换为鼠标的水平方向、垂直方向的位移量，从而达到移动鼠标箭头的目的。当鼠标在平面上移动时，随着移动方向和快慢的变化，会产生两个在高低电平之间不断变化的脉冲信号，CPU 接收这两个脉冲信号并对其进行计数。根据接收到的两个脉冲信号的个数，CPU 控制屏幕上的鼠标指针在横轴、纵轴两个方向上移动距离的大小。脉冲信号是由鼠标内的半导体光敏器件产生的。

2. 鼠标的种类

根据结构和鼠标测量位移部件的类型的不同，鼠标一般可分为以下 3 类。

1）机械式鼠标

这是早期使用最多的鼠标，其最大特点是构造简单，成本低廉，易于维修，但准确度、灵敏度较差。机械式鼠标底部有一个被橡胶包裹着的金属球，紧挨着橡胶球有两个相互垂直的转轴，在转轴上装有旋转编码器和相应的电路。当鼠标移动时，金属球便滚动，使两个转轴旋转，由编码器及相应电路计算沿水平方向和垂直方向的偏移量。

2）光电式鼠标

光电式鼠标通过两对相互垂直的光电监视器中的光敏晶体管检测发光二极管照射到鼠标下面的垫板上产生的反射光。该垫板是画有黑白格子的专用垫板，当发光二极管发出的光线照到黑格子上时，光线被吸收，当光线照到白格子上时，则有反光。随之光敏晶体管依据有无反射光而产生高低电平，形成脉冲信号。由于鼠标板上印有间隔相同的网络，当鼠标在该板上移动时，反射的光有强弱之分，在光敏晶体管中则变成强弱不同的电流，经放大、整形变成表示位移的脉冲序列。这种鼠标传送速率快，灵敏度和准确度高，但需用专用垫板，价格较贵。

3）光机式鼠标

光机式鼠标是光学机械混合鼠标。它有滚动橡胶球，不需专用垫板；用两个相互垂直的滚轴紧靠在橡胶球上，两个滚轴顶端都装有一个边缘开槽的光栅轮。光栅轮的两边分别装着发光二极管和光敏晶体管，用于光电检测。当鼠标移动时，橡胶球滚动，带动滚轴及光栅轮转动。光线通过光栅轮的开槽透光，未开槽不透光，从而使光敏晶体管产生高低电平，形成脉冲信号。

14.3.2 鼠标的接口

鼠标与主机接口的类型大体有 6 种：MS 串行接口、PS/2 接口、并行接口、USB 接口、红外接口、无线接口。基于 RS-232C 接口（COM 端口）的串行通信鼠标接口是 PC 的第一款鼠标，也是最经典的鼠标，但随着微机主板渐渐舍弃 RS-232C 接口，目前此类鼠标已经很少使用了。目前，鼠标接口主要有 PS/2 和新型的 USB 鼠标接口。

1．串行通信鼠标接口

串口鼠标使用 9 针的 D 形接口，采用 RS-232C 标准进行通信。这种鼠标不需要专门的电源线，而由 RS-232C 串行通信接口线路中的 RTS 提供驱动，GND 作为地线，使用 TXD 发送数据，DTR 作为联络信号线。大多数鼠标采用 7 位数据位、1 位停止位，无奇偶校验方式，以 1200～2400 b/s 的速率发送数据。在串行通信鼠标控制板上配置了微处理器，其作用是判断鼠标是否启动工作，工作时组织输出 X、Y 方向的串行位移数据。

2．PS/2 鼠标接口

PS/2 接口起源于 1987 年的 6 芯 mini-DIN 键盘接口。PS/2 鼠标接口安装灵活方便，不占用串口资源。现在的 PC 主板都有支持 PS/2 鼠标接口的插座。

3．USB 鼠标接口

由于 USB 设备具有即插即用、支持热插拔等优点，鼠标也采用了 USB 接口。选择 USB 接口的鼠标要注意主机上是否具有空余的 USB 接口。

14.3.3 鼠标的技术参数

1．分辨率

所谓分辨率，是指鼠标每移动一英寸能检测出的点数，分辨率越高，鼠标移动的精度就越高，最早鼠标的分辨率通常为 100dpi，现在使用的鼠标多为 400dpi 以上，也有某些高档产品的分辨率可以达到 500dpi 甚至更高。

2．采样率

鼠标采样速率可以视为 Windows 操作系统确认鼠标位置的速率，一般情况下，采用 USB 接口的鼠标固定为 120 次/秒，而 PS/2 接口的鼠标默认接口采样率比较低，只有 60 次/秒。

3．扫描次数

扫描次数是光学鼠标特有的指标，它是指每秒鼠标的光学接收器将接收到的光反射信号转换为电信号的次数，次数越高，鼠标在高速移动的时候，屏幕指针就不会由于无法判别光反射信号而“乱飘”。

14.4 显示器原理及其接口技术

显示是一项重要的人机交互方式。计算机系统通过显示设备以多种方式向外部输出各种信息，如字符、图形和表格等计算机数据处理的结果。早期的计算机系统主要采用 CRT 显示器，现在主要采用 LCD 或 LED 显示器。但在一些简单或专用的微机系统中，往往只要显示数字和字符，这种情况下一般使用简单的 LED 数码管或 LCD 显示模块来构成系统的显示设备，这样能降低整个系统的成本、缩小体积、减少功耗和提高可靠性。除此之外，还有电致变色显示器、发光型的等离子体显示器、发光二极管显示器、高分子或聚合体发光显示器等，投影机也应该被归为显示设备之列。

本节主要介绍LED显示器、CRT显示器和LCD的工作原理。

14.4.1 LED显示器原理及接口技术

1. LED数码显示器

在微型计算机应用系统中，特别是在工业过程的计算机监视和控制系统中，发光二极管常常作为重要的显示手段，LED 显示器可以用来显示工作状态和参数数值等，并能用LED指示故障的位置。LED显示器的驱动电路简单，价格低廉，因此，由LED组成的显示屏被广泛应用于各种场合。

1）单个LED显示器

LED 是一种由半导体构成的固态发光器件，在正向导电时能发出可见光，广泛使用的LED有红色、绿色、黄色和蓝色。LED的发光颜色与发光效率取决于制造材料与工艺，发光强度与其工作电流有关，亮度能用电压（或电流）控制调节。它的发光时间常数为10～200μs，其工作寿命可长达十万小时，工作可靠性高。它具有类似于普通半导体二极管的伏-安特性，在正向导电时端电压近于恒定，通常约为1.6～2.4V，工作电流一般为10～200mA。它适用于与低电压的数字集成电路器件匹配工作。

在一般低电压的数字电路中，单个LED显示器（灯）的限流电阻R的计算公式如下。

$$R=(V_{cc}-V_{led})/I_{led}$$

式中，V_{cc}为工作电压，V_{led}为LED正向导通电压，一般为1.7V，I_{led}为LED工作电流，一般可取10～25mA。

2）8字LED数码管

常用的LED数码显示器是8字数码管。它由8段发光二极管构成，包括7个笔画发光线（a～g）和1个小数发光点（dp），按“日”字形排列，每一段都是一个发光二极管，这8段发光管称为a、b、c、d、e、f、g、dp，通过7个发光线的不同组合，可以显示0～9和A～F等16个字符。一个8字LED数码管可以显示一位数字或一个字符。

发光二极管的连接有共阴极和共阳极两种接法，如图14.4.1所示。共阴极发光二极管阴极共地，当某个二极管的阳极为高电平时，该发光二极管点亮；共阳极发光二极管阳极并接。由于共阴极一般比共阳极亮，因此大多数场合使用共阴极方式。

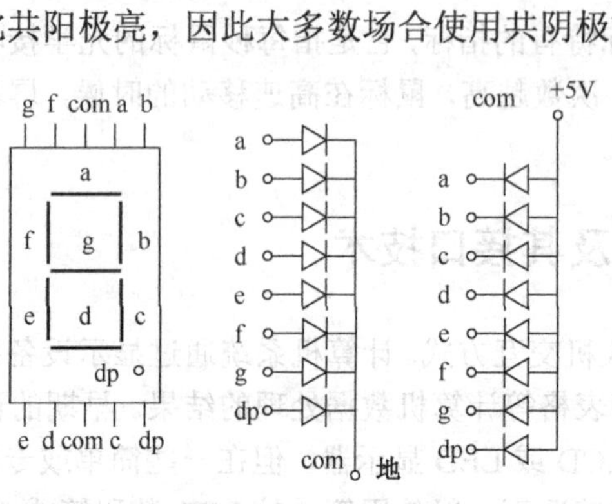

图14.4.1　LED数码管

通常将控制发光二极管的 8 位数据称为段选码。共阴极法和共阳极法的显示字符的段编码不同。对同一字符，共阴、共阳的段码互为反码。段码 D7～D0 格式通常为 dpgfedcba，即 a 段对应 D0、dp 对应 D7。如显示“3”，共阴段码为 D7～D0=01001111=4FH，共阳段码为 D7～D0=10110000=B0H。

用 N 个 LED 数码管可以构成 N 位 LED 显示器。N 位 LED 显示器有 N 根位选线和 $8\times N$ 根段选线。多个数码管连接成 LED 显示器时，有静态显示和动态显示两种方式。根据显示方式不同，位选线与段选线的连接方法不同。段选线控制字符选择，位选线控制显示位的亮、暗。

LED 显示器工作在静态显示方式下，共阴极或共阳极连接在一起并接地或+V_{CC}；每位的段选线与一个 8 位并行口相连。电路每一位可独立显示，只要在该位的段选线上保持段选码电平，该位就能保持相应的显示字符。由于每一位由一个 8 位输出口控制段选码，故在同一时间里每一位显示的字符可以各不相同。N 位静态显示器要求有 $N\times 8$ 根 I/O 口线，占用 I/O 资源较多。故在位数较多时往往采用动态显示方式。

LED 动态显示方式用于多位共享 I/O 口线，在多位 LED 显示时，为了简化电路，降低成本，将所有位的段选线并联在一起，由一个 8 位 I/O 端口控制，而共阴极或共阳极点分别由相应的 I/O 端口线控制。例如，8 位 LED 动态显示电路只需两个 8 位 I/O 口，其中一个 I/O 口控制段选码，另一个 I/O 口控制位选。由于所有位的段选码皆由一个 I/O 口控制，所以在每个瞬间，8 位 LED 只可能显示相同的字符。要想每位显示不同的字符，则必须采用扫描方式，在某一瞬间只显示某一位。例如，在 8 个显示器上显示 8 位十六进制，每个显示器显示其中的一位数。为了实现这一功能，可让每个显示器接通 2ms，以显示其对应的数，并且保证周而复始地逐个显示这 8 位数。

2. LED 显示器

现在流行的液晶显示器属于背光液晶显示器，它们仍是液晶显示器，只是背光源不一样而已。

市面上所谓的 LED 显示器其实是 LED 背光液晶显示器。LED 显示器属于液晶显示器的一种，LED 液晶技术是一种高级的液晶解决方案，它用 LED 代替了传统的液晶背光模组。LED 显示器亮度高，而且可以在使用寿命范围内实现稳定的亮度和色彩表现。实现 LED 功率控制很容易，不像 CCFL 的最低亮度存在一个阈值。在以 CCLF 冷阴极荧光灯作为背光源的 LCD 中，其中不能缺少的一个主要元素是汞。而 LED 背光液晶显示器不含汞。因为采用了固态发光器件，LED 背光源对环境的适应能力非常强，所以 LED 的使用温度范围广、低电压、耐冲击。而且，LED 光源没有任何射线产生，低电磁辐射、无汞，可谓是绿色环保光源。因此，LED 背光液晶显示器有省电、环保、色彩更真实的优势。

3. LED 显示屏

LED 显示屏是由发光二极管排列组成的一种显示器件，也称平板显示器。LED 显示屏提供宽达 160° 的视角，可以显示各种文字、数字、彩色图像及动画信息，可以播放电视、录像、DVD 等彩色视频信号。

把红色和绿色的 LED 晶片或灯管放在一起作为一个像素制作的显示屏称为双基色屏，把红、绿、蓝 3 种 LED 晶片或灯管放在一起作为一个像素的显示屏称为三基色屏或全彩屏。如果只有一种色就称为单色或单基色屏，制作室内 LED 显示屏的尺寸一般是 1.5～

12mm，常常把几种能产生不同基色的 LED 管芯封装成一体，室外 LED 显示屏的尺寸多为 6～41.5mm，每个像素由若干个各种单色 LED 组成。

组装成 LED 显示屏有 3 种形式。

（1）采用单个 LED 发光灯（或称单灯）组成，一般由单个 LED 晶片、反光杯、金属阳极、金属阴极构成，外包具有透光、聚光能力的环氧树脂外壳。可用一个或多个（不同颜色的）单灯构成一个基本像素，由于亮度高，多用于户外显示屏。

（2）采用 LED 点阵模块组成，由若干晶片构成发光矩阵，用环氧树脂封装于塑料壳内，适合行列扫描驱动，容易构成高密度的显示屏，多用于户内显示屏。

（3）采用贴片式 LED 发光灯组成，是 LED 发光灯的贴焊形式的封装，可用于户内全彩色显示屏，可实现单点维护，有效克服马赛克现象。

LED 显示屏常见的驱动方式有恒压驱动和恒流驱动，恒压驱动就是以恒定的电压输入进行驱动、点亮屏幕。这种方式很少见。恒流驱动就是用恒定的电流提供驱动、点亮大屏。常见的是 1/8、1/4、1/16 扫描方式。这些所谓的扫描方式是指相近的几个同色的灯用一个驱动芯片来进行驱动控制。驱动芯片越多，亮度、刷新率越高，造价也就越高。通常，1/8 是不错的选择。

14.4.2 CRT 显示器原理及接口技术

1. CRT 显示器的基本原理

CRT 显示器是一种使用阴极射线管的显示器。显示器的结构及原理与电视机相似，由阴极射线管、视频放大电路和同步控制电路组成。CRT 显示器是早期应用最广泛的显示器，是计算机系统的标准输出设备，它与键盘合称为计算机终端，是人机交互必备的外设。

CRT 显示器主要部分是阴极射线管。阴极射线管由阴极、栅极、加速极和聚焦极及荧光屏组成。阴极发射的电子在栅极、加速极、高压极和聚焦极产生的电磁场作用下，形成具有一定能量的电子束，射到荧光屏上使荧光粉发光产生亮点，从而达到显示的目的。为了在整个屏幕上显示字符或图形，必须采用光栅扫描方式。CRT 显示器中有水平和垂直偏转线圈，电子枪产生的电子束通过水平偏转线圈产生的磁场后从左到右做水平方向移动，到右端之后，又立刻回到左端；通过垂直偏转线圈产生的磁场后从上到下做垂直方向移动，到底部之后，又立刻回到上面。由于电子束从左到右、从上到下有规律地周期运动，在屏幕上会留下一条条扫描线，这些扫描线形成了光栅，这就是光栅扫描。如果电子枪根据显示的内容产生电子束，则可以在荧光屏上显示出相应的图形或字符。光栅扫描方法一般有两种：一种是逐行扫描，另一种是隔行扫描。隔行扫描时，要两次才能扫描完一帧。其中一次对所有奇数行进行扫描，一次对所有偶数行进行扫描。对于黑白显示器来说，内部仅仅有一个电子束；对于彩色显示器来说，内部有红、绿、蓝 3 个电子枪发射 3 个电子束，这 3 个电子束通过和亮度信号 I 组合，可以得到各种颜色。彩色显示器通常是由红、绿、蓝 3 个电子枪扫描叠加而成的。也就是说，CRT 显示器是靠电子束激发屏幕内表面的荧光粉来显示图像的，它用电子束来进行控制和表现三原色原理。CRT 显像管是 CRT 显示器生产技术变化最大的环节之一，也是衡量一款显示器档次高低的重要标准，按照显像管表面平坦度的不同可分为球面管、平面直角管、柱面管、纯平管，这也是 CRT 显示器发展的时代标志。采用纯平管制造的显示器称为 CRT 纯平显示器，它具有可视角度大、无坏点、色彩还原度高、色度均匀、可调节的多分辨率模式、响应时间极短等优点。

2. CRT 显示器的性能指标

CRT 显示器的性能指标主要有以下几个。

（1）尺寸：显示器的尺寸是指显示器屏幕的对角线的长度。

（2）显像管的形状：主要有球面、平面直角、柱面和纯平 4 种。

（3）像素和分辨率：像素是指组成图像的最小单位；分辨率是指整个屏幕每行每列的像素数，它与具体的显示模式有关。

（4）垂直/水平扫描频率：垂直扫描频率是指显示器在某一显示方式下所能完成的每秒从上到下刷新的次数；水平扫描频率是指电子束每秒在屏幕上水平扫描的次数。

（5）逐行/隔行扫描：受扫描频率的限制，隔行扫描显示器在低分辨率下逐行扫描，在高分辨率下改为隔行扫描。

（6）点距：点距是指显示器荧光屏上两个相邻的相同颜色荧光点之间的对角线距离。

（7）刷新频率：刷新频率就是每秒屏幕刷新的次数。

（8）带宽：带宽是指每秒电子枪扫描过的图像点的个数。

3. CRT 显示接口的基本原理

1）CRT 显示接口的主要任务

CRT 显示接口的主要任务：接收来自计算机（通过系统总线）的要显示字符的代码或图形图像代码；按规定产生各种有用的定时信息；取出显示字符或图形图像，按扫描次序变换成能控制各光点的找点信号；按时产生并加入行同步、场同步及消隐信号，形成“全电视信号”(合成电视信号)。简单来说，显示器接口能把计算机要显示的内容变成使 CRT 显示器稳定显示的各种 CRT 控制信号。

2）CRT 显示接口的基本构成

在 IBM PC 系列微机中，CPU 与显示器之间的电路就是显示适配器。显示适配器有两种：单色显示适配器和彩色图形显示适配器。它们都以 PC 插件板的形式安装在 I/O 通道插座上，通常称为显卡。

对于单色显示适配器来说，它由 CRT 控制器、显示缓冲存储器（简称显示缓存）、数据锁存器、字符发生器、字符移位寄存器、图形移位寄存器等组成。对于彩色显示适配器而言，需要在上述基础上再增加色彩编码器、选色和综合扫描、工作方式控制、时序产生与控制、合成彩色产生器等。

显示缓冲存储器用于存放准备显示的字符信息，它是双口存储器，一方面要受主机的控制，从系统总线上获取要显示的字符代码，另一方面，其内容要按扫描的速度被读出。

字符发生器的作用是将显示缓冲存储器中表示一个字符的 ASCII 码变换成点阵信息，即前述的“字符点阵”，以便送出控制电子束的强弱，使之在 CRT 屏幕上显示相应字符的光点图案，字符发生器实质上是一个将 ASCII 码转换成“点阵代码”的码制转换电路。

由于在显示字符过程中，光栅扫描是逐行自左向右进行的，所以用来控制光点亮度的视频信号必须是与之对应的串脉冲信号串，移位寄存器的作用是将字符发生器输出的“点阵代码”在打点时钟脉冲的作用下，变成串行码送往视频输出电路。

在彩色显示适配器中由彩色选择寄存器确定彩色图形显示器的色彩选择。彩色选择寄存器的值和显示缓冲器内的彩色属性码送到色彩编码器中，在色彩编码器内合成后，输出 R、G、B、I 控制信号，其中 R、G、B 信号控制彩色 CRT 的 3 个控制栅极；I 信号控制 CRT 的亮度。

CRT 控制器产生接口中所需的各种定时和控制信号，协调各部分的动作，包括光标控制信号和同步控制信号。光标控制信号产生打点用的时钟，用来控制移位寄存器的并/串转换，使移位寄存器按此时钟的速率产生串行显示数据，即每个脉冲产生一个光点控制信号。同步控制信号包括行同步驱动信号和场同步驱动信号。

3）CRT 显示接口的工作过程

CRT 显示接口电路的工作过程如下：首先，CPU 把要显示的内容存入显示缓冲存储器，然后在控制器的作用下不断地从显示缓冲存储器中读出已存入的信息，通过字符发生器转换成"点阵代码"，再经过移位寄存器变成串行的打点信号，和行同步信号、场同步信号合在一起，形成全电视信号，送 CRT 显示。

4. 显示接口标准

视频显示标准反映了各种视频显示图形卡的性能，或显示工作方式、屏幕显示规格、分辨率及显示色彩的种类。从 IBM 公司最早推出的视频显示标准 MDA 开始，陆续形成了一系列新的标准，如 CGA、EGA、VGA 和 TVGA 等，反映了显示技术的不断发展和人们对显示效果要求的不断提高。显然，在同样尺寸的显示器上，字符显示的列、行数越多，图形显示的分辨率越高，可显示的色彩种类越多，即表明相应的视频显示接口——图形显示卡的性能越好。

常见的显示标准有以下几种。

（1）MDA 标准。MDA（Monochrome Display Adapter）是单色显示适配器。它是 IBM 规定的 PC 视频显示的第一个标准。该适配器只显示单色，分辨率为 720×350 黑白显示，行频为 18.432kHz，场频为 50Hz，目前一般用于超市等场合。

（2）CGA 标准。CGA（Color Graphics Adapter）是彩色图形适配器。该适配器可显示 4 种颜色，接收离散的 TTL 数字信号或合成的视频信号，分辨率为 320×200 的彩色显示和 640×200 的黑白显示，行频为 15.7kHz，场频为 60Hz。

（3）EGA 标准。EGA（Enhanced Graphics Adapter）是增强型图形适配器。该适配器可显示 16 种颜色，接收离散的 TTL 数字信号，与 CGA 彩色显示器兼容，是双频显示器，行频可以是 15.7kHz 和 21.8kHz，场频为 60Hz，分辨率为 640×350（16 色）。

（4）VGA 标准。VGA（Video Graphics Array）是视频图形阵列彩色显示接口。VGA 是 IBM 公司推出的第三代图形显示适配器，它兼容了 MDA、CGA 和 EGA 的全部功能。VGA 是一种最常用的显示器类型，可以显示 256 种颜色，接收 R、G、B 3 个模拟信号。VGA 彩色显示器还可以运行单色应用软件。其分辨率为 640×480，行频为 31.5kHz，场频为 60Hz 或 70Hz。

（5）SVGA 标准。SVGA 彩色显示器分辨率为 800×600 和 1024×768，行频为 31.5kHz 和 35.5kHz，场频为 50Hz 至 86Hz。

（6）TVGA 标准。TVGA 是 Supper VGA 产品，由 Trident 公司推出，它兼容 VGA 全部显示标准，并扩展了若干字符显示和图形显示的新标准，具有更高的分辨率和更多的色彩选择，是一种全功能视频图形阵列显示接口。

随着计算机技术的高速发展，特别是 GUI（Graphics User Interface，用户图形接口）方式操作系统的普及，对视频显示系统的要求也越来越高。显示适配器从早期的文本显示方式，到现在第四代 3D 图形加速卡，在功能、显示速度等方面都有着极大的提高。

14.4.3 LCD 显示原理与特性

1. LCD 的结构与工作原理

近几年来，由于液晶屏的关键技术不断取得突破和价格的不断下滑，液晶显示技术目前已经完全取代了 CRT 显示技术，成为各类应用领域的首选标配产品。

液晶是一种有机化合物，在常温条件下，既有液体的流动性，又有晶体的光学各向异性，因而称为“液晶”。在电场、磁场、温度、应力等外部条件的影响下，其分子容易发生再排列，使液晶的各种光学性质随之发生变化，液晶的这种各向异性及其分子排列易受外加电场、磁场的控制。利用液晶的“电-光效应”，实现光被电信号调制，从而制成液晶显示器件。在不同电流电场作用下，液晶分子会做规则旋转 90° 排列，产生透光度的差别，而在电源控制下产生明暗的区别，依此原理控制每个像素，便可构成所需图像。

从液晶显示器的结构来看，无论是笔记本式计算机还是桌面系统，采用的 LCD 显示屏都是由不同部分组成的分层结构。LCD 由两块玻璃板构成，厚度规格有 0.7mm、0.63mm、0.5mm 等，其间由包含了液晶材料的 3～5μm 均匀间隔隔开。因为液晶材料本身并不发光，所以需要给显示屏配置额外的光源，在液晶显示屏背面有一块导光板（或称匀光板）和反光膜，导光板的主要作用是将线光源或者点光源转化为垂直于显示平面的面光源。背光源发出的光线在穿过第一层偏振过滤层之后进入液晶层。液晶层中的水晶液滴都被包含在细小的单元格结构中，液晶材料的作用类似于一个个小的光阀。在液晶材料周边是控制电路部分和驱动电路部分。当 LCD 中的电极产生电场时，液晶分子会产生扭曲，从而将穿越其中的光线进行有规则的折射，然后经过第二层过滤层的过滤在屏幕上显示出来。

LCD 的结构如图 14.4.2 所示。由于液晶的四壁效应，在定向膜的作用下，液晶分子在正、背玻璃电极上呈水平排列，但排列方向为正交，而玻璃间的分子呈连续扭转过渡，这样的构造能使液晶对光产生旋光作用，使光偏振方向旋转 90°。液晶显示器的工作原理：当外部光线通过上偏振片后形成偏振光，偏振方向成垂直排列。当此偏振光通过液晶材料之后，被旋转 90°，偏振方向成水平方向，此方向与下偏振片的偏振方向一致，因此光线能完全穿过下偏振片而达到反射极，经反射后沿原路返回，从而呈现出透明状态。当液晶盒的上、下电极加上一定的电压后，电极部分的液晶分子转成垂直排列，从而失去旋光性。因此，从上振片入射的偏振光不被旋转，当此偏转光到达下偏振片时，因其偏振方向与下偏转片的偏振方向垂直，因而被下偏振片吸收，无法到达反射板形成反射，所以呈现出黑色。根据需要，将电极做成各

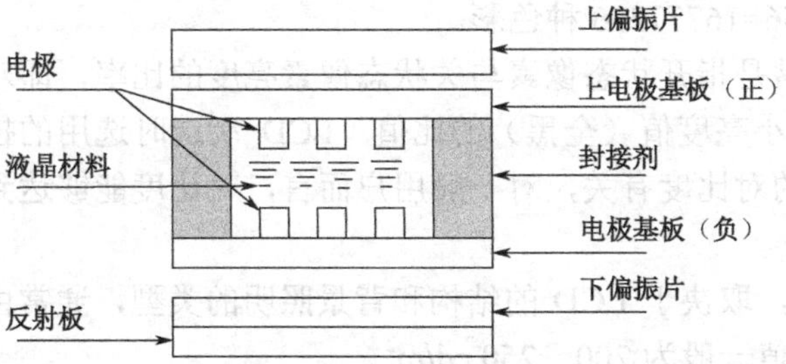

图 14.4.2 LCD 的结构

种文字、数字或点阵，即可获得所需的各种显示。

液晶屏按照控制方式的不同可分为被动矩阵式（无源矩阵式）LCD 及主动矩阵式（有源矩阵式）LCD 两类，包括无源阵列单色、无源阵列彩色、有源阵列模拟彩色和最新的有源阵列数字彩色等 4 种基本的 LCD。

被动矩阵式 LCD 可分为 TN-LCD（Twisted Nematic-LCD，扭曲向列 LCD）、STN-LCD（Super TN-LCD，超扭曲向列 LCD）和 DSTN-LCD （Double layer STN-LCD，双层超扭曲向列 LCD）3 种。TN、STN、DSTN 液晶面板的原理基本相同，不同之处只是各个液晶分子的扭曲角度略有差异而已，其中，DSTN 在早期的笔记本式计算机显示器及掌上游戏机上广为应用。被动矩阵式 LCD 由于其必须借用外界光源来显像、可视角较小、反应较慢、画面质量不高等因素，使得这种显示设备不利于发展为桌面型显示器，但由于成本低廉，市场上仍有少数显示器采用了被动矩阵式 LCD。

目前，液晶显示器普遍采用的是主动矩阵式 LCD。TFT 液晶显示器在画面中的每个像素内建晶体管，可使亮度更明亮、色彩更丰富、可视面积更宽广，具有屏幕反应速度快，对比度好，亮度高，可视角度大，色彩丰富等优点。从液晶屏的工作原理可以知道液晶显示器需要电压控制来产生灰阶，而利用薄膜晶体管来产生电压，以控制液晶转向的显示器。TFT 液晶屏，由表及里分别由偏光板、玻璃基板、彩色滤光片、沉积在玻璃基板上的 FET 晶体管（薄膜晶体管）电极、液晶、同样沉积在玻璃质基板上的共通电极、底层偏光板、背光板及背光源组成。光由底层透射进来，经过液晶的和偏光板的共同控制，借助滤光板产生色彩斑斓的图像。

2．LCD 的技术参数

（1）可视面积。液晶显示器所标示的尺寸就是实际可以使用的屏幕范围。常见显示器尺寸有 12.1 英寸、14.1 英寸、15 英寸、17 英寸、19 英寸、21.3 英寸、27 英寸、30 英寸等。一个 15.1 英寸的液晶显示器约等于 17 英寸 CRT 屏幕的可视范围。

（2）点距。显示器的点距就是分布在显示器上两个像素点的距离，点距越小，画面越细腻，但是人眼长时间观看，容易造成视觉疲劳。液晶显示器的点距基本上由屏幕大小、是否宽屏两个因素决定。一般来说，点距为 0.27mm～0.30mm 时最为舒适。

（3）色彩度。LCD 的重要参数是色彩表现度。自然界的任何一种色彩都是由红、绿、蓝 3 种基本色组成的。LCD 显示屏一般是由 1024×768 个像素点组成显像的，每个独立的像素色彩是由红、绿、蓝（R、G、B）3 种基本色来控制的，每个基本色（R、G、B）达到 6 位，即 64 种表现度，每个独立的像素有 64×64×64=262144 种色彩。FRC 技术以仿真的方式来表现出全彩的画面，每个基本色（R、G、B）能达到 8 位，即 256 种表现度，每个独立的像素就有高达 256×256×256=16777216 种色彩。

（4）对比度（对比值）。对比度通常是指开状态像素与关状态像素亮度的比率，即对比值是定义最大亮度值（全白）除以最小亮度值（全黑）的比值。LCD 制造时选用的控制 IC、滤光片和定向膜等配件与面板的对比度有关，对一般用户而言，对比度能够达到 350∶1 即可。

（5）亮度。液晶显示器的最大亮度，取决于 LCD 的结构和背景照明的类型，通常由冷阴极射线管（背光源）来决定，亮度值一般为 200～250 cd/m^2。

（6）信号响应时间。响应时间指的是液晶显示器对于输入信号的反应速度，即液晶由暗转亮或由亮转暗的反应时间，通常以毫秒（ms）为单位。此值越小越好。如果响应时间太长，则有可能使液晶显示器在显示动态图像时，有尾影拖曳的感觉。一般的液晶显示器的响应时间为2～5ms。

（7）可视角度。视角是指人们观察显示器的范围，它用垂直于显示器平面的法向平面角度来度量。液晶显示器的可视角度左右对称，而上下则不一定对称。一般来说，上下角度要小于或等于左右角度。如果可视角度为左右80°，表示在始于屏幕法线80°的位置时可以清晰地看见屏幕图像。现在有些厂商新近开发出各种广视角技术，试图改善液晶显示器的视角特性，如IPS、MVA、TN+FILM。这些技术都能把液晶显示器的可视角度增加到160°，甚至更多。

14.5 打印机的原理及其接口技术

14.5.1 打印机的结构与原理

打印机是计算机系统中标准的输出设备之一，其主要功能是将计算机的运行结果及中间信息等打印在纸上，以便于长期保存。它可打印字符、字母、数字、图形和表格等。

打印机的种类比较多。按照与微机接口的方式分为并行输出和串行输出打印机，按照印字方式分为行式和页式打印机，按照打印机印字技术分为击打式和非击打式打印机。击打式打印机是用机械的方法，使字符击打色带和打印纸，则纸上印出字符，击打式打印机有点阵、转鼓、球式、菊花轮式、链条打印机、轮式等6种。非击打式打印机不使用击打方式打印字符，而通过激光、喷墨、液晶、热敏、静电等5种方式，将字符印在打印纸上。常见的打印机主要有针式打印机、激光打印机、喷墨打印机。

采用不同打印技术的打印机的性能有很大差别，一般而言，衡量打印机性能优劣的指标主要包括分辨率、打印速度、行宽、颜色数目。此外，打印机的耗材及维护费用也要考虑。

1．非击打式打印机

1）激光打印机

激光打印机是通过激光技术和电子照相技术完成印字功能的，它是一种高精度、高速度、低噪声的非击打式打印机。

激光打印机主要由激光扫描系统、电子照相系统和控制系统3部分组成。激光扫描系统的主要作用是使激光器产生的激光经调制后，变成载有字符或图形信息的激光束，该激光束经扫描偏转装置在感光鼓上扫描，形成“静电潜像”。电子照相系统使带有“静电潜像”的感光鼓接触带有相同极性电荷的干墨粉，鼓面被激光照射的部位将吸附墨粉，以便显示图像。该图像转印在纸上，经红外线热辐射定影后，使墨分子渗透到纸纤维中。

控制系统包括激光扫描控制、电子照相系统控制、缓冲存储器和接口控制等。控制系统完成接收和处理主机的各种命令和数据，以及向主机发送状态。激光打印机打印速度可达每分钟2000行，是目前打印机中最快的一种。

2）喷墨印字机

这种打印机使用很细的喷嘴，把印字的墨水喷在纸上完成印字。它有纵列28点的墨水喷嘴，在点阵中要印出墨点的相应位置的墨水微粒不带电；而不印墨点的位置的墨水微粒带电。这样，当墨水微粒经过电场时，带电的微粒被吸附下来；未带电的微粒按点阵字的形式凝集在纸上形成字符。当打印时，黑、红、黄、绿墨水一起喷点，则可形成漂亮的彩色打印，这种印字机字迹清晰、美观、速度快。

3）液晶打印机

液晶打印机是由产生均匀单色光的灯和液晶器件的光开关代替激光部件的打印机。通常液晶分子排列无序、不透光。在电场作用下，可沿场强方向做定向排列，使其透光。液晶光开关将光聚焦成清晰的图像，射到感光鼓上。其工作原理与激光打印机相似。该打印机精度高、造价低、使用寿命长。

4）热敏打印机

热敏打印机印字头由点阵式的发热元器件组成。其特点是低功耗、低噪声、低价格。根据其印字原理，可分成两种类型。

（1）热敏纸打印机，当发热印字头与热敏纸接触后，点阵发热部分便使纸上变为黑点，实现打印。

（2）热传导打印机，这种打印机的色带上涂有很细的蜡制颗粒，蜡膜内装有油墨。当发热印字头与热敏色带接触后，色带受热，蜡膜熔化，油墨即可打印在纸上。

5）静电打印机

这种打印机类似于热敏纸打印机。其印字头是静电元器件，打印纸为静电感应纸。打印时，行先在打印纸上加上高压，形成静电荷潜影；通过静电吸附原理吸附有色物质，形成图像；经过定影，得到固定的字符和图形。

2. 击打式打印机

1）点阵打印机

点阵打印机又称针式打印机。点阵式打印机的打印头是由一列打印针头组成的，打印针头有 9 针、16 针、24 针等。打印时，打印针头横向移动，进行一列一列地纵向打印字符点阵，一行字符点阵打印完毕，走纸一行。点阵打印机分为字符和图形两种打印机，其中，16 针、24 针一般属于图形的打印机。图形打印机可用于汉字打印。

针式打印机是一种特殊的打印机，和喷墨、激光打印机存在很大的差异，而针式打印机的这种差异是其他类型的打印机不能取代的，正是因为如此，针式打印机一直有着自己独特的市场份额，服务于一些特殊的行业用户，如 2 联、3 联、4 联、6 联等多联纸张的打印。随着专用化和专业化的需要，出现了不同类型的针式打印机，其中主要有通用针式打印机、存折针式打印机、行式针式打印机和高速针式打印机等。针式打印机主要优点是成本低、字迹清晰、维修方便，缺点是噪声大。

针式打印机的主要工作是接收外部送来的数据或控制命令，然后根据控制命令的格式要求，将要打印的数据变为打印头的动作，把数据记录在打印纸上。打印机还可接收控制面板上的操作命令，根据面板上的操作命令完成相应的操作。

针式打印机的种类繁多，形式各异，一般分为打印机械装置和控制与驱动电路两大部分。针式打印机在正常工作时有 3 种运动，即打印头的横向运动、打印纸的纵向运动和打印针的击针运动。这些运动都是由软件控制驱动系统，通过一些精密机械进行的。

打印机械装置主要包括字车与传动机构、打印针控制机构、色带驱动机构，走纸机构和打印机状态传感器，这些机构都为精密机械装置，以保证各种机构能实现各种运动。

控制与驱动电路包括控制电路、驱动电路、接口电路、稳压电路等。打印机的控制电路均已采用了微机结构，所以打印机就是一个完整的微型机，对打印机的各种控制是通过软件进行的。接口控制电路的功能是接收系统的打印数据、返回打印机状态。系统向打印机输出的数据有两种：一种是可打印的 ASCII 码；另一种是控制字符，如回车符、换行符、制表、走纸等。前一种数据直接送至打印行缓冲器；后一种数据送至输入控制电路，该电路向打印时序控制电路发送信息，产生相应控制信号和相应的动作。驱动电路的功能是在控制电路的控制下，由高压驱动走纸电动机、字车电动机和打印针出针动作。接口电路负责打印机与主机的连接，有串行接口、并行接口及 USB 接口等。

2）转鼓打印机

这种打印机的字符都设置在圆柱形的鼓面上。径向的每一行都是相同字符，圆周方向上是一套字符。打印时通过鼓的旋转选择字符，然后打字键把纸和色带压在字符上，字便可印出来。

3）球式打印机

这种打印机的字符刻在球的表面上，按环状排列，字符的选择是通过球旋转和转轴倾斜实现的。选定字符后，击打纸和色带，实现印字。

4）菊花轮式打印机

这种打印机的字盘像扁平的菊花瓣，每个菊花瓣末端压制一个字符。字盘铸刻在可横向移动的轮子上，当菊花轮移至打印位置并选定打印字符后，击键将字符印在纸上。

5）链条打印机

这种打印机的字符压制在由两个齿轮带动的链条的外缘，通过链条的移动实现选字。击打使纸和色带与链条上的字符接触实现印字。

6）轮式打印机

这种打印机有一个字轮，轮上有各种字符，每个字符位置配一个转轮，每个转轮被控制转到预定的位置，然后整行打印。

14.5.2 打印机的接口技术

主机和打印机之间数据传输时，既可用并行方式，又可用串行方式。因此，主机既可使用并行接口连接打印机，又可使用串行接口连接打印机。

1．打印机并行接口

并行打印机通常采用 Centronics 接口标准，也称 IEEE 1284 标准。Centronics 接口最早是由 Centronics Data Computer Corporation 为点阵行式打印机设计的并行接口。它于 1981 年被 IBM 公司采用而成为 IBM PC 的标准配置。它采用了当时已成为主流的 TTL 电平，每次单向并行传输 1 字节（8bit）数据，速度高于当时的串行接口（每次只能传输 1bit），获得了广泛应用，成为打印机的接口标准。1991 年，Lexmark、IBM、Texas Instruments 等公司为扩大其应用范围而与其他接口竞争，改进了 Centronics 接口，使它实现了更高速的双向通信，以便能连接磁盘机、磁带机、光盘机、网络设备等计算机外部设备，最终形成了 IEEE 1284-1994 标准，数据率从 10KB/s 提高到 2MB/s（16Mb/s）。但这种双向并行通信并没有获得广泛使用，并行接口仍主要用于打印机和绘图仪，只有少量设备应用这种接口。

在 IEEE 1284 标准中定义了多种并行接口模式，常用的有以下 3 种：标准并行接口（Standard Parallel Port，SPP）、增强并行接口（Enhanced Parallel Port，EPP）、扩展功能并行接口（Extended Capabilities Port，ECP）。

IEEE 1284 标准规定了 3 种连接器，分别称为 A、B、C 型。A 型是 25PIN DB-25 连接器，只用于主机端。B 型是 36PIN Champ 连接器，带卡紧装置，也称 Centronics 连接器，只用于外设，打印机上一般采用 B 型连接器。C 型是新增加的 mini-Centronics 36PIN 连接器，带夹紧装置，既可用于主机，又可用于外设，但应用较少，而且因有竞争力的新的接口标准不断出现，普及应用很难。

2．打印机串行接口

USB 是 PC 领域广为应用的新型接口技术。USB 接口具有传输速度更快，支持热插拔及连接多个设备的特点，目前已经在各类外部设备中广泛应用。

3．打印机的中断调用

IBM PC 系列微机的 ROM BIOS 中有一组打印机 I/O 功能中断调用程序，打印机中断调用指令为 INT 17H，共有 3 种不同的打印机操作。用户可利用中断调用方便地编写打印机的接口程序。INT 17H 的 00H 功能用来打印一个字符并回送状态字节到 AH 寄存器中。INT 17H 的 01H 功能用来初始化打印机，并回送打印机状态到 AH 寄存器中。INT 17H 的 02H 功能用来取打印机状态到 AH 寄存器中。

DOS 功能调用 INT 21H 的 05H 功能来打印一个字符。其方法是将待打印的字符送到 DL 寄存器中，然后调用 INT 21H 的 05H 功能实现字符打印。该功能只能访问 LPT1 端口。

14.6 扫描仪的原理与特性

14.6.1 扫描仪的结构和工作原理

扫描仪是采用光、机、电一体化的计算机外设产品，是计算机输入图片使用的主要设备，是一种使用最广泛的输入设备之一，它不仅能迅速实现大量的文字录入，还能实时录入和处理各种图像信息。扫描仪是用于将照片、幻灯片或手绘原稿转换为能被计算机处理的数据的输入设备。扫描仪内部有一套光电转换系统，可以把各种图片信息转换成计算机图像数据，并传送给计算机，再由计算机进行图像处理、编辑、存储、输出或传送给其他设备。

扫描仪的种类繁多，根据扫描仪扫描介质和用途的不同，扫描仪大体上分为平板式扫描仪、名片扫描仪、胶片扫描仪、滚筒式扫描仪、文件扫描仪。按使用方式来分，扫描仪有手持式扫描仪、台式扫描仪、鼓式扫描仪、笔式扫描仪、实物扫描仪和 3D 扫描仪。按色彩来分，扫描仪可分成单色和彩色。按感光器件来分，扫描仪有以光电耦合器（CCD）为光电转换元件的扫描仪、以接触式图像传感器（CIS 或 LIDE）为光电转换元件的扫描仪和以光电倍增管（PMT）为光电转换元件的扫描仪。

不同类型的扫描仪，其结构也不同，但工作原理大同小异。下面以应用最多的平台式 CCD 扫描仪为例进行分析。

平台式 CCD 扫描仪主要由上盖、原稿台、光学成像部分、光电转换部分、机械传动部分组成。

扫描仪上盖主要是将要扫描的原稿压紧，以防止扫描灯光线泄露。随着三维实物扫描功能的逐渐普及，为了能够更加方便、更高质量地扫描三维实物，出现了许多独特上盖。

扫描仪原稿台主要是用来放置扫描原稿的地方，其四周设有标尺线以方便原稿放置，并能及时确定原稿扫描尺寸。中间为透明玻璃，称为稿台玻璃。

光学成像部分俗称扫描头，即图像信息读取部分，它是扫描仪的核心部件，其精度直接影响扫描图像的还原逼真程度。它主要包括灯管、反光镜、镜头及 CCD 等部件。扫描头内在灯管光源的照射下，通过反光镜将原稿的信息反射到镜头上，由镜头将扫描信息传送到 CCD 上，最后由 CCD 将照射到的光信号转换为电信号。

光电转换部分是扫描仪的控制系统，在扫描仪扫描过程中，它主要完成 CCD 信号的输入处理，以及对步进电动机的控制，将读取的图像以任意的解析度进行处理或变换所需的解析度。

机械传动部分主要包括步进电动机、驱动皮带、滑动导轨和齿轮组。步进电动机是机械传动部分的核心，是驱动扫描装置的动力源。扫描仪的噪声和速度在一定程度上就是由它决定的。在扫描仪扫描图像的过程中，扫描头要依靠步进电动机来拖动，步进电动机通过直接驱动皮带驱动扫描装置，扫描装置经过驱动皮带的驱动，通过在滑动导轨上的滑动实现线性扫描。齿轮组是保证机械设备正常工作的中间衔接设备。

扫描仪的基本工作原理：扫描仪对图像画面进行扫描时，线性 CCD 将扫描图像分割成线状，每条线的宽度大约为 10μm。光源将光线照射到待扫描的图像原稿上，产生反射光（反射稿所产生的）或透射光（透射稿所产生的），然后经反光镜组反射到线性 CCD 中。CCD 图像传感器根据反射光线强弱的不同转换成不同大小的电流，经 A/D 转换处理，将电信号转换成数字信号，即产生一行图像数据。同时，机械传动机构在控制电路的控制下，步进电动机旋转带动驱动皮带，从而驱动光学系统和 CCD 扫描装置在传动导轨上与待扫描原稿做相对平行移动，将待扫图像原稿一条线一条线地扫入，最终完成全部原稿图像的扫描。

扫描仪扫描的一般工作过程如下。

（1）开始扫描时，机内光源发出均匀光线照亮玻璃面板上的原稿，产生表示图像特征的反射光（反射稿）或透射光（透射稿）。扫描仪的光源为长条形，照射到原稿上的光线经反射后穿过一个很窄的缝隙，形成沿 X 方向的光带，经过一组反光镜，由光学透镜聚焦并进入分光镜。经过棱镜和红绿蓝三色滤色镜得到的 RGB 三条彩色光带并分别照到各自的 CCD 上，被 CCD 接收。

（2）步进电动机驱动扫描头在原稿下面移动，读取原稿信息。CCD 将 RGB 光带转变为模拟信号，此信号又被 A/D 转换器转变为数字信号。

（3）反映原稿图像的光信号转变为计算机能够接收的二进制数字信号，最后通过 USB 等接口送至计算机。扫描仪每扫描一行就得到原稿 X 方向一行的图像信息，沿 Y 方向的移动，直至原稿全部被扫描。经由扫描仪得到的图像数据被暂存在缓冲器中，然后按照先后顺序把图像数据传输到计算机中并存储起来。当扫描头完成对原稿的相对运动后，将图稿全部扫描一遍，一幅完整的图像即可输入到计算机中。

（4）数字信息被送入计算机的相关处理程序，数据信息以图像应用程序能使用的格式存在，并通过软件处理再现到计算机屏幕上。

14.6.2 扫描仪的主要技术指标

扫描仪的主要性能指标包括分辨率、色彩深度、灰度级、扫描速度、扫描幅面和扫描噪声。

（1）分辨率。分辨率也称扫描精度，它主要表示扫描仪对图像细节表现的能力，常用 dpi 来表示，即每英寸长度上扫描图像所含像素点的个数。一般扫描仪的分辨率为 300～2400dpi，常见的为 600～1200dpi。

（2）色彩深度。色彩深度决定了图像的细腻程度、层次和色彩动态范围，通常用表现色彩的位数量来表示。色彩位数是扫描仪对采样来的每一个像素点提供的不同通道的数字化位数的叠加值，是衡量一台扫描仪质量的重要技术指标，体现了彩色扫描仪所能产生的颜色范围，能够反映扫描图像的色彩逼真度，色彩位数越多，图像表达越真实。一般扫描仪的色彩位数取决于扫描仪内部的 A/D 转换器的精度。当色彩位数精度增加时，扫描设备可以捕捉的色彩细节也会增多。色彩位数一般采用 RGB 三通道的数值总和来表达，常见的有 24bit、32bit、36bit 等。

（3）灰度级。灰度级是指图像在无色彩的情况下以通过不同的亮度表现出来的层次，反映了扫描时由暗到亮层次范围的多少，具体来说，就是扫描仪从纯黑到纯白之间平滑过渡的能力。灰度级位数越大，相对来说扫描所得结果的层次越丰富，效果就越好。常见扫描仪的灰度级一般为 256 级（8 位）、1024 级（10 位）和 4096 级（12 位）。

（4）扫描速度。扫描速度反映了扫描一定的图像所需要的时间。扫描仪是一个对光线敏感的设备，要保证扫描图像的品质，必须要有足够的曝光时间。因此，扫描仪的扫描速度不仅取决于机械结构，还与光学元器件品质有关。

（5）扫描幅面。扫描幅面是指扫描对象的最大尺寸，主要为 A3 和 A4。

（6）扫描噪声。扫描仪在工作过程中会产生一些噪声，这也是衡量扫描仪机械结构的一个重要参数，它会直接关系到扫描图像的品质。

14.7 数码照相机的基本原理与特性

14.7.1 数码照相机的基本结构和工作原理

数码照相机的特点是不需要胶卷，在拍摄时图像被聚焦到 CCD 上，然后通过 CCD 将图像转换成许多像素，以数字方式存储于照相机的存储器中，将存储器与计算机连接后可在显示器上显示所拍摄的图像，并进行加工处理或打印输出。

数码照相机按其结构不同可分为四大类：消费型数码照相机、单镜头反光数码照相机、数字后背相机、单电相机。

数码照相机除了包括传统相机上所具有的镜头、取景系统、曝光控制系统、聚焦系统和电源之外，还增加了图像传感器、A/D 转换器件、数字信号处理器、彩色液晶显示屏、存储机构、输出机构等数码照相机特有的部件。

镜头的作用是把被摄景物的影像成像在图像传感器上，焦距的长短主要影响着被摄景物的成像大小和范围。焦距长则放大率高，短则视角大。

取景系统包括光学取景器和电子取景器。

LCD 是取景器的一种延伸，既可以用于无视差的取景预览，又能随时用于已拍摄照片的重放。LCD 还是控制系统的一个组成部分。它具有“菜单”显示功能，类似于计算机应用程序窗口中的“菜单”，其操作方式也基本相同。例如，存储卡的格式化、图像尺寸的选择、手动拍摄的参数设置、照片的删除等都是通过对“菜单”的选择完成的。现在流行的 LCD 尺寸主要为 2.5 英寸和 3 英寸，分辨率从 20 万像素到上百万像素不等，LCD 的尺寸越大、分辨率越高，预览的图像色彩和细节就越好。

数码照相机在传统相机的胶片位置代之以 CCD 或 CMOS 型图像传感器。图像传感器的质量水平（像素多少和面积大小）不仅决定了数码照相机的成像品质，还反映了数码照相机的档次和性能。CCD 与 CMOS 都是迄今应用最广泛的光电转换器件。通过 CCD 或 CMOS 实现电荷的存储和电荷的转换，把摄影物镜产生的图像信号转化为数字信号，并以数字形式记录在存储卡上。CCD 芯片是由几百万个微小的硅光电二极管组成的检像器件，每一个硅点都是光敏的。光注入到硅点上时产生了电荷的变化，光线越强，产生的电子就越多，通过 A/D 转换，可把电子转换成数字信号。

快门是控制曝光时间长短的机构。光圈由镜头上的几片金属叶片组成，是控制光线多少的装置。光圈系数指光圈的大小。

存储器的作用是保存数字图像数据。数码照相机的存储媒体有 CF 卡、SD 卡、记忆棒、微型硬盘等。

数码照相机的输出接口主要有计算机通信接口、连接电视机的视频接口和连接打印机的接口。常用的计算机通信接口有串行接口（IEEE 1394）、并行接口、USB 接口和 SCSI 接口、无线红外线传输接口、蓝牙接口、Wi-Fi 接口等。

数码照相机的控制系统主要包括主控芯片（MCU）、A/D 转换器、数字信号处理器等。数码照相机要实现测光、运算、曝光、闪光控制、拍摄逻辑控制及图像的压缩处理等操作必须有一套完整的控制体系。数码照相机通过 MCU 实现对各个操作的统一协调和控制。和传统相机一样，数码照相机的曝光控制可以分为手动和自动，手动曝光就是由摄影者调节光圈大小、快门速度。自动曝光方式又可以分为程序式自动曝光、光圈优先式曝光和快门优先式曝光。MCU 通过对 CCD 感光强弱程度的分析，调节光圈和快门，又通过机械或电子控制调节曝光。

数码照相机的电源主要有可充电锂电池、镍氢电池、AA 电池。数码照相机的主要耗电设备是闪光灯、液晶显示屏、图像传感器、存储器和数据处理芯片。

14.7.2 数码照相机的主要技术性能

数码照相机的主要性能指标有以下几个。

（1）数码照相机的像素：通常指 CCD 的像素，如 80 万像素数等。

（2）数码照相机的镜头：数码照相机镜头的变焦倍数直接关系到数码照相机对原处物体的抓取水平。数码照相机变焦越大，对远处物体拍得越清楚，反之亦然。数码照相机变焦分为光学变焦（物理变焦）和数码变焦，其中真正起作用的是数码照相机光学变焦，数码照相机数码变焦只是使被摄物体在取景器中显示得大一些，对物体的清晰程度没有任何作用。数码照相机镜头口径也是影响拍摄效果的参数。

（3）数码照相机的 LCD：主要指标是 LCD 的亮度、像素、面积等参数。

（4）数码照相机闪光灯的控制模式：由于大部分的室内摄影需要使用闪光灯，绝大部分的数码照相机不能外接闪光灯，所以数码照相机闪光灯的控制模式就显得非常重要。功能较好的数码照相机可支持多种灯光控制模式，如果经常拍人物照，则应该选择有消除红眼功能的数码照相机。

（5）数码照相机光圈和快门：数码照相机光圈和快门是数码照相机选购时很重要的指标。

（6）存储媒介。

（7）输出接口。

（8）电源。

（9）数码照相机附赠软件。

14.8 触摸屏的技术原理与特性

14.8.1 触摸屏的原理与结构

触摸屏作为一种最新的计算机输入设备，它是目前最简单、最方便、最自然的一种人机交互方式。它赋予多媒体以崭新的面貌，是极富吸引力的全新多媒体交互设备。触摸屏在我国的应用范围非常广阔。

触摸屏是一种通过触摸屏幕来进行人机交互的定位输入装置。在计算机显示屏幕上安装了一层或多层透明感应薄膜，或在屏幕外框四周安装了感应元件，再加上接口控制电路和软件之后，就可以利用手指或笔等工具，通过触摸屏幕直接向计算机输入指令或图文消息，使信息的输入变得非常方便。

触摸屏的基本原理：用手指或其他物体触摸安装在显示器前端的触控屏时，所触摸的位置（以坐标形式）由触摸屏控制器检测，并通过接口（如 RS-232C 串行口）送到 CPU 中，然后系统根据手指触摸的图标或菜单位置来定位选择输入的信息。

触摸屏系统一般包括触摸检测装置和触摸屏控制器两个部分。触摸检测装置安装在显示器屏幕的前端，主要作用是检测用户的触摸位置，接收后送触摸屏控制器。触控屏控制器的主要作用是从触摸点检测装置上接收触摸信息，并将它转换为触点坐标，再送给 CPU，同时，能接收 CPU 发来的命令并加以执行。

14.8.2 触摸屏的分类与特点

按照触摸屏的工作原理和传输信息的介质，触摸屏分为 4 种，即电阻式、电容式、红外线式及表面声波式。每一类触摸屏都有各自的优缺点和适用场合。触摸屏具有界面直观、操作简单、伸手即得等特点，大大改善了人与计算机的交互方式，特别是为非计算机专业人员带来了极大的方便。触摸屏在信息查询、自动售货、电子游戏、医疗仪器、教育训练、自动控制、自动化航空等领域都有着广泛应用。

1. 电阻式触摸屏

这种触摸屏利用压力感应进行控制。电阻触摸屏的屏体部分是一块与显示器表面相匹配的多层复合薄膜，由一层玻璃或有机玻璃作为基层，表面涂有一层透明的导电层，上面又盖有一层外表面硬化处理、光滑防刮的塑料层，它的内表面也涂有一层透明导电层，在两层导电层之间有许多细小（小于千分之一英寸）的透明隔离点把它们隔开。

当手指触摸屏幕时，平常相互绝缘的两层导电层就在触摸点位置有了一个接触，因其中一面导电层接通 X 轴方向的 5V 均匀电压场，使得侦测层的电压由零变为非零，这种接通状态的电压和电流被控制器侦测到后，进行 A/D 转换，将得到的电压值与 5V 相比即可得到触摸点的 X 轴坐标，同理可得出 Y 轴的坐标。控制器侦测到这一接触并计算出（X, Y）的位置，再根据位置信息，结合屏幕显示信息进行相关操作。这就是电阻技术触摸屏的最基本原理。

电阻屏根据引出线数多少，分为四线、五线、六线等触摸屏。

电阻触摸屏是一种对外界完全隔离的工作环境，不怕灰尘和水汽，它可以用任何物体来触摸，可以用来写字、画画，比较适合在工业控制领域及办公室内使用。电阻触摸屏共同的缺点是因为复合薄膜的外层采用了塑胶材料，容易划伤触控屏。

2. 电容式触摸屏

电容式触摸屏是利用人体的电流感应进行工作的。电容式触摸屏是一块 4 层复合玻璃屏，玻璃屏的内表面和夹层各涂有一层 ITO，最外层是一薄层稀土玻璃保护层，夹层 ITO 涂层作为工作面，4 个角上引出 4 个电极，内层 ITO 为屏蔽层以保证良好的工作环境。当手指触摸在金属层上时，由于人体电场，用户和触控屏表面形成一个耦合电容，对于高频电流来说，电容是直接导体，于是手指从接触点吸走一个很小的电流。这个电流分别从触控屏的 4 角上的电极中流出，并且流经这 4 个电极的电流与手指到 4 角的距离成正比，控制器通过对这 4 个电流比例的精确计算，得出触摸点的位置。电容式触控屏的特点如下：对大多数的环境污染物有抗力，当外界有电感和磁感的时候，会使触摸屏失灵；同时，因人体已成为线路的一部分，因而漂移现象比较严重，需经常校准。

3. 红外线式触摸屏

红外线式触摸屏由装在触摸屏外框上的红外线发射与接收感测元件构成，在屏幕表面上，形成红外线探测网，任何触摸物体可改变触点上的红外线而实现触摸屏操作。

红外线式触摸屏是利用 X、Y 方向上密布的红外线矩阵来检测并定位用户的触摸的。红外触摸屏在显示器的前面安装一个电路板外框，电路板在屏幕 4 边排布红外发射管和红外接收管，一一对应并形成横竖交叉的红外线矩阵。用户在触摸屏幕时，手指就会挡住经过该位置的横竖两条红外线，因而可以判断出触摸点在屏幕的位置。任何触摸物体都可改变触点上的红外线而实现触摸屏操作。红外触摸屏不受电流、电压和静电干扰，适用于恶劣的环境条件，红外线技术是触摸屏产品最终的发展趋势。

4. 表面声波式触摸屏

表面声波是一种沿介质表面传播的机械波。这种触摸屏由触摸屏、声波发生器、反射器和声波接收器组成，声波发生器能发送一种高频声波跨越屏幕表面，当手指触及屏幕时，触点上的声波即被阻止，由此即可确定坐标位置。

表面声波式触摸屏的触摸屏部分可以是一块平面、球面或是柱面的玻璃平板，安装在等离子显示器屏幕的前面。这块玻璃平板只是一块纯粹的强化玻璃，区别于其他触摸屏技术没有任何贴膜和覆盖层。玻璃屏的左上角和右下角各固定了竖直和水平方向的超声波发射换能器，右上角则固定了两个相应的超声波接收换能器。玻璃屏的 4 个周边则刻有 45°由疏到密间隔非常精密的反射条纹。

表面声波触摸屏的位置检测基本过程：发射换能器把控制器的电信号转化为声波能量向屏表面传递，然后反射条纹把声波能量反射成向上的均匀面传递，声波能量经过屏体表面，再反射条纹传播给 X 轴的接收换能器，接收换能器将返回的表面声波能量变为电信号。这个电信号波形的时间轴反映了各原始波形叠加前的位置，也就是 X 轴坐标。发射信号与接收信号波形在没有触摸的时候，接收信号的波形与参照波形完全一样。当手指或其他能够吸收或阻挡声波能量的物体触控屏幕时，X 轴途经手指部位向上走的声波能量被部分吸收，反应在接收波形上就是某一时刻位置上波形有一个衰减缺口。接收波形对应手指挡住部位信号衰减了一个缺口，计算缺口位置即得触摸坐标。控制器分析到接收信号的衰减并由缺口的位置判定 X 坐标。同理，可判定出触摸点的 Y 坐标。除了一般触摸屏都能响应的 X、Y 坐标外，表面声波触摸屏还可响应 Z 轴坐标，也就是能感知用户触摸压力的大小值。其原理是由接收信号衰减处的衰减量计算得到的。三轴一旦确定，控制器就把它们传给主机。

表面声波触摸屏技术主要应用于较小尺寸荧幕。表面声波触摸屏封装困难，容易受到表面脏污及水分的破坏，也容易受外部声音的干扰。

14.9　人机交互技术与系统的发展

人机交互（Human Computer Interaction，HCI）技术主要是研究人与计算机之间的信息交换，包括人到计算机和计算机到人的信息交互两部分。人们可以借助键盘、鼠标、操作杆、位置跟踪器、数据手套等设备，用手、脚、声音、姿态和身体的动作、视线甚至脑电波等向计算机传递信息，实现人到计算机的信息交互。计算机通过打印机、绘图仪、显示器、头盔式显示器、音箱等输出设备或显示设备给人提供信息，实现计算机到人的信息交互。

自 1946 年世界上第一台数字计算机诞生以来，作为计算机系统的一个重要组成部分，人机交互一直伴随着计算机的发展而发展。概括来说，人机交互的发展经历了如下 5 个阶段。

（1）命令行界面。命令行界面可以看做第一代人机界面，人只能通过操作键盘的方式输入数据和命令信息，界面输出只能为静态字符，人机交互的自然性较差。

（2）图形用户界面。图形用户界面的特点是桌面隐喻、WIMP（Windows，Icons，Menus，Pointers）技术、直接操纵和所见即所得。

界面隐喻是指以现实世界中已经存在的事物为蓝本，对界面组织和交互方式的比拟。将人们对这些事物的知识（如与这些事物进行交互的技能）运用到人机界面中，从而减少用户必需的认知。界面隐喻采用办公的桌面作为蓝本，把图标放置在屏幕上，用户不用键入命令，只需要用鼠标选择图标就能弹出一个菜单，用户可以选择想要的选项。

WIMP 是由视窗、图标、菜单及指针等四大互动元件的英文首字母缩写组成的。WIMP 界面是基于图形方式的。WIMP 界面蕴含了语言和文化无关性，并提高了视觉搜索效率，通过菜单、交互小组件等提供了更丰富的表现形式。

直接操纵用户界面技术的特点是对象可视化、语法极小化和快速语义反馈。直接操纵用户界面更多的是物理的、空间的或形象的表示，而不是单纯的文字或数字的表示。在直接操纵形式下，用户是动作的指挥者，处于控制地位，从而在人机交互过程中获得完全掌握和控制权，同时系统对于用户操作的响应也是可预见的。

所见即所得也称为可视化操作，使人们可以在屏幕上直接正确地得到即将打印到纸张上的效果。所见即所得向用户提供了无差异的屏幕显示和打印结果。

（3）多媒体用户界面。引入了动画、音频、视频等动态媒体，用户可以交替或者同时利用多个感觉通道。用户仍使用常规的输入设备（键盘、鼠标器和触摸屏）进行输入，即输入仍是单通道的。

（4）多通道用户界面。多通道用户界面综合采用视线、语音、手势等新的交互通道、设备和交互技术，使用户利用多个通道以自然、并行、协作的方式进行人际对话，其主要的输入通道有：键盘、鼠标、语音和自然语言、手势、书写、眼动。

（5）虚拟现实技术。虚拟现实技术的发展和进步极大地推动了人机交互技术的发展。虚拟现实是借助于计算机技术及硬件设备，建立高度真实感的虚拟环境，使人们通过视觉、听觉、触觉、味觉、嗅觉等感官在其中看、听、触、闻起来像真实的，以产生身临其境的感觉的一种技术。虚拟现实技术有 3 个鲜明特征：真实感、沉浸感和交互性。其中，自然和谐的交互方式也是虚拟现实技术的一个重要研究内容，其目的是使人能以声音、动作、表情等自然方式与虚拟世界中的对象进行交互，人们除了致力于研究开发虚拟友好的用户界面外，还发明了大量的三维交互设备，如立体眼镜、头盔式显示器、洞穴式立体显示器、墙式大屏幕立体显示器、数据服装、位置跟踪器、眼动跟踪器、触觉和力反馈装置、三维扫描设备、三维鼠标、三维跟踪球、三维游戏杆等。虽然人机交互并不是虚拟现实的全部，但虚拟现实为人机交互的研究提供了很好的契机和媒介。

语音作为一项新型人机交互方式，被业界寄予厚望，在此领域中国内外已出现一些商业化的产品。图 14.9.1 所示为语音交互系统示意图。语音交互系统的主要关键技术有语音识别与理解技术、语音合成与文语转换技术、说话人识别技术、语音压缩编码技术等。其中语音识别和语音合成是核心。

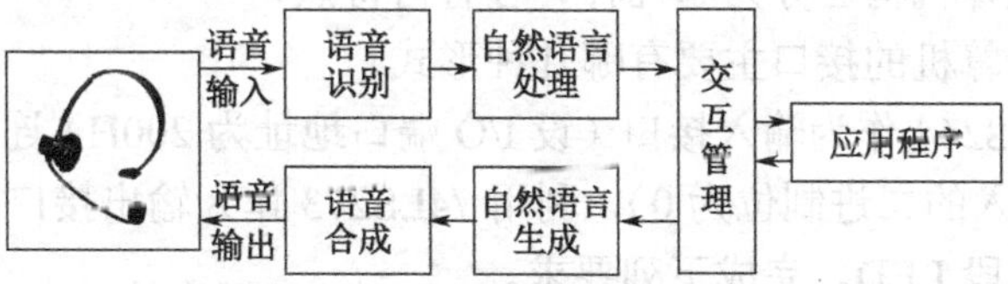

图 14.9.1　语音交互系统

语音识别技术是将计算机接收、识别和理解语音信号转变为相应的文本文件或者命令的技术。在人机交互领域，视频捕捉技术、语音识别技术、红外遥感技术、多通道技术、虚拟现实技术等的整合发展，必然会为人机交互技术带来前所未有的突破。新的技术层出不穷，人机交互技术的发展将带给人们更多的科技技术的期盼和惊喜。

在未来的计算机系统中，将更加强调“以人为本”、“自然、和谐”的交互方式，以实现人机高效合作。概括来讲，新一代的人机交互技术的发展将主要围绕以下几个方面来发展。

（1）集成化。人机交互将呈现出多样化、多通道交互的特点。桌面和非桌面界面，可见和不可见界面，二维与三维输入，直接与间接操纵，语音、手势、表情、眼动、唇动、头动、肢体姿势、触觉、嗅觉、味觉以及键盘、鼠标等交互手段将集成在一起，是新一代自然、高效的交互技术的一个发展方向。

（2）网络化。无线互联网、移动通信网的快速发展，对人机交互技术提出了更高的要求。新一代的人机交互技术需要考虑在不同设备、不同网络、不同平台之间的无缝过渡和扩展，支持人们通过跨地域的网络（有线与无线、电信网与互联网等）在世界上任何地方用多种简单的自然方式进行人机交互，还包括支持多个用户之间以协作的方式进行交互。

（3）智能化。目前，用户使用键盘和鼠标等设备进行的交互输入都是精确的输入，但人们的动作或思想等往往并不很精确，人类语言本身也具有高度模糊性，人们在生活中常常习惯于使用大量的非精确的信息交流。因此，在人机交互中，使计算机更好地自动捕捉人的姿态、手势、语音和上下文等信息，了解人的意图，并做出合适的反馈或动作，提高交互活动的自然性和高效性，使人与计算机之间的交互像人与人交互一样自然、方便，是计算机科学家正在积极探索的新一代交互技术的重要内容。

（4）人性化。以发展的眼光看，人机交互将朝着技术人性化和人的技术化两个方向发展。技术人性化的最大体现在计算机虚拟现实技术的实用化上。人性化人机交互的目标是模拟人和人之间如何交互，使计算机具有视、听、触、嗅等感觉、知觉能力；具有学习、记忆乃至情感等认知能力；具备说话、绘画等表达能力；本体感觉、自我意识，进而能够通过视觉、听觉、嗅觉、触觉，以及形体、手势或口令，更自然地进入到环境空间中，形成人机直接对话，从而获得身临其境的体验，使人机的交互环境好像人与人交互的环境一样，使人机之间的交互能够像人与人交流一样自然。

习　题

14.1　键盘接口的基本功能有哪些？

14.2　行扫描法矩阵键盘的工作原理是什么？

14.3　PC 键盘的工作原理是什么？

14.4　PC 鼠标的基本工作原理是什么？

14.5　鼠标按采样机构可分为哪几种？各有何特点？

14.6　鼠标与计算机的接口主要有哪几种形式？

14.7　利用 74LS244 作为输入接口（设 I/O 端口地址为 200H）连接 4 个开关 K0～K3（开关断开时对应输入的二进制位为 0），利用 74LS273 作为输出接口（设 I/O 端口地址为 201H），连接一个 8 段 LED。完成下列要求。

（1）设计地址译码电路，画出芯片与 8086 系统总线的连接图。

（2）编写程序，实现如下功能：读入 4 个开关的状态，对开关的状态进行编码，即 4 个开关的 16 种状态要用 16 个数字表示出来，如开关都断开时对应编码 0，开关都闭合时对应编码 FH，开关 K0 闭合但 K1～K3 都断开时对应编码 1，以此类推（编码信息直接保存在 AL 中）。

（3）编写程序，实现如下功能：将（2）中编码的开关状态在 8 段 LED 上显示出来，如开关的编码信息为 0 时，8 段 LED 上显示 0，当开关状态改变为 FH 时，8 段 LED 上显示 F，以此类推。

14.8　简述 CRT 显示器的工作原理。

14.9　视频显示标准有几种工作模式？各有何特点？

14.10　简述 LCD 的工作原理。

14.11　打印机的主要技术指标有哪些？打印机的常用接口是什么？

14.12　针式打印机由哪些部分组成？简述针式打印机的打印过程。

14.13　简述喷墨打印机的工作原理。

14.14　简述激光打印机的打印过程。

14.15　扫描仪的主要性能指标有哪些？有哪几种主要的接口？

14.16　数码照相机的工作原理和主要性能指标是什么？其接口种类有哪些？

14.17　按工作原理不同，触摸屏可分为几类？它们的工作原理是什么？

14.18　简述人机交互系统的作用与发展趋势。

参考文献

[1] 陈昌志，郑先锋，王丽艳．微机原理与接口技术．北京：科学出版社，2009．
[2] 陈光军，傅越千．微机原理与接口技术．北京：北京大学出版社，2007．
[3] 戴梅萼，史嘉权．微型计算机技术及应用．3 版．北京：清华大学出版社，2004．
[4] 冯博琴，吴宁．微型计算机原理与接口技术．3 版．北京：清华大学出版社，2011．
[5] 顾辉．微机原理与接口技术：基于 8086+Proteus 仿真．北京：电子工业出版社，2011．
[6] 龚尚福．微机原理与接口技术．2 版．西安：西安电子科技大学出版社，2014．
[7] 洪永强．微机原理与接口技术．2 版．北京：科学出版社，2009．
[8] 楼顺天，周佳社．微机原理与接口技术．北京：科学出版社，2006．
[9] 李继灿．微机原理与接口技术．北京：清华大学出版社，2011．
[10] 李永忠．现代微机原理与接口技术．西安：西安电子科技大学出版社，2013．
[11] 刘红玲，赵梅．微机原理与接口技术实用教程．北京：电子工业出版社，2012．
[12] 刘乐善．微型计算机接口技术及应用．3 版．武汉：华中科技大学出版社，2011．
[13] 马义德．微型计算机原理与接口技术．北京：机械工业出版社，2005．
[14] 彭虎，周佩玲，傅忠谦．微机原理与接口技术学习指导．北京：电子工业出版社，2008．
[15] 彭楚武．微机原理与接口技术．长沙：湖南大学出版社，2004．
[16] 钱晓捷．16/32 位微机原理、汇编语言及接口技术教程．北京：机械工业出版社，2011．
[17] 尚凤军，易芝，薛峙．微机原理与接口技术．北京：人民邮电出版社，2014．
[18] 沈美明，温冬婵．IBM-PC 汇编语言程序设计．北京：清华大学出版社，2003．
[19] 田辉．微机原理与接口技术．2 版．北京：高等教育出版社，2011．
[20] 王让定，朱莹，石守东，等．汇编语言与接口技术．3 版．北京：清华大学出版社，2011．
[21] 王玉良，吴晓非，张琳，等．微机原理与接口技术．2 版．北京：北京邮电大学版社，2006．
[22] 杨全胜，胡友彬．现代微机原理与接口技术．2 版．北京：电子工业出版社，2007．
[23] 杨素行．微型计算机系统原理及应用．3 版．北京：清华大学出版社，2009．
[24] 郑学坚，朱定华．微型计算机原理及应用．4 版．北京：清华大学出版社，2013．
[25] 周荷琴，吴秀清．微型计算机原理与接口技术．4 版．合肥：中国科学技术大学出版社，2008．
[26] 周明德．微机原理与接口技术．2 版．北京：人民邮电出版社，2007．
[27] 邹逢兴．微型计算机原理与接口技术．北京：清华大学出版社，2007．
[28] 邹逢兴．微机原理与接口技术经典实验案例集．北京：高等教育出版社，2012．
[29] 朱晓华，李彧晟，李洪涛．微机原理与接口技术．2 版．北京：电子工业出版社，2008．